海外汉学译丛 · 主编 张西平

壶 中 天 地

远东人文思想中的
盆景与民居

[法] 石泰安 著

陶 金 译

GUANGXI NORMAL UNIVERSITY PRESS
广西师范大学出版社
· 桂林 ·

壶中天地：远东人文思想中的盆景与民居

HU ZHONG TIANDI:

YUANDONG RENWEN SIXIANG ZHONG DE PENJING YU MINJU

著作权合同登记号桂图登字：20-2025-020

图书在版编目（CIP）数据

壶中天地 ：远东人文思想中的盆景与民居 / （法）石泰安著 ；陶金译. -- 桂林 ：广西师范大学出版社，2025. 6. --（海外汉学译丛 / 张西平主编）. -- ISBN 978-7-5598-8016-1

Ⅰ. S688.1；TU-093.1

中国国家版本馆 CIP 数据核字第 20251TE284 号

广西师范大学出版社出版发行

广西桂林市五里店路 9 号　　邮政编码：541004

网址：http://www.bbtpress.com

出版人：黄轩庄

全国新华书店经销

北京博海升彩色印刷有限公司印刷

北京市通州区中关村科技园区通州园金桥科技产业基地环宇路 6 号

邮政编码：100076

开本：880 mm × 1 230 mm　1/32

印张：18.375　　字数：380 千

2025 年 6 月第 1 版　　2025 年 6 月第 1 次印刷

定价：148.00 元

石泰安

（1911—1999）

由石泰安先生之女 Michèle Stein 女士提供

丛书总序

近四十年来海外汉学研究成为学界的一个热点，其翻译著作之多，研究展开之迅速，成果之丰硕，在中国当代学术研究领域是任何一个学科都不可以比拟的。据国家图书馆海外中国问题研究资料中心尹汉超副研究馆员的初步统计，四十年来学界翻译、研究、介绍海外汉学研究的著作达3600部之多。尽管如此，在海外汉学经典著作的翻译和整理上我们仍需努力，对于海外汉学名著的翻译一直是一项最基础、最根本的学术工作。在我们身边很难再有像钱锺书先生那样的天才，精通多国语言，融通中外学术，所以我们只能老老实实地把世界各国汉学的名著一本一本地翻译出来，这样才会对欧美汉学史有一个整体的、全面的认知。二十多年来我就是凭借着这种理念，组织翻译了一批西方汉学的经典著作。

尽管《剑桥中国史》《剑桥中国文学史》等大部头的著作已出版，关于儒学与道学的海外汉学著作的出版工作也有了显著的进步，但对世界各国的海外汉学名著的翻译仍有欠缺，尤其是非英语国家的汉学研究名著亟待翻译。特别是对共建“一带一路”国家的中国研究，我们应给予高度关注。因为仅仅靠英语世界的汉学成果，我们是绘不出一个完整的世界汉学历史全图的。我们应明白中国学术的进步是需要几代人才能完成的，我们应站在中国学术的全局，一代接一代地把世界各国的汉学名著翻译成中文出版。我们应鼓励更多的熟悉法语、德语、意大利语、瑞典语、印地语、波斯语等各种语言的学者投入到海外汉学著作的翻译研究中来，并像已故的冯承钧、耿昇先生那样，献身于基础汉学著作的翻译。我们向所有安于寂寞、献身学术、从事汉学名著翻译的学者致敬。这次我与广西师范大学出版社的合作，就是希望在海外汉学著作的翻译上再翻新篇。

四十年来，海外汉学（中国学）研究的进展与当代中国学术的变迁与发展紧密相连，这充分说明海外汉学这一域外的中国知识和中国当代知识的进展以及当代中国学术的变迁有着内在的联系。这样的传统是从清华大学国学研究院的成立开始的，吴宓在《清华开办研究院之旨趣及经过》中明确地指出：“惟兹所谓国学者，乃指中国学术文化之全体而言，而研究之道，尤注重正确精密之方法（即时人所谓‘科学方法’），并取材于欧美学者研究东方语言及中国文化之成绩，此又本校研究院之异于国内之研究国学者也。”学者在解释吴宓这一思想时说：“近代以来，‘国学’概念的使用有不同的用法，吴宓的提法代表了当时多数学者的用法。后来清华国学研究院的教研实践也显示出，清华国学研究院对国学和国学研究的理解，始终是把国学作为一种学术、教育的概念，明确国学研究的对象即中国传统学术文化，以国学研究作为一种学术研究的体系。在研究方法上，则特别注重吸取当时世界上欧美等国研究中国文化的成果和方法。这表明，老清华国学研究院以研究中国传统文化为本色，但从一开始就不是守旧的，而是追求创新和卓越的，清华国学研究院的学术追求指向的不是限于传统的学术形态与方法，而是通向新的、近代的、世界性的学术发展。”[①]本土之国学与海外汉学互动是近代中国学术发展的重要特点，这样的传统在近四十年的汉学研究中也充分体现了出来。

汉学的存在标志着中国的学术已经是世界性的学术，汉学研究的成果已经不再仅仅作为一门“外学”，像外国文学、外国哲学、外国历史那样，仅仅作为一种知识产品丰富我们对世界学术的认识。自晚清以来，中国历史的自然发展因西方国家的入侵而打断，同时，中国文化与知识的叙述也不能再在经史子集这样的框架中表达，从四部到七科，中国现代学术体系和表达形式发生了根本性的变革。西方汉学，此时作为西学进入我们的知识和文化重建之中。因此，如果搞不清西方汉学的历史，我们就说不清中国近代的历史，并无法开启今天的学术重建。

在这个意义上，海外汉学不仅仅在海外，而且同时内在于我们近代学术史和当代的学术史之中。为此，我将海外汉学研究说成是一种“内外兼修之学”，意在表达它作为一个学术体

① 陈来：《清华国学院的使命》。

系和知识系统，对中国学术具有内在参考性。

梁启超在百年之前就提出“在中国研究中国”“在亚洲研究中国”“在世界研究中国”三种方法。四十年来对海外汉学的研究使我们体会到：文化自觉和学术自觉是我们展开域外中国学研究，展开西方汉学史研究的基本出发点；开放与包容的文化精神是我们对待域外汉学家的基本文化态度；求真与务实的批判精神是我们审视西方汉学的基本学术立场。

张西平

2021年1月16日

中文版译者序

1940年的印度支那，29岁的犹太裔青年石泰安（Rolf Alfred Stein，1911—1999）刚刚走出炮火连天的谅山阵地，便转而“以环堵为天地”“指庭间花石瓦盆为五岳江湖”[①]，埋首于河内法国远东学院（EFEO，Hanoi）的馆藏史籍中。由此，他得以暂时脱离战争的纷扰和对双亲的担忧，隐遁于盆景这一具有神异特质的“洞天”之中。仅用了不到两年，他便完成了一篇题为《远东的盆景》的长篇论文，并发表于1943年的《法国远东学院学刊》[②]之上，距今已有八十一年。近半个世纪后的1987年，石泰安先生已经是闻名世界的汉学家、藏学家。刚退休不久的他，在学生的协助下又重新整理了这篇旧稿，并连同1957年所发表的两篇与民居建筑相关的论文[③]进行了修订，联珠成为一册，以《壶中天地：远东人文思想中的盆景与民居》（*Le monde en petit: Jardins en miniature et habitations dans*

① 朱国祯:《涌幢小品》，北京：文化艺术出版社，1998，第548页。

② R. A. Stein 1943.

③ R. A. Stein 1957b ; R. A. Stein 1957a.

la pensée religieuse d'Extrême-Orient)(以下简称《壶中天地》)为名，由法国弗拉马利翁出版社（Flammarion）在巴黎出版。虽然书中所研究的对象以及讨论方式并不是此前汉学的典型范式[①]，但其仍然被视作典型的法国汉学式的“文明”研究。又因为书中广博的知识含量以及难以超越的学术洞见，本书甫一出版便在国际学术界引起了极大的重视，甚至被奉为汉学以及宗教学研究的经典名著（magnum opus）[②]，并成为艺术史与园林、园艺研究的重要参考[③]。时至今日，该书仍被视为海外中国文化研究者的入门必读。《壶中天地》或其中的部分章节曾被翻译为日文（1942 年论文）、俄文（1942 年论文）、中文（1957 年论文之一）、意大利文（1987 年全书）、英文（1987 年全书）。现在读者手中的这本书，则是最新的全书中文译本。

---

① 参见英译本薛爱华教授序，其曰：“这部作品并非是典型的汉学写作，而是一次对复杂课题的深入探索，其中充满了才华横溢的见解。”（This work was no typical exercise in academic sinology, but a sophisticated exploration of a complex subject, full of brilliant insights.）

② Livia Kohn, review of *The World in Miniature: Container Gardens and Dwellings in Far Eastern Religious Thought*, by Rolf A. Stein, *Monumenta Serica* 40 (1992): 460.

③ 译者在此引用的一部分管见所及的书评来自：Anne Chayet［见于 *Arts Asiatiques* 43 (1988): 180–181］; Hubert Delahaye［见于 *Chinoises* 7, no. 1 (1988): 117–119］; Gérard Toffin［见于 *Homme* 28, no. 108 (1988): 185–186］; Stephen R. Bokenkamp［见于 *The Journal of Asian Studies* 50, no. 3 (1991): 678–679］; Charles Hartman［见于 *Chinese Literature: Essays, Articles, Reviews* 14 (1992): 138–141］; Livia Kohn［见于 *Monumenta Serica* 40 (1992): 460–463］; Joseph P. McDermott［见于 *Garden History* 19, no. 2 (1991): 211–214］; Jeffrey F. Meyer［见于 *Journal of Ritual Studies* 6, no. 1 (1992): 194–196］; Roderick Whitfield［见于 *Bulletin of the School of Oriental and African Studies, University of London* 55, no. 3 (1992): 591］。此外，柯律格（Craig Clunas）之书评详见下文。

在本书开篇，石泰安以悼文的形式纪念了自己的业师，法国汉学的伟大旗手葛兰言先生。而事实上，整部著作无处不是在向葛兰言致敬。这不仅见于对各种社会、文化表现（节日、民俗等）的具体文本考证，更体现在作为研究基石的宇宙论观念“宏观-微观世界”（大-小天地）之中（详见下文之讨论）。我们将看到，无论是对于盆景这一看似平常之物中所潜藏的神异品质的讨论（第一部分），还是对于民居与建筑的阐释（第二、第三部分），都分别从内在逻辑上延续了这一框架，并在远东地区的文化语境中将天地、山水、建筑、身体这些范畴之间的界限打破，相互解释，最终回归至最为亲切且私密的家园居所层面。在作者看来，在远东地区民众观念中，一处宜人居住的“小天地”往往与外部世界相隔绝，其不仅自成一体，还自给自足。除了干阑（向上）与穴居（向下）两个空间维度外，如此的理想家园还兼具了“小”与“围合”两个空间特征，恰好似老舍先生笔下状若“葫芦”的北平小羊圈胡同，使人感觉到安全，使人感觉到温暖[①]。无独有偶，石泰安先生在书中反复强调了人类居所中“葫芦”所具有的普遍象征意义，并交替地使用了“瓠”（葫芦）、“壶”（瓠形容器）二字。他还进一步言明，“瓠”或“壶”中的这一处“小世界”（le Monded en petit, le Monde en forme de gourde）在中国传统观念中实际就是一处独立的“天”或

① 老舍:《四世同堂》，北京：民主与建设出版社，2018，第 9 页。

“天地”，由此等同于书中首字母大写的法文词语“Monde”（世界）。正是基于这样的原因，译者并未将本书的名称“Le monde en petit”直译为“小世界”，而是选择在中国传统文化的语境下将其意译为“壶中天地”。

与所享有的国际盛名不对等的是，长期以来，本书在其所讨论的远东诸文明的中枢——中国尚未得到相应的重视与译介。作者本人则由于耿昇先生的译介之功，主要以藏学家的身份而被国内学界所熟识。为此，我们有必要在这里稍微花一些笔墨，对石泰安先生的传奇人生、学术历程以及本书的主要内容及其研究特点稍做简介，以使读者在阅读这部名著时能够了解其写作与研究的背景。

石泰安其人其学

译者在这里将主要根据石泰安先生同僚与学生的回忆来对其生平及研究工作做一简要概述。其中，郭丽英（Kuo Liying）教授对于恩师深情且细致的纪念文章最为重要。[①]

1911年6月13日，石泰安出生于德国小镇施韦茨（Schwetz）

---

① Kuo Liying , «Rolf Alfred Stein (1911-1999)», *Cahiers d'Extrême-Asie* 11 (1999): x–xxx; Anne-Marie Blondeau, «Rolf Alfred Stein», *Annuaires de l'École pratique des hautes études* 112, no. 108 (1999): 29-31. 石泰安:『盆栽の宇宙誌』, 福井文雅、明神洋译，东京：せりか書房，1985，第194—198页；石泰安:《汉藏走廊古部族》，耿昇译，北京：中国藏学出版社，2013，第158—161页。这段作者介绍转引自山口瑞凤、定方晟所译日文版之《西藏的文明》。

一户犹太人家庭。《凡尔赛条约》后，该镇划归波兰（即今之Świecie），全家迁往柏林。在柏林，年轻的石泰安开始对神秘主义产生兴趣，并通过一家书店老板（一位来自俄国的埃及学家）开始学习古代文明的书写系统，并由此发现并开始学习汉字，进而能以翻译中文谋生。

在柏林大学东方语言学院（Seminar für Orientalische Sprachen）学习两年后，石泰安于1933年3月31日获得汉语言文凭。迫于当时来自纳粹的压力，他申报了法国国立东方语言学院（École nationale des langues orientales，即今东方语言文化学院，INALCO），旋于4月奔赴法国，逃离魔爪。但不幸的是，石泰安的双亲均在此后殁于第二次世界大战期间。在抵达法国的第二年，石泰安便获得了汉语文凭，并于1936年获得日语文凭。在这期间，他追随了当时世界上的顶尖学者学习：跟随葛兰言、伯希和、马伯乐传习汉学，跟随巴考（Jacques Bacot，1877—1965）与拉露（Marcelle Lalou，1890—1967）钻研藏学［由此与我国藏学家于道泉先生（1901—1992，前中央民族学院教授）结下了深厚的学术友谊］，跟随列维（Sylvain Lévi，1863—1935）、保罗·穆斯（Paul Mus，1902—1969）学习印度学，还参与了莫斯（Marcel Mauss，1872—1950）有关无文字民族宗教的课程，以及墨司它（Édouard Mestre，1883—1950）有关东南亚的课程。他的蒙古语承自伯希和，藏语得自巴考，日语则习自夏尔·阿葛诺埃（Charles Haguenauer，1896—1976）。我们将会看到，在巴黎的这段学习经历对石泰安日后的学术生涯影响甚大。他之所以能在高加索山脉与白令海峡、西伯利亚与喜马拉雅山区之间纵横驰骋，所依凭的都是这一时期所奠定的坚实基础。在本书中，我们也将时不时地看到他通过援引这些老师的著作与观点而向他们致敬。

1939 年 9 月 3 日，法国对德宣战，石泰安（德国前公民）因在师长和学友的帮助下获得法国国籍而免被法国政府遣送出境。1940 年 6 月，法兰西金石美文学院（Académie des Inscriptions et Belles-Lettres）向法国有关部门提名石泰安为法国远东学院（École française d'Extrême-Orient）成员，但同月 22 日法国向纳粹德国投降，7 月新上台的纳粹傀儡政权维希政府阻止了这一任命。同年，石泰安搭乘前往印度支那的最后一班轮船，应征担任法军的中文、日文翻译，但因为某些行政缘故转而被派往谅山前线的山地炮兵部队服役。日本入侵越南后，石泰安曾被日军俘虏、囚禁，日法签订协定后随即被遣返，任法军司令部翻译官，从事日语、汉语翻译工作直至 1945 年。按照石泰安先生在本书中所言，他在抵达越南后很快便注意到了盆景这一别致的庭院陈设，所以，他对盆景的研究当系在他被日军释放之后，利用在远东学院进行翻译工作的闲暇之余所进行的。

1946 年，在保罗·穆斯以及戴密微（Paul Demiéville，1894—1979）二位先生的斡旋下，法国远东学院恢复并追认了石泰安自 1941 年以来永久成员（membre permanent）的职位。他旋前往中国进行田野考察工作，足迹遍及昆明、成都、北平，还前往内蒙古以及四川的汉藏走廊等地考察。这其中特别值得提及的是1946—1947年间，他在民族学家闻宥先生（1901—1985，前中央民族学院教授）等人的陪同下，在四川的打箭炉（今康定）、德格、邓柯、理塘、松潘等地进行了田野考察，并特别对著名的藏族史诗《格萨尔王传》进行了深入的实地访查。“他德格访书、理塘听唱、邓柯拜师、林葱交友，曾先后从寺庙、民间、土司和豪门富户，特别是从流浪说唱艺人那里搜集到了大量有关《格萨尔王传》的资料。这就为他后来从事卓有成效的研究奠定了坚实可靠的基础。”[①]据说，当时该地区的社会治安每况愈下，“军阀、土匪互相勾结，土司与豪酋狼狈为奸，骚扰居民和行人。石泰安等一行经受了无数磨难……甚至把作为盘费的金子藏在鞋里也被土匪抢走……”[②]事实证明，得益于这一时期对于民间活态曲艺的搜集整理，石泰安对于格萨尔王史诗的研究使他成了当之无愧的世界顶级藏学家。此外，石泰安还在重庆结识了时任荷兰驻华外交官，当时已声名鹊起的汉学家高罗佩（Robert Hans van Gulik，1910—1967），后者对他关于盆景的研究赞赏有加，称其为“案牍中之真绿洲也”[③]。1949年春，受戴密微之命，石泰安自北平返回

① 石泰安:《西藏史诗与说唱艺人的研究》，耿昇译，拉萨：西藏人民出版社，1993，第12页。

② 同上注。

③ 原文为“a veritable oasis in the piles of official documents”。Kuo Liying, «Rolf Alfred Stein (1911–1999)», *Cahiers d'Extrême-Asie* 11 (1999): xiv.

巴黎，于东方语言学院教授古汉语。

1951 年，石泰安被任命为高等实践研究学院（École pratique des hautes études，简称 EPHE）第五系（即宗教与思想体系，Religions et systèmes de pensée）讲席教授。这实际即接替了此前由沙畹（Édouard Chavannes，1865—1918）、葛兰言、马伯乐在该学院所开创并传承的法国汉学“中国宗教史讲席”，石泰安由此成了“二战”后法国汉学的新一代旗手。继承这一讲席后，石泰安因自身的特长，将讲席名称变更为“中国与高地亚洲宗教”（Religion de la Chine et de la Haute Asie），而 1957 年为康德谋先生（一作康德谟，Maxime Kaltenmark，1910—2002）所增设的讲席则更加专注于“中国宗教”（Religions de la Chine）。由此，两位先生在战后的巴黎培养了一大批不同文化背景的优秀青年学者，高等实践研究学院以及法国汉学研究也由此迎来了全面鼎盛时期。[①]

与康德谋专注于经典文本的研究稍有不同，石泰安开设的课程更加侧重于不同传统之间的比较研究，并于 1958 年正式更名为“远东与高地亚洲宗教比较研究”（Religions comparées de l'Extrême-Orient et de la Haute-Asie）。他发挥自己对于古汉语以及藏语的语言优势，每年同时开设两门平行课程，“游走”于中国汉族聚居区与藏族聚居区。比如，他在开设

① 关于高等实践研究学院的“中国宗教讲席”，参见张琬容《法国高等实践研究学院道教与中国宗教史讲席发展历程》，《南京师范大学文学院学报》2022 年第 4 期，第 181—188 页。

课程讲授道门宗师陶弘景的同时也讲述藏族圣僧竹巴衮烈，在讲述道教神授经典的同时讲授苯教故事，在讲述武圣关羽的同时畅谈格萨尔王，在讨论唐密的同时讨论藏密。通过郭丽英教授所整理的石泰安先生遗著书目可以看出，自 1951 年开始，他所发表的论文开始越来越多地偏重于藏学研究，其中有三条线索较为明显：

（1）有关中国西南地区及藏族聚居区各民族关系的藏学研究。这可由他的《汉藏走廊古部族》（*Les tribus anciennes des marches sino-tibétaines*）[①] 一书作为集中代表。

（2）以《格萨尔王传》为中心的研究。他所翻译的《岭地藏传佛教版藏族格萨尔王译本》（*L'épopée tibétaine de Gesar dans sa version lamaïque de Ling*，1956 年发表）以及博士论文《西藏史诗与说唱艺人的研究》（*Recherches sur l'épopée et le barde au Tibet*，1959 年）[②] 可作为其代表，尤其后者极为国际藏学界所重视，并被视为当代《格萨尔王传》研究的经典之作。

（3）以法国国家图书馆馆藏伯希和敦煌藏文抄本为中心的研究。他于 1983—1992 年间陆续发表有总题为《吐蕃古代文献汇编》（*Tibetica Antiqua*）的论文六篇[③]，可作为这一方面努力的重要结晶。如一些学者所评论的："藉其娴熟驾驭藏、

① 汉译本参见石泰安《汉藏走廊古部族》，耿昇译，北京：中国藏学出版社，2013。

② 汉译本参见石泰安所著《西藏史诗与说唱艺人的研究》。

③ 此六篇论文全部收入郑炳林编《法国藏学精粹》，耿昇译，兰州：甘肃人民出版社，2011。

汉双语的学术功力，以及对比较宗教学方法的娴熟运用，他的研究推动许多晦涩难明的历史甚至宗教哲学问题一朝拨云见日。”[①] 这一中肯的评论实际也适用于本书这部汉学底色的著作。与以上代表作情况相同，藏学翻译家耿昇先生也曾将这六篇论文分别翻译，并于国内刊发[②]。

此外，就藏学方面，不得不提及石泰安先生另一名作:《西藏的文明》(*La civilisation tibétaine*,1962 年)[③]。该书实际秉承了法国学派的社会学视角，并融入了作者本人对建筑、艺术、戏剧的浓厚兴趣，对西藏的地理、居民、社会、宗教、文学和艺术，都做了充分、翔实、生动的论述。本书中的一些来自西藏地区的比较资料，实际也见于这部杰作之中。石泰安在晚年开始对在日本传承的唐密产生了极大的兴趣，并曾亲自拜访了日本密教祖庭高野山。由此，他延续了最初对于盆景以及东亚山水文化的兴趣，撰写了题为《东亚的胎洞与女神圣地》(*Grottes-matrices et lieux saints de la Déesse en Asie orientale*，1988 年）的长篇论文。这项研究实际可视作我们手中这本书的一种延伸，并弥补了其中有关日本方面比较材料稍显不足之嫌。

石泰安先生对中国本土的道教也一直抱有极为浓厚的兴趣，这从最初对于山水的研究一直持续至后来有关公元 2 世纪

① 任小波:《石泰安〈西藏古代文献丛考〉》,《西藏民族学院学报（哲学社会科学版)》2013 年第 5 期，第 73 页。

② 另参见黄维忠《70 年来国内敦煌西域藏文文献研究及其特点》,《中央民族大学学报（哲学社会科学版)》2019 年第 5 期，第 172 页。

③ 汉译本参见石泰安《西藏的文明》，耿昇译，北京：中国藏学出版社，2012。

的道教宗教运动（即道教的最初形态“正一盟威之道”）的研究之中，此可参考他在 1963 年、1969 年、1979 年所发表的三篇论文（详见本书参考书目）。同时，他还延续了沙畹与葛兰言的传统，关注更为民间层面的社神、灶神的香火崇拜。这种视角也一直贯穿至今日，在“中国宗教史教席”的继承者高万桑教授（Vincent Goossaert）的课堂上，对于汉族聚居区民众宗教活动与圣地香火的关注仍在继续。

由上所见，石泰安先生不愧为世界级的藏学大师，同时他的研究方法与视角依然具有极为浓厚的汉学基调。或许在他看来，两者之间并无绝对之学科藩篱，其乃是一种总体层面的“中国文明”的研究。1966 年，石泰安先生被礼聘为法兰西学院“中华世界研究：制度与观念”（Étude du monde chinois: institutions et concepts）讲席教授，直至 1981 年 10 月退休，进而成为该院荣誉教授（Professeur honoraire au Collège de France）。就在退休之前，石泰安先生受中国社会科学院之邀，在三十二年之后再次访问中国。除北京外，他还再次前往他所熟悉的四川地区考察，并与北京、成都两地的学者进行交流。本书中的许多插图都出自石泰安先生跨越三十年的两次中国之旅。退休后，石泰安教授居于巴黎，并仍笔耕不辍，直至 1999 年 10 月 9 日去世，本书正是他在这一时期所结集的作品之一。

纵观石泰安先生的传奇一生，充满了乱世的颠沛与离合。作为经历过两次世界大战的犹太裔学者，他深知世界分崩离析时的恐怖。秉承了沙畹、伯希和、马伯乐及戴密微等大师的比较学传统，“石泰安一直希望能将亚洲的文化作为一个整体来进行理解，并在全球的视野中来进行处理。他不惜一切代价地避免割裂任何享有共同背景的文化”[①]。“他认为这一地区各民族文化，是在汉族文化的影响下，分别以离心或向心的方式发展起来的”[②]。我们将在本书中看到，作者在“文明”的视野下，利用比较学方法，围绕传统东方学研究对象之外的建筑与景观领域所进行的深入的探索。

下面，我们再简要介绍一下本书的结构、内容、不同版本，以及其对于当下研究的意义。

本书的主要内容

《壶中天地》一书的结集过程经历了近半个世纪。该书包括三个部分，分别为三篇曾经单独发表而内部逻辑一以贯之的论文，并在编入本书时经过了作者的修订。

第一部分

第一部分“远东的盆景”是本书的基础部分。它最初以长篇论文的形式于 1943 年发表于河内的《法国远东学院学刊》[③]。

---

① 译自郭丽英所述“R. A. Stein voulut toujours comprendre la culture asiatique dans son ensemble et la traiter globalement. Il voulait à tout prix éviter tout cloisonnement entre des cultures qui partagent un fond commun.”。见于 «Rolf Alfred Stein (1911–1999)», xviii.

② 石泰安:《汉藏走廊古部族》，耿昇译，北京：中国藏学出版社，2013，第 159 页。

③ R. A. Stein 1943.

作者在其后所增补之内容，皆以方括号的形式进行了标注。

这一部分的开篇首先引用了葛兰言在《中国思想》（*La pensée chinoise*）中一段关于“宏观-微观世界”（大-小天地）的论述。葛兰言认为，作为宇宙的“大天地”与诸多不同层面的“小天地”之间，存在着相互平行、对应、独立且相互套叠的关系。作为常见的范式，它可被理解以人体为中心，而与人亲密的住房作为更大一层的天地，城市、村庄等居住场所则作为更为宏观的单位（见图a）。而在本书中，作者延续了这一体系，进行了不同维度的发衍。比如，在这一部分中，作者将这一同心圆套叠的体系归纳为：其一，大天地；其二，山水场所（一处壶天）；其三，庙宇（或以围墙封闭的庭院空间）；其四，庭院中的盆景。如此的一个宏观框架是我们对第一部分乃至本书进行深入理解的重要前提（见图b）。

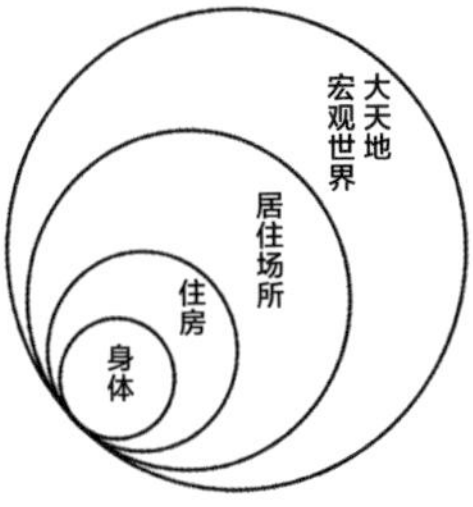

图a 以身体为最小单元，
包含居住场所的天地系统

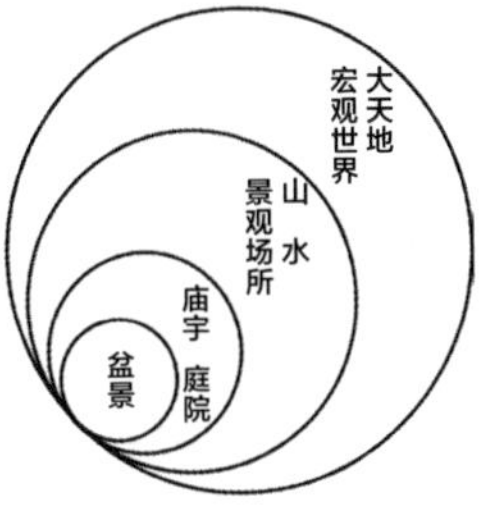

图b 以盆景为最小单元，
包含山水场所的天地系统

这一部分分为两章。在第一章中，作者首先援引部分西方学者对盆景栽培技艺的记载，并进行了直观的描述以及植物学归纳。其次，作者又根据自身在越南各地的田野考察所得作为主要材料，着重描述了不同形式、大大小小的“微缩景观”，并讨论了“盆景”在不同环境中的宗教与文化内涵。需要说明的是，作者特别利用了这些场所中所附楹联牌匾的文字内容来对盆景固有的宗教功能进行解析，这对于我们今天在各处“洞天福地”中利用摩崖石刻材料对其场所精神进行剖析是极佳的方法先例。更为重要的是，作者还通过传世文献、文物以及新中国考古成果，对盆景这一文化现象进行了历史性的溯源，并将其与汉代的博山炉以及六朝时期的魂瓶相关联。

在总结形式、功能与历史之后，作者在第二章转入以主题为线索的研究，并总结出“画之方术”“以小喻大”“世外天地”“壶中之天”“圣地与女神，壶与镜”“神木与灵石，健康与长寿”“退隐与回归，封闭容器中的生活”等七大主题。这七个主题实际可以串联起一条完整的逻辑线索，即：

（1）人们通过描画、雕塑的方式复制一处山水场所，其本身便是一次具有灵力的仪式行为，而最终的成果便也等同于自然；

（2）这种人工构筑的山水场所往往小于自然之尺度，但这实际意味着其将整个自然之灵力都汇聚到了一处，由此其比自然山水更具有神异的品质；

（3）这种场所往往难以进入，由此与世隔离；

（4）其不仅与世隔绝，还自成一体，且往往与葫芦（及壶）具有深层符号上的关联，故称为“壶中小天地”；

（5）这一小天地具有典型的母性特征，其中包含了生命生长之力，且往往与女神崇拜相关；

（6）凭借着母性的生长力，小天地之中的古树、奇石、灵泉、仙草都具有了包含生命力的钟灵毓秀之气；

（7）由此，隐居于一处壶中天地，也即等同于一种对于母胎的回归，人受其中内蕴灵秀之气的滋养，静待元神圣胎之复苏，最终与道合真。

由此，所谓的“壶中天地”无外乎是人类为实现自身天人合一所构筑的一处“全形”（complet）、“理想”（parfait）的家园。至于具体的盆景而言，它不仅是一处可焚香朝礼的客体圣物，还可以成为将自身隐遁、神游其中的“洞天”空间，并由此也具有了等同于本体的意义。

我们可以看到，石泰安先生在这一部分中除了大胆使用了越南的田野材料来旁证来自中国汉族聚居区的传统外，他对山水圣地、节日仪式活动的关注，对中国、越南女神崇拜的进一步讨论中，都可见到沙畹、葛兰言以及法国社会学传统的影子。而这一研究的写作，也正是为了向热爱园艺的葛兰言致敬。

第二部分

第二部分“居所及其建筑构造”原于1957年发表于法国《亚洲学刊》，题为《居所、天地与身体》[1]。1986年耿昇先

---

① R. A. Stein 1957b.

生（署名“柳下”）与王耀强将此文译为中文，以《远东和高地亚洲的住宅、社会及人类集团》之名刊载于《国外中国学研究译丛》[①]。在这一部分中，作者延续了“小天地”与“大天地”这一基本理论框架，但从盆景（方外）转移至民居（圜中）之中。从某种意义上来说，石泰安先生的这篇研究实际近似于建筑人类学意义上的“宅形研究”。

首先，作者观察到了“穴居”与“干阑”这两种中国古代先民的居住形式，并通过民族志材料证实了其“双季节性”的形态。而据作者的观点，这两种建筑向上与向下发展的建筑形式后来逐步发展成了“楼阁—窨穴”这一垂直轴线上下对立的建筑空间经典范式。

在考察对象上，作者将时间与空间范围进一步打开，先追溯了《诗经》中先周部落的穴居，并将其与传统史料中所记载的东北亚各民族穴居相比较。从穴居的特定屋顶构造形式出发，作者进而讨论了：用于通风、采光的屋顶开口，位于屋顶开口下方的集水坑（中霤），同样位于中央的灶，横向进出所用的门户。在这几项元素中，屋顶开口、灶、中霤都具有某种中心性，它们进一步被通过各类民族志的资料（中国西藏、蒙古族地区、北亚）与中心立柱关联到了一起（见图 c）。通过这些弥足珍贵的记录，作者阐明了屋顶开口（包括了天窗、藻井与烟洞）与灶所具有的与天地相通的“交通”特性，它们因

① 石泰安:《远东和高地亚洲的住宅、社会及人类集团》，耿昇、王耀强译，见于李范文、陈奇猷等主编《国外中国学研究译丛》，西宁：青海人民出版社，1986，第 1—35 页。

此具有了神圣性。作者在这一部分中基于民居自身宗教性、神圣性的讨论至关重要。因为我们将在第三部分中看到，作者以上古民居的形态与构造特征作为出发点，论定其实际塑形了先民对于天地宇宙乃至人身的想象。

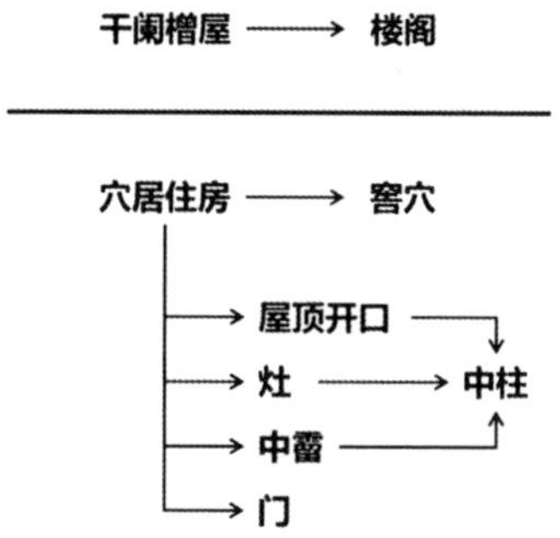

图 c 第二部分所讨论之建筑学概念

在这里，作者利用各个时代对于家庭与社会仪式的记载，以及语文学的比较线索作为“破壁”工具，将蕴含在这些传统民居中的神圣特质进行揭示。我们注意到，作者对于《诗经》的深入解析承袭了尊师葛兰言的遗风，对于中国各地区传统宅形的研究回应了他在柏林大学的校友艾伯华（Wolfram Eberhard，亦是以社会学方法研究中国古代文明及宗教的汉学大家）的研究，对于藏族民居的研究接续了他的藏学老师巴考的学术成果，而利用中文史籍中的“边角”信息来探索东北亚各民族古代民居的方法实际延续了他在《林邑》[1]一文中业已实

① R. A. Stein 1947 .

践过的方法，并同样见于稍后出版的《汉藏走廊古部族》等藏学研究成果。

第三部分

第三部分“宗教思想中的天地与建筑”源自作者的一次讲座，于 1957 年发表于法国《亚洲艺术》期刊，题为《远东的建筑与宗教思想》[①]。通过比较我们可以得知，作者在将这份研究编入本书时经过了较大程度的改写与修订。

在这一部分中，作者开始将在第二部分中所讨论过的有关住房的宗教观念代入到宇宙论与仪式行为当中，探讨其中的平行关系（parallélisme）。在这其中，我们将发现，作者非常巧妙地利用了中国汉族聚居区以外（尤其是北亚）诸民族的民族志材料，结合对其他学者理论的继承与修订，论述了上古住房的双季节形态与先民有关天、地诸多层级的思想之间可能存在着直接或间接的关系。这种“诸天”与“诸地”的观念当然也存在于中国藏族聚居区，但与此同时，该地的宇宙观与仪式中还具有“天门”“地钉”“绳索”“挖窗”（地面上）等与建筑（直接或间接）相关的观念。

由于汉族与藏族在历史上密切的文化交流，作者回到汉族文化传统，尤其是宇宙论的传统中。他首先考察了极为重要但常被忽视的“乾—巽”，或者说“山—海”轴线以及与其相关

① R. A. Stein 1957a.

联的象征性建筑元素“天门”“地户”，进而又讨论了（亡者或巫者之）魂神在天地之间的远游与回归。在这样的宇宙论与仪式框架中，他将“列缺”“昆仑山”“深渊”“尾闾”等二元对应观念置入其中。在中国汉族聚居区，尤其是道教传统中，这些空间观念不但存在于天地之中，也存在于人身之中，更存在于建筑之中（干阑—穴居，楼阁—窨穴，等等）。由此我们实际获得了一个近乎全息的“模型”，它可以用以理解身体、建筑、山水，乃至天地（世界、宇宙）构成的符号象征体系。正如作者所言，这种上下交叠的形式，实际也存在于“昆仑”“葫芦”“混沌”这一系列联绵词之中，并具有极为深刻、内在的关联性（见图 d）。

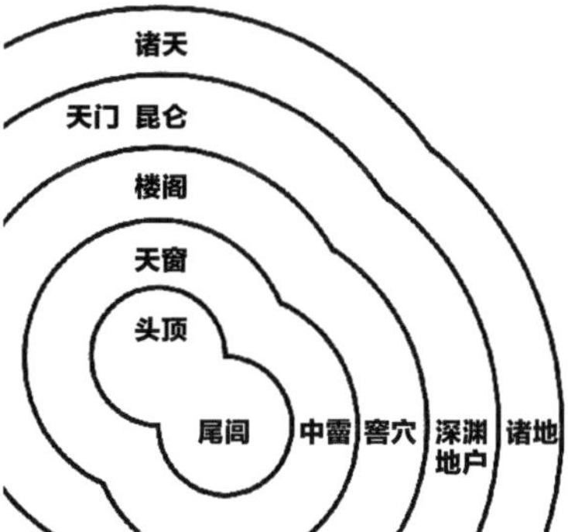

图 d 第三部分中所讨论的不同层面“天地”

如此，作者游走于身体、建筑、山水与宇宙层面的概念之中，并选取了其中至为关键的昆仑山作为讨论的核心内容。他利用《神异经》这一当时常被忽略的文献还原了宇宙论以及圣山之间的性别对立及神婚，进而通过“九曲”“旋室”等建筑主题论定了昆仑山所具有的旋转特性。由此，作者又转入史料中的秦皇宫阙、汉武园囿以及武后明堂，论述了其中对于昆仑山的模仿。建筑与山岳的界限被进一步淡化了。最后，作者进入了印度文明中的须弥山主题，依据阿含部与密教部的部分佛典总结出了上大下小、莲花、旋转等三个特征，它们与中国的昆仑山具有极强的相似性，并在后来发展中相互融合。他又利用了一系列图像与建筑案例（不动明王、转轮藏、琉璃塔等），讨论了须弥山的不同特征在不同情况下的组合与嬗变。最终，石泰安先生以较短的篇幅，对手持净瓶的汉传佛教女神观音菩萨与印度教湿婆、林伽的关系进行了极具洞见的历史性、比较性研究。令人称奇的是，当作者“绕一大圈”讨论完这组表征后（尤其是通过爪哇园林的案例进行引导后），我们能够联想到居于瑜尼（yoni，阴）之上的林伽（liṅga，阳），实际与设于玉盆（水）之中象征昆仑（火）的灵石拥有几乎相同的构成形式，读者也由此在不经意间被石泰安先生带回到了起点。

在这一部分中，石泰安先生很明确地回应了与他同辈且同样关心各类建筑空间象征的比较宗教学巨匠伊利亚德教授（Mircea Eliade，1907—1986）。同样地，伊利亚德也在他的

《神圣与世俗》中引用了石泰安先生有关盆景的研究。[①]与伊利亚德不同的是，石泰安更为细致地读取了有关北亚诸萨满文化民族住房的民族志记录，并将其与宇宙论相关联。他对于中国藏族聚居区仪式文本的精细爬梳，实际直接贯穿于他后来对于敦煌藏文抄本的系统性研究。对于不动明王的个案分析呼应了他晚年开始的对于“唐密”的兴趣，而文章最后对于林伽、湿婆、观世音之间的微妙转变实际正是得益于他在另一份研究中的绝妙阐释[②]。

纵观全书，作者坦白自己“不断地从建筑形制转换至自然形制”，实际也不断地在“大天地”以及不同层次的“小天地”中来回转换。所有这些空间都可以被认作一处独立于外部世界，自我封闭、自给自足，且适宜居住的壶中小天地。书中三个部分看似相互独立，但其内在关联极为密切。所有的元素集合体都被贯穿到极为和谐且系统的分析之中，向我们展示了亚洲文化中一些极为重要的结构与主题，尤其是其中的宇宙论与物质文化思想。

---

① 米尔恰·伊利亚德:《神圣与世俗》，王建光译，北京：华夏出版社，2003，第86—87页。

② R. A. Stein. «Avalokiteśvara/ Kouan-yin, un exemple de transformation d'un dieu en déesse», *Cahiers d' Extrême-Asie*, 1986 II: 17-80.

本书的研究特点

跨越学科

石泰安先生的《壶中天地》一书并非一部典型的汉学研究著作，而是一部以宇宙、山水、建筑、人体，或者说“空间”为索引的比较宗教学巨著，其同样也可以被理解为是以比较宗教学为视野的一次建成环境史的精彩阐释。作者利用自己的广博知识、丰富见闻、强大的语言能力，以及对于理论的驾驭能力，徜徉于不同地区、不同民族、不同类型的场所空间之中，并四两拨千斤般地轻松消解了其中的学科壁垒。正如作者所言，他的这种研究并没有既定的“方法”可言，“这里唯一的方法就是比较研究”（法文版原序）。石泰安突破了宗教史、建筑史、艺术史、园林史甚至语文学等诸多学科的边界，将天地（宇宙）、山水、建筑与人体一同进行考量。从这一点来看，它在世界范围的比较性研究中都是独树一帜的。

宏观视野

石泰安先生在书中大量引用了汉文、藏文、蒙古文、越南文、日文、回鹘文（甚至西夏文）的文本，口传以及考古材料。而他所引用的学术研究成果除法文外还包括了中文、日文、英文、德文、俄文、越南文之成果。我们不可避免地联想到由马克斯·缪勒（Max Müller，1823—1900）、涂尔干

（Émile Durkheim，1858—1917）以及莫斯（Marcel Mauss，1872—1950）等伟大语言学家、社会学家及人类学家对于宗教所开展的宏观视野下的比较探究。此类学术风气在第二次世界大战之后逐渐衰落，以石泰安、伊利亚德一代学者为最后一代，终止于20世纪80—90年代。我们稍后将会看到英国学者对作者这种宏观"文明视野"的批评，但事实上，这种整体性思维恰恰是我们今天所日益需要的。

事实上，诸如石泰安先生这类掌握多种语言的"博物学者"式（Physiologus）比较宗教学家在当今世界已经少之又少，这也使得以一人之力将此书译出的可能性微乎其微，或许这也是本书的汉译工作久久无人问津的原因之一吧。

民众视角

我们在书中将看到，作者在开篇便批评了此前研究盆景的欧洲学者"没有任何从社会学或民俗学入手的兴趣"，且"除了一般的从审美出发的考虑因素以及一些用同样含糊词语表达的哲学观念（比如对于自然的崇尚）外，再没有人进行过详细的记述"。由此，作者将自己置于了"审美"以及"文人"的某种对立面，也即"宗教"与"民众"。在本书之中，他声称："关于我们生活空间的组织概念代表了最为普世的宗教，一种既没有名字也没有教会组织的宗教，其由某一特定社会中的全部习俗及宗教思想组成。”[1]对于东、西方神秘主义传统有着极大兴趣与极深了解的石泰安先生同时也对汉末的民众道教以及西藏流浪艺人极为关注，我们从相关的研究中可以看到他一以贯之的民众视角，而这一宝贵的基层视角实际正源自法国的社会学、人类学传统。

注重实践

作者在书中坦言自己将不再沉迷于“学者思想中或多或少抽象的宏观世界”，而是要走向“民众自己的世界，自己的庇护所（refuge）”“一处民众的环境……文人论述中目之为‘俗’的环境”。由此，他与伊利亚德教授对于将天界、地界“层级”的探索走向了不同的阐释方向：前者“从心理学层面立论”，而后者则通过《诗经》、史籍以及民族志乃至考古资料，从生产生活实践出发，将天界、地界层级的出现归因于“双季节”性的住房形态：地穴与干阑。从生产生活实践的角度出发，他认为干阑与穴居并非像一些学者所论述的那样是地域性、民族性差异，而是由自然天气因素所形成的季节性差异。由此，这两种不同的建筑形式在上古时代的中国应同时兼具。而也正是因为这一观点，石泰安被一些学者称为“经验主义”(empiriste)[2]。很明确的是，这种视角与上一点一样，都明显受到了其业师葛兰言汉学研究的影响。

---

① R. A. Stein 1957a: 163.

② Gérard Toffin, «R.A.Stein, Le Monde en petit. Jardins en miniature et habitations dans la pensée religieuse d'Extrême-Orient», *Homme* 28, no. 108 (1988): 186.

本书对当代中国的意义

本书出版至今已有三十五年，其中一些对于事实的判断和描述可能已在学术界被修正。尤其是近几十年来建筑史、园林史学科的长足发展，已对其中所涉及的很多个案进行了深入且长足的探讨。但即便如此，石泰安先生这部著作中经过通览所获得的诸多洞见仍然十分具有说服力，可谓瑕不掩瑜。此外，这部著作也因其跨地域、跨学科的特征在今天的学术实践中难以复制，由此实际更具有了特别的参考意义。

对于“文明”的再认识

在我国，对于汉族历史、文化的研究自有着一条独立且伟大的学术脉络传承。其中稍微传统的做法，乃是沿袭传统的文人道统，将文本置于经、史、子、集的范畴之中来进行探讨。然而，这种传统的治学方式以及书目分类方法乃是以儒家为本位的一种文化模式，在很多范畴，特别是在当代的文化背景以及问题意识下，都无法成为检视文化的有效模式与途径。

在法国汉学领域，对于此类传统中文经典的研究除专注于文本的马伯乐、康德谋等汉学巨匠外，还有一部分学者秉承了自涂尔干（Émile Durkheim，1858—1917）以来的社会学（以及人类学）传统，以此作为其解读中文经典的视角，他们产出的研究成果不仅包含了社会史，还包括了观念史，并时时关注宗教层面的比较。由此，法国汉学传统乃是站在文明的角度，以全人类所共享的文化结构为参照，对中国文明进行系统性的对照、比较与理解，并联系其他文明进行贯通式的研究，葛兰言对于《诗经》的研究便可作为极好的例证。在这种“文明”视野下，石泰安先生在开篇便言明了自己所考察的地理空间范围包括了“中国汉族聚居区、藏族聚居区，北亚及东北亚地区（即突厥-蒙古地区，及其所邻民族）”。正如蔡涵墨（Charles Hartman）教授所指出的：“石泰安坚持一个大中华（a greater China）的概念（这个词是我的，而不是他的），用他的话来说，这是一个坚定的信念，即‘中国从来都不是一处封闭的空间’，其正处于一系列文明的中心——蒙古、阿尔泰、西伯利亚、日本、越南，这些文明自史前以来便一直相互作用且相互滋养。”[①] 在这样的背景下，作者从根本上弃绝了进化论式的框架，并言明自己不会试图判定某一表征形式在不同族群之中的“借用”或谈及“演进”（évolution）（第三部分前言）。一如蔡涵墨所言：“从历史的角度来看，石泰安认为大中华文化是一种不断变化、流动的东西。他拒绝试图建立历史年表和‘影响’（influence）的线索，这个词他几

① 蔡涵墨原文为：“Stein adheres to a concept of a greater China (the term is mine, not his), a firm conviction that in his words ‘China has never existed in isolation.’ China is rather at the center of a group of civi- lizations–Tibet, Mongolia, Altaic Siberia, Japan, Vietnam–and these civilizations have since prehistory interacted and cross-fertilized each other.”。［见于 *Chinese Literature: Essays, Articles, Reviews* 14 (1992): 139。］

乎从未使用过。”[①]事实上，所谓的“大中华”这一概念也并非石泰安所创，早在1972年，谢和耐先生（Jacques Gernet，1921—2018）便在题为“Le monde chinois”（意为“中华世界”，中译本名为《中国社会史》）的专著中讨论了“草原地带的游牧居民”“喜马拉雅山系及其交接地区的山地居民”以及“华南与东南亚之混合文化”[②]。我们注意到，正是石泰安先生的语言能力，以及其语文学（philology）涵养，使他能够徜徉在如此宽广的天地之中，并发挥洞见。以本书为例，他就汉—藏语中“kl-”“mt-”这两个双辅音声母联绵词群组所做出的阐发令人拍案叫绝。

由此，石泰安先生及其所代表的法国汉学所关注的，乃是对于整个“远东”及“高地亚洲”的文明研究，而正是这种关心各民族共享文化结构的视角引来了另一部分西方学者的诟病。在时任伦敦维多利亚和阿尔伯特博物馆（Victoria and Albert Museum）策展人柯律格（Craig Clunas）的书评中[③]，书评者不客气地指出了书中一系列论述的不合理之处，并认为其

---

① 蔡涵墨原文为："From the historical point of view, Stein views the culture of greater China as an ever-changing, fluid thing. He rejects attempts to establish historical chronologies and lines of 'influence', a word he almost never use."。[见于 *Chinese Literature: Essays, Articles, Reviews* 14 (1992): 139。]

② 事实上，据郭丽英所述，石泰安先生1966年在法兰西学院所担任的讲席便名为“中华世界研究：制度与观念”。

③ 书评见于：*Journal of the Economic and Social History of the Orient* 35, no. 4 (1992): 370-372。

中一些观点“可能显得不符合历史，甚至偶尔会站不住脚”[①]。但真正饶有趣味的是，书评者先在第一时间明确了自己隶属学术界中的“英美传统”（trained within the British and American traditions），并称葛兰言在这一传统中只是“遥敬之，但很少提及”（revered at a distance，but is rarely invoked）。最后，书评者再一次在结尾处重申了这种“盎格鲁–美利坚”归属。很明显，书评者实际是以本书为切入点对法国汉学传统进行批判，实际想强调的是盎格鲁–撒克逊与欧洲大陆法兰西两个传统的对立，而其背后乃是两种不同的意识形态以及哲学体系。

在所谓“盎撒”的学术传统中，第二次世界大战之后蔚然成风的“文化相对主义”（cultural relativism）思潮，强调文化的表面性、多样性，尊重每个人的能动性与创造力。这样的思想在其最初乃是针对“早期进化论”，当然具有正面积极的意义。但在这样的逻辑理路下，学者们“长期受制于国族与世界对分格局”[②]，倾向于对事实进行单独化，或者说是“碎片化”的处理。其研究目的乃是探索不同层面个体之“不同”，而非“共识”。盖因在这一哲学体系下，学者们并不相信通过想象力所构建的精神图景，这其中也便包含了所谓的“文明”。如此的学术指导思想并不是孤立的，所对应的正是我们今天所处世界范围内无休止的撕裂，以及社会的日益原子化。

① 其原文为：“Read from within the Anglo-American empirical tradition, the thesis of The World in Miniature can appear ahistorical and even occasionally shaky.”。

② 王铭铭：《在国族与世界之间：莫斯对文明与文明研究的构想》，《社会》2018 年第 4 期，第 1 页。

具体在有关中国与亚洲的研究中，一大部分“盎撒”学者主观上并不承认一个连续且统一的以中原为纽带的“文明”共同体的存在，而代之以“国族观念”。20 世纪 90 年代美国学术界针对巫鸿教授《中国古代艺术与建筑中的“纪念碑性”》[①] 一书的猛烈批判，便可视作一典型案例。在李零先生为其辩护的名文《学术“科索沃”——一场围绕巫鸿新作的讨论》中，他评论说：“西方学者批评巫鸿的目标，更主要是集中在所谓‘解构永恒中国’，即打破我们习惯上爱说的中国文化的‘连续性’和‘统一性’。”他进一步一针见血地指明，这里所谓的“西方”学者对其他不符合他们评判标准的学术研究路径进行大肆的口诛笔伐，这实际恰恰与他们表面奉行的主义自相矛盾。[②]

由此，柯律格的书评与其说是有关研究方法的辩论，倒不如说是意识形态的争论。石泰安先生所代表的法国学术传统中充满了哲学性的思辨，其目的并非找到所谓的“历史真实”，而是寻找人类的精神状态或思维。“盎撒”传统苛求于确凿的证据，仅对具体的现象做经验主义的描述和分析，由此不能理解法国汉学研究中深奥的思辨传统和宏大的智识构架或叙事。我们不应忘记，这部才气纵横的作品的最初部分诞生于炮火纷飞的第二次世界大战之中，作者的双亲也殒身于这一人类浩劫之中，而他本人则目睹了世界的分崩离析，

① 中译本参见巫鸿《中国古代艺术与建筑中的“纪念碑性”》，郑岩、李清泉译，上海人民出版社，2009。

② 李零：《学术“科索沃”——一场围绕巫鸿新作的讨论》，《中国学术》第二辑，北京：商务印书馆，2000，第 15 页。

并亲身经历了多次的迫害、驱逐、抢劫与囚禁。因此，我们不难揣测，对于作者而言，达成人类的共识，其意义远大于无休止地对人类社会进行原子化的割裂式理解。正如其在法文原版序言中所说："其一致性……并不为这些差异所打断""其中的一致性远超于地域差异"。又如："我之所以进行这一工作，乃是希望在更高的总体层面，为理解人类想象的运行方式做出贡献。"

事实上，法国传统下的"文明"研究与我国一直以来的人文"道统"具有极强的契合度。不仅李零教授已经发声在前，近来中国社科界学人的一系列反思与前瞻均已表明了对于以"盎撒"国家为主导的"碎片化"研究的反思，以及回归"文明"研究的学术自觉。渠敬东指出："未来的中国社会学研究，可大致在中国及其与世界文明的关系层面入手。"这其中的第一项工作便是"深入理解中国文明的本原基础，从天道与人伦的基本原理出发，解读诠释经史原典，从天人关系、家国关系、人神关系出发理解中国社会原初的'一本'和'一体'结构，并结合考古学、文献学和人类学等实地材料，加以实证考辨。"其又包括"进一步研究文明形态中的超越性存在方式……士大夫阶层用来寄托精神归宿的山林世界，又将儒、释、道三者的理想追求结合起来，塑造着对天地万物永恒秩序的建构和诠释。所有这些因素，都从反向上制约、补充和平衡着现世社会的运转”[1]。在这样的背景下，石泰安先生这部名著从其问题观念、研究方法以及研究材料等方面，都对我们今天站在“文明”的角度重新审视并研究“大中华”具有了教科书级的意义。我们同样应认识到，所谓的“西方”也并非铁板一块。

对于“山水”的再认识

在既有的盆景、园林乃至山水文化的研究领域中，中国学者仍多从美学的角度，以文人精英的视角对其中的文化乃至思想精神进行解读与阐释，这实际是延续了宋、明以来文人“雅”风的余韵。与此不同的是，石泰安先生早在80年前便开宗明义地坦言，他将从大众的“俗”文化以及宗教层面来对盆景进行讨论，这当然也包括了盆景背后的山水文化。事实上，随着由施舟人（Kristofer M. Schipper，1934—2021）先生所倡导的“洞天福地”相关研究的不断展开，我们已经不断地证实了所谓“好山乐水”的文人“雅”文化实际源自由六朝上清经派“洞天福地”观念所主要代表的山水圣地知识系统以及集宗教修炼与生产劳动实践于一体的隐居生活方式。这一知识系统将天地、山水与人身相互等同起来，并着眼于将山水所具有之钟灵毓秀之精气分享给所有应为“后世种民”之人，由此构

① 渠敬东:《作为文明研究的社会学》,《中国社会科学》2021年第12期，第70—71页。有关文明视野的研究还可参见罗祎楠、刘晗、戴昕等《文明研究的视野为何对人文社会科学研究是重要的?》,《东方学刊》2022年第4期，第92—112页。

建一处有别于城市的，更为乡土的社会组织体系[1]。从这一点来看，“洞天福地”与稍后出现的“桃花源”实际具有相同的含义[2]，它们都同时具有了自然与社会的双重属性。

从这一角度出发来看，我们便可理解南朝著名山水画论家宗炳在其《画山水序》（约430年）中为何将他的山水画艺术实践与“凝气怡身”“闲居理气”的身心层面宗教实践相关联，又云何言及“昆阆之行，可围于方寸之内”，也即是将山水圣地之形缩写于一纸方寸之间这一具有灵力的仪式性行为。换言之，山水、园林、盆景乃至山水画，都是“道”的载体，也是“道”的表现。石泰安先生在本书中虽未引用这一画论材料，但却大篇引用了《真诰》（“洞天福地”的最初记载），而他基于盆景的论断也恰恰印证了中国山水画这一神圣性起源。对于以往的园林与山水文化研究而言，本书实际弥补了“山水作为神圣空间”这一理论体系的建构[3]，关于其他许多相关领域文化现象（文学、园林、绘画）的解读均可由此迎刃而解。

① 陶金：《“洞天福地”原型及其经典阐释——〈真诰·稽神枢〉中的圣地茅山》，《2019年第一届洞天福地研究与保护国际研讨会论文集》，北京：科学出版社，2021，第33—95页。

② 柏夷（Stephen R. Bokenkamp）：《桃花源与洞天》，《道教研究论集》，上海：中西书局，2015，第160—177页。

③ 李树华在其《中国盆景文化史》的前言中曾对此书的两个版本有所提及，但该书的观点在更为宏观的园林与山水研究中至今未见深刻的影响。参见李树华《中国盆景文化史》，北京：中国林业出版社，2005。

对于“艺术”的再认识

东亚地区有着与中亚（其往往与印-欧系统相关联）迥然不同的宇宙观以及物质观念。而在东亚地区的本土宗教中（如中国之道教、官方及民间祭祀宗教、越南之母道、朝鲜之巫堂，以及日本之神道教等），往往存在着一种“非偶像”的文化思想脉络。即以抽象的形式来表达神圣的存在。以道教为例，黄士珊教授便极具洞见地综诸家之说总结出三点特征：一、非偶像的；二、非物质 / 不可见的；三、瞬间即逝的，并言明“非偶像的模式是道教对中国视觉文化最有意义的贡献，也是道教视觉有别于以偶像形塑为主要模式的佛教视觉之最大不同。这也反映了道教对于书写的尊重与爱好，并将书写视为一种与变幻无穷的宇宙之气相连的神圣物质形式”①。但与此同时，这一体系也不断受到来自中亚、南亚地区的影响，由此形成了维度丰富的宗教表现体系，且相互影响。在宗教艺术史领域，受到自20世纪初期以来途经中亚的欧洲探险家们的影响，学者极为便利地将源自欧洲的图像研究方式应用于佛教美术之中，这虽然极大地丰富了我们对于中国与丝绸之路各文明之间纽带关系的理解，但也造成了当今中国学术界在宗教艺术研究领域以佛教一家独大的现状。除巫鸿教授关于“老子的非偶像表现”②的论

① 黄士珊：《图写真形：传统中国的道教视觉文化》，祝逸雯译，杭州：浙江大学出版社，2022。

② 巫鸿：《礼仪中的美术》，郑岩等译，北京：生活 · 读书 · 新知三联书店，2005，第509—522页。

文，以及黄士珊、李凇教授的专著[①]外，对于东亚本土传统中神圣存在、且虚且隐的艺术性表现形式至今仍未有学者进行较为体系化的研究，其在艺术史学科中距离建立一整套有效的认识与阐释体系尚有一定的距离。

早于以上艺术史学者们的宝贵探索，石泰安先生这一著作以道教思想与实践作为立足点，首先从本体论层面上有助于我们认清山水的神圣特质，由此便可进一步构建起以山水的艺术表现为中心的研究体系。更为重要的是，石泰安先生向我们展示了一种认识论上的可能，即如何将这些至幽至微的图、文材料发隐而出，进而相互关联地进行讨论与阐释。

对于“空间”与“建筑”的再认识

相似的情况也存在于建筑史研究的领域。佛寺（及佛塔）的研究在宗教建筑的专题中占有极大的比例，而有关城市、宫殿、民居建筑的研究则常以儒家礼法制度作为切入点。此外，空间以及建筑构造象征性等方面同样缺乏系统的阐释性研究，王贵祥的《东西方的建筑空间》[②]虽然是一次尝试，但其中所引用之案例明显偏重于佛教建筑甚至印度教建筑（由此倒不如说是中-印或者印-欧建筑空间研究），而在“宗教宇宙模式”一题下，直接缺省了最能代表东亚本土宇宙观的道教。在本书中，身为藏学家的

① 黄士珊：《图写真形：传统中国的道教视觉文化》，祝逸雯译，杭州：浙江大学出版社，2022；李凇：《中国道教美术史（第一卷）》，长沙：湖南美术出版社，2012。

② 王贵祥：《东西方的建筑空间——传统中国与中世纪西方建筑的文化阐释》，天津：百花文艺出版社，2006。

石泰安先生明确地表示，“至于汉族聚居区，最重要的表征都与道教有关”。以此为基点，他在有关建筑的讨论中游走于各个民族与地区，并将身体、山水与建筑的边界打破。如此的结果，便是隐藏在诸多佛教建筑与礼制建筑下的道教元素得以彰显：明堂与昆仑山、汉式佛塔与仙人楼居[①]的关系不喻自明。

事实上，对于宗教的比较性认知实际建立在对社会与政治制度、生产方式、文化习俗，甚至语文学等多方面信息的深入了解之上。而对于建筑，或者说宗教建筑的比较研究则与比较宗教学之间存在着一种相互支持的关系：一方面，对于不同宗教建筑的比较可以作为宗教比较研究的可靠支持；而另一方面，在更为抽象的宗教思想层面的比较则可为宗教建筑的研究提供思路与指导。在这种正反相互的作用之间，乃是时空中的仪式以及由仪式所承载的宗教思想。而正如我们在本书中所看到的，石泰安先生实际一直关注着新中国的考古事业以及建筑史领域的发展，但他对这些成果的利用方式则是独立且独具特色的。

---

① 罗世平教授近年的一篇研究进一步证实了石泰安先生这一推断，参见罗世平《仙人好楼居：襄阳新出相轮陶楼与中国浮图祠类证》，《故宫博物院院刊》2012 年第 4 期，第 10—26 页。

本书的若干译本

《壶中天地》这样一部名作在历史过程中拥有不同的版本与译本。本书的基础是 1942 年于越南河内出版的《法国远东学院学刊》的《远东的盆景》一文，它以单行本的方式出版，自成一册。这部作品曾由日本早稻田大学福井文雅教授主持翻译，以《盆栽之宇宙志》(『盆栽の宇宙誌』) 之名于 1985 年在东京出版。2007 年，该作品又由俄罗斯圣彼得堡大学的科诺罗佐娃（Е. Ю. Кнорозова）教授翻译为俄文，以《远东地区各国之盆景》[①]之名于圣彼得堡由科学出版社（Наука）出版。本书的第二、第三部分是作者于 1957 年所发表的两篇论文，其中的《居所、天地与身体》[②]曾于 1986 年由耿昇先生译为中文发表[③]。由于 1957 年这两篇论文与第一部分关联紧密，且互为支持，故在 1987 年被作者三合为一，成为本书，列入《思想与研究》(*Idées et Recherches*）丛书在巴黎出版。也就在同年，本书的意大利文译本由著名翻译家 Michele Sampaolo 以同名[④]在意大利米兰

---

① «Миниатюрные сады стран дальневосточного культурного региона. классическое востоковедение: культы, религии, ритуалы»: [сборник] / пер. с фр. Е. Ю. Кнорозова. Санкт-Петербург: Наука, 2007. 感谢白若思（Rostilav Berezkin）教授向译者提及这一译本。

② Rolf A. Stein, «L'habitat, le monde et le corps humain», *Journal siatique*, 1957 CCXLV : 37-74.

③ 石泰安:《远东和高地亚洲的住宅、社会及人类集团》，前揭。

④ Rolf A. Stein, *Il Mondo in Piccolo. Giardini in Miniatura e Abitazioni Nel Pensiero Religioso Dell'Estremo Oriente*, trans. Michele Sampaolo (Milano: Il Saggiatore, 1987). 感谢阿琳娜（Elena Valussi）教授协助查询该书译者相关信息。

由 Il Saggiatore 出版社出版。1990 年，本书的英译本由美国加州大学的 Phyllis Brooks 教授译出，并进行了大量的校订、编辑工作。Brooks 教授的丈夫，也即享有盛誉的美国汉学家薛爱华（1913—1991）教授倾情为本书做了英文序言，现已附于本书法文版原序后。各个版本之间的承递关系可参见图 e。

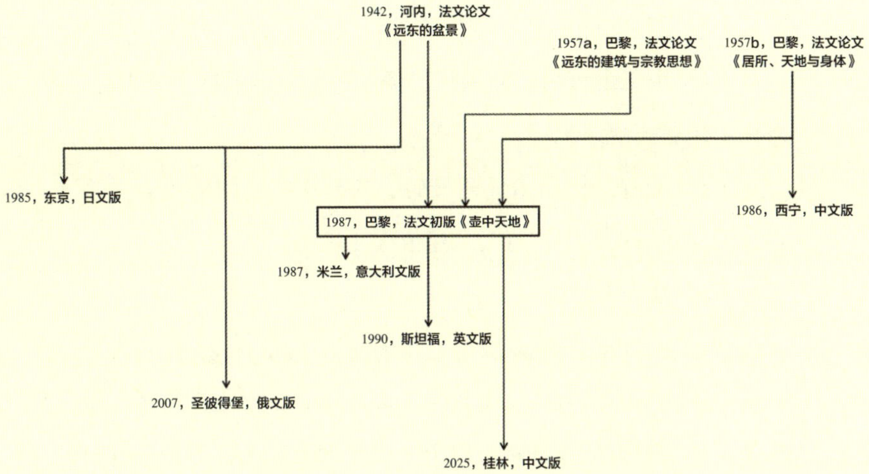

图 e 本书各个版本出版年份承递图

需要说明的是，虽然本书的资料翔实，论述有序，但从图书本身而言，无论是 1987 年法文原版，还是经过校订的 1990 年英文版都留有一定的遗憾。1987 年法文原版有以下几个问题较为明显：

（1） 1942 年河内所出版的论文在正文与脚注中均将其所引用之中文、越南文内容附以原始之汉字、喃字。这在 1987 年巴黎版中被代之以编号，并将汉、喃字以手写的形式列入附录，由此造成了阅读上的不便，其中部分内容在列入附录时还被缺省了。

（2）中文、日文、越南文均呈现出不同程度的拉丁化（romanisation）拼写问题。

（3）部分植物拉丁名拼写存在讹误。

（4）由于书稿内容的编写、增订前后经历了近半个世纪，所以引用格式缺乏统一。

（5）所有的插图未详明号码，其与文字之间的咬合关系稍显欠缺（虽然插图按行文顺序依次插入）。

（6）缺少书目。

在编辑 1990 年英文版时，译者 Phyllis Brooks 教授夫妇与斯坦福大学出版社人文类编辑 Helen Tartar 女士进行了大量整理工作，尽可能地处理了以上几点问题（受条件限制，针对上述第一点，仅将手写汉、喃字调整为印刷体）。石泰安先生还审阅了译文，并提出了部分修改意见（英文版中有部分语句内容为 1987 法文版所无，当是此时由作者授意增入）。即便如此，英文版仍然存在以下几点遗憾：

（1）大量中文文献，以及部分越南文文献未能提供原文参照，而这一点在今天海外亚洲研究的学术出版中已经成为一种惯例。

（2）仍存在个别中文、日文人名拉丁化拼写错误。

（3）虽然建立了参考书目，但并未列出汉文、藏文、蒙古文、越南汉喃文一手文献，此外，近、当代中国学者之研究成果也未纳入其中。

（4）个别语句存在漏译之问题[①]。

（5）法文原版中有部分内容以方括号标识，此系作者在编订1987年版本时所增益之内容，但在英文版中被去除。蔡涵墨教授对这些方括号的作用十分重视，他说："因此，读者能够看到石泰安的思想在其后的时间中是如何持续发展的，哪些材料是在他的研究中的什么时候收集的，以及他自己对那些看似无关的资料的日益掌握是如何促进了最初基本思想的发展的。现在，所有这些都提供了一个如何规划学术生涯的教科书范例；仅出于这个原因，这本书就应该是传统中国方向研究生的必读。不幸的是，美国版中方括号的省略消解了该书的教学

① 英文版第42页，在"Without referring back to a single, precise fact, they nonetheless show us a characteristic feature of the evolution of an idea."一句之后漏译"Elle ne nous dit pas ce qui s'est passé à tel moment, à tel endroit, mais un exemple typique de ce qui aurait pu et dû se passer étant donné l'état général de la question."。（逸事并不告诉我们在某一时间，某一地点所发生的确切事件，而是提供一典型案例，说明在通常情况下可能以及应该发生之事。）英文版第72页，在"On its summit the priest Phap-loa (Seashell of the Law) built two pagodas, one called Ho-thien (Gourd-heaven) and the other Chan-lac (Pleasure [place] of the Real Ones)."一句之后漏译"Garçons et filles y viennent offrir de l'encens au début du printemps."（按照当地风俗，"士女以新春诣寺行香"。）。

价值。”[1]

本书的中文翻译工作

文字部分的工作

由于本书出版年份稍早，许多出版标准与当下均不甚相同，故而本书的翻译过程实际可以说是一次“重构”或者至少是“落架大修”的过程。译者仍以1987年法文版为底本，但旁参了1990年英文版，以便尽可能地吸收后者之各类校订与提升的成果。同时，译者仍然参考了1942年《远东的盆景》一文中未收入1987、1990两版附录中的部分汉字、喃字。关于本书的第二部分，译者在本书译稿的最终打磨阶段方才知晓汉译文稿的存在[2]（它并未列入郭丽英教授1999年所修订之书目），此前未及参考，殊为可惜。不过由于作者在编订本书时已将1957年初版进行了修订，故译者仍以自己所作译文为主体，并旁参耿昇先生译稿进行了对照检查。耿先生译稿中诸如“葫芦形天”等译法显然是因为不了解“壶（瓠）天”这一概

① 蔡涵墨原文为：“The reader is thus able to see how Stein's ideas continued to evolve over the years, which material was collected at what point in his research, and how his own increasing mastery of seemingly unrelated sources contributed to the development of the original, seminal idea. Now all this presents a textbook example of how to organize a scholarly life; and for this reason alone the book should be required reading for graduate students of traditional China. Unfortunately, the omissionof the square brackets in the American edition removes this pedagogical value of the book.”出处同前揭。

② 石泰安：《远东和高地亚洲的住宅、社会及人类集团》，前揭，1—35页。

念的误译，此在本稿中当然不会出现，但他对于中国藏族聚居区宗教的译文，则对本书译者极有意义。

针对本书的文字内容，译者还做了以下几点工作，现谨开列于下：

（1）遵依英文版将法文版中有一些较为简短的文字段落进行合并，并保留了英文版中所新增的零星内容。盖因彼时原作者仍然驻世，此类改动应皆系作者所嘱，或至少对此知晓。（因为这些增添十分零星，且时间跨度较小，故而不再以方括号标明）

（2）对于法文原版中的“方括号”进行了保留，以期使读者能够领略石泰安先生的学术发展历程。这种方括号标出的新增内容往往成段落出现，与行文引起的括号嵌套存在区别，希望读者们能够注意。

（3）一些书评家认为本书并不易读，这是因为读者“被海量的信息所淹没”[①] 以及其“迂回曲折，有时如神谕般的写作风格”[②]。事实上，石泰安先生的论述逻辑虽然看似曲折（如他自己所言“绕一大圈”），但却理路清晰。在本译文中，译者根据其论述的内部逻辑，增入了部分小标题，以括号标出，帮助读者能够随时跟随作者的步伐，由此提升阅读体验。

---

① Meyor 书评原文为：“... the reader becomes overwhelmed with the sheer mass of data ...”。

② Joseph P. McDermott 书评原文为：“Stein's research was not easy, as his circuitous, sometimes oracular style of writing readily suggests.”［见于 *Garden History* 19, no. 2 (1991): 212］。

（4）译者尽可能多地对书中所引中文文献的原文进行了“还原”，其中还包括了以汉字书写的部分越南古籍。对于作者在正文中简要提及的古代文献，译者也都尽量根据其上下文语义查找出原文，附于注释之中。这部分工作是本次“重构”的重中之重，耗时也最多。

（5）在一部分叙述中，作者将中文古籍原典进行了翻译，但只作为其叙述之一部分而未使用引号，有时甚至也未注明出典。对于这部分内容，笔者尽可能地考证出其原始内容，以引号引入书中，并在注释中附以出处。

（6）为了突出作者作为汉学家与语文学家的翻译意识与学术思想，译者在中文古籍原文的部分重要词语旁以括号的方式附加了作者所翻译的法文原文及其现代汉语翻译，以此彰显作者之学术思想。

（7）作者以斜体字（*italic*）所标出的部分词语与语句，在本译文中均遵从中文传统以“着重号”注明。

（8）拉丁化越南文人名、地名、器物名的拼写均按照当代标准国语字（Chữ Quốc Ngữ）进行了修订。

（9）部分日文引文均依据作者之拉丁化转写进行了“还原”，以汉字与假名写出。

（10）藏文的拼写均按照当下标准的威利（Wylie）转写进行了修订。

（11）增添了原始资料的书目分类，其下分为：普通汉文古籍、道经、汉文佛经、藏文文献、越南汉喃古籍、日文古籍与其他亚洲语言文献。在1990年英文版中，这些文献均未被纳入书目之中。

（12）在近人学术论著的书目中，日文学术论著被单列为一项，并被还原为汉字与假名的书写方式。中文学术论著在此前的书目中未被纳入，此次得以编出。此外，所有引用插图之出版物也均纳入书目之中，各归其类。

（13）原始书目中，尚有部分西方学者著作未曾列入，此次全部补全。又有部分论著在当时尚未出版，此次根据其后来的出版年份进行了更订。

（14）作者所有引文之文献出处均被从正文括号中移入注释之中，相关中文论著，据所查出处以中文出版格式规范做了标注，其他外文论著的引述、注释，皆以原书为准。

（15）作者在部分中文古籍引用的过程中对其出处存在讹误，这可能是最初读书笔记记录过程中造成的笔误。作者通过“重构”“还原”中文原文发现了这些问题，由此进行了订正，并附以译者按文。

（16）作者在引用汉文与藏文传统文献时的格式并不完全统一，为了尊重原貌，译者对此并未进行过多修订。

（17）作者引用的部分藏文、回鹘文、波斯文文献均已存在汉译版本，译者利用了这些翻译成果，并在按文中详明了出版信息及页码。

（18）对于本书中译者能够熟知的部分重要内容，译者均有限度地增入了简略的按文，以帮助读者加深理解。

图像部分的工作

由于原出版社未能提供原始图像资料，我们不得不尝试将一些能够合理替换的照片代之以清晰的彩色图片，并根据文字内容合理地增入部分插图，以此提升读者的阅读体验。针对本书的插图，译者有如下几点工作：

（1）所替换的图片力保与原图中所反映的文物、历史图像完全相同。其中一部分建筑、园林类文物作者并未给出确切拍摄地点，译者力所能及地考证出其原始地点，并至现场以同样或近似的角度重新拍摄。有些文物的风貌在最近半个世纪中已经稍有改变，因此在保留作者原图的前提下增入了新图（这一考虑受到了雷阳与秦国帅两位博士对沙畹《泰山》一书翻译经验的启发）。

（2）为了提升读者的阅读体验，部分更新的彩图还增入了一些局部细节图像，用以进一步说明问题。

（3）对于作者所引用的出版物中的著名图像，译者努力获取了部分图像的数字化彩图，以提升最终的阅读效果［如芝加哥大学艺术史系的吴垠博士协助获取了 1785 年出版的《库克船长的第三次航行》（*Le troisieme voyage de Cook*）中部分精彩插图的扫描文件］。

（4）对于难以重新获取电子化文档的部分图像，尤其是作者所使用的线描图像，译者使用了原始法文版进行了扫描。得益于法文原版精良的印刷效果，这些图像的品质也因此得以保证。

（5）作者在叙述中引用了一些其他学者学术成果中所刊

载过的图像，有时甚至会针对这一图像进行系统的描述。译者尽量回到原始的学术著作中，重新获取这些图像，并引用于译文之中，以此加深读者的阅读理解。对于其中个别文物的黑白图像（如魂瓶、陶楼）则进行了谨慎的替换或新增。

（6）此外，对于作者特别讨论过但未附以图像的一些重要形象、文物，译者进行了有限度的增益（如作者所讨论的不动明王的形象以及北京圆明园法慧寺琉璃塔）。

（7）所有照片编号均沿袭英文版之例，所有新增图像则以“增图 X”注明。

（8）对于所有更换或增益之图像，均在图像说明中予以注明，并对原始图像之出处予以保留，加以注释、说明，以此最大化地保存原始信息。

感谢

博物学家式的学者已经几近绝迹，这使得本书的翻译虽然由译者一人主要承担，但却势不可免地成了一项“团队”级别的工作。在此，译者必须为在本书翻译过程中给予各类协助的师友进行“言功”，庶几功德昭彰，芳名永远。

在白若思教授（Rostislav Berezkin，复旦大学）的引荐下，本书中的越南文内容得到了叶少飞教授（红河学院）的大力帮助。关于藏文内容，译者得到了张帆教授（北京大学）、侯浩然博士（清华大学），尤其是郝凤凤博士（中国人民大学）的悉心帮助。在蒙古文方面，译者得到了来自纳青双阔尔博士（Nachinshonhor，G. U.，日本南高爱邻会）、诺尔曼女士（Nuurma Hargana，上海音乐学院），以及沙怡然教授（Isabelle Charleux，法国高等实践研究学院）的协助。而在日文方面，则全面仰仗了孔思琪小姐（大连海事大学）的专业支持。此外，对于书中所开列盆栽植物的拉丁文学名，Phyllis Brooks 教授曾进行过相应的校对，而在此次翻译中，译者则仰仗了北京林业大学的刘燕教授协助翻译了中文学名，并按照现行标准做了进一步的校订。以上各位师友不厌其烦地帮助我核对拼写、译名以及各种文献出处，这使我感受到了在当今学术范式下进行跨地域比较研究的可能。

在翻译过程中，林黎君博士（美国布兰迪斯大学）帮助译者处理了英文版的部分相关工作。包慧怡教授（复旦大学）、史原榭女士（芝加哥大学）与我的导师高万桑教授（法国高等实践研究学院）为我指明了部分法文疑难词句可能的翻译方向。舒丹（法国社会科学高等研究学院）、张琬容（法国高等实践研究学院）、孙千楚（法国高等实践研究学院）三位旅法学友则帮助我通篇审查了译文，并提出了修改意见。另外，韦劭辰先生也就德文方面的翻译工作进行了极为专业的协助。林灼芳小姐（中国社会科学院）在最终稿件的文字整理过程中亦助力颇多。

本书的翻译涉及大量相关参考材料的检索与复制。在这方面，我的同事曲爽（清华大学建筑设计研究院文化遗产保护中心）助力最多，同事常琢女士（清华大学建筑设计研究院）亦有协助。此外还应感谢广濑直记博士（日本早稻田大学）、张琬容博士、王群博士（日本早稻田大学）、白若思教授、邓雪晨女士（中国艺术研究院）、阿琳娜教授（Elena Valussi，美国罗耀拉大学）以及我在芝加哥大学的老师夏含夷教授（Edward L. Shaughnessy）在各类资料与信息上的支持与耐心答疑。此外，王岗教授（美国佛罗里达大学）与鞠熙教授（北京师范大学）分别与译者就本书的研究方法以及法国汉学学术传统进行过深入的讨论，并有颇多开示。

插图的重新整理是本书“重构”工作之大宗，在这方面我有幸得到了众多师友的赞助。在一些照片的原始拍摄地点考证以及重新拍摄的过程中，译者得到了王敏英女士（颐和园管理处）、李博先生（香山公园管理处）、张兴发道长（中国道教协会）、高欣女士（北京市道教协会）、张翀博士（中国社会科学院）、李昕女士（知了营造工作室）的提示与帮助。此外，鲍楠女士（北京故宫博物院）、许彤博士（北京故宫博物院）、宋连旺先生（华典伟业图书）、朱若麟博士（东京艺术大学）、朱明夏女士（清华大学建筑设计研究院）、圣威力（Guillermo San Vicente Frias）先生、刘昂先生也为译者乐助了部分图像资源。

在部分插图的信息查询、重新拍摄或扫描的工作中，译者得到了邵彦教授（中央美术学院）、印晓峰先生（海东书店）、马鸣燕女士、蔡宇琨副研究员（成都文物考古研究院）、刘彦伶女士（清华大学）、林黎君博士（布兰迪斯大学）、周全彬老师、张东山博士（北京大学）、常琢女士、庄蕙芷博士、高桥早纪子准教授（日本爱知学院大学）、秦国帅博士（齐鲁工业大学）、胡玥女士（清源视野）、王洋女士、谢文泓先生（气候债券倡议组织）、林颀玲博士（威斯康星大学麦迪逊分校）以及张立红女士的协助与代劳。郭峰先生（新疆克孜尔石窟研究所二级美术师）帮助译者确认了部分插图中克孜尔石窟壁画的出处与藏地，并提供了更为清晰的历史照片。我在芝加哥大学的学友吴垠、邹一凡，以及释悟性法师协助扫描了多幅馆藏古籍以及宗教学、艺术史相关插图，学友吴方、曹丹宁亦有相应的帮助。我在诺丁汉大学的学长赵觉及其家人（徐璐明、徐云福、邱美英）协助扫描了其家中安奉的《大正藏》图像部内容。

更为重要的是，石泰安先生的弟子，也是他撰写本书的重要助手郭丽英教授（法国远东学院荣休教授）就译者所总结的作者生平进行了审阅与修订。Michèle Stein 女士则专门扫描并提供了其父相片。译者为此深感荣幸，并感受到了与石泰安先生之间某种传承性的“接触”。

对于以上所有师友对本书所做之协助，译者在此一并稽首称谢，回向功德。由于译者水平有限，译文中的错误和欠妥之处在所难免。欢迎广大读者和行家里手批评指正，不胜感激！译文中的所有错误均由译者一人承担。

陶　金

英文版序

如果没记错的话，我最初开始正式了解石泰安的学术研究，是我读到他 1947 年发表在《北平汉学研究所学报》上的长文《林邑》[①]的时候。我自己的学术生涯便也由此开始孕育。通过老师卜弼德（Peter A. Boodberg）的介绍，我对法国汉学学派产生了极大的敬佩，我认为该学派主要由三驾马车引领：葛兰言、马伯乐（Henri Maspero，1883—1945）与伯希和（Paul Pelliot，1878—1945）。不幸的是，这三位先生均于 1945 年离世[②]，这对我们的学科是一次沉重打击。我曾好奇，将由谁来扛起法国汉学这面严谨学术的大旗。

在《林邑》一文中，我见识了对于古代占城（Champa）的精妙考察，这一强大的民族与印度尼西亚具有亲缘关系，并

---

① R. A. Stein, «Le Lin-yi, sa localisation, sa contribution à la formation du Champa et ses liens avec la Chine», *Han-hiue* (*Bulletin du centre d'études sinologiques de Pékin*) 2, pp. 1-335.

② 译者按：其中葛兰言实际去世于 1940 年。

融合了印度文化，占据了现今越南河内以南的大部分地区，直到近代早期才被越南逐步的领土扩张所瓦解并吞噬。石泰安特别关注了占城—中国边境的早期情况以及占族人的历史与神话问题。在研究中，他利用了一些鲜为人知的中文资料，这对于比较语言学、历史语言学，以及印度支那（Indochina）的地理及民俗学都是十分宝贵的贡献。例如，他追溯了中国名将马援（“平波者”，在越南的某些地区被奉祀为神明）的故事在许多文化环境中的演化。此外，他的另一则引人入胜的语言学讨论探究了东南亚地区“Rome”这一名称鬼魅般的词语转译。石泰安曾追随上述三位大师受业，并习得了汉、藏、蒙古、日、越等诸民族的语言与文化，这一著作的出版充分证明了法国汉学学派并未衰落，且已转由这位成熟的学者所代表。在《林邑》出版后，石泰安先后在巴黎担任了一系列重要的教职，并最终获得法兰西学院荣誉教授这一殊荣。近年来，他越来越多地专注于藏学研究，尤其是西藏宗教，以至于他近来可能主要因在藏学领域的重要贡献而闻名。

但其实，早在这一切之前，石泰安在他年仅 31 岁时便已出版了另一本专著（或可说是一本专著体量的专题论文），而当时这三位汉学巨匠仍然在世。这部作品并非是典型的汉学写作，而是一次对复杂课题的深入探索，其中充满了才华横溢的见解。其以极为高调的题目《远东的盆景》在《法国远东学院学刊》第42期上发表。[1]彼时为1943年，也即令我折服的《林邑》一文发表四年前。虽然后者价值匪浅，但却缺乏前一本所蕴含的魅力与神秘感。简而言之，《远东的盆景》一书就像所有重要著作一样，可将思维泥沼中的模糊概念与观点清晰地聚焦，并将其整合到质感丰富的概念结构之中。

大多数新读者可能会认为《远东的盆景》一书不过是有关日本盆栽的流行读物，而不会意识到这种艺术的中国源头及其在远东地区其他文化中的传播，比如越南。人们将惊奇于其形式的多样性以及在宗教、宇宙论和方术中的角色，一如初读此书时的我。书中介绍了盆景的许多精妙变体，例如奉道学仙者所居住的自有日月的地下“洞天”世界，又如居于盆瓮或葫芦之中仙人的玄妙奥秘，通贯星辰的灵岳、神异的树木、滋养生命的钟乳以及有女神高居的树林等名胜。

石泰安在新版的《壶中天地》（*Le monde en petit*）一书加入了两篇研究用以增益《远东的盆景》一文。其中一篇大约写于十五年后，另一篇则是专为本书而写。这两篇研究使用了远东地区民居与宗教建筑中一系列极具启发性的案例，用以支持、补充第一部分的研究。在这里，核心的概念是“小天地”（microcosm）：我们被引领至宇宙山脚下，由此得以升陟天界神域，甚至到达更远的北极天心。我们从包罗万化的天穹层层下降，经过海陆之中的仙山岛屿，到达与其对应的最

---

① R. A. Stein, «Jardins en miniature d'Extrême-Orient», *BEFEO* 42, pp. 1-104.

小元素——天坛、宝塔、牧民的毛毡帐幕，并最终回归我们自己的身体。这一切都具有同样的构成模式。

通过阅读本书，读者将了解到一个相互关联的形象、符号系统，它们位于远东宇宙观最深的内核之处，因此也鲜为人知。而这一地区的宇宙论、仪式、伦理、美学以及日常生活的各个方面，莫不由这一知识系统延展而来。对我而言，任何希望认真研究古代中国的学者都显然不应忽略这样的一部著作。

薛爱华
（Edward H. Schafer）
东方语言与文学阿格西荣休教授
（Agassiz Professor Emeritus）
加州大学伯克利分校
（University of California, Berkeley）

法文版原序

本书是近五十年酝酿的成果，其题目最初由我的业师葛兰言（Marcel Granet）先生所提议，我于1933年至1940年间从游于他。葛兰言曾就中国古代关于空间、时间观念的表达，以及这些观念与人类的关系进行过全面的概览，其中涵盖了古代中国文明的各个方面，如城乡社会，以及神话、宗教观念等。在其他主题中，他指出“微观世界”（microcosme，人类身体，房屋，居住地）与“宏观世界”（macrocosme，圣地，天与地）[1]之间存在着相互对应的关系（correspondance）。

我一直想进行一项综合性研究，用以解释远东地区民众对“世界”的想象、感知以及体验方式，它们并非学者思想中

① 译者按：古代汉语将宇宙（univers）、世界（monde）称为“天地”，石泰安先生在书中也明确地将“Monde”标注为“t'ien-ti”（天地），并将“Nature”“Univers”与中国古代的“天”（Ciel）对等（参见第一部分第二章，“世外天地”的部分论述）。鉴于本书乃是对于古代汉族以及周边民族空间文化的研究，译者将根据语境，将“microcosme”与“macrocosme”分别译为“小天地”与“大天地”或“微观世界”与“宏观世界”，两者之间并无本质差别。

或多或少抽象的宏观世界，而是民众自己的世界、自己的庇护所（refuge），一处小且与世隔绝的世界。这一课题需要对众多的领域进行研究，其中的一些既有成果为本书提供了基础材料。许多学者也已进行了类似的研究，其中一部分专攻某一特定文明，另一部分比较研究者（comparatiste）则展示了在不同国家、历史时期中的符号象征（symbolisme）与宗教观念（conception）。这些符号与观念即使不是普世存在的，也是曾广泛传播的。我将自己的工作范围设定在一特定且能够获取一手材料的区域内，进而对这一类表征（représentation）及观念细致地考察（主要为中国汉族聚居区与藏族聚居区，并辅以日本与越南的部分材料）。我之所以进行这一工作，乃是希望在更高的总体层面，为理解人类想象的运行方式做出贡献。

我未能涉及最初设想的所有方面，不过此前已就此发表过两篇长篇论文[①]。其中第一篇早已绝版，且无法查阅，常有人让我将其重新发表。由此，这两篇文章组成了本书的前两部分。但由于它们已经发表多年，期间又有许多相关研究陆续发表，而且我自己的想法也在同时演进，因此在本次再版过程中，我对这些早先的研究做了必要的订正与增补。

在本书的第一部分，我们将专门讨论一种用以完整地表现“宏观世界”的“微缩世界”，也即中国、越南、日本的盆景（以植物与山石置于浅盆中而制成的天然或人工景观）。我们

① R. A. Stein 1943, 1957b.（译者按：详参本书参考书目，后注不赘述。）

今天都知道盆景是一种家居饰物，各地花鸟市场均可购得。但当我在葛兰言著作的启发下于1940年抵达越南时，我发现这些安有小房子、小人的盆中小景被陈设于庙宇之中。它们都配有表明其中宗教含义的文字[①]，但却似乎无人关注。在这一部分中，我细致描述了这种现已销声匿迹的特殊园林，并对其历史发展以及可能的起源进行了研究。但最重要的是，我试图总体且概括地展示这些工艺品中所隐含的所有宗教与文学特征。这些特征都围绕着一个主题，即一处与世隔绝且宜人居住的“天地”（un monde clos，intime），一处保全人类身（physique）、心（psychique）的庇护所。

虽然本研究聚焦于宗教与哲学层面的表征，但偶尔也会在一些地方涉及艺术创作的问题。作为艺术表现（现实的 réelle 或具有灵力的 magique），盆景与诗歌、文学，特别是绘画、书法紧密相关。整个中国传统都力求通过最为完美的实践方式来寻求天然（naturel）与自然（spontané）。尺度的缩小以及人工巧技的施用使得对于自然的描画比自然本身更为真实。理想中的或近乎神异化的思想都可能通过各种精妙的技术来实现：如凸目长鳍的金鱼，状若狮子的狗，甚至是女人们“金莲”般的缠足。但是这些最终的成果必然看起来是自然的，一如书法的练习过程需要耐心、勤奋与专注，但最终的作品却看起来毫不费力。此理亦可见于道家的养生功法之中，其有意地

① 译者按：结合下文来看，此处所言即对联牌匾。

扭曲身体来模仿动物，并以此来求得与自然融合为一。人们时常用“造化”(natura naturans)[①]一词来描述那些浑然天成的艺术创作。从语言学的角度看，一处天然洞穴（grotte naturelle）与作为建筑物的石室（chambre de pierre）之间并没有区别[②]。大自然也会孕育出仿佛刻意雕琢过的奇石。有时候自然之作甚至远胜于人类。但反过来说，人类也可以通过艺术的方式来提升一件天然之物。

在这些自我封闭的“小天地”中，一些元素（motif）有时也可见于房屋（maison）与墓室之中，见于由山、水、岩洞所组成的天然场所之中，见于“大天地”的中央圣山（la Montagne centrale）之中，亦见于人身之中。所以，我们需要在第一部分详细展示这些不同层面“天地”之间的相互对应关系，尤其是房屋与自然场所（site naturel）。世界其他地区文化中的这些相互对应关系（correspondences）已为人们所熟知，但关于远东及高地亚洲（Haute Asie）的详细情况却仍不为外人所熟知。

本书的第二部分也是一篇长文的重刊，其对于一些具有宗教寓意的建筑特征（caractéristique）进行了初步的概述。这些建筑特征象征性地存在于有关“天地”的各类表征之中，也符号性地存在于这一“天地”中人类的宗教经验之中。事实上，一处居所不单是人类生活所需的实用性结构，也可以是一处宗

---

① 译者按：“natura naturans”为中世纪拉丁语，表述自然按照自然的本质运行。

② 译者按：在古代文献中，天然洞穴常被称作“石室”。

教意义与符号象征意义上的实体。其中一些部分因其功能而凸显，如门、灶以及中柱（它们在古中国和古罗马都代表了家宅之神）等等。在这部分中，我也提供了一些具体的建筑特征（trait）与技术，其一部分来自当代的考察，另一部分来自文献以及自古典时代（l'Antiquité）[①]以来的考古资料。我希望能在一个特定区域内提供一个相对宽广且具有比较性的视野。这一区域的文化因为相对封闭，又因为其中各民族间的持续交流而趋于同质（homogène）。由此，本研究中包含的信息来自中国汉族聚居区和藏族聚居区，北亚及东北亚地区（即突厥-蒙古地区及其毗邻民族）。因为本书并非是一部建筑学研究著作，故而我对一些具体特征的选择可能略有武断，这主要取决于房屋建造者的宗教、神话或符号性想象之中是否包含了这些特征。

最后，我希望能在宗教的表征（représentations religieuses）中，特别是在宇宙论（cosmologie）及世界观（vue du monde）中来展示这些多样化建筑形式的具体特征，这些特征被作为象征（métaphore）、形象（image）或符号（symbole）。至今为止，除了一场公开演讲[②]及展览图录中的一篇文章[③]外，我的这部分计划尚未完成。北亚地区信奉萨满教的诸民族以及西

① 译者按：欧洲诸家对所谓的"古典时代"（l'Antiquité）有着不同的定义，仅就本书来看，石泰安先生将《诗经》中所追溯周人部落时期谓之"ancien"，且似乎将诸子百家及汉代学者都包含进了"古典时代"。由此，本书中的"古典时代"大略对应了今天所谓的"战国—秦汉"时期，其下限应止于六朝时期之前，而在法国汉学中，六朝（约公元 3 世纪始）又被视作中世纪之开端，谓之"haut moyen-âge"。

② R. A. Stein 1957a.

③ R. A. Stein 1957d.

藏的相关章节在很久之前便已完成，但它们到现在还滞留在我的文件夹中。我没有尝试更新北亚的部分，因其离我熟悉的地区过于遥远，所以我也没有特别使用这一领域过去二十年中所发表的优秀成果（尤其是 Roberte Hamayon 的相关研究）。不过，我还是添加了一些我自己发现的蒙古地区的特征。另外，关于中国藏族聚居区的部分内容是全新的，并都来自一手信息，汉族聚居区的内容也是如此。这些调查研究收入本书第三部分中。在这一部分中，我将关注世界的层级划分，中央之柱（Pilier central）与天地的连接方式，“天门”与“地户”，以及两座世界中心的圣山——中国的昆仑山与佛教的须弥山。

第三部分本是我最初工作的一部分。我原希望可以讨论人类最为亲密的“居所”——身体，是如何被同时想象为既是“天地”又是“居所”的。我时不时就会思考这一题目，但还是完全放弃了。关于中国西藏，我已在另一本书中进行了相关主题的考察[1]。至于汉族聚居区，最重要的表征都与道教有关，并已在其他两位学者的著作中得到了很好的记述与解释[2]。源自印度的印度教与佛教表征也保存于藏传以及汉-日传密宗（tantrisme sino-japonais；译者按：又称“唐密”）传统中，并被有关瑜伽的大量研究所讨论，由此广为人知。确实，以丰富的藏文、汉文及日本密教经典资料为基础，该题目仍有许多

① R. A. Stein 1981.（译者按：即《西藏的文明》，该书中译本参见石泰安《西藏的文明》，耿昇译，北京：中国藏学出版社，2012。与本书相关之内容特别见于第 21—28 页，第 221—236 页。）

② Robinet（贺碧来）1979；Schipper（施舟人）1982。

讨论的空间[①]，但如此的研究，则完全需要另成一部专著了。

下面想就我的工作方法稍做进一步说明。我的工作既不是描述性的（涵盖园林、民居等），也不是历史（建筑或宗教观念的）——以假设线性演化的存在为前提，或按时间顺序对变化进行分类。我从未被某个具体的理论或方法引导。这里唯一的方法（如果我可以提出一个简单可行的便宜之法）就是比较研究（comparaison）。毕竟，作为主要的研究对象，中国汉族聚居区从来都不是一处封闭的空间，一些相似的形式特征（traits formels）及基本概念都可见于与其相邻的北部与西部地区，无论这种现象是借用（emprunts）还是同源（fonds commun），或甚至只是单纯地相似（更不用说我在这里省略的其他族群）。虽然略有武断，但这种比较方式应是合理的，因为它能为一组较为一致（cohérent）的信息提供证据，这其中的一致性远超于地域差异（divergences locales）。

我并没有忽视这些差异，也没有忽视时间与空间层面的改变（changement）与转变（transformation）。这些差异显而易见，每当出现相关资料时我都尽量将其记录，并按年代及其所处环境定位。但是，尽管存在这些差异，我们仍能看到其中清晰的连贯性，而且其一致性也并不为这些差异所打断。对于那些没有文字的民族而言，历史层面的研究因为文献的缺失而难以进行。但对于中国的汉族和藏族，以及日本、越南等

① 参见 Alex Wayman 1982。

主要文明时，我们不仅需要考虑口述传统（因为其常常被偶然记录，因此也总能得以获取），而且还必须首先认识到大量文字记录的存在，这使得古代的资料与思想得以保存，甚至在记录多年之后被偶然复活并流传至今。建筑的营造者及各类文献（宗教、文学等）的作者们，经常有意或无意地重拾这些古老的主题（thème）与元素（motif）。就在最近的四五十年前，这些古老的物品依然存在。在中国，一如在印度，其对传统的崇敬使得一些文化元素拥有惊人的寿命。

如果我试图按照时间顺序呈现资料，从古典时期或中世纪开始，或者将自己限制在一个特定时代或概念的研究中，则无法掌握所有的主题与元素。其原因很简单，因为相关的记载并不充分且零散，且解读的空间也极为有限。与其用学术性想象填补这些缝隙（一如经常所见），我更愿意使用晚出的证据。我之所以这样做，是因为在历史上几乎无人记录我们此处所关心的题目。我必须四处求索，从他们偶然提及的信息中收集资料。很显然，无事一成不变，且凡事皆在变化之中。但顺着自今及古的工作方式，我们得以在万变之中寻得其所宗，甚至推衍出可能存在的古老形式。

与每个研究题目一样，有两种可能的途径来研究大量的资料：一种主要限于背景或内容［也就是“意指”（signification）］，另一种则为形式［“能指”（significant）和“所指”（signifié）］。在第一部分中，我着重强调了背景，以实地观察作为开篇：陈设于宗教空间中的盆景，以微缩的尺度人工地复制出一处完整的“天地”。这些作品所附的文字（译者按：对联牌匾及刻字）明确地揭示了其含义与目的（意图）[①]，并传达出一整套宗教或哲学的观念与表述。以这些或明或暗的思想组合作为指引，我得以辨识出这一体系中的部分重要特征（traits significatifs）。

在第二部分开篇的简要概述中，我们还将以同样的方法对宗教内容及符号象征进行强调。但在其后，我反过来以部分形式元素（éléments formels）作为引领，进而导入对于建筑各种突出特征（traits caractéristiques）的研究，并以此观察某些主题的转变与变体（variation）。在前言中，我尝试解释了我对形式（forme）与内容（contenu）之间关系的看法。此两者往往相互一致，但并不总是不可分离。相同的“内容”（某种宗教观念，如受神灵感孕之诞生、由人而成神，或获得永生等等）会因为时间、地点或作者之不同，而以不同的“形式”得到表达。相反地，某一“形式”也可以适用于不同的“内容”，并作为多重阐释（herméneutiques diverses）的对象。形式、形象以及特征，在不同的时间、环境中组合，一如各种语言元素。而我只是试着追踪它们，揭示它们，并展示它们如何在历史、社会和心理环境中相互关联与分离。

---

① 译者按：通常为楹联牌匾或石刻。

目录

第一部分　远东的盆景 /001

纪念葛兰言（1884—1940）/003

第一章　树、石与盆景 /007

第二章　七类主题的考察 /086

附录一 《花镜·种盆取景法》/190

附录二　关于遗存思想的一次试验 /192

第二部分　居所及其建筑构造 /197

前言 /199

第一章　中国汉族聚居区的房屋与家宅神 /201

第二章　屋顶中央开口 /240

第三章　楼阁与地穴 /270

第三部分　宗教思想中的天地与建筑 /289

前言 /291

第一章　北亚 /304

第二章　中国藏族聚居区 /330
第三章　中国汉族聚居区 /355

参考书目 /470

插图纵览 /501

译后记 /509

第一部分　远东的盆景

纪念葛兰言（1884—1940）

葛兰言去世了。那些由他引入中国文明研究之门的人深知这对于东方学（Orientalisme）的巨大损失，他的好友们也在为这位多才之士哀悼。

葛兰言因其成就而获得盛誉，他在汉学（Sinologie）研究中的成果具有划时代的意义。这些成果的影响力超出了法国，在全世界范围内都为人所了解并重视。受目前的条件所限，我尚无法掌握他的生平及学术活动的所有时间节点，因此也无法写出一份真正意义上的悼文。[1]

但在本书开始之前，我仍希望对这位自己受学八年的恩师稍做介绍。关于他的回忆始终贯穿于本书各个篇章的写作过程之中。虽然这些均是我个人的独立研究，但也必须在此先向葛兰言的教导致敬，我从他的课堂及对谈中受益良多。

教学是他毕生工作的重要组成部分，也是我想在这里主要

---

① 关于他研究工作的精彩讨论，参见 Friedman 1975。

介绍的内容。他的教学包括在课堂以及对谈中对学生的研究题目、工作方法给出诸多建议，并指明需要解决的问题。葛兰言的博闻强记能够在课堂上启发所有的学生，并使他们在研究工作中受益。葛兰言远不是一位只将自己的成果记于书中的书斋学者，他知道如何引导学生。在课堂上，他促使我们自己分析文本，批判性地对其进行研读，并从中尽可能多地汲取知识。他提出的问题并非为了立刻解决问题，而是精心地引导一种循序渐进的、反思式的个人探索。他很少对我们的回答表示满意，这是因为即使是高阶的学生也无法达到他那样的大师水平。

为了能像葛兰言那样进行学术研究，学生必须建立一套完整的中国古代文化知识体系，因为他定下了一个总体原则：一个文明中的任何单一细节都必须置于文明整体之中才能被理解并解释。这就好比在拼图游戏中，一小块拼图只有被放置在整个图画中才能显示出其意义。任何基于先验原则的外部解释都会被即刻否决。只有那些误解葛兰言的人才会指责他持有先入为主的观念。比如，他总是拒绝以任何“主义”（isme）为基础来“解释”一个传说或神话。但他确实拥有一个先入为主的观念，那就是他对研究方法的重视。他只接受一种解释，它必须先将所有事实排列在一起，进而揭示它们彼此之间的关系，并最终形成一个整体的新观点。

葛兰言或被批评与现实中的中国缺乏关联，或更简单地说，他的学术拓展并不与现实中国相呼应。我认为这种印象源自他对中文字句的简明释义，而这正是他学术研究的重要特点之一。为了推动科学的进展，仅靠收集、整理资料是不够的。资料的收集势必促成一种尽可能简明扼要的阐述。但在此方面，“扼要”主要指将原始资料（données indigènes）翻译为适宜的法语（或其他西方语言）。这也就意味着对中文词语进行精确释义的重要性。只有葛兰言这样的“高等师范学院毕业生”（normalien）[①] 才能像他一样准确地使用法语。在课堂以及相关研究的准备过程中，他总是将寻找与中文词语相符的释义视为要务。

因此，在他的课堂中（以及在他的翻译中），他不仅对将要翻译和分析的中文文本极为谨慎，而且还同时关注法文的遣词造句。他从不满足于字典中不甚精准的翻译，而是让学生们寻找合适的法语词语，要求其不仅能够表达中国思想中的复杂性，还能够表达某一词语在特定上下文中的精确含义。同时，由于法语中每个词语都有着不可避免的思想关联，寻找合适的词语也意在避免使读者混淆文义。不善思考者很容易误读葛兰言的译文，甚至称其并不通晓中文。这样的误解可以有两种解释。

首先，他对于汉代及汉以前所有的中国古代文化有着完整的知识。这些知识是以深入研究中国古代不同作者以及不同背景环境所使用的特定词语为基础的。这使他在翻译每一字每一

① 译者按：巴黎高等师范学院（École normale supérieure, Paris）在法国乃至世界享有盛名，其潜在含义为葛兰言曾接受过古典式的学术训练。

句时，都得以考虑到某一词语对于当时的作者可能存在的多重关联含义。因此，只有沿着他的方向，追溯一个词语在其他文本中的各方面含义之后，才能完全理解他为何最初如此翻译。

其次是，葛兰言有着极高的文学才华并接受过全面的文化教育，这使他常常激烈地批判那些看似符合词典内容，但简单、快捷、不经推敲的翻译。这种翻译因为包含了欧洲语言的其他含义，故而能够引起欧洲读者在其他方面的联想，进而造成对原文的误解。因此，葛兰言作为这一领域内享誉世界的学者，其作品的表述形式是纯法文式。

葛兰言在他生命中的最后几年居于巴黎城郊，在这里一边继续他的学术思考一边工于园艺。他喜爱执笔书写，一如他喜爱修整沃土、收拾花丛。在这期间，他常常提起一本由阿尔方（Jules Halphen）所译的《花镜》[1]，并提及如果哪位学生能找到该书的中文原版，他将非常感激。我现已寻得此书，可叹为时太晚，他已无法享受翻阅此书的乐趣。由此，本书中的考察记录以及讨论，正是向先师对于园艺热爱的致敬。

① Jules Halphen, *Miroir des fleurs*, 1900. 译者按：原著为清康熙二十七年（1688 年）由陈淏子所作园艺学专著。

第一章　树、石与盆景

万物之自身皆是全形之身。

天地间万化皆如天地一般。

——葛兰言:《中国思想》

众所周知，在中国文化中，“大天地”（宏观世界，macrocosme）可被复制于诸多的“小天地”（微观世界）之中。高延（J. J. M. de Groot. 1854—1921）曾用“universisme”[1]一词来表达这一思想。葛兰言则指出了神话、中国古代习俗以及制度中存在的若干相关方面。“天地”（monde）作为一个整体（totalité），不仅被表现（figuré）于任何由仪式所界定的区域之中，同时也实际存在（présent）于其中，如一处圣地、城镇、祭祀场所，以及由法术所划定的圆圈（cercle magique，译者按：又作“魔法阵”）。当然，这种思想其实广泛存在，并非中国所独有。在远东

① de Groot, 1918. 译者按：字面含义为“宇宙主义”。

这一领域，保罗·穆斯的相关研究特别值得提及[1]。在佛教研究领域，我们则可以曼荼罗（坛城，maṇḍala）的相关研究为例。

我并不打算重复关于这一主题的所有研究成果，换言之，我假设大家已熟知这些文献，尤其是葛兰言的研究：其中揭示了一系列被界定的空间，或者说“小天地”（城镇、楼阁与洞穴、明堂、社坛、房屋、车驾）中所存在的“大天地”，以及“天地”所具有的建筑特征（九天与九地、昆仑山、天柱、海中深渊等等）。[2]

为了不给本书增加过多的引文，我只简要提及这些已为人所熟知的中国古代事物。我的目的只是考察这些思想观念在晚期甚至是现代的表现形式。为了避免重复有关大天地、小天地的泛泛之谈，我将具体地描述一些形象与习俗以展示这些古老的象征、习俗以及实践在多大程度上是如何在中国及受其文明影响的国家一直保持活力并传承至今的。

我们在此所研究的诸多案例（就所探讨的大多数主题而言）与中国古代园林、苑囿的总体规划布局共享同一套思

① Paul Mus, 1932.

② 不幸的是，在有条不紊的思考与构建中，葛兰言不得不留下这一未竟事业：“Le roi boit”（他早就在《中国思想》1950: 320 中有所提及，也在他的课堂上常常谈起）。参见 R. A. Stein 1952. 关于这一主题的其他论点，可参见 Nelson Wu（吴讷孙）1963，该研究更具概括性，亦颇具洞见且论证充足。其中第四章“Outside the Square and Inside the Circle: Garden, the Realm of the Immortals”（方外与圜中：园林即仙境）颇为要妙。他在其中将经过规划的城市与园林相对比。城郭四方，代表了社会生活，而园林则可以于中隐遁。他的写作也确有单薄之处，比如仅有一处出自孔子的引文，其中孔子声称需坚持“方内”与“方外”的对立。“方内”处于“四方之内”（属文明世界），而那些不遵礼教之人则游于“方外”，与道和造化相和谐（《庄子》第 4 章）。近期在日本举办的一次展览出色地对比了多种构筑物与空间［参见『アジアのコスモス+マンダラ』（《亚洲的宇宙观与曼荼罗》）］。在尼泊尔这一完全不同的地区，学者们制订了周密的计划来研究其宗教空间的组成；参见 Toffin 1981: 81–91 及其参考书目。

想源头。与此同时，我特意将研究限定于盆栽的矮化植物（végétation naine），只偶尔旁参园林方面的相关资料。

在越南的许多民居与寺庙中，可以经常见到装满水并装点有一二小石的缸盆或池塘。小石之上栽以矮树、花卉以及青苔，并常有屋舍、宝塔、桥梁、人物、动物的小模型点缀其中，且伴以金鱼缓游水中。这样的一个有机整体在越南语中称作“小山”（núi non bộ），或者以汉越语（Sino-Vietnamien）称为“假山”（giả sơn）。[①] 这种微缩的园林景观在中国十分普及，人们将其称为“盆栽”或“盆景”（即盆中的植物或景观）；[②] 在日本，人们称其为“盆栽”（bonsai）、“盆景”（bonkei）、“盆石”（bonseki）或“盆绘”（bon'e）；而在泰国则被称为“mai-dăt”（弯曲的树）。[③]（见图 1—5，增图 1—5）

---

① 参见《日用常谈》（*Nhật Sụng Thường Đàm*，1848 年重印本，第 239 页）关于“房屋”的部分：“‘假山’就是小山［giả (sơn) là núi non bộ］。”《南方名物备考》（Nam phương danh vật bị kháo，第 376 页）提供了两种表达方式，“盆池”和“假山”。（译者按：见越南国家图书馆馆藏刻本，卷上“居处”，第 37 页）前者被释义为“蓄水池”（bể cạn）；后者被释义为“一种堆叠的山”（là núi dắp），并附有汉字注释：“由石堆砌而成。”（译者按：原文注释为越南之喃字，非汉字。感谢叶少飞教授对此条的协助。）参见 Craste 1939: 36（这一水池可以被用于蓄水或庭院、园林之装点。它通常种有荷花，或设以山石，其上还有微型的宝塔、房屋、人物等，这些都为住宅院落增加了装饰性）。

② 在广东方言中，“盆栽”（p'oon-tsui）也被称为“石山”（shek shaan），也即由一块岩石所表现之山，而非莫古礼（McClure 1933: 119）所说的“石头之山”（Stone Mountain）或“岩石之山”（Rock Mountain）。

③ 在此感谢 G. Cœdes 先生为我提供这一信息，他还帮我翻译了名为“K'lông Tamra Mai-dăt”（1929）的泰文著作，其作者为 Luang MONK'OLARĂT（Chuang Krairuk，19 世纪末），并有丹龙・拉差努帕（Damrong Rajanubhab）亲王之序。一位来自安南地区的越南年轻人也告诉我，他的一位柬埔寨朋友曾明确告诉他，在其国家矮化树木的栽培亦十分常见。（译者按：“安南”为历史名词，即今越南中部。法国分越南为交趾支那、安南王国、东京三个区域，此处安南即指当时阮朝小朝廷下辖的中圻地区。感谢叶少飞教授对此条的协助。）

一些欧洲学者或多或少地会提及这样的园林。[①] 较近的论述可参见 Pierre Flogny 所言："在中国，画论家们（écoles philosophiques de peinture）发展出了一套既适用于绘画，也适用于治园的精致体系，人们将花卉或绿植按照定量的程式成组地配置，以此表达出特定的思想内涵。"[②] 然而，就像有关这一题目的其他大多数著作一样，Flogny 的叙述仍过于笼统，且拘泥于模糊的审美评判。很显然，是这些园艺作品的艺术性和哲学性给西方学者留下了深刻的印象，一如其他所有中国艺术中都充溢着哲学。这一现象在日本也十分突出，比如"花道"（ikebana）及其中的哲学意趣。我们将很快看到，日本的盆景艺术在这一点上也并无不同。不过需要说明的是，哲学并非盆景相关问题的全部，我们仍能在其他的方面进行探求。比如，多数的欧洲学者认为，对于植物矮化的探索是因为中国人常没有足够的土地，以及交通的困难使他们无法离家探访自然山水[③]。我们将会看到，这是一种过于简化且需摒弃的观点。

---

① 我在此可随机列举几种参考文献：Jametel 1886: 92；Ball 1904: 285-286。

② Flogny 1942: 29.

③ 作为代表，可参见 McClure 1933: 119。

图 1 一座以盆景点缀的中国民居庭院

道教研究文献中心（Centre documentaire et d'étude du taoïsme）友情供图。

图 2 道教仙山宫观的盆景[①]
其间表现有洞中泉水、奇花异草以及珍禽异兽等自然元素，英国伦敦维多利亚与艾尔伯特博物馆（The V&A Museum）藏。

◀增图 1 北京故宫宁寿宫庭院中之盆景
2023 年，林颀玲摄。

① 原图来源：Bushell 1904–1906，vol.1。

增图 2 仙山盆景元素之一：仙宫楼阁

英国伦敦维多利亚与艾尔伯特博物馆藏。

增图 3 仙山盆景元素之二：狭窄的洞门

英国伦敦维多利亚与艾尔伯特博物馆藏。

增图 4 仙山盆景元素之三：瓠（壶）中烧炼仙丹
英国伦敦维多利亚与艾尔伯特
博物馆藏。

增图 5 仙山盆景元素之四：仙人对弈
英国伦敦维多利亚与艾尔伯特
博物馆藏。

图 3 中国台湾的一株神树
道教研究文献中心友情供图。

图 4 中国台湾的一株树桩盆景
道教研究文献中心友情供图。

图 5 带有舞姿的矮化树（mai khène）
澳大利亚国立图书馆“Collection Coedès”藏泰文手稿。

栽培技艺

目前已有多位学者对植物矮化（nanification）方面的技艺进行了研究。莫古礼（Floyd A. McClure）根据观察，对盆景中常使用的 68 种植物开列了带有注解的名录[①]。需要注意的是，其中植物的培养基质通常使用土壤（特别是运河河床或池塘中所出之淤泥），只有少数植物以石与水为基质[②]。这也与 Albert

① McClure 1933.
② McClure 1933: 123.

Maumené 所研究的案例相同[①]。然而，根据我的观察，越南的情况与此完全相反：水、石、植物这三种元素往往结合在一起。

最常见的盆栽植物品种有针叶树[②]、禾本植物[③]及果树[④]。阔叶树也十分常见，其中包括枫树类的鸡爪槭（*Acer polymorphum*）、日本红枫（*momiji*）[⑤]；掌槭（*Acer palmatum*

---

① Maumené 1902: 20ff.

② Maumene（1902: 23）：日本扁柏（*Chamacyparis obtuse*），云片柏（*C. o. breviramea*），黄凤尾柏（*C. o. filicoides aurea*）；赤松（*Pinus densiflora*），“白花”赤松（*P. d. albiflora*）；日本五针松（*Pinus parviflora*），“短叶”日本五针松（*P. p. brevifolia*），“花叶”日本五针松（*P. p. variegata*）；五针松（*Pinus pentaphylla*）；马尾松（*Pinus massoniana*）；黑松（*Pinus thunbergii*）；竹柏（*Podocarpus nagi*）；罗汉松（*P. macrophyllus*）；玄武罗汉松（*P. okina*）；日本落叶松（*Larix leptolepis*）；杜松（*Juniperus rigida*），铺地柏（*J. procumbens*），圆柏（*J. chinensis*），叉子圆柏（*J. sabina*）；日本柳杉（*Cryptomeria japonica*）；西藏柏木（*Cupressus corneyana*）；金松（*Sciadopitys verticillata*）；罗汉柏（Thujopsis dolabrata）；斯氏铁杉（*Tsuga srebvedii*）等等。McClure（1933: 125）：日本柳杉［*Cryptomeria japonica*（L. f ）*D. Don*］，水松（*Glyptostrobus pensilis Koch*），圆柏（*Juniperus chinensis L.*），刺柏属一种（珍珠刺柏）［*Juniperus sp.*（pearl juniper）］，刺柏属一种［*Juniperus sp.*（*Jormosana Hayata?*）］，马尾松（*Pinus massoniana Lamb.*），罗汉松（*Podocarpus macrophyllus*）. Don. Rein（1889: 265）：马尾松（*Pinus massoniana*），赤松（*P. densiflora*），竹柏（*Podocarpus nagi*），金松（*Sciadopitys verticillata*）。

③ McClure（1933: 127–29）：竹类：凤凰竹 x 橄榄（孝顺竹）［*Bambusa multiplex Raeusch*（*B. nana* Hort.）］，龙头竹（*Bambusa vulgaris* Schrad, *var. striata* Gamble），簕竹属（*Bambusa sp.*），紫竹（*Phyllostachys nigra* Munro），方竹（*Phyllostachys quadrangularis* Rendle）.

④ McClure（1933: 137ff）：梅（日本杏）［*Prunus mume* S. and Z.（apricot japonais）］，桃［*Prunus persica*（L.）Stokes］及其他变种；石榴（*Punica granatum* L.）；柑橘属（*Citrus*）及其他变种；橙（*Citrus*）及变种（*Citrus sinensis* Osbeck）；佛手（*Citrus medica L.*, var. *sacrodactylis* Swingle），柑橘［*Citrus erythrosa*（Hort.）Tanaka］；柚（*Citrus grandis* Osbeck）；以及四季橘（*Citrus microcarpa* Bunge）。Williams（1883: 12）添加了杏花；以及 Rein（1889: 265）：日本樱花（*Prunus pseudocerasus*），柿（*Diospyros kaki*），桃（*Amygdalus persica*），据传还有矮番石榴树（goyaviers）的盆景。译者按：感谢北京林业大学刘燕教授对以上植物拉丁名翻译与整理的协助。

⑤ Rein 1889: 265.

sp.)[1]。榆树与榕树也是常被使用的种类，例如榔榆（*Ulmus parvifolia* Jacquin）[2]，凹果榕（*ficus retusa* L.）[3]和匍茎榕（*Ficus nipponica*）[4]。其他种类的树会在下文所引中文文献中提及。关于盆景所用之花卉，莫古礼提到了玫瑰[5]、菊花（*Chrysanthemum indicum* L.[6];*Chrysanthemum morifolium* Ram[7]）、牡丹（*Paeonia suffruticosa* Andr.[*P. mautan* Sims][8]）、水仙（*Narcissus tazetta* L.）[9]和鸢尾（*Iris japonica* Thunb.）[10]。毋庸置疑，这远非一份完整的名录，我在这里只是将其作为参考。但应当注意的一个重点是：虽然这些果树经过了矮化，但依然会结果；虽然这些花经过了缩小，但依然会绽放。禾本与苔藓的名录过于冗繁，在此不再列出。但应当指出的是，灯芯草科极为重要，尤其是菖蒲（*Acorus gramineus* Ait.）[11]。

对于树木而言，使其矮化的技术包括选育已经矮化树木的种子、切断主要根系、限制生长空间（使用少土之小盆）以及减少施肥。在植物的生长过程中，可以通过扭曲主茎以使其生

① McClure 1933: 139.
② McClure 1933: 134.
③ McClure 1933: 134.
④ Maumené 1902.
⑤ McClure 1933: 137.
⑥ McClure 1933: 142.
⑦ McClure 1933: 143.
⑧ McClure 1933: 135.
⑨ McClure 1933: 132.
⑩ McClure 1933: 132.
⑪ McClure 1933：130，其中列有四种。

长结节，以此减缓树液（sève）的循环，并增长其流通路径。这样的操作不仅能够阻碍树木的生长，而且还能使它们生成奇异、扭曲且多瘤的形态。同时，这些结节也会产生怪状的赘生物，尤其是在矮化的无花果树与榕树上。树长成以后，便需要经常性的维护，包括定期剪切枝干[①]、摘芯、嫁接、修剪，并通过铁丝捆绑或悬挂重物来使枝干扭曲、弯转到一定的曲线。除此之外，它们也常被移栽。对于莫古礼所提及的部分植物以及越南的大部分植物来说，选配合适的小石对于矮化植物的生长至关重要[②]。除了审美以及稍后将要提及的其他方面因素外，这些小石的决定性特质在于其多孔。而在实际操作中，石块也常被珊瑚石所替代。多孔的特质使得透水性增强，也使植物所生发的根系得以穿过。

不过，此处并不适合详尽矮化植物的技艺。除了上面所提及的著作之外，倪维思（John L. Nevius）的著作阐述了更为详尽的内容[③]，但我未能查阅到此书。我们需要注意，以上所提及的技艺绝不是全面的，这是因为想要成功地栽种矮化植物必须拥有长期的实践经验。当我与越南的匠人讨论相关技艺时，我感觉到了一种保留，他们更愿意将个人经验视为一种秘密。我也多次听说有中文的指导手册，但从未有人愿意借予我研读。

---

① 我认为此事一定很重要，尽管在我能找到的文献中尚未有学者提及。根据口头交流，在东京地区（越南北部地区），修剪枝干的吉日是越南历（译者按：农历）的六月或七月。

② McClure 1933: 123.

③ Nevius 1822.

盆景设计的审美崇尚（préoccupation esthétiques）呈现出两种不同趋向。第一种趋向是意欲重构植物的自然生长环境或著名景观。我曾在河内玉河（Ngọc Hà）村一位藏家宅中见到下龙湾[①]与七贤所栖竹林的复制再现，其中，代表七贤的彩绘瓷人居于矮化竹林之下。[②]在日本，探讨盆石的作者们常常提及表现“九山八海”的赏石（见图 6）。[③]其中一本书论及“盆山”曰：“以复原高山名水为乐。”（高山と名水を復元して楽しむ）[④]

第二种趋向则与其相反，乃是意欲创制一种奇异的形态，以使观赏者联想到人、兽之各种姿态。在我收藏的一份手绘图稿中，收录有 31 幅关于盆景树木的图画，并配有标题用以说明它们所表现之物，其中包含了蟠龙、乌龟、舞鸟、父子、母子、兄弟或书生等题目（见图 7）。我在 9 页注③中提及的泰国文献也包含了一系列典型姿态的树形及它们的名称。这种为怪树、奇石命名的做法其实并非新事；迄今为止已有大量著作

① 译者按：越南海滨名胜，位于东北部之广宁省。

② 竹林七贤，即嵇康［3 世纪（223—262）的音乐家、哲学家及诗人］与他的名流同伴们。参见 van Gulik（高罗佩）1941。竹林七贤是常见的绘画题材；见 Holzman 1957, 1956。

③ 根据一篇佚名者所作的日文文章『盆石誌』（『風俗画報』10，1895，第 25 页）所言，这一处山石盆景位于来迎寺，由江州坂本所作。但根据『笈埃随筆』卷八所载（引用于『広辞苑』，关于出行的部分，第 908 页），这一作品位于金阁寺中，其灵感源自 16 世纪著名画家相阿弥（So Ami）与能阿弥（No Ami）之山水画。根据福冈华洲（1895 年）的说法，其灵感源自画家本阿弥光悦（Hon'ami Koetsu，1558—1637）和相阿弥（卒于 1525 年），他们使用不同颜色的沙、石来构建著名的景观。这两位画家与能阿弥一道，是花道、茶道以及我们今日所见禅意园林等领域的著名大师。

④《后编金山百景图》，《古事类苑》本，1798 年。

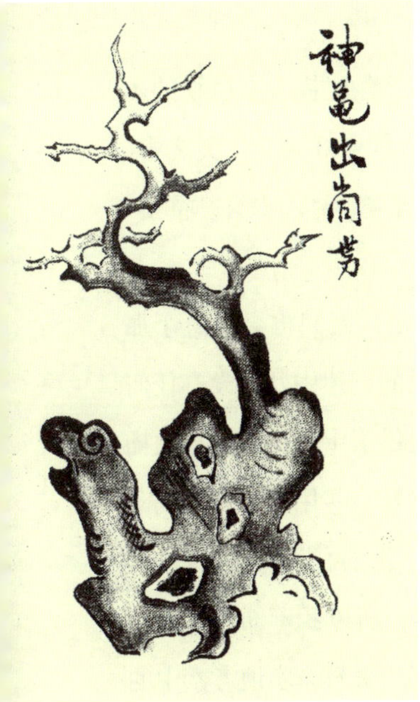

图 7 《神龟出洞势》

越南抄本中所绘盆栽矮化树。

图 6 日本来迎寺山石盆景“九山八海”[3]

皆以此为题。[1]

一些盆景树木以其树龄长寿而著称，尤其是松柏、无花果树及榕树，其中一些据说已有一百或二百年的树龄（Maumené 曾提及一棵有二百至二百五十年树龄的崖柏[2]）。不过，即使树木没有如此之高龄，其迟缓的发育、枝干的扭曲以及所生的结节这些特征本身也表达了树龄的古老。（“‘古树’一词，是中

---

① 关于松树，可参见闵麟嗣《黄山松石谱》，《昭代丛书》本。关于山石，参见宋代杜绾《云林石谱》（有 1133 年序），《说郛》本（英文翻译参见 Schafer 1961）；以及宋代范成大《太湖石志》。

② Maumené 1902: 27.

③ Yanagisawa（柳沢宗淵）1962.

文用以描述与普通树木生长习性相同的所有盆栽木本植物的术语。”①）这一观念普遍存在于当代普通盆景爱好者的审美之中，虽然它只是体现了收藏者的好古之情，但实际上又至关重要，我们稍后将会看到这一点。

如果像我一样以越南作为考察的起始，人们将会惊讶于那些研究中国和日本的欧洲学者在对于盆景的记述中几乎没有任何从社会学或民俗学入手的兴趣。他们仅提供了十分零星的相关描述。除了一般的从审美出发的考虑因素以及一些用同样含糊词语表达的哲学观念（比如对于自然的崇尚）外，再没有人进行过详细的记述。②但由于尚未去过中国或日本，所以我不知道这是否只是我的疏忽。但事实上，仅就印度支那③来看，实地考察中的每一步都会发现大量资料。而且就我所知，人们普遍认为这些盆景并不值得研究，更不用说对其进行详细的记述了。④

关于印度支那盆景的两种情况需要首先说明一下。首先

---

① McClure 1933: 125.

② 日本学者在最近的研究中仅仅提到盆景是对大自然的热爱以及便于在自己家中凝视自然，由此，我们就可以看出唯美主义在多大程度上超越了思考盆景的其他方式［Tamura（田村刚）1939］。值得注意的是，此种趋向也存在于我所访谈的越南爱好者中。他们认为制作这样的园景乃是一种优雅的游乐或消遣，是文人修养的一种体现。他们常说只有富人才能负担得起栽种盆景的奢侈费用。但事实证明他们是错的。

③ 译者按：历史名词，法国人将越南的交趾支那、安南王国、东京三个部分与柬埔寨、老挝以及中国广州湾组合而成的东方殖民地区域，治所位于今河内。感谢叶少飞教授对此条的协助。

④ 我只知道中国的一个例子，那是因为鲍希曼（Ernst Boerschmann）详细地描述了一处庙宇中的山石（Boerschmann 1914）。我将在下文中对其进行描述（见下文，在第 13 个案例之后）。这个案例使我相信，大多数文献中缺乏详细的记述乃是因为观察者的疏忽，而不是由于事实的缺乏。［当然，后来在中国（1946—1949 年及 1981 年）］与日本停留期间，我确实没能找到更具说服力的例子。

是“小山”（置于水池、水盆中的小块山石，其上生有矮化植物）：它不仅常出现在庙宇院落之中，也常出现在私人宅邸，甚至是贫户住宅之中（河内贫宅中并不常见，但在顺化则常能见到）。山石陈设于寺庙庭院之中，由此构成神圣的围合空间（enceinte sacrée），且常伴有汉字的对联。这些对联内容的选择皆良有深意，绝非偶然随意为之。由于从当地人口中所获得的信息常常令人失望，所以这些对联词句便成为我们重要的参考信息来源。①

案例描述

案例 1

农历正月十五正处于新年的宗教活动周期之中，这一天我访问了七亩（Bẩy Mẫu）路一位士绅的宅邸［河内第十区船光（Thuyền Quang）村］。在这座宅子中有一块高约两米，周身布满孔洞的山石立于砖石基座之上。其中的二洞有名，一为“观音庙”（Quan-Âm Miếu），一为“雷祖”（Lôi-Tô）。山石之前陈设有盆栽灌木，陶制的水牛与人物点缀其间，又有小树自水牛背上生出，缠绕的根系甚至从其鼻孔中穿出。在我到访的那天，宅中的一侧正在举行节日聚会，其后还将有下

① ［从古至今，中国和日本的许多作家都表达了这种纯粹的审美关注。但我们也会看到，哲学与宗教的概念也经常浮现其中。盆景即真实寺庙与园林的缩小版。出现在园林之中的对联大约皆有定式，因此人人皆知，甚至包括卑微的乡村文人。这主要得益于将各类场合常用辞藻典故进行合编的图书。］

棋对弈的活动以及由婆僮（Bà Đồng，女性灵媒[①]）所主持的仪式。在这样的场合下，院中的山石被装饰以电灯泡（中间的一个灯泡上还戴着眼镜！）、纸质的神仙帽子，以及写有文字的黄、白色纸幡。其中，一位年老的文士攀爬至山石顶部以供奉线香。我通过汉字笔谈向他询问："此处山上都供奉了哪些神明？"他答道："我们在这里一同供奉的有文昌帝君（Văn Xương Đế Quân）、关圣帝君（Quan Thánh Đế Quân）、元始天尊（Nguyên Thủy Thiên Tôn）以及九天玄女圣母（Cửu Thiên Huyền Nữ Thánh Mẫu）。"[②]不过，船光村的村长却完全无视这一整套复杂的仪式流程以及老先生的汉字答复（我向老先生请教时，他并不在场），坚持认为堆筑这些山石单纯是为了玩赏。

案例 2

在河内真武观[Đền Quán Thánh，主奉镇武（Trấn Vũ）][③]的庭院中，主殿前的长方形水池中堆叠有假山两座（见图 8，并参见增图 6），两山之间以一小桥相连，又有矮化小树生于其上。山石上又见有数量众多的人物摆件，如老虎、骑在

---

① 译者按：在本书中有关越南庙宇与民俗的讨论中常使用"médium féminin"（女性灵媒）一词与"Bà-Đồng"（婆僮）一词相互替换使用。译者将主要采用"婆僮"一词。

② 按顺序来说，前两位是儒家圣人（文圣与武圣），然后是道教的至上天尊，以及作为九天之女的圣母，她的信仰源自道教，但特别为灵媒所崇祀。

③ 译者按：原文写作"la pagoda dite du Grand Bouddha"，意为"大佛寺"，现根据其正名调整。又"镇武"通"真武"，即道教中之"北极玄天真武大帝"。

图 8 河内真武观庭院中型山石盆景

增图 6 河内真武观庭中盆景现状
2023 年，谢文泓摄。

河内真武观庭中盆景现状（局部）
2023 年，谢文泓摄。

青牛上的老子、几位手持生有树瘤手杖的高额长髯老者（长者与长寿的重要象征；译者按：寿星）[①]，此外还有五层宝塔、小房舍、仙鹤等。石缝之中，又有一宝塔，额曰："隐仙洞"（grotte de la retraite des immortels）。水池四角各立有小柱一根，其上所刻对联曰：

西湖阔水来；北镇（镇武）高山仰。

① 河内主教堂路（la rue de la Cathédrale）上有一处庙宇［位于殖民地酒店（l'hôtel des Colonies）一侧］，其庭院池中的山石上亦有一高额老者的人物雕像，他手中也持有一根扭曲的拐杖，左手还持有一桃。老者身旁有一小儿，意欲接过桃子。桃的元素表明此即寿星仙翁。

一丘朝帝座；四海溢恩波。

西湖是河内的大湖，真武观即建于其岸边。“水”与“山”是一处全形场所（site complet）[①] 的重要组成部分［且“景观”（paysage）本身便被称为“山水”］。

在这里，神像（或宫观建筑）替换了山，其与镇武（玄武、元龟、北境守护者）在对联中与“西湖”对仗。但是，“阔水”“高山”这种表达似乎在这里不仅用于描述自然环境，而且还对应了观内的小池及其中的小山。与此相仿，轿婆殿（Đền Bà Kiệu，位于河内还剑湖东岸）内有两组相向而设的盆石。过年期间，盆上被贴以红纸，一书“高山”，一书“阔水”。由此可见，真武观水池立柱对联的内容可以同时引申至整座庙宇场所，并引申至小型围合空间内的庙宇微缩版本。

案例 3

春烟祠（Pagode Xuân Yên Từ，位于河内黎贵惇街，靠近现代电影院）是一处由女性管理的庙宇，主奉“诸位”（Chư Vị，译者按：“诸位圣母”，或“诸位圣婆”）。[②] 在进入庭院后

---

① 译者按：“site complet”是作者在本书中提出的重要概念之一，即一处与世隔绝，且同时兼具山、水、草木，自给自足的天然场所（详见下文）。

② 这一信仰十分有趣且少有人研究。它包含了自然、生育力、生产力等领域；女性发挥的主导作用；圣母；治疗——这些都是表面上所特有的一些主题。关于这一信仰的部分记述可参见 Giran 1912 及 Dumoutier 1908: 243-247。此外，Durand 就此进行了一项详尽的研究（Durand 1959）。

的左手边，一处小山陈设于一座现代风格神亭（pagodon）[①]的正对面，神亭以帘子遮掩，并配有对联曰：

蓬景嵯峨彰圣德；

莱山嵠屹显仙威。

（包含了“蓬莱”之藏头联）

案例 4

云新寺［Pagode Vân Tân，河内生祠路（Sinh-từ）82号[②]］主奉“诸位”（蛇[③]，以及插有线香的香炉）。该庙大殿有门联曰“香飘仙界，西池王母一真身；福满人间，南海观音重降世”；正中额曰“坤道光”。神坛右侧供有一旗，上曰：“母仪天下。”

庭院的一侧立有神亭一座，其前方安设一小山。院中另一侧小山的台下则放置了供品与香。其顶部有三字曰“望天仙”，这暗示了自然中的三界——“三府”（Tam Phủ）：天、地、水。

---

① 译者按：在法文原著中，作者使用“pagodon”一词来表达两类宗教建筑：一类体量较大，常依附于庙宇建筑，越南语谓之“đình”，即“亭”；另一类体量较小，常依附于树木、山石或甚至处居独柱之上，越南语谓之“miếu”，即“庙”。为了避免与常规庙宇建筑（石泰安先生称之为“pagode”）相混淆，也为了尽量忠实于原著，译者在本书中将“pagodon”统译为“神亭”。特别感谢越南富寿省黄忠信（Hoàng Trung Tín）先生对此条的帮助。

② 译者按：今河内阮劝路。感谢叶少飞教授对此条的协助。

③ 译者按：通常为梁上所塑之蛇。感谢叶少飞教授对此条的协助。

案例 5

宝光灵祠（Pagode Bao Quang Linh Tứ，河内河堤附近）主奉天仙圣母（Thiên Tiên Thánh Mẫu）。她也是农历二月二十一节日巡游仪式的重要组成部分。其中，巡游的队伍自轿婆殿（位于还剑湖）出发，将写有“天仙圣母”四字的神主抬至河堤上另一座供奉水仙圣母（Thủy Tiên Thánh Mẫu）的庙宇中。此庙虽由佛教管理，但在节日当天则举行婆僮的集会，并还常见有与母道（Đạo Mẫu）信仰[①]相关的蛇与雄鸡。庙内有匾额三块：中曰“水德配天”；左曰“瞻恩天露”；右曰“英灵神女”。[②]在这里我只选登一副对联，其曰：“惠泽济群生，岳渎江河流显赫[③]；母仪称四德，工容言行振威声。”这副对联表述了山川福泽万民的神威，以及通过女性“四德”所发扬而出的母性神力。

这些文字都表达了该庙宇的一些基本气象，但我们在这里

---

① 译者按：原文写作“culte féminin”（女性崇拜），即越南之母道信仰，又称母道教，是越南特有的民间信仰之一，其信仰核心是越南传统的阴性文化及民间对女神的崇拜，由“婆僮”主导的“上僮”（灵媒附体）是母道信仰中的主要仪式之一。

② 我试图将“英灵”二字翻译为“丰富的生长力量”（riche en puissance végétative），但实际上是无法翻译的。此二字拆分后的意思为人熟知，因此不再对其进行解释。这是因为它们出现在所有无数大大小小越南人民为了礼敬自然山水而建立的庙宇与神亭之中。[我甚至在靠近老挝川圹（Xiêng Khoảng）边境附近的乡村中见过相同的特征。]“英灵”一词专指春天树液的上升之力，也即“灵力”（mana），它促成了植物的生长之力，土地的肥沃生产力（fertilité）以及人类、动物的生育力（fécondité）。[同样的表达也见于中国的庙宇之中。]

③ “显赫”（éclat manifeste，译者按：被显现出的光芒）是另一个难以翻译的表达。它常常与“英灵”（puissance vegetative，译者按：植物生长之力量，作者在本书中多次重复了这一重要的概念）一起连用，用以表达春天时植物最为光彩绚烂且繁盛的状态。

所感兴趣的则是其庭院的奇特布局。

主殿两侧楹联曰（图 9 中的 1 和 2）：

神光周四渎，津梁舟楫群，瞻万鼻英灵；

母德遍万方，海萃山陬威，属湄洲赤子。[①]

进入庭院后，右侧神亭（图9中的3）供奉仙姑公主（Tiên Cô Công Chúa，这一信息系从庙中侍者处得来，他口头回答了我所写的汉字提问），两侧供奉了两只狮子及四位从官（也许是女性？）。这一殿堂的对联以越南文书写出，其大意为："茶献神影，恩愈厚；香烟绕主，禄更多。"[②]

左侧神亭（图 9 中的 4）供奉皇郡王官（Hoàng Quận Vương Quan）。两侧供奉有两只狮子与四名武士，其联曰："丹检（脸）采班朝圣主；冰机（肌）玉魄会摇（瑶）台。"

庭院所围合的区域正中安有山石、小树及花卉，其后为神坛，上有一小庙，庙后屏风上书"配天德"三字（图 9 中的 6 号）。屏风之后有一神虎立于石上，屏风上书"覆遍云"。虽然神坛上只安设了一个香炉，但屋顶却布满了香炉。屏风左右有

① 湄洲是天后圣母，海神娘娘的升天之处，位于中国福建省。（参见《天后圣母圣纪图志》卷一，第 31a 页；卷二，第 62a 页）我们很容易将"万鼻"译为"万代"，但是作为"湄洲"的对仗，万鼻也应是一处地名。

② 这些对联使用越南文写出，"chè-chó bỏng bà, ơn rât hậu ; khói hương dâng chúa, lộc càng nhiều"。感谢黎重谕（LÊ Trọng Dụ）先生［顺化保大（Bảo Đai）图书馆 kiểm sụ］协助转录并翻译。译者按：感谢叶少飞教授对此条的协助。

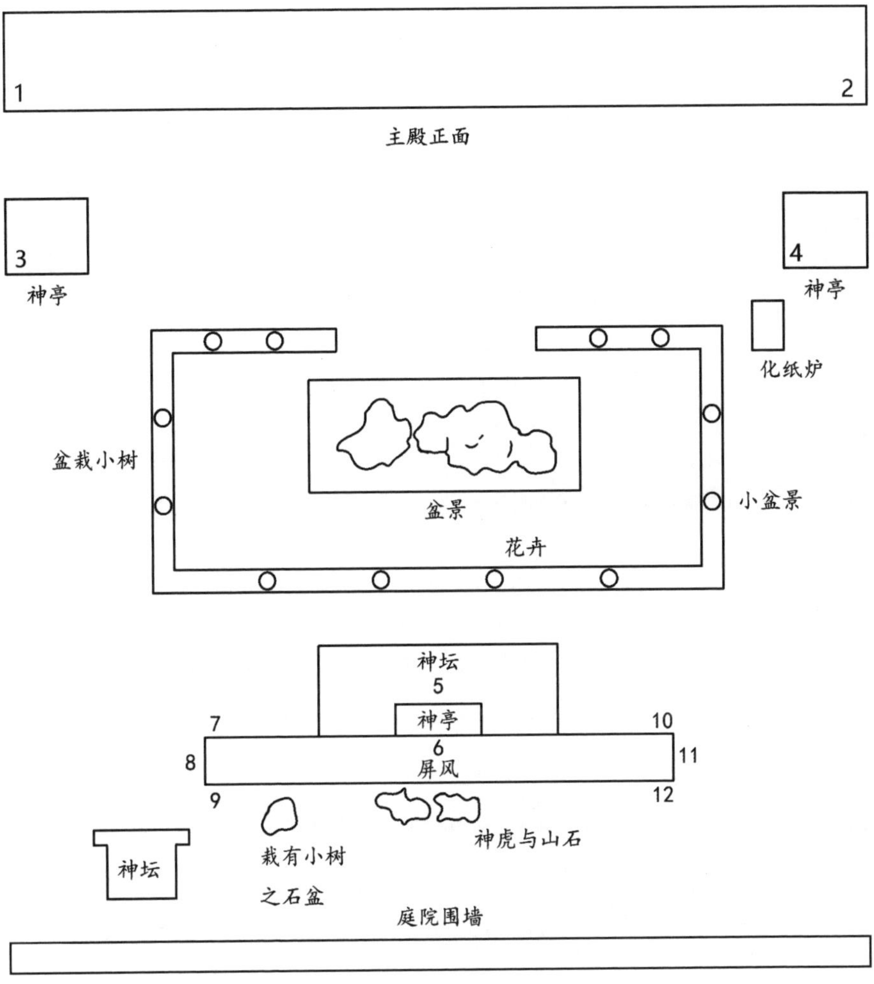

图 9 河内宝光灵祠平面图（译者重摹）

联曰："栽培基有土，正直谓之神。" 此外，屏风上还写有其他几副对联（括号内的数字参看图 9）：

万古英灵仙圣女（7），
亿年香火国家封（10）。
桃源流水真仙境[①]（8），
梵宇清风显圣堂[②]（11）。
昔在山中雄猛将（12），
今居屏外爪牙臣[③]（9）。

在神虎的另一侧有大树一株，树下放置了废弃的石盆。

案例 6

帝释寺［Pagode Đế Thích，位于河内 Dumoutie 路，白梅（Bạch-mai）村[④]］，主殿供奉棋神［génie des Echecs，也即帝释（Đế Thích），或因陀罗（Indra）］，兹不详述。与其他很多越南寺庙一样，帝释寺内也设有具有母道信仰特征的偏殿（要言之，其中神坛两侧各有一匾，右曰"天宫王母"，左曰"母德重坤"）。

这一偏殿的庭院内摆满了盆栽的小树与灌木。一座神亭位

① 此处所言的时间之外的福地寿乡，乃是取典于陶渊明（365—427）之《桃花源记》。参见正文 36 页注①。
② "梵宇"含有佛教意味，但与大多数越南庙宇一样，反映了多教的融合。
③ 此即对于神虎的表述［也即山神，我们在稍后的案例 8 中还能看到］。
④ 译者按：今盛安（Thịnh Yên）街 33 号。感谢叶少飞教授对此条的协助。

于庭院正中（烧香之处），其前则为一座小山。

案例 7

福林寺（Pagode Phúc Lâm，位于河内大市场后）主殿奉佛，由尼僧住持，但其中也有一座偏殿用以供奉“诸位”，并举行婆僮的降神等活动。偏殿前有一殿，殿内墙上有一山石，石上安奉有各类小神偶，并环绕以小木塔，前面摆放着鲜花、糕点等供品以及几件玩具（这是母道信仰的另一个特征）。此外，墙上还有彩绘五色祥云的高浮雕，并有神仙隐现其间。在新年的庆祝活动中，人们将供品与玩具挂于山石之上（此外还包括仙人的帽子、眼镜以及灯泡）。其左右亦有对联一副：上联曰“崇山博厚高明，与天同大”；[①] 下联曰“殿宇焄蒿[②]悽怆，得地以宁”[③]。

案例 8

白马祠（Pagode Bạch Mã，位于河内 rue des Voiles 路[④]）的庭院中立有山石一块，上栽矮化绿植。其中，一神虎雕像立于山石缝隙之中，更高处则有一宝塔及佛像。山石之前设有焚纸炉及香炉。除夕夜中，善信于此焚香祝祷。

---

① 这是一个难以翻译的汉字文字游戏。上联之“天”与下联之“地”相对，但也等同于“自然且仙境般的世界”（monde naturel et paradisiaque），之后我将详述这个概念。

② 出自《礼记·祭义》，指祭品上升的香气。（译者按：原文作“焄蒿凄怆”）毫无疑问，通过互文的关系来看，这些气也指山间的云与雾。

③ “宁”是土地的美德之一，其特指妊娠中胎儿内敛且平静的状态。

④ 译者按：今帆行街 76 号。

案例 9

祥云寺［Pagode Tường Vân，位于顺化城通往南郊坛（Đàn Nam Giao）大路的西侧］，为一处奉佛寺院。其中的一处小庭院内有一座小山依墙而立，墙上饰有浮雕之山峦。对于我的问题（同样为汉字笔谈），一位僧人答道："这种山叫作假山。"整个景观则被称作"山水、松亭"（山水即为自然景观之意）。其中有若干摆件散处于植物之中，如佛塔及陶制的蟾蜍，又有一段楼梯，通往一处瓷质的小庙。僧人说："我们俗话将其称作'古庙'（sanctuaire antique）。"

案例 10

在顺化一座贫宅［位于顺化城内社稷坛（Đàn Xã Tắ）方向］后花园的山石上，生有约一米高的灌木，并散落有人们置于其间的碎瓷片。山石的最顶端还有一神亭立于独柱之上。其四周皆是古树，并设有此类的神亭。①

① 这种情况不是孤立的。顺化远东学院（Ecole française d'Extrême-Orient à Huê，位于通往南郊坛的路上）院中"小山"的矮树中也堆有碎瓷片。（至少我 1942 年 3 月访问的时候是这样的，它们有可能出于整洁的考虑被清理掉。）从那之后，我记录了其他几个案例。［按照习俗，人们要在年末时将三块火砖及石盆置于神树脚下，并于新年时更换。柱上的神亭通常用于供奉土地神。相类似者还有一种庭院中的香炉（cây hương），安放于托盘之上，由一木桩承托。此与三界神（诸位）的崇拜有关，尤其是其中的母道信仰。（译者按：此类柱上的小型仪式建筑在越南语中被称作"miếu"，也即庙。）此处的"三府"即对应了公元 2 世纪以来的道教与民间信仰中的"三官"。从那时起，在中国以及后来越南神谱中的诸神、诸仙皆被授予官衔与品级，并按照人间职官制度中的品级来排列。］

图 10 盆栽矮化树（河内）
1941 年，石泰安摄。

案例 11

在顺化苇野坊（Vĩ Dã）一座私宅的水池中，立有一座巨大且多孔的山石，石上生小树，并有众多摆件见于其中。山石的中间部分由一龟形石支撑，分为三叠，朝向右端渐次升起，并由此状若龙头，龙角则由两株灌木代表。一块闪亮发光的石头置于石缝之中，暗喻龙口中所衔之宝珠。此外尚有形似蟾蜍、蝙蝠（“蝠”通“福”，寓意幸福）、凤凰、大象的山石。在山石前方，有一为植物所环拱的小平台，其上坐有五色人偶各一，主人告诉我它们代表了“五行”（Ngũ hành）。五色人偶之前又设有一盛土小罐，其中有未燃尽的线香，此是每月十五、二十一两日所焚（见图 10 中的一处相似但略小的案例）。

案例 12

弘福庵［Hồang Phúc Am，位于顺化寿含（Thọ hàm）村的一处婆僮庙宇，地近东波河（Sông Đông Ba）左岸之租界驻军］之庭中多树，树前则有神亭。在其中一处庙前立有山石，上安石兽并插香。一处小阶梯及门廊从山石延伸至另一处同样微缩尺度的水池之中，池中另有一小石，石上有柱，柱上安设香炉。此外，尚有陶质蟾蜍、珊瑚，以及两只石象拱卫于阶梯两侧。

案例 13

1944 年 6 月，我在沙巴［Sa Pa，位于靠近中国边境的老街（Lào Cai）］看到了三座有趣的寺庙。

第一座庙宇的中文名叫桃林洞[①]，其神坛正中也写有同样的名字。坛上安设有四只公鸡、一艘船和四条蛇（母道信仰中婆僮所用的典型物品）。其左侧题曰“宛然仙界”；右曰“克尽母仪”。其外又有题字曰“桃林岿里乾坤别”(“乾坤”即“天地”，此处有“别一天地”即“另一个世界”的含义)。该庙庭院中

① ［这无疑是“桃花源”另一种表达（见正文32页注①），此处所言的时间之外的福地寿乡即位于湖南的“桃源洞天”（第三十五洞天）。］另一处名为桃源或桃林的地方位于河南（参见陈寅恪 1977: 187，其中表明这一场所是躲避纷扰的避难所）。

另一神亭，名曰“九层台”。

第二座庙宇叫宝胜天庙（云门祠，Đền May Cửa），在它的第一进建筑中，其正中匾曰“至哉乾元”；对联云“河海秀钟万国均霑圣泽；山川英毓四民咸仰母恩”。这里“泽”的字面意思指沼泽，也指统治者的精神力量与恩泽。“四民”可以被理解为社会，“咸仰”当为满怀希望和崇敬之意。该庙中没有盆景，但专奉婆僮之香火：庙中挂有蛇、鸟、剑、伞、树枝各两对，此外还有一座“诸位”女神的祭坛。

在第三座小型庙宇（Đền Thượng）中，主建筑的左侧有一处独立的区域，其中一座神亭立于高耸台基之上（类似一根柱子，参见34页注①）。屋顶上有四条龙，其嘴皆朝向中央一红色圆球。其对联曰：“秀水奇山标胜迹[①]；祥云瑞气仰饮灵。”这里的“标”字可以理解为将山水视作一处胜境的具体符号或类似旗帜之物，“仰”字有希望与崇敬的含义，“灵”字则是超自然力“马那”（mana）。与此神亭相对，有一罐中盆景安于环绕此区域的矮墙之上。这一盆景由融化的铅水倾于鹅卵石上凝结而成，毫无疑问，它最终形成了奇异的式样。此外，这里还插有几支几乎燃尽的香。

我想这些例子足以显示各类盆景所共有的某些具体且特别

① “标”的意思是标记、信号、旗帜、信号杆，也有展示、书写和使某些东西出现的行为之义。这个词的选择是经过深思熟虑的。这个地点由已设置的物体所标记（且应是固定的）。我们可以看到它的很多形式。“标”可能是书写，尤其是书法作品，或者是一种不可见的超自然力量（例如，神）的存在。

的属性，这些属性实际超越了审美层面的考量。正如上文所言，我只掌握一组关于中国同类物品的具体描述，出自鲍希曼的著作之中。[①] 在张良庙（译者按：位于今陕西汉中留坝县）主庭院的两侧，有两座对称的殿堂：左为菩萨堂，右为三圣堂。每一殿堂中都供奉有造像三尊：菩萨堂供奉观音、文殊及普贤；三圣堂则供奉三圣母（或名娘娘菩萨），即送子娘娘、催生娘娘及奶母娘娘。这两座殿堂的侧壁均饰有人造山石，其山石孔穴及缝隙中则摆满了许多小型造像。菩萨堂中的造像展现了地狱中的诸般刑罚，三圣堂的造像则描绘了童子戏耍、骑鹿的景象，以及象征吉祥、富贵、长寿的三个符号，此外也还有一些表现了演戏、巡游、庆贺、射箭的活动场景。近天花板处设有四门，通往天界。

另外，在四川灌县二郎庙[②] 的戏台对面，有一座名为“观澜亭”的建筑。其下供奉灵官（道教神明），其上供奉三官（即天、地、水）。灵官像高约 35 厘米，立于一块秀石之上，下施莲座。山石的孔穴之中安有众多小型神像，其中包括几位女仙以及驾鹤的寿星[③]。灵官两侧各站一位仙童弟子，其中一位手持葫芦，另一位则手捧花瓶。鲍希曼书中的图 15 展示了一座影壁，他将其称为“神灵之墙”（Geistermauer）。在其前面是一组山石，上面生长着植物。鲍希曼解释说，这种组合类

---

① Boerschmann 1914: 135, 175, 185.

② Boerschmann 1914: 175.

③ Boerschmann 1914: 176，其中写作“Storch”，意为“鹤”。

似于祭坛，但必须将其理解为拥有双祭坛的教堂中的“镜墙”（Spiegelmauer，“我推测他指的是观澜亭”）[①]。

我们最后一个案例位于二王庙的第三处庭院中[②]，包含一个养有乌龟并生长水草的水池。奇石相互堆叠，倚墙而成山，山石之上生有开花的小树。与张良庙相似，水池旁建有三圣堂一座，其三圣分别为：观音、龙王与痘疹娘娘。

毫无疑问，如果我们继续探索，则更多的案例描述能使这一名录极大地丰富。我在此无意穷尽这些材料。作为全面概览盆景的基础，这些案例已足具指导性与重要性。但是，在对盆景所含思想的具体表现及相关联想进行分析之前，我们仍有必要对这种特殊的审美崇尚以及实践技艺所能上溯的历史时期稍做讨论。

历史溯源

一些学者[③]认为，盆景艺术是6世纪（莫古礼认为是通过佛教传法僧人）或7世纪（Flogny之观点）由中国传入日本的。我不确定他们参考了何种资料，因为他们在著作中并未提供出处。而且我认为这也只是一种无端的猜测，它基于一个众所周知的事实，即自初唐以来，中国文化中的许多元素都被传至日

① Boerschmann 1914: 176.

② Boerschmann 1914: 183.

③ McClure 1933: 119; Flogny 1942: 27.

本。（这也有可能是基于日本盆景艺术家的现代传统而做出的判断。）

就我而言，尽管在阅读了大量可能记载此事的中国文献后，我仍无法准确地回答这一问题。当然，我不能说自己穷尽了所有的相关文献，其数目众所周知是海量的。但我们也得到了一个否定性的证据：没有任何一部中国古代大型类书对盆景艺术进行过记载，但它们却详细收录了其他方面的信息。我们知道，使用中国古代类书可以在短时间内收集大量的文献，并进行极具深度的研究（如《古今图书集成》《格致镜原》等）。此外，类似“盆栽”“盆景”等术语也从未登入古代词语类书，如《事原》《事物纪原》《事物异名录》以及《事物原会》。唯一提到这些术语的是作为现代词典的《辞海》与《辞源》，它们并未将这些词语追溯至唐前，而是将其定于唐宋之间（根据下文将讨论的一部明代著作）。只有日本的类书对这一主题相关的资料进行了搜集，但是仍主要基于日本自身的材料，且并未（或非常间接地）提及其在公元 6 世纪或 7 世纪从中国的传入。

如此，唯一的途径便只能是通过搜索大量文献，如各类“随笔”“日记”或“谈”中有关文人休闲娱乐的记录，并放弃能寻得全部资料的希望。这一类文献大部分成书于宋明时期（少部分在唐代业已出现），而正是在这一时期中，对于小型装饰艺术与工艺品的浓厚兴趣开始出现。

下面，我将从现代开始回溯，尽我所能地对这一艺术形式进行考察。

〔《五石瓠》〕

《辞海》“些子景”词条引刘銮（1727—1756）《五石瓠》[①]云：

今人以盆盎间树石为玩，长者屈而短之，大者削而约之，或肤寸而结果实，或咫尺而蓄虫鱼，概称盆景，想亦始自“平泉”“艮岳”矣。元人谓之“些子景”。[②]

丁鹤年[③]（1335—1424）曾为平江（今江苏苏州）韫上人作诗：

尺树盆池曲槛前，老禅清兴拟林泉。
气吞渤澥波盈掬，势压崆峒石[④]一拳。

---

① 与其他词典及类书相同，《辞海》此处的引文是节选。该书收入《昭代丛书》，所引段落位于第25ab页。刘銮，字舆父，贵池人，生活于明末（书中所用最晚年号为崇祯，1624—1643；译者按，崇祯朝为1628—1644）。书名之《五石瓠》，出自《庄子·逍遥游》，戴遂良（Léon Wieger）译本，第213页。译者按，《庄子》原文曰：“今子有五石之瓠，何不虑以为大樽而浮乎江湖，而忧其瓠落无所容？则夫子犹有蓬之心也夫！”

② “些子景”意为“非常小的景观”。朱熹在对《论语》的评论中解释道：“北辰是那中间无星处，这些子不动，是天之枢纽。”引自《辞源》。（译者按：原文出自朱熹《朱子语类·论语五》）《四体合璧清文鉴》是一部清代的满蒙藏汉四语词典，其以藏文“rdza mar gsos pa”翻译盆景一词，意为“在瓮里生长”，并以蒙古文“bänksätü üjämči”翻译盆景一词，意为“碗中的景观”（？）；其中的“bänksätü”一词仅见于此处，当是一种以“tu”作为结尾的形容词，乃是源自“盆”“栽”二字发音的蒙古语转写。

③ 丁鹤年，字永庚，元末回族诗人，他的诗歌收录于《海巢集》（Giles 1898: 733）。

④ “峒”即“洞”，“崆”即“空”。崆峒是一座名山，其位置有四说：一说湖南，一说甘肃（此是著名的神话圣地，黄帝升天之所；参见Granet 1926），一说江西（于一铜矿之中），又一说山东（于海中一岛上）。

仿佛烟霞生隙地，分明日月在壶天。[①]

旁人莫讶胸襟隘，毫发从来立大千。[②]

〔平泉山居〕

“平泉”，也就是刘銮所言盆景的起源地之一，乃是李德裕（字文饶，787—849；译者按，又作 787—850）两处山庄的名称。其一在河北（位于赞皇县西北之许亭村[③]），一在河南（位于洛阳县南。译者按：在今河南洛阳市伊川县）。李德裕曾担任成都的地方长官（译者按：西川节度使），他在任期内收集了众多的珍稀之物并藏之于平泉别业之中。他后来被贬于广东（译者按：崖州，今属海南），并逝于此。李德裕著有《平泉山居记》及《次柳氏旧闻》（即唐玄宗时期小史，收入《说郛》卷六七）。我未能查阅到《平泉山居记》，但《说郛》中所收录的两段文字应即此文，分别为《平泉山居诫子孙记》及《平泉山居草木记》，并附有跋文一篇。

根据《贾氏谈录》（宋张洎著，载有关于唐代的各类史料）的可靠记载，平泉山居距洛阳三十里。山庄内有草木、亭台楼阁，使其仿佛仙人所居[④]，曲水流于其中并设以阑干，又仿治洞庭十二峰等景。当李德裕初营平泉山居时，稀世之物自四方

① 关于“壶”这种容器更多讨论参见第二章，它类似于葫芦（瓠）。

② 极为微小之物（一根头发）可以产生无限大之物（乘以千倍的宇宙）的思想源自佛教。

③ 译者按：原文作“village de Tchang-leng”，现据今日地名修改，其原址亦即今之玉泉寺。

④ 译者按：原文应是译自康骈《剧谈录 · 李相国宅》。其文曰：“卉木台榭，若造仙府。”

献来，有诗云："陇右诸侯供语鸟，日南太守送名花。"[①]《贾氏谈录》赞美平泉山居曰："天下奇花异草、珍松怪石，靡不毕具。"《渔阳公石谱》亦可证实这一描述，其曰："李德裕于平泉别墅采天下珍木怪石为园池之玩。"[②]

在以上这些有关平泉山居园林的描述中，我们并未见有任何文字将其描述为微缩的盆景，由此可知它是一处规模宏敞的庄园。刘銮之所以将其与盆景进行关联，显然是受到了将奇珍异石置于水中这一主题的启发。由此而言，其判断无可厚非，但从历史的角度来看，这并非盆景的真正起源。事实上，正如我们稍后将要详述的，搜罗寰宇所有奇珍异宝的样本并将其集于一处福地（un site propice）之中，乃是中国自古以来的好尚之一。因此，我们无须再赘述这一出自唐代的案例，特别是其中还不包括树木矮化（nanification）这一基本特征。不过，在刘銮所引元代丁鹤年诗中，作者很清楚地将自然尺度中的园林（无论其大小）等同于盆中之园林。

〔艮岳〕

艮岳的案例也大致相同。当宋徽宗（1101—1125 年在位；

---

① 译者按：唐代无名氏诗散句。

② 译者按：原文将这一叙述归属《云林石谱》（卷上，第 5b 页）。其原文云："Li Tô-yu construisit dans sa villa de P'ing-ts'iuan un jardin en y rassemblant les essences précieuses et les pierres étranges du monde entier."（李德裕在他的平泉山庄中营治园林，其间收藏了来自全天下的珍物与奇石）。根据文意来看，它当系《渔阳公石谱》所引《唐余录》之佚文，今就此更订。

译者按，应为1100—1126年）即位时，一位方士指认京城（河南开封）东北方一隅为吉地，但其唯一的问题是高度之不足。由此，徽宗下旨营治了“艮岳”（1117年），因为“艮”在《易经》八卦中代表东北方位，故此而得名。1122年前后，徽宗曾御制《艮岳记》一篇，1224年又将其更名为“寿峰”。《辞海》在其词条中引用了《宋史·地理志》及宋代张淏（1216年前在世）《艮岳记》[①]之记载，我在同一作者的《云谷杂记》中也读到了相同的记述[②]。据《云谷杂记》所言，此山亦名“万岁山”，落成之后“果有多男之应”，“奇花、美木、珍禽、异兽，莫不毕集，飞楼杰观，雄伟瑰丽，极于此矣”。该文中还引用了皇帝自己的描述，强调了如此的布局乃是用以描画宇内名胜之区，如“洞庭”以及“仇池”（我们稍后会有介绍）。这里所记述的内容、风格与汉代以来所有著名皇家苑囿完全相同（珍稀物种、山石、洞穴、曲径、似仙人所居的亭台，以及完美的自然环境）。其中有一段语句十分典型，其云：“乔木茂草，或高或下，或远或近，一出一入，一荣一凋。”最后八字的修辞方式乃是取法于《易经》对于“道”的著名解释：一阴一阳谓之道。正如我们所见，与平泉山居一样，艮岳的案例显然也不能说明盆景的起源。

〔《考槃余事》〕

另一部明代著作，屠隆的《考槃余事》为我们提供了更多

---

① 《说郛》本。

② 新版《说郛》卷三十，第19b页。

关于盆景的细节。[①]其文曰：

盆景，以几案可置者为佳[②]，其次则列之庭榭中物也[③]。最古雅者，如天目之松[④]，高可盈尺[⑤]。其本如臂，针毛短簇，结为马远[⑥]之"欹斜诘曲"，郭熙[⑦]之"露顶攫拏"[⑧]，刘松年[⑨]之"偃亚层叠"，盛子昭之"拖拽轩翥"[⑩]等状，栽以佳器，槎枒可观。更有一枝两三梗者，或栽三五窠，结为山林排匝，高下参差，更以透漏窈窕奇古石笋，安插得体，置诸中庭。对独本者，若坐冈陵之巅，与孤松盘桓；对双本者[⑪]，似入松林深处，令人六

---

① 该书有两个版本：《龙威秘书》本卷三，第 22a 页与"Mei-kong pi-ki"本卷四，第 8b 页。同样的内容也见于明代文震亨（1585—1645，字启美，苏州府长洲人）所著《长物志》中，其行文扼要且易懂（《说库》本，第 31 册，卷二，第 7a 页）。

② 也即最小的盆景。

③ 《长物志》的作者文震亨并不同意此说，"持论则反是"。

④ 位于浙江临安县西北五十里之名山，有两山峰耸立，山顶有一个湖，故名"天目"。此地是道教第一位天师张道陵的出生地，其母梦北斗星君授以蘅薇香草而童贞感孕（de Groot 1886: 74，译者按：原典出处可参见《正统道藏》所收《历世真仙体道通鉴》卷十八）。同时，杭州余杭县亦有"天目山"，且是第二十四洞天，参见《正统道藏》所收《云笈七签》卷二十七，第 8b 页。

⑤ 《长物志》曰："高不过二尺，短不过尺许。"

⑥ 马远（1140—1225），字钦山，宋代画家，钱塘人，活跃于南宋光宗、宁宗时期（1109—1224）。

⑦ 郭熙（约 1000—约 1090），字淳夫，宋代诗人，山水画家；以绘绝峭山岩而著名。作有山水画论《林泉高致》。

⑧ 《长物志》曰："露顶张拳。"

⑨ 刘松年（约 1131—1218，译者按，生年或作 1155），号清波，南宋画家，钱塘人。1190—1194 年间为宫廷画师，工于山水、人物。曾向宋宁宗（1194—1224 在位）呈进《耕织图》。

⑩ 盛懋，字子昭，生卒年不详，元代山水画家。

⑪ "独本"和"双本"——这些表述让人想起《辞海》中"盆景"一词下的一些专业术语：笔直的树干为"直干"，左右分叉的树干为"双干"，枝干垂悬于池中为"悬崖"，从土中露出的根为"露根"，聚石成山谓之"叠石"。

月忘暑。又如闽中石梅[①]，乃天生奇质，从石本发枝，且自露其根，樛曲古拙，偃仰有态，含花吐叶，历世不败，苍藓鳞皴[②]，封满花身。苔须垂或长数寸，风扬绿丝，飘飘可玩，烟横月瘦，恍然梦醒罗浮[③]。又如水竹，亦产闽中，高五六寸许，极则盈尺，细叶老干，潇疏可人。盆植数竿，便生渭川之想。此三友者，盆几之高品也[④]。次则枸杞，当求老本虬曲[⑤]，其大如拳，根若龙蛇。至于蟠结，柯干苍老，[⑥]束缚尽解，不露做手，多有态若天生。然雪中枝叶青郁，红子扶苏（译者按，又作“扶疏”）点点若缀，时有“雪压珊瑚”之号，亦多山林风致。

杭之虎茨[⑦]，有百年外者，止高二三尺，本状笛管，叶叠数十层。每盆以二十株为林，白花红子。其性甚坚，严冬厚雪，玩之令人亡餐。

更须古雅之盆，奇峭之石为佐，方惬心赏。至若蒲草一

---

① 《长物志》不称其为“石梅”，而称其为“古梅”，显然这才是正确的写法。

② 参见莫古礼所言：“植物的茎通常是被关注的主要方面，特别是那些尝试模仿粗糙老树的品种。在这方面，树皮的肌理十分重要。”（McClure 1933: 120；着重号由作者标注）

③ 广东的一座名山，著名炼丹家葛洪（公元 4 世纪）曾于此从仙人受道。这里亦是一处洞天；参见 98 页注 ①。

④ 松、竹和梅乃是“岁寒三友”。莫古礼则说：“松、杏和竹是‘岁寒三友’。”（McClure 1933: 121）这三种树常一起出现在绘画作品中。有时则以山石代替松树。《辞源》引用了苏东坡的解释：梅树在冬天也能开花，而竹子虽细长却可生长很久。

⑤ 《长物志》则言：“又有枸杞及水冬青、万年青（也许是粗肋草 *Aglaonema modestum* Schett）、野榆、桧柏之属。”

⑥ 《长物志》的版本也许更好，其曰：“根若龙蛇，不露束缚锯截痕者，俱高品也。”

⑦ 参见 McClure 1933: 141。学名“*Damnacanthus indica* L.”，一种矮生植物，枝干扭曲多刺；盆栽之理想选择；花朵为白色；叶子在不同层次上展开；产自福建（潮湿之河岸）。《长物志》判断这种植物“尚在雅俗间”。

具，夜则可收灯烟，朝取垂露润眼，诚仙灵瑞品[①]，斋中所不可废者。须用奇古昆石，白定方窑[②]，水底下置五色小石子数十，红白交错，青碧相间，时汲清泉养之，日则见天，夜则见露，不特充玩，亦可辟邪。

他如春之兰花，夏之夜合、黄香萱，秋之黄蜜、矮菊，冬之短叶水仙[③]、美人蕉，佐以灵芝，盛诸古盆[④]，傍立小巧奇石一块，架以朱几。

〔《闲情偶寄》〕

［奇怪的是，同时期另一位作者对假山进行了谈论，却只字未提盆景，而且此人还有一整部著作详细地讨论了住宅与园林（译者按：《闲情偶寄》）。此人即李渔（1611—1680，号笠翁），一位从未踏入仕途的清贫文人。[⑤]1657年，他于南京附近构治了一处园林，因“地只一丘，故名‘芥子’，状其微也”（见本部分，93页注①）。由此，芥子园在空间上的“小”实际也只是相对的。在谈及由石头堆叠而成的假山时，他区分

① 《长物志》云：“乃若菖蒲九节，神仙［可理解为求仙之士］所珍，见石则细，见土则粗，极难培养。吴人洗根浇水，竹翦修净，谓朝取叶间垂露，可以润眼，意极珍之。余谓……此与蟠桃、双果之类，俱未敢随俗作好也。”我将在这一部分的结尾再来讨论菖蒲。

② 毫无疑问，昆山石在宋代已十分著名。

③ 莫古礼云：“中国常见的一种低矮变种是‘Hiai-tchao’水仙。除了单花品种，还有一种双花品种，叫‘chouang-t'ouo’水仙，特别用于矮化种植。”（McClure 193: 132）

④ 《长物志》云：“碗必圆，不可方。”

⑤ ［早在1946年，高罗佩便向我介绍了李渔的作品，但我直到1982年才开始阅读。］参见李渔《一家言全集》（作者1672—1673年序）和《闲情偶寄》，1936年，上海版。关于李渔的传记，参见 A. W. Hummel 1943: 495-497 及 R. A. Stein 1983。

了“易工”的小山与“难好”的大山，并言及“盈亩累丈”的常见尺度（1 亩约 600 平方米，1 丈即 10 尺，约 3 米）。较大的园林不仅是需要堆叠山石，更需要在其缝隙中填入泥土，由此形成一个结构意义上的整体，如此“既减人工，又省物力”，“且便于种树”[①]。此外，园林中亦可依墙累石，叠造“石壁”[②]。小型假山应有三个特征，可以三个同韵字来总结，即：透（穿透及连通[③]）、漏（具备能使水从顶部向下渗漏的孔洞，且水流速度不可太快[④]）、瘦（山石应独立陈设，且形势向上[⑤]）。需注意的是，小而瘦的山石“全要顶宽麓窄”[⑥]，这也即昆仑山“上大下小”的外形。

无论大与小，假山内部皆应有洞穴（现代假山的案例，见图 11—14，增图 7），不可过大，也不可过小。如若洞穴太小，“则以他屋联之，屋中亦置小石数块，与此洞若断若连，是使屋与洞混而为一，虽居屋中，与坐洞中无异矣”[⑦]。又曰：“洞中宜空少许，贮水其中而故作漏隙，使涓滴之声从上而下，旦夕皆然。置身其中者，有不六月寒生而谓真居幽谷者，吾不信也。”[⑧]

---

① 译者按：《闲情偶寄 · 大山》。

② 译者按：《闲情偶寄 · 石壁》。

③ 译者按：《闲情偶寄 · 小山》，其文曰，“此通于彼，彼通于此，若有道路可行，所谓透也”。

④ 译者按：《闲情偶寄 · 小山》，其文曰，“石上有眼，四面玲珑，所谓漏也”。

⑤ 译者按：《闲情偶寄 · 小山》，其文曰，“壁立当空，孤峙无倚，所谓瘦也”。

⑥ 译者按：《闲情偶寄 · 小山》。

⑦ 译者按：《闲情偶寄 · 石洞》。

⑧ 译者按：《闲情偶寄 · 石洞》。

图 11 颐和园庆善堂前山石盆景[1]
2021 年，陶金摄。

增图 7 颐和园庆善堂前山石盆景细部
2021 年，陶金摄。

① 原图来源：Sirén 1949: pl.29。

图 12 四川新都宝光寺中一件以瓷盆制作的山石小盆景
1981 年，石泰安摄。

图 13 自然尺度的假山（成都）
1981 年，石泰安摄。

图 14 北京故宫御花园奇石盆景[1]
2021 年，许彤摄。

① 原书图片系石泰安摄。

作者这里的整段论述都是出自对审美崇尚的关注，而且他还强调，山石之堆叠一如书画，其理亦然[1]。最后的效果可好可坏，或雅或俗。不仅如此，“造物鬼神之技，亦有工拙雅俗之分”。（参见 120 页注②）[2]此外，李渔还谈到了一些独块的奇石，因秀美之质而被珍视，并被作为工艺品陈设于厅堂之中。它们或许同样具有与盆景或苑囿一样的“准宗教”（parareligieuse）功能（请允许我这么表述）。在写给大诗人吴梅村（1609—1672，名伟业，字骏公）的信中，李渔怀念地说：“揽胜名园，身去魂留者累日。老先生以方壶、蓬岛（见 112 页注①）缩置几案前，日与仙眷遨游，与拔宅飞升者何异？[3]”]

〔历史参照点〕

【17 世纪】

在这里，我们希望确立几个历史时间的参照点。我们需要注意，直至 17 世纪（也即上文所引三种文献的时代）[4]，盆景的构设主要受审美崇尚的影响，我们只需研读《长物志》

---

① 译者按：《闲情偶寄 · 大山》。

② 《一家言》，第 22a—24b 页。译者按：原文应是出自《闲情偶寄 · 山石》。

③ 《与吴梅村太史》，《一家言全集》卷三，第 23 页；我对这段文字的理解要归功于郭丽英女士。

④ 毫无疑问，其所反映的基本都是明代文化。《辍耕录》的历史可上溯至明代，但其作者陶宗仪生于元代，其中有“陈爱山买顾氏废族石假山一所移置家园”之记载（卷二十七《买假山》）。如下文所见，一些富裕的爱好者往往为购买山石付出极高的代价。

即可了解这些文献所产生的环境。在这部书中，我们看到主导一位文人生活的精准且必需的规范：如何布置隐居的斋室（retraite）[①]、书房或是卧室，以及绘画、盆景、饰物、文房用品（笔墨纸砚、香炉等等，见图 15、图 16）的选择。事实上，这些规则像是在专横地宣示一种生活风尚，以对“雅”（élégance，与“俗”相对）或“细”（raffinement）的追求为导向。一个重要的社会事实是，这种生活风尚只适用于一个社会阶级，即文人群体，而且也只能根据他们来理解并解释。彼时日本的情况也大致相同，日本文献常常将这种生活风尚的发展与茶道仪式的流行联系起来。[②] 此外，与中国文献中的记载一样，日本著名山水画家的作品成了盆景所效仿的范本。[③] 就中国而言，我们注意到，盆景师法的所有画家均出自宋代。事实上，我们也将很快看到，明代文献中所描述的这种特别的生活风尚可以直接追溯至宋代。

---

① “斋”有时翻译为“studio”（工作室），也即文人的书房或办公之处。但这一房间的功能不仅具有世俗性，且还包含了静坐凝神存思所需的隐遁与隔离。自公元前 4 世纪以来，“斋”不仅指祭祀前的斋戒和净化仪式，同时还表示“心”的存思与净化（《庄子·人间世》，孔子与颜回关于“心斋”的对话）。其后，它又为道教徒与佛教徒继承使用，且同时应用于道德与宗教层面。公元 4 世纪至 6 世纪，道教中还出现了用以隐修的“静室”（R. A. Stein 1969–1970: 469; Schipper 1982: 125）。

② 日本文献相对易于获得，因为它们被整理并收录于类书之中。我已参阅过《古事类苑》植物部（“盆栽”，第 52ff 页 ）和出行部（“盆石”，第 908ff 页）的部分内容。如需简要回顾，请参阅《日本百科大辞典》，第 9 册，第 185 页。关于部分历史与传说中的元素，请参阅福岡華洲 1895。

③《日本百科大辞典》所载日本室町时代（1392—1400）的一种潮流。这一说法出自《古事类苑》所转引之『笈埃随筆』卷八。一位为盆景提供范本的画家是能阿弥，16 世纪的著名画家，同时也是一位茶道大师（见正文 20 页注 ③）。

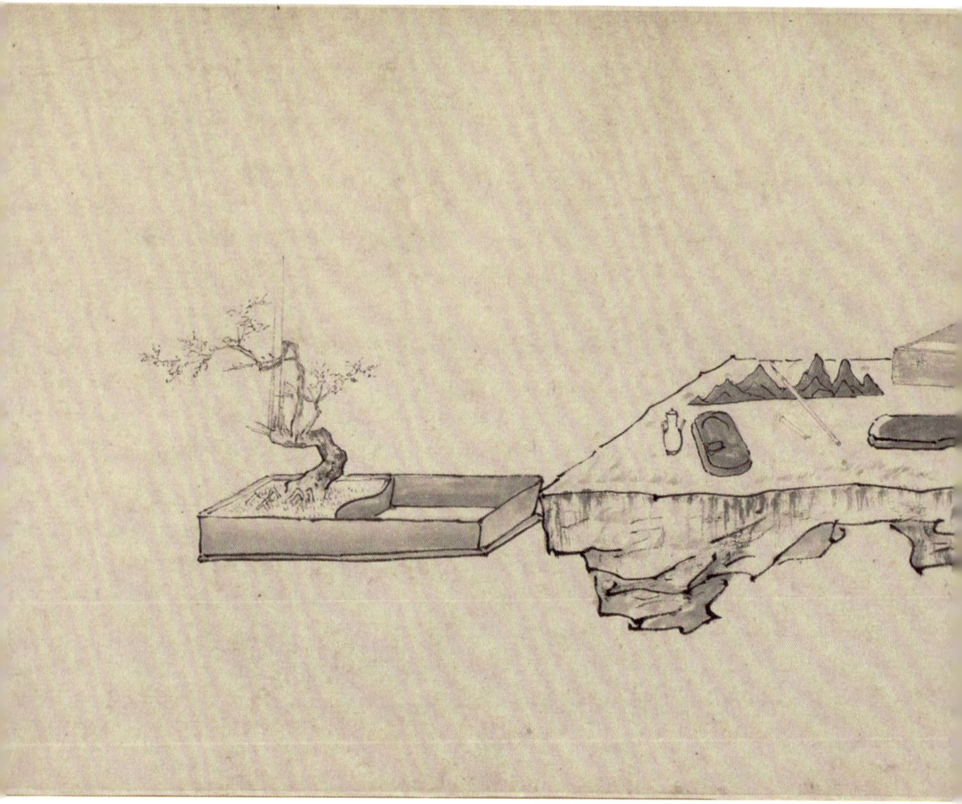

在 17 世纪，对于审美的崇尚是不可否认的事实。但相同文献也表明，最晚至 17 世纪，文学、审美与附庸风雅（précieux，请允许我这么说）也还仅仅是这个问题的一个方面。（我之所以说“最晚”至 17 世纪，是因为这一事实今天很难被正式证实。）但审美好尚这一方面被夸大与特别强调，正是因为文人阶层占据了主导地位。我相信三个世纪以来，情况并

图 15 明代吴伟（1459—1508）《武陵春色图》（局部）[①]

一位仕女坐于石案一旁，案腿如石，其中还有一函书、一床琴、一幅画卷、一件笔架山以及一件盆景。北京故宫博物院藏。

---

① 原图来源:《艺苑掇英》第 13 期，上海人民美术出版社，1981，第 34 页。

图 16 一处岩洞内的文人斋室
明代洪应明《洪氏仙佛奇踪》木刻版画。

没有发生太大的变化。此外，我希望在本文的第二部分讨论一些相对独立的主题，并通过交叉验证和相对间接的方式来证明这一点。缺少具有年代信息的材料并不说明什么问题，其可能仅仅是因为缺乏记录。（也许是因为人们认为没有必要写下众所周知的事情，抑或是曾经存在的文献散佚了，或最有可能的是：的确存在这种文献，只是我还尚未发现。）[①]

① 我知道在河内（1943 年）存有三部资料，部分以抄本的形式存在，但我经过努力还是没能看到它们。在中国和日本一定存有现代文献。

我还必须指出，我从一开始便对盆景的各个方面做出了一分为二的区分：一方面是审美性的，而另一方面则是哲学、巫术-宗教或民俗性的。我需要承认，如此的分类法可能略有以偏概全之嫌。但对于我来说，似乎有必要勾勒出一个演化过程，这个过程具有一种趋于抽象唯美主义的发展倾向，并由此遮蔽了更为具象且更为原始的思想。我们不应忘记，在中国，艺术本身（特别是绘画与书法）与一整套相互贯通、且或多或少具有哲学性甚至巫术性的思想体系有着密不可分的联系，它深深地根植于中国的文化精神之中，并具有典型性。[①]

也正是在17世纪，出版了一篇详细描述盆栽树木栽培技艺的文字，收录于《花镜》中，题为《种盆取景法》[②]。我认为

---

① 我们可以顾恺之（345—406，译者按，又作345—409）的作品为例，他是中国最早的著名画家之一，在一首诗中（译者按:《画云台山记》）曾描述了自己的绘画作品（现已不存，见德罗绘 Hubert Delahaye: 1981）。书法，尤其是草书，在宗教、诗歌与绘画的灵感层面直接与同时期灵媒的“扶乩”紧密关联。（参见 Vandier-Nicolas 1959; R. A. Stein 1969）王羲之（4世纪），居最伟大的书法家之列，与这一宗教群体具有亲属关系。其中最具代表性也最重要的人物是陶弘景（456—536），他是梁武帝（先是道教徒，后是佛教徒）的密友，是文人、道士、美学家以及兼容并蓄的学者，也是杨羲、许谧“真迹”的爱好者与收藏者。这些书法真迹既是4世纪灵媒们的书法真品，同时也是神仙下降传道所遗留的圣物。我们会一次又一次地看到艺术与宗教的相互影响。至少从近世中国的新儒学开始（从12世纪开始），文人们开始大量吸收并融摄道教与佛教的思想与形象。从朱熹（1130—1200）开始，他们中的一些人的确曾猛烈地抨击这两个宗教（见 Sargent 1957），但即使如此，朱熹与他众多的追随者一样难以逃避来自禅宗的影响。谢和耐已明确指出，朱熹在批判道释二教的同时也还实践禅修（Gernet 1981: 294-295）。这种一方面批判并充满敌意，另一方面却积极实践甚至举行仪式的双重态度，便是文人在对待道教（以及禅宗）时的一大特点；参见 Liu Ts'un-yan（柳存仁）1971: 31-102（特别是84—102部分）。

② 卷二，第17b—18a页。卷六中有陈淏子（西湖花隐翁）1688年序。

这就是葛兰言所提及的由阿尔方翻译的作品[①]。这一译本没有广为流传，因此我将附上我最感兴趣的一段文字的翻译（见本书第一部分附录一）[②]。

[柳泽宗渊（Yanagisawa Soen）根据绘画证明，日本自 14 世纪便已有盆景[③]（19 世纪的案例，见图 17）。]

【元代】

在元代（1279—1368，译者按，多作 1271—1368），矮化植物的栽培不仅已经开始实践，还在历史中获得了一个独特的专属名称："些子景"（参见正文 41 页注 ②），一部分图书插图使我们得以确立一个时间参照点。《耕织图》大约创作于 1230 年，距元代大约半世纪[④]，在福兰阁（Otto Franke）的插图 60、73、75、79、93、100 中均表现了生有矮化植物（特别是菖蒲与青草）的小石，以及放置于蚕舍与民居中的陶盆。我们可以即刻注意到，这两处都是女性的活动场所，插图所描绘的除缫丝外还有哺育幼儿的场景。我们因此实际置身于一个迥异于文人的环境，一处民众的环境，也即上文所引文人论述中目之为"俗"的环境。稍后我们将回到这一重要事实，即盆景不是也从来不曾是文人或富

---

① Halphen 1900.

② 译者按：我们将在附录中截取与翻译相对的中文原文。关于阿尔方的《花镜》法文译本，可参见最新的校订版本：Georges Métailié. *Miroir des fleurs: guide pratique du jardinier amateur en Chine au XVIIe siècle* (Paris : Arles: Actes Sud, 2006)。

③ Yanagisawa 1962: 77-79, 173-175.

④ 年代判断参见 O. Franke（奥托 · 福兰阁）1913: 78。

图 17 日本木刻版画中的盆景[2]

《占景盘图式》，日本文政九年（1826 年）木刻版。

人阶层所独享的特权（这在今天的越南仍可通过实地考察来证实）。[元末《静斋至正直记》云："先人尝言，作石假山甚不祥。盖石者，土之骨也，不可使露形于外。"[1] 作者进而给出了一些事例（死亡、战争等等）。不过，他所涉及的是在正常尺度园林中所竖立的大石。又云："先人尝谕之曰：'立石以为标格之美观，固是好，但高则不祥。若不过五六尺（即 1.5 米至 1.8 米），不逾檐，则无伤也。'"]

① 〔元〕孔克齐:《静斋至正直记》,《粤雅堂丛书续集》本，卷二，第 4b—5a 页。
② 原图来源：日本木刻版画，1808 年。

【宋代】

宋代（960—1279）的众多文献均表明，矮化植物的种植在这一时期取得了长足的发展。与明代一样，宋代文人对于“雅”的迷恋比民众的风俗更为瞩目。不过，更准确的说法应该是似乎看起来更为瞩目。这些文献实际具有误导性，因为它们由文人阶层所撰写，又因为民众的习俗受到文人轻视，故而即便这些习俗确实存在，也很少提及。文人们的兴趣首先集中在山石上，许多有关赏石的“石谱”应运而生（大部分收入《说郛》之中）。其中，《云林石谱》（见正文 21 页注①）描述了众多的奇石，每块石皆有其名，或得自其产地，或得自其独特之形状。这些价值不菲的稀有奇石有着一定的交易方式，故而只有富人才能最终将其拥有。如书中曰：“英石……此石处海外度辽，贾人罕知之，然山谷［宋代黄庭坚（1045—1105）之画室名］以谓象江太守费万金载归，古亦能耳。”[①]

关于昆山石（得名于平江府之昆山县），《云林石谱》云：“或栽植小木，或种溪荪于奇巧处，或立置器中，互相贵重以求售。”[②]

《洞天清录》记载了一些最为有名的奇石，其曰：“怪石，小而起峰，多有岩岫耸秀嵚嵌之状，可登几案观玩，亦奇物也。”[③] 这些不同奇石的特征将在下面进行描述。第一种石（译

① 《云林石谱》卷上，第 9a 页。译者按，“度辽”又作“辽远”。

② 《云林石谱》卷上，第 6b 页。

③ 〔宋〕赵希鹄：《洞天清录》，《说郛》本，第 26a 页。译者按：引自《洞天清录·怪石辨》。

者按：灵璧石）出自宿州灵璧县（今属安徽），其“色如漆，间有细白纹如玉，然不起峰，亦无岩岫，佳者如菡萏，如卧牛，如蟠螭……此石能收香，斋阁中有之，则香云终日盘旋不散”①。第二种石（译者按：英石）出自英州②，“如铜矿，声亦如铜。倒悬生岩下，以锯取之……大者或长七八尺，起峰至二三寸，亦几案奇玩”③。我此处省略了一些不甚出名的山石种类的记述。④

《云林石谱》总结了这些山石之用途：“天地至精之气结而为石，负土而出，状为奇怪……大可列于园馆，小或置于几案。”⑤

这些文本应被深入思考。大部分的宋代文献都表明，盆景的流行源自对奇形异质山石的痴迷。通常来说，盆景（假山更是如此）并不需要有矮化植物栽培其上，其山石自身便足堪观瞻。所以山石看似是对植物的一种简单承托，但恰恰

① 《洞天清录》，第26b页。

② 按清代谢堃《金玉琐碎》卷下，第45页（收入《春草堂集》卷三十），其乃出自广东英德县。《辞源》中言明该地人民售卖用于假山之山石，其石布满花纹且中空。又按《云林石谱》（卷上，第9a页）所言，“石产溪水中”。

③ 《洞天清录》，第17页。

④ 让我们在这里简要地关注一下“假山”一词。其用以描述太湖石（太湖位于江苏或湖南的平江府），《云林石谱》（卷上，第4b—5a页）认为，其大者可用于建造假山，小者则可摆放于案上。（译者按：《云林石谱》原文作：“惟宜植立轩槛，装治假山，或罗列园林广树中，颇多伟观，鲜有小巧可置几案间者。”石泰安先生对原文似乎存在误读，此处所言之太湖石并不适宜置于案头。）《辞源》（在“太湖石”条下）注解道，直至今天，人们仍喜用太湖石构筑多孔且有大理石花纹的假山。这一解释十分近似于上文中所引对于英石的论述（见前注）。范成大的《太湖石志》是一部讨论太湖石的专著，据其所言：“石出西洞庭，多因波涛激啮而为嵌空，浸濯而为光莹。或缜润为珪瓒，廉刿如剑戟，矗如峰峦，列如屏障；或滑如肪，或黝如漆，或如人、如兽、如禽鸟。好事者取之，以充苑囿庭除之玩。”

⑤ 《云林石谱》，第1a页。

相反，其自身的意义远多于此。综合来看，常有三种要素共同构成了一处全形的景观（paysage complet）——水、石、植物，由此，我们必须将山石视作一种必需，且具有自身意义的构成部分。

此外，那些因特质而备受追捧的山石，绝不仅仅用于盆景的制作。它们时而单独陈设，时而被低矮的草木覆盖，并一同灵活地组合成不同的物品。这些物品与盆景都有一个共同的特点，即它们可以被作为天地的表征而陈设于人类活动的最小天地“屋室”之中，由此成为传统隐居生活的必备之物。在这里，我们将特别讨论砚台和香炉。

关于砚台的文献众多，其中有多种“研谱”成书于宋代（大部分收入《说郛》之中）。《考槃余事》卷三用了一整段文字来讨论这一主题，题为“研山”。其曰：

“研山”始自米南宫[①]，以南唐（按，923—934）宝石为之[②]，图载《辍耕录》，后即效之。大率研山之石，以灵璧、英石为佳……尝见宋人灵璧研山，峰头片段，如黄子久皴法[③]，中

① 译者按：米芾（1051—1107），北宋著名书画家、书画理论家。

②、按《辍耕录》（见正文 52 页注 ④）中曾提及“宝晋斋”，为米芾之书斋。米芾为宋代著名画家，时称米南宫；参见 Van Gulik 1938。

③ “皴法”，中国画专业术语，用于表现山脉脉络及区分各种坡度的阴影（阴和阳）。北派代表人物为李思训（653—716，译者按，又作 651—716），擅用线来展现皴法；南派的代表人物是王维（699—760，译者按，又作 701—761），擅用点来展现皴法。［见 Vandier-Nicolas 1982: 54-55; 以及其所引 Rykmans 1970: 74-76］译者按：李思训者谓“小斧劈皴”，王维者谓“雨点皴”，参见唐岱《绘事发微》。

有水池钱大，深半寸许，其下山脚生水一带，色白而起磥砢，若波浪。然初非人力所伪为，此真可宝。

这里所提及《辍耕录》中之图名为《宝晋斋研山图》[①]（见图 18）。据作者陶宗仪（1329—约 1412，字九成）所言，此砚为他所收藏，又据图中文字所示，其年代为 1102 年。我们可以看到，图中标出了山石各峰的名称，左峰为“玉笋”，中为“华盖峰”，又有“月岩”，底部有“上洞口”，右侧则为“翠峦”。其上有文曰：“不假雕琢，浑然天成。”翠峦峰与其下一峰之间有湖，其文曰：“龙池，遇天欲雨，则津润。”最后，左下方有文曰：“下洞三折通上洞，予尝神游于其间。”（着重号为作者所加）。

《云林石谱》中描述有一块出自常山的奇石，其曰：“又有峰峦耸秀，洞穴委曲相通，底座透空，堪施香烬，［如燃香，则］若烟云萦绕乱峰间。”[②]

在另一部宋代文献《清异录》中，记载了另一则有启发性的案例。其曰：

① 《辍耕录》卷六，第 16a—b 页。

② 《云林石谱》，第 8a 页。参见《洞天清录》，第 28a 页：“东坡‘小有洞天石’。石下作一座子，座中藏香炉，引数窍正对岩岫间，每焚香则烟云满岫。”［“小有”，十大洞天之首，位于河南王屋山。参见第二章，“壶中之天”。“小有洞天”与“仇池”相通（参见第二章，“壶中之天”中有关苏轼的讨论）。在一则关于南岳衡山的记述中，其被归为三十六小洞天之第三（〔宋〕陈田夫：《南岳总胜集》，《大正藏》本，第 51 册第 2097 号，第 1057a 页）其名“小有”（别名“清虚”）乃是关于“无有”（Non-Etre）的佛-道教（bouddho-taoïstes）观念（6 世纪），“无有”是“大有”之所处，“小有”生于“大有”之中。在同时期的道教宇宙论中，“大有”也是九天之上的天宫之名。］

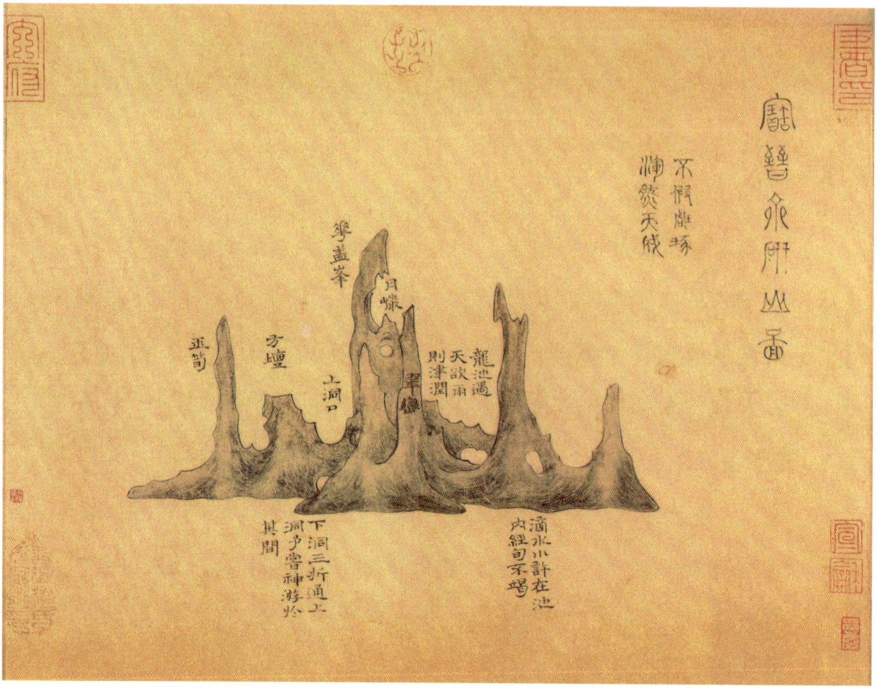

图 18 北宋米芾《宝晋斋研山图》[①]

见于《研山铭》行书手卷，北京故宫博物院藏。

吴越孙总监承祐，富倾霸朝。用千金市得石绿（malachite）一块，天质嵯峨如山，命匠治为博山香炉，峰尖上作一暗窍，出烟则聚，而且直穗凌空，实美观视。亲朋效

① 原图来源:《辍耕录》，第六卷，页 16ab。

之，呼“不二山”。[①]

本章末尾将提供有关此类香炉的更多细节。

数页之后，作者又记载了另一种奇特的山子：“吴越外戚孙承祐，奢僭异常，用龙脑（婆罗洲樟脑，*dryobalanops aromatica* Gærtn）煎酥，制小样骊山，山水、屋室、人畜、林木、桥道，纤悉备具。”[②]

［宋代建筑巨著《营造法式》（1103—1106）中包含有丰富的插图，并也简略地提及了通过堆叠山石、泥土而治成的“假山”（每边2米至2.5米）以及“盆山”（每边1米至1.25米），但遗憾的是书中并未给出相应的解释，也未提供图示[③]。］

宋代以研究古代文化的热情而著称。但事实是，这种研究并非出于对科学知识的关注（比如清代的“汉学”学者），而是出于作为古玩爱好者与收藏家的兴趣。正如我们所见，盆景与奇石因为其奇形与异质而在这些珍玩之中尤为引人注目。但上面所言孙承祐的做法，也让我们清楚地看到了此类奇珍之物重要且矛盾的一点事实。当我们试图解释这些微缩景观时，不仅要注意山石的独特属性与价值，也需要注意到这样一个事

① 〔宋〕陶谷：《清异录》，“Houei-pi-ki”本，卷三，第24b页。该书是按照题材编排的唐、五代时期各类物品名称的类书。（译者按：《清异录》版本众多，《说郛》本较为著名。）

② 《清异录》卷三，第38b页。

③ 〔宋〕李诫：《营造法式》卷二十七、二十八。

实，即山石为天然所生，这是人们将其选用的决定性条件之一，但就最终的成物而言，人为的修整与构设必不可少，有时甚至是必须的。

【五代】

五代（907—959，译者按，多作 907—960）末期可以作为越南“假山”历史的一个重要时间节点。按《大越史记》所载，前黎朝大行皇帝六年（宋雍熙二年，985 年）：

秋七月望，帝之诞辰也，使人造舟江中，以竹作假山于舟上，号“南山”。遂设竞舟戏礼，后以为常。[1]［注：李朝（1009—1225）设立竹制假山为君主祝寿的习俗无疑起源于此］

这是一份很有意思的记录，它表明尽管“假山”一词在今天以及很长时间以来都用以描述一种植物与自然山石的组合，但也可指一种真正的人工构筑物，其不仅是微缩化的自然，也可以是对真山的仿制。我们之后将会看到这一事实的重要性。

【唐代】

当我们回溯至唐代（618—907），相关的史料开始变得稀

① 《大越史记》（*Đại Việt sử ký*，卷一）。我对这段文本的理解得益于法国远东学院的学者陈含瑨（Trân Hàm Tấn）先生。［译者按：参见孙晓主编《大越史记全书（标点校勘本）》，重庆：西南师范大学出版社，2015，第 132 页。］

少，这或是因为唐代文献多已散佚，或是因为我的阅读有限。[①]但仍有一些文献记录得以幸存，如皮日休有诗曰："儿童不许惊幽鸟，药草须教上假山。"[②]

元和十二年（817 年），著名诗人白居易（772—846）开始隐居于庐山，并在此举行了一次祭礼，其《祭庐山文》收录于《庐山草堂记》[③]中。在《庐山草堂记》中，白居易云："覆篑土为台，聚拳石为山，环斗水为池，其喜山水病癖如此！"[④]

［考古发掘已经表明，公元 8 世纪，甚至 7 世纪时，一定程度上微缩的人造景观业已出现[⑤]。在章怀太子墓的壁画（706 年）中，描绘有手持礼品的众多仆人。其中一仆手捧托盘，盘中安设有小石两三块及花朵若干（见增图 8）[⑥]。同一博物馆中保存的另一件彩绘瓷器展示了一处山石园林[⑦]，原是墓葬中房屋模型的一部分（出自陕西，考古学家定为唐代；见图 19）。第三个案例尺寸稍大，位于奈良法隆寺（日本，7 世纪末），是一座泥塑的山水，由山峰、洞穴所组成，象征了佛教的天界（译

① 想要确定这些问题，就必须阅读所有的诗歌和文学作品、官方和非官方历史、地理，以及道、释两教文献。

② 皮日休，咸通八年（867 年）进士。该诗名为《秋晚访李处士所居》，收入《全唐诗》（第九函）中。诗歌描述了一处平静祥和的山居及书斋。

③ 《庐山草堂记》，《说郛》本，第 3—4 页。

④ 《庐山草堂记》，《说郛》本，第 2b 页。

⑤ 参见 Michael Sullivan（苏立文）1980。

⑥ Sullivan 1980，图版 125。

⑦ Sullivan 1980，图版 126。

增图 8 章怀太子墓壁画中所描绘之盆景

者按：法隆寺五重塔“塔本塑像”；见增图 9）[1]。]

【唐以前】

以上的内容是我所能找到的最早记录。我没找到唐以前有关盆景这一主题明确的记录。虽然在唐以前的文献中常出现有关园林及苑囿的描述，它们大体上与我们在这里所关注的设计相类似，但缺乏了“小”这一最为本质的特征。这意味着什么呢？

显然，我不能扬言我已穷尽了所有相关材料（我不能总是这么说），而这种不足可能与此有关。但我至少可以说，如果我在研究工作中只找到了大量唐及唐以后的文献，却没有任何这个朝代之前的文献，这便很奇怪了。我们今天仍可查阅许多唐以前记载神异之物的文献，它们大多收入《汉魏丛书》之

① Sullivan 1980，图版 102—103。

图 19 唐三彩山池
陕西省历史博物馆藏。

增图 9 日本法隆寺五重塔“塔本塑像”（北面“涅槃像土”场景）
和铜四年（711 年）塑[①]。

---

① 長岡龍作編『日本美術全集（第 2 卷）：法隆寺と奈良の寺』，東京：小学館，2012，第 234 页。

中，但其中也都未见到相关问题的记载。[1]

然而，目前已见唐代最早文献可以表明，盆景之好尚在唐代已经如此普及，以至于我们可以推论前一时期发展的必然存在。此外，盆栽植物的技术需要长时间的试验才能得以完善，这也是盆景不可能突然出现的另一原因。但盆景是否有可能是唐代传入中国的某种外来技术呢？这是有可能的。当本土记录缺乏时，我们总是很容易假设一种外来起源。但是，没有任何证据证明这一假设。我们将会看到，至迟在汉代，构成盆景的几项元素便已经出现，但也许盆栽技艺除外。如果我们接受这种外部起源论，则也只能适用于园艺技术方面，而不是指导创作微型景观的思想观念。

所以，我们仍无法确定这些“微缩天地”的起源。尽管如此，上文所引的文献已使我们得出一些结论（我已在从中文译为法文的过程中着重强调了这些结论）。从语言学的角度来看，“假山”一词的存在的确令人好奇。如果盆景自其伊始便栽培于天然基质（土壤或岩石）之上，则“假山”这一表达方式便几乎不可能出现。如此，唐代记载中已经出现的“小

① 我能想到一些此类的文献，如张华《博物志》，王嘉《拾遗记》，崔豹《古今注》等等。［薛爱华在他所翻译的《云林石谱》中指出，园林中的山石叠造可追溯至六朝初期（4世纪至6世纪），甚至也许可以追溯至汉（Schafer, 1961: 5.）。为了支撑他的观点，他引用了《西京杂记》（卷三，第2b页）中的一段话：“茂陵富人袁广汉……于北邙山下筑园……构石为山，高十余丈，连延数里。”显然，这对于假山而言是比较大的。］

山”一词便会被普遍使用。[1]定语“假”（人造的）使我们联想到各种材料（竹[2]、木[3]、青铜、陶、瓷等等）。事实上，我们确实也了解到一些器物的情况（像盆景之于文人书斋一样具有重要性），其原本是用“死”的材料（青铜、陶土、瓷土）制成，后来才用天然山石为之，有时候甚至在上面栽种花木。博山炉，或上文所提及的山形香炉便是此例。劳费尔（Heinrich Laufer）对它们进行了专门研究，对此我稍后将总结。[4]但首先应该指出的是，我不是唯一看到这一联系的人。福冈华洲在其明治十二八年（1895 年）所发表的对于“细川流”盆景起

---

① “铜绿两小山，以酒沃之，青翠可摘，府君部役时物也。”（〔元〕元好问《李卫公故物记 · 附元好问故物谱》，《唐代丛书》本卷十）。（译者按：此文附于唐文之后，实为元代元好问所作。）

② 见《大越史记》之案例（上文，见正文 66 页注 ①）。

③ 我了解到一个间接的案例，即一座木质的“假山”，非由人作，而是得形于自然之力（分解、腐坏）。苏洵（1009—1066，号老泉，字名允，苏轼和苏辙的父亲。苏轼别名苏东坡）《苏老泉全集》（“杂文”卷十五）中见有《木假山记》一篇，[苏洵也在其《嘉祐集》（卷十四，第 3b 页）中转录了这篇文章，《四部丛刊》本] 其曰：“木之生，或蘖而殇，或拱而夭；幸而至于任为栋梁，则伐；不幸而为风之所拔，水之所漂，或破折或腐。幸而得不破折不腐，则为人之所材，而有斧斤之患。其最幸者，漂沉汩没于湍沙之间，不知其几百年，而其激射啮食之余，或仿佛于山者，则为好事者取去，强之以为山，然后可以脱泥沙而远斧斤。”“强之以为山”表明，仅靠天然的相似度是不够的，工匠必须介入其中。当阅读此文时，我们或可联想到似于山峰的奇形木山子（以沉香木最为常见），它们常常被安奉于越南庙宇的神坛之上。我们将在第二章回到这点的讨论上。

唐代苏鹗《杜阳杂编》中记载有两座分别由香木及宝石所制的假山。其中一座代表了道教仙境，我们将会在第二章讨论。另一座曾由新罗国（朝鲜半岛古国）献给笃信佛教的唐代宗（文中标明为大历年间，766—780；译者按，多作 766—779），其文曰：“新罗国献五彩氍毹……每方寸之内，即有歌舞伎乐、列国山川之象……又献万佛山，可高一丈，因置山于佛室，以氍毹藉其地焉。万佛山则雕沉檀珠玉以成之。其佛之形，大者或逾寸，小者七八分……而更镂金玉水精为幡盖流苏，庵罗、薝卜等树，构百宝为楼阁台殿。”（《说郛》本卷上，第 4ab 页）

④ Laufer 1909，另见 Archibald G. Wenley（温利）1948: 49 及 Dubs 1959: 259 ff。

源的研究中也持有相同观点。他曾采访到一位艺术大师（记录于 1820 年左右），并由此提及一门由这位老先生所代表的传承（tradition）技艺。据记载，日本推古天皇（593—628 年在位）曾从百济（朝鲜半岛古国）得到一件代表灵山的博山香炉。一块为白沙所环绕的天然山石被置于钵（hachi）中，钵则置于一大盘中。大盘上有一洞，使其可用于焚燃香料。由于此钵上饰有藤蔓，因此被称为“藤蔓钵”（かつら钵，katsura hachi）。这应该就是今日“盆山”的起源。

第二阶段的发展可以另一件逸事为例。用明天皇（586—587 在位，崇奉佛教）有恙，圣德太子（572—621，译者按，又作 574—622）为其进献了一件饰有藤蔓的盆（bon），因此唤为“藤蔓盆”（かつら盆，katsura bon）。太子在盆中以山石、细沙布设远山村庄之景，并铸造树木、堂、塔安设其中。又将香炉置于一稻草小屋（穗屋，hoya）之中，并将香点燃（我推测是在藤蔓盆附近），以此进览于天皇。此即“盆庭石”（将山石置于盆中或庭中）之起源。

如果我们把“历史”理解为单一的，具有详细时间、地点的事件[①]，那么，我并不认为以上所言的事件归属确凿的历史事

① [最近出版的一本小书将这一传统视作了历史事实（Yanagisawa 1962: 171—172），甚至还附有一幅非常奇怪的插图（如图 20 所示的复原品），但并没有提供参考资料。其形状像是一个葫芦状的小炉子，顶为一座小山（一块岩石）置于白沙之中。据说此香炉在古代高丽太子册封仪式中被用于为冠服熏香。上部的“须弥山”后来被拆下，作为独立的装饰品，象征坚如磐石的宗亲关系。事实上，这种传统是基于历史叙事的一种变体。此外，曾有高丽工匠以须弥山之形构筑了一座假山（见第三部分）。]

实。但逸事往往比具有年代的历史更为真实。我们虽不能期望它们指向单一且精准的事实，但其仍可以向我们揭示一种思想发展的典型特征。逸事并不告诉我们在某一时间、某一地点所发生的确切事件，而是提供一典型案例，说明在通常情况下可能以及应该发生之事。上面两则历史逸事的主要核心是人造景观与用做香炉的“盆”或其他容器的巧妙结合（对于此种构造的复原，见图 20）。

【博山炉】

因此，我们必须将博山炉纳入考量，其自汉初便已经出现，并被视为这一时期的一种典型创造。在唐宋时期的古物收藏名录中仍列有此类器物，但当时已不再生产。[①] 与此同时，盆景虽可追溯至唐初，但也许还可以更早。由此，将博山炉视作其原型（或者至少是原型之一）似应是合理的。

通常而言，博山炉立于托盘之上，盘中存贮香水，象征大海；炉上又有隆起的高盖，象征高山，山有三叠至九叠不等。一些博山炉饰有人、兽的形象，如代表大海的海怪以及代表高山的老虎。[②] 后期的一些香炉也表现出许多相同的特征（见图

① ［但在没有进一步的阅读前，我不能作出任何肯定的结论。我们目前只看到了一则宋代案例。《唐书》中的一则逸事引用了一首歌谣，其内容关于杨氏女子（一名女巫）与其子进入后宫的事（按：《杨叛儿》之曲），歌谣云：“欢作沉水香，依作博山炉。”（《唐书》卷二十九，第 3b 页）我们在上文已看到（见 71 页注 ③），经水腐蚀的木材（译者按：沉香木）可以用来制作盆景，我们将在第二章回到沉香木的主题上来。］

② 〔清〕梁诗正等：《西清古鉴》卷三十八，第 43b 页（Laufer 1909: 175）；〔宋〕吕大临：《考古图》卷十，第 15b 页（Laufer 1909: 176）；〔宋〕张抡：《绍兴内府古器评》。

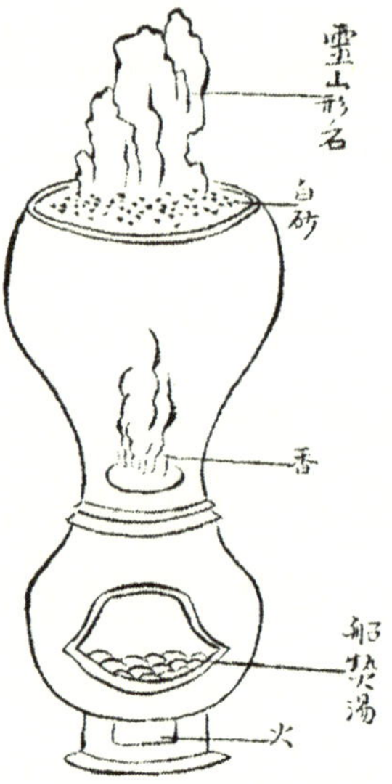

图 20 带有盆景的日本香炉复原图[1]
其文字标注自下至上分别为：火、船热汤、香、白砂、灵山形石。

21—22）。按劳费尔所言，这一类香炉可通过汉代的时代精神（德语“zeitgeist”，法语译为“esprit de l'époque”）来解释[2]。事实上，这种海中耸起山岛的形象首先是指当时著名的三仙岛：蓬莱、方丈、瀛洲。[3] 劳费尔正确地判断出博山炉与海上三岛传说的同时出现并非巧合[4]。这一创造很可能源自描绘这些仙岛的意

① Yanagisawa 1962，另参见 72 页注 ①。

② Laufer 1909: 181-182.

③ [《古玉图谱》中收有一玉制博山炉，上有铭文曰“天成子孙，富贵昌宁”，并描述曰：“炉下承盘贮汤熏香，象大瀛海也；盖上山峰象蓬莱三岛也。”（〔宋〕龙大渊：《古玉图谱》卷七十九，第 1—4 页，Laufer 1909: 188）。另一则铭文“寿山福海”也很重要（Laufer 1909: 190-191），我们将在第三部分中看到这一概念被表现为一套两件的雕塑形式（见图 112）。日本传统中也具有相同的符号象征（见 72 页注 ①）。其中，学者发现盆景也具有宗教功能（Laufer 1909: 165），作为新年与婚礼的吉祥符号（蓬莱山），其或也用于葬礼和其他仪式中。]

④ Laufer 1909，193-194.

图 21 北宋定窑白釉五足炉
其顶部有一葫芦，河北定州静志寺地宫出土。定州博物馆藏。

图 22 元代琉璃三彩龙凤纹熏炉①
其下有三足，顶有一山。首都博物馆藏。

图，这在当时十分重要。此外，三岛也见于带有山形顶盖的魂瓶（冥器）之上。他说："也许可以恰当地总结说，墓冢中所埋葬的山形香炉与山形魂瓶也具有符号象征意义上的重要性，暗示着送葬者希望其逝去的亲友能够抵达福地仙岛，永享长生。"②

① 图 21、22 所对应的原图，皆来自《新中国出土文物》，北京：外文出版社，1972。

② Laufer 1909 : 195. 劳费尔在一则注释中引用了《拾遗记》（译本参见 Schlegel 1895: 10），其中三仙岛被称为"壶"，因为"这三座山形似为'壶'"。劳费尔补充说："这显然是一个非常不充分的比较。我突然想到，可能是香炉和陶罐上的岛屿或山丘的表现形式后来导致了岛屿本身被想象为'壶'的形状。"关于这个问题，我还会有很多讨论。

我们可以在劳费尔的书中看到这些魂瓶的图片[①]。其中，魂瓶的盖上常见三重波浪环绕山峰的浮雕，并配有蹲熊状的三足。瓶身与顶盖上也被装饰以各种动物［猴、虎、鹿、羊（?）、兔、蛇］及一手持弯柄器物向上攀爬状之人（鬼怪、山精或人类？译者按：参见增图10）。同样，博山炉上也见有这些动物形象。当时著名的巧匠丁缓曾制作了一件九层博山香炉，“为奇禽怪兽（出自远方），穷尽诸灵（mana）异，皆自然运动”[②]。需要注意的是，这其中众多的描述性词语同时也被用以形容盆景。

［考古学家最近在一座汉墓中发现了一件三足鼎（微缩尺寸的冥器），该器的顶盖“模压成交错林立的山峰，上部为一伏卧的蟾蜍，象征月亮。山峰之间印有人物、长青树、象、鹿、虎、马等”[③]。德效骞（Homer Dubs）在他的研究中提及了一件山形香炉，并认为其表现了西王母的居所，而西王母又与求仙的信仰紧密相关，且是汉代绘画与浮雕中十分著名的题材[④]。沙畹在他的研究中提到一个案例，其中西王母的一侧有两只捣药月兔及一只蟾蜍（此两种动物都代表了月亮），此外还有一棵带有“三颗珍珠”（其实更似钱币）的树以及其他人物[⑤]。四川地区东汉晚期墓葬中所出土的一些陶质山形模型上也见有女神、月蟾、钱树等元素（其形为一锥台，中空，从其顶峰升起一空心

① Laufer 1909，图版56-57，第198—199页。

② 〔晋〕葛洪：《西京杂记》卷一，《汉魏丛书》本，第1b页。

③ 吕品、周到：《唐河县电厂汉画像石墓》，《中原文物》1982年第1期，第8页。

④ Homer Dubs 1959: 261.

⑤ Chavannes 1915: 1.123-125，19注1。

增图 10 西晋青釉堆塑魂瓶[3]

柱，用以固定钱树）。此外，汉墓中还出土一种三山并峙的模型（“正中一座山顶塑着坐于龙虎座上的西王母，两侧的山上各塑着捧着日月的羲和”），这可能是海上三处仙岛——方丈、瀛洲和蓬莱[1]。（见增图 11、增图 12）我们稍后会在昆仑山的讨论中再次看到这位女神，此二者经常紧密关联（详参 108—113 页相关内容及第三部分）。施舟人曾引用一首 1 世纪的诗文表明山形香炉所具有的通天功能[2]。他认为这些物品是后世香炉的前身，

① 于豪亮:《“钱树”“钱树座”和鱼龙漫衍之戏》,《文物》1961 年第 11 期，第 43 页。
② Schipper 1982: 18-19, 128, 278 注 12。译者按:《庄子 · 逍遥游》之“藐姑射之山”。
③ 《新中国出土文物》，北京：外文出版社，1972，图版 116。

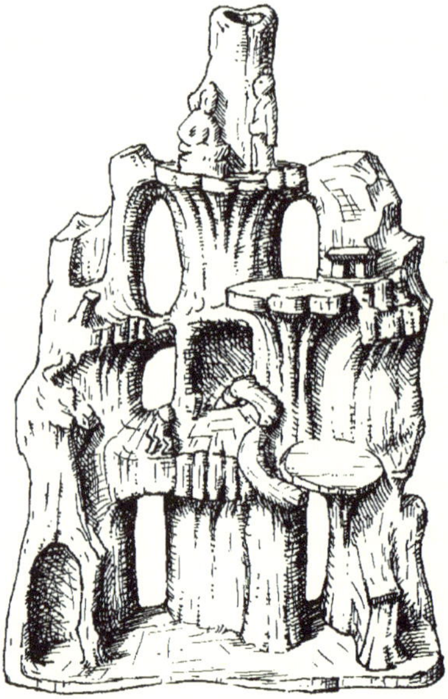

增图 11 四川汉墓出土之仙山状陶质钱树座[1]

增图 12 成都地区汉墓出土陶仙山插座
成都博物馆藏。

① Sullivan 1962：图版 22。

而香炉标志着当代道教徒宗教生活与神圣空间的中心（其中央安设一方桌，称为洞案[①]）。

在一些研究中，错嵌金、银与美石的青铜博山炉的年代被追溯至公元前4世纪至前3世纪，不过这一断代十分可疑。最近在陕西的一处墓葬中出土了一件有趣的博山炉。这件博山炉由青铜制成，通体鎏金、鎏银，上面的铭文可将年代上溯至公元前173年至前159年，主人为汉武帝家族中的一位贵妇（译者按：平阳公主）。该博山炉底座为圆形，上有两条蟠龙，昂首张口，五节竹竿形立柄出自龙口之中。立柄的上段逐渐外扩呈沙漏状，又铸有三龙，昂首承托炉底。炉身底部与中部分别有两组龙纹浮雕，其中中部一组四龙环绕一圈，出于水中。炉身上部（顶盖）表现了浮出水面的山岳[②]。

在另一座汉墓中，考古学家也发现了更加令人称赞的例证[③]。其中一件博山炉的支柱状若一名“运动员”（athlète，一如古希腊建筑的人形雕像柱“atlante”）坐于一龙上，以右手托举灵山（见图23）。在该墓所出另一件香炉中，一龙从底部盘旋升起，口中衔一茎干，散叶四片托起灵山。有的博山炉山顶则立有单翼凤凰一只[④]。在另一件器物中，凤凰取代了主干

---

① 译者按：按照道教科范，斋坛的中央安设洞案，洞案的中心安放香炉。

② 咸阳地区文管会、茂陵博物馆：《陕西茂陵一号无名冢一号从葬坑的发掘》，《文物》1982年第9期，第2页，图41，图版4-1；负安志：《谈“阳信家”铜器》，《文物》1982年第9期，第18—20页。

③ 中国社会科学院考古研究所、河北省文物管理处编：《满城汉墓发掘报告》，北京：文物出版社，1980，第64—65页，图44—45及第170—171页。

④ 汉墓；参见 Yonezawa Yoshiho（米沢嘉圃）1963: 87, 图23。

（见图 24），立于盘正中央龙之上方，撑起灵山[1]，这令人联想起昆仑山的诸多特征（见本书第三部分）。]

毫无疑问，博山炉是盆景在理念上的前身。此类物品在其后以天然山石制成，有时亦增培草木，由此构成了山形香炉与唐代以来盆景之间的最初关联。

因此，以微缩的形式表现一处全形自然场所的思想可追溯至汉代，并在当时与宗教、神秘主义及民俗等方面的概念具有密切关联，尤其是道教，但它也同时出现在其他空间环境之中。

① 杉浦康平（Sugiura Kohei）1982: 114，图 11。

图 23–1 满城汉墓所出土的博山炉（I 形铜熏炉），公元前 2 世纪或前 1 世纪

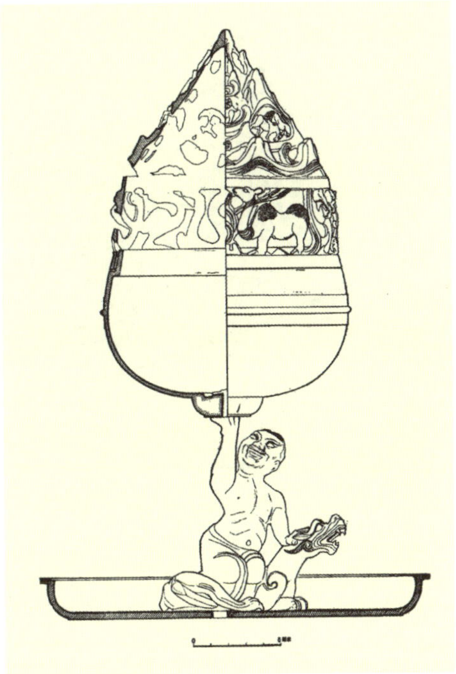

图 23–2 满城汉墓出土博山炉（I 形铜熏炉）线图

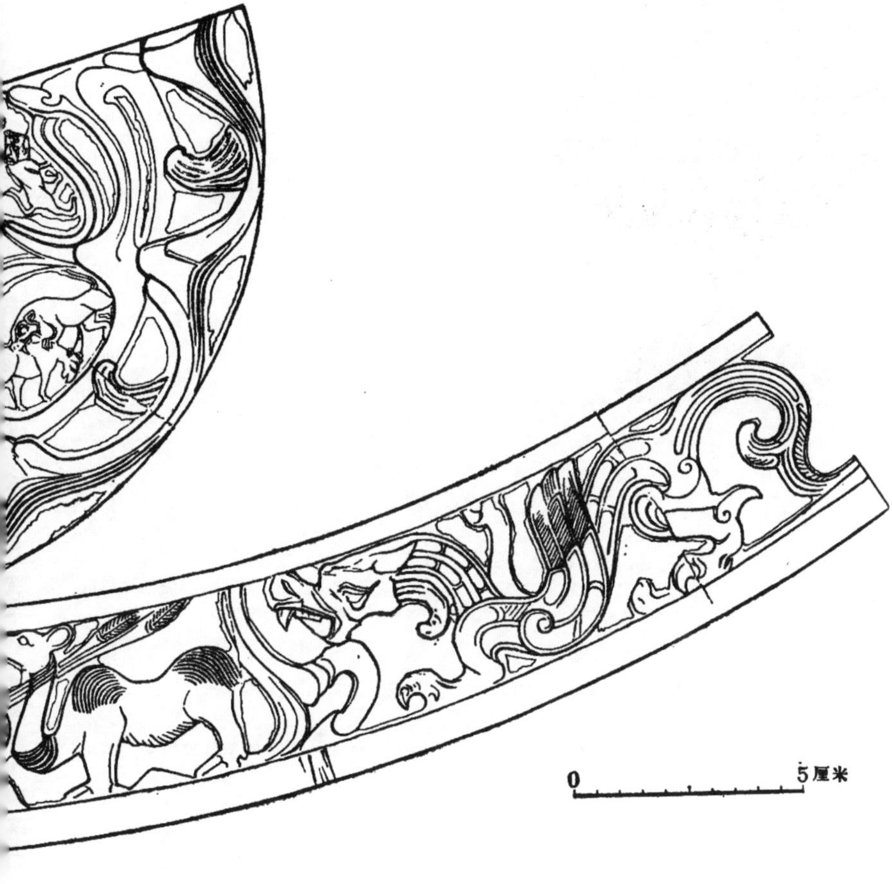

图 23-3 满城汉墓出土博山炉（I 形铜熏炉）线图[①]

① 图 23-1、23-2、23-3 分别见于中国社会科学院考古研究所、河北省文物管理处编《满城汉墓发掘报告》，北京：文物出版社，1980，彩版 22、第 256 页、第 257 页。其所对应之原书图片，皆来自《新中国出土文物》，前揭。

图 24-1 满城汉墓所出土的汉代错金博山炉

图 24-2 满城汉墓出土汉代错金博山炉线图

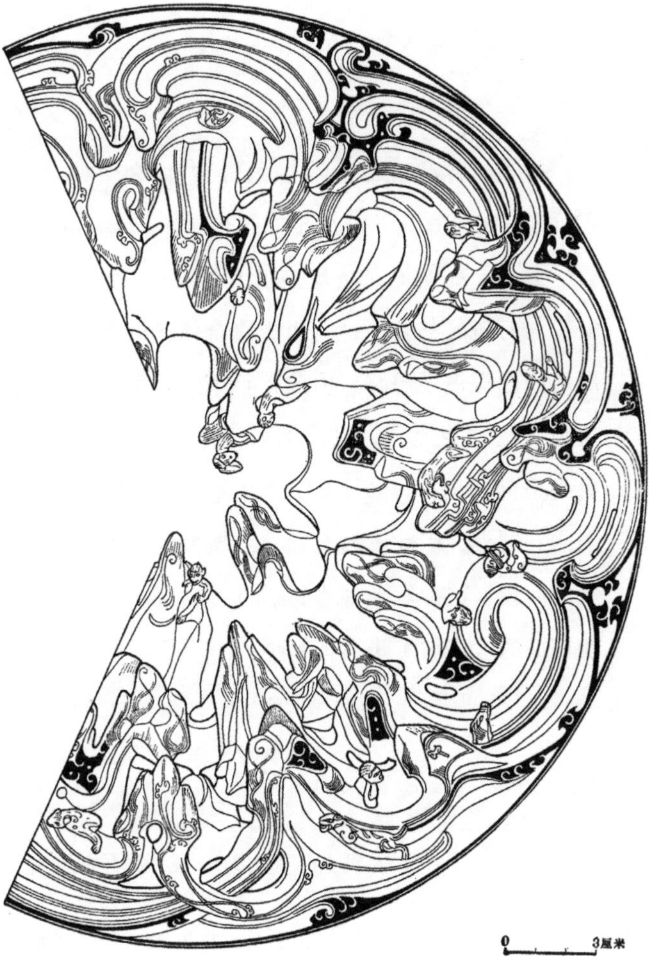

图 24–3 满城汉墓所出土的博山炉（I 形铜熏炉）线图[①]

① 图 24–1、24–2、24–3 分别见于《满城汉墓发掘报告》，前揭，彩版 9、第 64 页、第 65 页。原图来源：《新中国出土文物》，前揭。

第二章　七类主题的考察

为了解释盆景这一文化形式，我们必须对构成其整体的各项元素（éléments）以及相关联想（associations d'idées）进行逐一分析。在概览完这些主题（thèmes）后，我们将发现它们实为一有机之整体。这一思想集合体既框定了问题，同时也为厘清问题提供了思路。由此，对于这些主题的考察使我们得以避免宽泛、笼统的讨论（例如“对自然的热爱”），而代之以更为精准的细节（接上例，“对自然的热爱”是世界上许多文明的共同点，因此不具有独立的典型性。那么，远东地区的人民如何理解这种对于自然的崇尚？它都涉及哪些形象？与之密切相关的习俗与实践都有哪些？）。

画之方术[①]

我们在《考槃余事》（参见第一章，“历史溯源”）中看到，

① 译者按：原文标题作“La magie de la figuration”，即“描画之法术”。北宋郭若虚在《图画见闻志》中将可通神之绘画作品谓之“术画”，称其“皆出方术怪诞”。现引郭若虚所言作为翻译本标题之依据。但在本书中，“figuration”本身不仅仅限于绘画，更拓展至雕刻、塑形的范畴，由此包含了盆景的制作。

盆景不仅是供娱乐、赏玩之物，还具有辟邪之功用[①]。因此，我们必须对盆景内在所固有的，一种弥散且有益的灵力（mana，汉字为“灵”，越南语则以汉越词“linh”表示）进行关注。但与其他灵力一样，这种特质不仅能辟除消极的邪煞，更还能带来积极的力量（force）与能量（puissance）。在日本，有一位约生活在1764—1780年间（明和与安永天皇在位时期）名叫高室的老人，他的“肌肤光润，容貌壮年”。当问及他此种活力从何而来时，他回答说：“我年轻时种植盆栽，又因为倾心于思考……故而容颜不老，身体强健。”[②]

这一灵力到底由何而来呢？有几种不同的元素可以被总结出来，让我们来稍作探究。

《考槃余事》中载有另一种辟邪之法，其曰：“《五岳图》（《五岳图》是明代文人作者的简写，其正式的名称是《五岳真形图》），篆法有二：一出唐镜，一出道藏经[③]……悬之杖头，与葫芦作伴，可拒虎狼，可远魑魅。”（参见图25）[④]这些“图”收录于道教经典集成《道藏》中，并有着详尽的论述与展示。“图”具有说明的性质，其式样近似于护身符。道士入山，将其佩之于

① 译者按，其文曰：“蒲草……日则见天，夜则见露，不特充玩，亦可辟邪。”

② “私は若い頃、盆栽をやり、心中にそれを想っているから……老いることなくしっかりしているのです。”（《古事类苑·草木奇品家雅见上》）

③ 这里所言即《五岳真形图》，也即一种护身符，五岳与另一座圣山——昆仑山（西王母所居）及海上三岛均有紧密关联（见 Schipper 1965: 26-33；Robinet 1979: 274-277及其中的图片）。唐镜之式样，可参见《宣和博古图录》卷二十八，第12b页。在下文中，我们将对这一铜镜的图像主题做更多的介绍。

④ 《考槃余事》卷四，第21a页；见图25。

图 25-1 装饰有五岳真形的“五岳真形鉴”

《宣和博古图录》卷二十八。

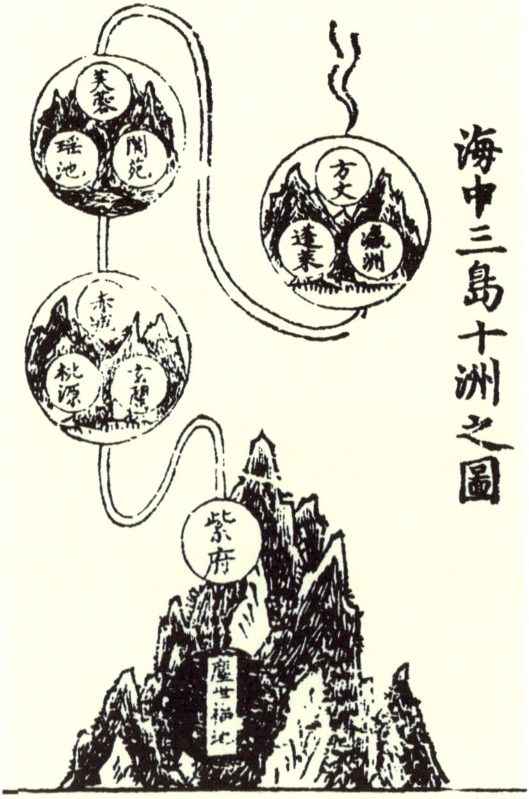

图 25-2《海中三岛十洲之图》[1]

海上仙岛神圣地理的“真”形表现。

① 《修真太极混元图》,《正统道藏》涵芬楼影印本，哈佛燕京学社《道藏子目引得》第 149 号，卷七。

身，得以免受野兽、精怪之侵扰。通过佩戴记载有精怪鬼神等物的详细文字描述，或者是对它们的图像描画，人们得以拥有对于它们的绝对掌控力量[①]。这一思想十分古老，且曾被葛兰言讨论。[②]《山海经》（参见葛兰言对此的深刻见解）便以此作为基本思想，晚出的《抱朴子》中亦有与此相关的记载[③]。《考槃余事》所言盆景之“可辟邪”与《五岳真形图》之“可远魑魅”相互关联。这两个案例都包含了对于一处名区圣地的描画（figuration），对于一处圣地的微缩再现（représentation en petit）。因此，这里有两个需要考虑的要素：“描画”与“微缩”。

汉代淮南王幕下的方士们掌握了众多的法术，其中的一种能够“画地成江河，撮土为山岩”[④]。另一位秦时的幻术家鞠道龙，则能够“坐成山河”[⑤]。

［在一部稍晚出的法术手册中，载有“屏开仙洞”之术，其云：“取石一块，长二尺四寸，阔一尺六寸，上画仙府一所。洞门外画四个仙女、仙童，各执笙歌细乐，仙茶、仙酒、仙果、花五彩，妆饰于内，书‘蓬莱仙洞’四字，将此石

---

① 译者按：即鬼神精怪姓名的文字记录，以及形象的描绘。前者在《抱朴子》中谓之《百鬼录》，后者则以《白泽图》著称。

② 大禹铸鼎象物“使民知神奸，故民入川泽山林，不逢不若”。由此，魑魅（山精）和魍魉（水怪）便再也不能为祸于穿越山林之人（Granet 1926: 489-490）。译者按：原文译自《左传・宣公三年》。

③ 译者按：如《抱朴子・登涉》所言“百鬼录”。

④《西京杂记》卷三，《汉魏丛书》本，第 2b 页。《西京杂记》，汉刘歆著，疑为葛洪所撰，但也可能由吴均（502—556，译者按，又作 469—520）所撰。《西京杂记》中记载追溯至汉代，其中有一则富人大规模构筑人造山水的描述（参见《西京杂记》卷三，第 3a 页）。

⑤《西京杂记》卷三，第 2b 页。

祭于六甲坛下……念《仙洞咒》七遍，焚符一道……”[①]]

《疑仙传》中记载了隐士东方玄的传说。东方玄与妻范氏结庐山下，并从其妻习学道术。一日，范氏女伴来山，欲与其对棋，东方玄因有客来访，便请两位女士先至他处游玩。“其女子即便于面前以手画地，变为一大池，周回皆长松翠竹，隈其岸即芰荷芬郁，中有一画舸，其女子即自登之。范氏遽以一只屐投于池中，又变为一画舸，各自游泳，仍自鼓棹而歌。”最终，她们又施用咒语，一切“应声不见”[②]。

隐士们虽然身处斋室的狭小世界之中，却仍坐拥大千世界。若其意欲远游，则只需于斗室地面上描画出心欲盘桓之所，便可造化出这一处胜境，其后又以法诀使其瞬间消逝，寂无遗响。“图”或“符”，咒语或祝文——此皆为法术之施用（procédés magiques）。很明显，法术在这里实际等同于技艺(artifice)。描画存在于平面（绘画）或空间（雕、塑）层面之中，其不仅仅是存念（évoquer），还是实切的创造（créer）。这种法术拥有极为古老的神话起源，大禹正是绘制了全天下的舆图才得以导浚河川、敷土奠山。[③]

斋室是隐居之所，而盆景则是其中陈设的必需之物[④]。一如

---

① 《万法归宗》卷五，第 10 段。

② 〔五代？〕王简：《疑仙传》，“Pi-ki siu-han”本，第 12b—13a 页。（译者按：《疑仙传》的近世诸多刊本大都以《正统道藏》本为底本。）

③ 见 Granet 1926：482ff。同时也可参见“孝养之国”的故事，当地人“以爪画地，则洪泉涌流”（Granet 1926：530）。（译者按：原典出处为东晋王嘉《拾遗记 · 虞舜》。）

④ 〔明〕文震亨：《长物志》卷一，第 2a 页（《说库》本），有云：“（山斋）宜明净，不可太敞……中庭亦须稍广，可种花木，列盆景。”

米南宫之“研山”（见图 18）可资人们神游其中。不过，《疑仙传》中的女士甚至并不凭借此物，她只需于地面描画出胸臆中的山水即可。在日本，盆景艺术的一个分支被称作“盆绘”（“在盆中用绚丽的砂粒和石子来作画绘景”[①]）。

由此，无论是通过绘画还是通过制作盆景的方式，山斋中的隐士都如方士一般，能够为自己变化出一处世外的小天地（un Monde à part en petit）。

以小喻大[②]

我们已经看到，《考槃余事》的作者认为小盆可安于庭中矮桌之上，略高于大盆。“小”这一要素绝非盆景的偶然性特征，也并非空间有限的权宜之计，恰恰相反，“小”赋予器物以更大的价值。

实际上，对于自然之物进行描画的尺寸越远离现实，其所具有的灵秀（magique）或神圣（mythique）品质也就越多。古代帝王构筑能够容纳天地（univers）所有精气（essence）与生命（être）的苑囿，这本身便是具有灵力的仪式行为（他们将整个天地都聚入其自身的中心，也即帝王所居之都城）。但是将天地缩小到一极小的尺寸，使之易于修整与把玩，这都

① Tamura 1939: 5.

② 译者按：原文作“La petitesse”，即“小”。现引黄庭坚《用前韵谢子舟为予作风雨竹》“此物当更工，请以小喻大”诗句为题。感谢故宫博物院许彤博士的提示，清高宗弘历行书《随安室四咏》之册前引首“以小喻大”，此与黄山谷诗意相通。

使得盆景出离了人为模拟现实（réalité factice）的层面，而将其升至了唯一真实的“实在”(réalité）层面：神圣空间（espace mythique）。如此，圣物便具有了工艺品的特质，而工艺品则具有了玩赏之物的特质：

> 玄解将还东海，亟请于上，上未之许。过宫中刻木作海上三山，彩绘华丽，间以珠玉。上因元日，与玄解观之，指蓬莱曰："若非上仙，无由得及此境。"玄解笑曰："三岛咫尺，谁曰难及？臣虽无能，试为陛下一游，以探物象妍丑。"即踊体于空中，渐觉微小，俄而入于金银阙内，左右连声呼之，竟不复有所见。上追思叹恨，近成羸疹。因号其山为“藏真岛”。每诘旦，于岛前焚“凤脑香”，以崇礼敬。后旬日，青州奏云：玄解乘黄牝马过海矣。[1]

这里讲述了一位道士，他以缩小身形的方式逃离俗世，进而隐遁于一处专属于修道者的神圣世界之中。为了遁入秘境并神游其中，道士将其自身变得极小（许多故事中都有如拇指大小的记载）。

四川都江堰二郎庙已向我们展示了其山石盆景之美[2]，以下对联出自离其不远处的伏龙观：

① 〔唐〕苏鹗：《杜阳杂编》,《稗海》本，卷中，第6a页。此逸事可追溯到810—813年间。宋金盈之《新编醉翁谈录》亦载此事，但作“遇宫中”，而非“过宫中”。因此，此木雕并非道士所作，其本已设于彼处。

② Boerschmann 1914: 175.

数重花外见楼台；

一粒粟中藏世界。

“一粟一世界”之语出自佛教。[①]顾赛芬（Séraphin Couvreur）在他的词典中引用了这一从佛教典籍中而来的概念，并将其解释为“佛教徒的神迹”（“*prodige* opéré par les

① 庙中对联的第二部分出典于宋代僧人普济所编禅宗典籍《五灯会元》(《续藏经》本，第二编乙，第二套，卷八，第 152b 页)。据传说，唐末著名的道教内丹家及道士吕洞宾在长安一酒肆内寻得了“长生不老术”。他在一座山上遇到了黄龙慧南禅师（1002—1069）。在僧道二人的论道中，道士请僧人解释何谓：“一粒粟中藏世界，半升铛内煮乾坤。”(《佩文韵府》中引用了这句话，写道：“烹煮二仪、雄雌、乾坤、天地。”）僧人取笑道士囊中装着他的长生不老药。道士灵光一闪，答曰：“弃却瓢囊摵碎琴，如今不恋汞中金。”《五灯会元》所载的另一则轶事，用另一象征来比喻大和小的同时出现，其曰：“以一毛端上有无量诸佛转大法轮，于一尘中现宝王刹。”(《五灯会元》卷八，第 144b 页）但最古老且最广为人知的象征乃是芥子（曾被李渔用来命名他的小园名）。它见于佛教经典《等集众德三昧经》中，译于约公元 300 年，其曰：“下尽水际上至三十三天”；又曰“一一芥子为一佛国”。(《大正藏》本第 381 号第 12 册卷上，第 975ab 页）但最有名，也最常在绘画中展现的范本，甚至是被文人们经常阅读的文本是《维摩诘经》[《大正藏》本第 474 号第 14 册（3 世纪译出），以及第 475 号（约公元 400 年译出），卷十，第 627b 页，546b；译本参见 Lamotte 1962: 251-254，363-365]。它是不思议解脱法门。佛陀与虔诚的维摩诘之间的对话发生于（我们应看到这不是偶然）一个名为“须弥相”或“山幢”的处所，隶属于“须弥灯王”佛的世界。其曰：“诸佛菩萨有解脱，名不可思议。若菩萨住是解脱者，以须弥之高广，内芥子中，无所增减。”又曰：“又以四大海水入一毛孔……诸龙、鬼、神、阿修罗等，不觉不知己之所入。”这种空间的相对性也反映了时间的相对性。其经又曰：“或有众生，乐久住世而可度者，菩萨即延七日以为一劫，另彼众生谓之一劫；或有众生，不乐久住而可度者，菩萨即促一劫以为七日，另彼众生谓之七日。”(《大正藏》本第 14 册，第 546、570c 页）诚然，这种佛教思想并非仅仅是幻术，它源于一种微妙的哲学思想，即对立面（contraires）、现象（phénoménal）与本体（nouménal）的同一性。但这些语句被中国作家与思想家用来表达一种被缩小的微观世界。我们已经看到，李渔称他的园林“地只一丘，故名‘芥子’，状其微也”。看到它，游访者便马上会联想到“纳须弥于芥子”的说法 (A. W. Hummel 1943: 486)。

bouddhistes”，斜体由笔者所加）。诚然，将寰宇包藏于极小空间之内是一具有灵力的行为，但我想还可再补充一点：空间被缩小得越多，也即意味着这一灵力越大，其功用也就越可观。另一佛教术语“一尘法界”进一步强化了“微缩”这一概念。在上文中，我们已经看到禅师蕴上人在盆景前的静观：“气吞渤澥波盈掬”“旁人莫讶胸襟隘，毫发从来立大千”。（见正文 42 页注 ② 及其所关联的诗句）

很明显，对于天地的微缩表现乃是一次具有灵力的过程，而思考这一过程则将我们引向不真实，不可见的“原子世界”（monde-atome）的抽象概念。“方丈”（一丈或十尺见方之意），是东海上的一座仙岛，一处全形的圣域（monde mythique complet），是仙人们天堂般的居所。但方丈也可是一处斋室，是道士用于静念存思的微缩天地。在具有神圣含义的同类方形空间中，还有更小的“方寸”，意为“心”，更指存思时之心神所系（siège de sa pensée méditative）。由此，存思者在一寸见方（方寸）的空间内，便可坐拥整个天地[①]。

［尽管一部分佛教语词已广为人知，且成为文学的习惯用语，但同样的概念也存在于道教之中（最早在 6 世纪，佛教思想便已渗入其中）。《西川青羊宫碑铭》（884 年）曰：“九万

① 方寸亦为下丹田，位于肚脐下方，为男性藏其精液之处（《云笈七签》，《正统道藏》涵芬楼影印本卷十八，第 32b 页）（译者按，原文题目为《老子中经》，其文曰：“丹田者，人之根也；精神之所藏也；五气之元也；赤子之府，男子以藏精，女子以藏月水；主生子，合和阴阳之门户也。”）我们在下文中将看到此事至关重要。

灵仙聚集一毛之地，三千儒术荒芜独角之端。”[①] 又曰：“移世界而入壶中，吞维摩方丈之室，缩地形而藏术内掩。”最后曰：“藏泰山于秋毫之中，秋毫仍大；纳昆仑于黍米之内，黍米仍宽。”[②] 我们很快就会看到，这一整套传说、法术都与“壶天”（Ciel-gourde）有关（见本章下一部分）。此外，我们还可提及另一则年代不详的道教案例。按《上清道宝经》中所载存思之法，道士在存思柏成子、广成子、青真子、谷希子等四仙的过程中，需要：“念存斗星之气，共与身并入莲实之中，忽见莲内有千里玉山……”[③] 在这之后，文中更对山水景观作了进一步的描述[④]。]

世外天地[⑤]

玄解希求出离此世，遁入灵物之中的藏形之所，就必须先缩小己身，然后方能穿过窄门。这种通往另一重天地，狭小且难以通过的“入口”主题十分常见。《乌州近录》（*Ô Châu Cận*

① 《正统道藏》涵芬楼影印本第 609 册，哈佛燕京学社《道藏子目引得》第 962 号，第 2a 页。

② 《正统道藏》涵芬楼影印本第 609 册，哈佛燕京学社《道藏子目引得》第 962 号，第 3b 页。

③ 《正统道藏》涵芬楼影印本第 1036 册，哈佛燕京学社《道藏子目引得》第 1342 号，《上清道宝经》卷一，第 24b 页 。

④ 译者按，其后的文字曰：“万顷官台，盖亦连云，朱木结实，紫华生菌，碧华玄黄，三素八轮。四子遨游，不觉莲实之上。”很明确，这里有存思者（道士）跟随仙人神游于山水之中的意象。

⑤ 译者按：该标题原作“Le monde à part”，即“分离的世界”之意，与其意思相近的古代汉语表达还有“别一天地”“隔俗之世”等。

Lục）描述了一处位于真灵祠（Chân Linh Tứ）附近的洞穴［位于布政州真灵（Chân Linh）县］[①]，其曰：

> 洞有口，口狭才容一艇，其中渐渐宽广……一方明烛沿水径而下，并闻风生万籁……一百里许有一鱼口，天地明朗日月照临……别一乾坤世界也，大石坦平，有碁石，有碁子，四围石室如削……虽桃源之景致，何以如此。[②]

人们只要能够穿过窄门，便能够进入另一重封闭且完全自给自足的天地。这一仙境般的理想福地（site paradisiaque, parfait, bienheureux）远离我们所处的俗世，正如盆景之于文人一般（见第一章，“17 世纪”）；这是一处天然洞穴，一如河内真武观水池盆景中的“隐仙洞”（见第一章）。

事实上，“世外天地”与“洞穴”这一主题紧密相连，以至于典型的神仙居所被称为“洞天”［“天”等同于自然（Nature）、宇宙（Univers）］（见图 26）。“洞天”是一个圣地系统，除“十大洞天”外，一般还认为有“三十六小洞天”

---

① 《乌州近录》，法国远东学院（EFEO）藏抄本，第 8ab 页。该书是对于顺化地区的记述，我特意选择了日期和起源地不同的内容来说明这些思想的普遍性。

② ［关于桃源的地点，请参见正文 36 页注 ①。至于“万籁”之声，应是出自《庄子 · 齐物论》第一段之“人籁”“地籁”（风吹山林畏隹、大木窍穴所发出的声音）与“天籁”（由自然所发者）。］

图 26-1 明代文徵明（1470—1559）《桃源问津图》（局部）[1]
图中描绘了通往桃源的洞口，辽宁省博物馆藏。

图 26-2 明代戴进（1388—1462）《洞天问道图》（局部）[2]
北京故宫博物院藏。

① 原图来源：Ledderose 1985。
② 原图来源：《艺苑掇英》，前揭。

及“七十二福地”。[①] 但此处“天”“地”二字被分开只是因为“对仗”这种中文常见的行文风格。[②] 由此，我们有必要进一步将“福地”(Terres bienheureuses) 一词理解为“祥福天地”[Monde (t'ien-ti) Bienheureux]。“天”可与“天地”一词相互替换，在道家传统中一直用以指代“自然”(Nature)，并与后天的人造之境 (règne artificiel) 相对。这些理想的“天地”总位于名胜之区，如洞庭湖或其他圣地[③]。此外，这些洞穴在地下以通道相通，道士们得以借此从一处洞室游行至

---

① 参见唐代司马承祯《天地宫府图并序》，收入《云笈七签》，《正统道藏》涵芬楼影印本卷二十七，第 2a ff 页。另见《无上秘要》，《正统道藏》涵芬楼影印本卷四，第 14、15 页以及杜光庭（9 世纪）之《洞天福地岳渎名山记》，《正统道藏》涵芬楼影印本，哈佛燕京学社《道藏子目引得》第 599 号，年代为公元 901 年。[另见 Chavannes 1919: 129-68 及 Soymié (苏远鸣) 1956: 88-96。苏远鸣的研究极具开创性，并引用了葛兰言。至于后者，请参阅我对 "*Le roi boit*" 的讨论 (R. A. Stein 1952: 30, 328 号—332 号，及第 101—102 页)。“洞天”一词首次出现于 6 世纪初之《真诰》(石井昌子辑本，卷十二，第 51 页，及卷十三至十五）。其中所保存的材料年代比编纂时间稍早 (见 Robinet 1984)。这些洞天，也称为“洞室”(《真诰》卷四，第 109 页) 或“石室”(卷十四，第 120—122 页)，其中包括 (或被认为与之相同)“神宫”(卷十一，第 11 页)、“台”及神仙所居之“观”或“馆”(“观”：卷十二，第 59 页；“馆”：卷十二，第 44 页)。这些是洞天中负责管理修道者的宫府机构，即“洞台仙府”(卷二十二，第 18 页)，道士于此得以获得不同之仙阶、位业，掌管不同之职司 (参见正文 34 页注 ①)。采药之人冒险探求其中，但往往不能进入洞穴。为了躲避战乱与其他灾难并寻求庇护的其他凡人也是如此 (见正文 36 页注 ①)。人们必须精心斋戒，方才能进入洞中，并由此得见“太平圣君”(卷十一，第 20—21 页)。道士通过各类修行方法 (吐纳、存思、黄赤、服食) 以成就仙位。此外，他们还服食各类物品 (灵芝、矿物、气等等；钟乳石只提及一次，卷十三，第 76 页)。洞天的入口极为狭窄，一次只容一人通过，而进入之后则愈入愈阔 (卷十一，第 17、20 页；卷十四，第 109 页)。但洞门也常常不可见；它被一块盘石所堵塞，只在特定的情况下才得以开启。欲进入其中者必先斋洁，这是因为洞天之中不允许任何污秽的进入 (卷十四，第 109 页)。我们之后会再讨论这类“盘石”(参见 108 页注 ②)。]

② 例如，见宋之问 (卒于 710 年) 的一首诗《送田道士使蜀投龙》(收入《全唐诗》，“宋之问”，卷二，第 5b 页)，其曰：“人隔壶中地，龙游洞里天。”

③《云笈七签》卷二十七，第 2aff 页。

另一处：

> 洞元洞天，系三十六洞天，亦名金华洞天，与赤松山相接[①]，分上中下三洞[②]。上曰“朝真”，中曰“冰壶”，下曰“双龙”……上逼斗牛之辉，下接罗浮之脉[③]。“上洞”有石真人……“中洞”有水帘直下，寒玉横飞，其间有石像石笋等，按之仙经，知其有异，山神守卫，不通尘迹。“下洞”有石龙虎狮象麟凤钟鼓之类，难可枚数……下洞门极低，非舟不可入。既入，非烛不可见。[④]

这一文本为我们提供了几乎所有其他同类洞穴的相关记述中所能见到的基本特征，这些记述在中国和越南的民间传说中尤其丰富。下面，我们便对这几点特征稍做总结。

洞穴在顶部与天光相通，在底部则与地下水脉相连。这些空间特点同时也见于中国上古时代的房屋之中：屋顶通常开有

---

① 赤松子，道教的著名仙人。

② 我们应回想一下米芾的研山，其中有两处上下相叠并相通的洞穴，使人得以神游其中（见图 19）。

③ 罗浮山为广东名山，葛洪（别号抱朴子）于此升仙。我们应记得，在前引文献中，这是人们在观赏盆景时会联想到的一处名胜。同时，这里也是十大洞天中之第七洞天（《云笈七签》卷二十七，第 2a 页及后续内容）。

④ 〔宋〕倪守约：《金华赤松山志》（《正统道藏》涵芬楼影印本，哈佛燕京学社《道藏子目引得》第 601 号，第 4a 页）。[康德谟对此类的另一处洞穴进行了考察（Kaltenmark 1948: 63）。它位于河上，只能乘船到达，又分若干层。其中一个开口使日出之光得以射入。同一地区的另一个洞穴也有类似的敞口（位于山顶？）。康德谟将此产生的光柱比作天柱，即道士“白日升天”之路（其必然转化为透明状，并进而融入这根光柱）。]

一口，光与雨水可从中进入，位于房屋中央的灶火烟雾也可从中排出，设于地面中央的排水坑使水得以排出。但与此同时，这些房屋所具有的观念也正是有关宇宙的形象：天空中一处倾泻光明的“列缺”，一处与黄泉相连的宇宙排水坑（译者按：深渊）[①]。这也是历史中一些暴君所建“九层高台”背后的主要主题[②]。但“九”与“三”相通。如此，我们的金华洞天共有三层，一如所有理想中的楼阁。汉代帝王为了招致神仙而建立高台，并于其台顶采集晨露；与此相对，金华洞天之上洞名为“朝真”。在明君所建高台的黑暗窖穴中，人们在火把的光照下喝酒庆祝长夜。君主于其中经历性与酒的考验[③]。但为了实现神化（apothéose），他们也会进入由洞室穹顶所象征的天界，并于其中“吸吮天钟的乳头”，也即钟乳石[④]。这些古老记忆鲜活地保存于传说之中，并部分地融入与洞穴相关的联想之中，从而推动了神异（magique）且神圣（mythique）的观念集合体的形成。我们现在应回到具体的细节中来。重复是不可避免的。但这里，我们必须首先关注洞穴传说中的道教内容，因为正是这一点在盆景制作者的思想中发挥了最为明显的作用（至少是有意识的）。

作为仙人居所的洞穴，实际也是一处隐秘的斋室。它们

① 参见 Granet 1950: 353。
② Granet 1950: 353.
③ Granet 1950: 320.
④ Granet 1950: 346.

是藏身之所，在其幽深的黑暗之中，学道者得以接受启蒙（initié），并与玄冥相契。[①]启蒙度化（initiation）的主题与洞穴的关联甚深，“洞”字本身在道教中有表示玄秘、杳冥、超越（mystérieux, profond, transcendant）等义（梵文也是如此："guhā""guhya"，意为“洞、神秘、秘密”）。但正如“方丈”与“方寸”之相互等同（见上文“以小喻大”），“洞”与“房”也相互等同，且位居人身之中，是存思契道之所。仙人茅君曰：“天无谓之‘空’，山无谓之‘洞’，人无谓之‘房’也。山腹中空虚，是为‘洞庭’[②]。人头中空虚，是为‘洞房’。”[③]

我们已经见到，一座具有两处洞穴的微缩小山被转化成了砚台，使其成为一处可资神游之所。在丁鹤年所吟咏的盆景中，山石代表了崆峒山（亦可作“空洞”或“空桐”），且不及拳大（见正文41页注④）。如此，这一小石得以成为一处

① 《金华赤松山志》云：两兄弟中，其弟已经受度，其兄随弟进入洞天，并于其中修行。“今石室之下有洞焉，盖二君深隐之秘宫也。”《金华赤松山志》，第26页。

② 此亦是一处著名湖泊之名，也是三十六洞天之一。（译者按：此即太湖中央西山岛上之林屋洞，非湖南之洞庭。）

③ 此“洞房”亦有“婚房”之义。所引之文摘自16世纪杨慎的《丹铅续录》（“Kuang-pi-chi”本卷六，第116页，及“洞庭”。译者按：原文出自东晋道经《紫阳真人内传》）。[“洞房”为头部九宫之一（可上溯至6世纪的道教体系，参见马伯乐H. Maspero 1971: 493-494），其法讲究向身中返观，“内视洞房”（《真诰》卷二，第20a页）。洞房亦是与神女交合之所（《真诰》卷二，第22a页；卷三，第15a页；《周氏冥通记》，《正统道藏》涵芬楼影印本，哈佛燕京学社《道藏子目引得》第302号，第54页）。存思内观能够进入身中之山，其中之人以长生之药为食。在此种情况下，道士的修炼以九宫之一的“泥丸”为主，按《真诰》所言，修习“存泥丸法”积三十年，则“能致云雨于洞房中”（《真诰》卷十四，第120页）。此处之“房”或应是一座多层建筑（“洞楼”，《真诰》卷二，第4b页）。这种建筑早在汉代便见于苑囿之中，是为隐修之室，有时则与池水相连（诸桥辙次：《大汉和辞典》第六册，第1100c页）。]

著名的圣地：轩辕黄帝驭龙升天之所。一如其他圣地，崆峒山也可在盆景中得到描画塑造。在许多相似的园林中，其山石缝隙间都安设有小型的人物摆件。而金华洞元洞天中则有石老人、石兽及石钟鼓。这一包藏于极小洞口之内的世外天地，是一处灵秀（magique）且神圣（mythique）的世界。虽然它表现出了完美的自然，但却又是一处经过人工描画、塑造的天地。而盆景之所以能具有自然的灵秀之质，正是因为它同时也是一件经过描画塑造的作品。

壶中之天

〔壶中胜境的基本特征〕

作为世外天地的洞穴很难进入，这是因为其入口乃是一处窄门。它们是颈部狭窄，呈葫芦形的封闭容器："过一石门，伛偻而入，［进入之后］得平地可三数丈，如壶中之天，故曰壶天。"[①]（见图 27）按宋人谢翱所记，金华洞元洞天之入口似一铁瓮；经一狭窄之处后，可进入一极大的洞穴。[②]"世

① 〔明〕王哲：《游齐山记》，引于《佩文韵府》，"壶天"条下。我们关注的"容器"的观念可写作"壶"或"瓠"。在古代，这两个字可替换使用（〔清〕郝懿行：《尔雅义疏 · 释草第十三》）。但第二个字表示更为古老的容器，即葫芦本身，而第一个字表示状若葫芦之容器（最先为陶器，稍晚则由青铜铸成）。在小篆中，"壶"字有一顶盖在上，并配有把手。在中国古代的考古之学中，"壶"被定义为圆口的方瓶（《公羊传》何休注文）。此外亦有"方壶"或"反壶"，其为方口圆身。"方壶"案例可参见容庚《商周彝器通考》，北京：哈佛燕京学社，1941，图版 760 及卷二，第 402 页。

② 〔宋〕谢翱：《睦州古迹记》，《说郛》本卷六十七，第 1a 页。

图 27 富冈铁斋（1837—1924）《瓢中快适图》

图 28 北京成王府内通往园林的葫芦门②

外天地”与“瓠”形的容器是两个不可分割的概念，即便两者未能同时表达（参见 98 页注②）。有诗问答曰：“若问家何处，壶中别有天。”① 这首诗实际所指的，乃是一处园林中的

① 一首名为《寺园小斋》的诗，《野史》（*Dã sử*；译者按：越南文献），16 世纪末，法国远东学院藏抄本，第 219a 页。我在这里特意引用比较多样化的资料，以清楚地表明这些观念的普遍性。这些形象十分流行，在一本中日文小词典中，我们可以发现“壶中之天”（kochū no ten）被解释为“远离人群之地”（族を離れた所）以及“别天地”。［这些洞和山常成为道士、樵夫以及采药人所造访之地，也常作为混乱时期的避难所（如“桃林”；见正文 36 页注①）。这类场所也是本地原住民的居所；我们在下文中将看到他们在越南婆僮仪式中所扮演的角色（参见下文越南顺化湖楼镇广胜庵的案例）。这些场所在越语汉越词中也被称为“峝”（Antony Landes 1886: 58, 97）。在另一种完全不同的享乐环境中，同样的表达也依然可以适用。如一位清代作家在谈及上海的风月场所时写道：“深街曲巷，别有洞天。”（王韬《海陬冶游录》，第 7b 页）］

② Sirén 1949：图版 73。

斋室（见图 28）。我们应还记得，《长物志》的作者强调山斋的庭院之中应有盆景（见 90 页注 ④）。丁鹤年曾在其所作盆景诗中唱道："分明日月在壶天。"同样，日本一位作家在描述"盆石"时说道："细致思索，便可发现其寻求桃源（理想世界）之踪迹……忘却凡世，日光轻泄于壶中，而心中亦存有相同之秘境。"[①]我们应当注意到瓠形天地（Monde en forme de gourde）与桃花源之间的联系，后者明确具有世外福地的特征并隐含了著名避难所（célèbre site refuge）的含义。

任何一处与世隔绝，理想且全形的场所（有山有水）都可被称作"壶天"（Ciel en forme de gourde）[②]。河内龙珠寺（Chùa Châu Long）便可视作这样的一处案例。该寺坐落于河内西湖（Hồ Tây）岸边一小山上，其中一座偏殿主奉柳杏公主（Liễu Hạnh Công chúa），其对联云："龙城城外禅关，别占一壶天。"[③]柳杏公主的传说脍炙人口，且流传有多种不同版本。但不幸的是，其形式总是过于文学化，因此压制了许多重

① "是に思ひ入ぬれば、桃源（理想郷）霞跡をたち……世をわすれては、壺中の日のどかにて、心ひとつのかくれがを……"《扶桑残叶集》之《盆石铭》，引自《古事类苑》。另一处由盆景所代表的壶天见于唐代冯贽之《云仙杂记》（《说库》本，第 6a 页），其中引《耕桑偶记》云："石崇砌上，就苔藓刻成百花，饰以金玉。曰'壶中之景'，不过如是。"需要注意的是，"盆景"与"壶中之景"这两种表达方式的对应关系为我们提供了一个等式，即水盆 = 瓠状容器（壶）。

② 译者按：作者在本书中将"瓠"（葫芦，gourde）与"壶"（容器，vase）相等同，所以古代汉语中的"壶天"（容器中的天地）被有意地写作"Ciel en forme de gourde"，即葫芦中的天地。这种对等关联是作者重要的论点之一，在翻译中将尊崇汉语惯例译作"壶天"，但读者应随时考虑其在本书中同时可理解为"瓠天"。

③ 译者按：原书中所附中文如此，其显非对联之体，具体内容有待日后亲临壶天而详考焉。

要细节，同时也掩盖了原始的宗教特质[①]。按《云葛神女古录》的记述，柳杏公主曾于河内西湖岸边开设一座酒楼，其门口对联曰："壶中闲日月，城下小乾坤。"三位读书人在附近闲游，因此进得店来，并挑弄为其侍酒的柳杏。其中一位名为冯克宽，他在湖边酒楼门口吟诗曰："莹然方寸，俗尘无，西湖寸步，包括乾坤一画图。"另一位李秀才进入酒楼后说道："此是何处？吾等误入蓬莱，暂作兰亭胜会。"[②]侍女（正是柳杏）答曰："西湖别占一壶天，纵目乾坤尽豁然。"[③]当几位读书人几个月后重游此地时，这里则已是"湖水茫茫，台楼不在"了。

我们此处可直接注意到"壶天"与饮酒之间的联系（"壶"乃是饮器）。这一圣地具有一种带有女性特征的特别吸引力，但这并不是因为柳杏本人。在殿堂门口的对联中，它将柳杏与作为先天女性之道的"坤元"[④]相类比，她被叠加于一套更古老、更原始且未被文学审美所影响的思想体系之上。河内的西湖"相传古有小石山"。（寺院居于小山之上，据住持所谈，这乃是一处壶天不可或缺的地理特征。）"山有九尾狐狸精（汉越词作

---

① 作为案例，可参见 Đào Thái Hành（陶太行）1914a: 167。

② 即书法家王羲之（4 世纪）与其友在山中的一次著名雅集，他们于山中作诗唱和，流觞曲水。见第三部分 365 页注 ③。

③ 《云葛神女传》（*Vân Cát ThầnNữ Truyện*）以及《云葛神女古录》（*Vân Cát Thần Nữ Cổ Lục*）。（译者按：后者可参见《云葛神女古录》，《越南汉文小说集成》第 3 册，上海古籍出版社，2010: 238-243）

④ 译者按：作者在原文中将"principe féminin primordial"（先天母性本原）对等于汉语词语"坤元"。

'tinh'），居者苦之。"[1] 龙肚之神（Long đỗ，也即河内升龙城 Hoàng Thành Thăng Long 四神之一）向上帝禀明此事后，上帝便命龙王前来惩处九尾狐精。在九尾狐被擒后，"山陷成壼潭"[2]。

在中国，狐狸的守护神是泰山娘娘（译者按：碧霞元君），狐狸们临死时，会将头转向泰山的方向。按《山海经·南山经》云："青丘之山……有兽焉，其状如狐而九尾……能食人。"[3] 龙珠寺的九尾狐是一只"精"（汉越词作"tinh"），它居于山中并食人。在越南语中，树精（con tinh）皆为女性。顺化附近有一座神亭，名曰"圣母会同殿"（Thánh Mẫu Hội Dông Điện），其建于一处十分有趣的环境中［位于慈恩寺（Từ Ân Tự）所处的方位］，庙中奉有"水界狐狸九尾，主峒主晶福德仙妃，圣母娘娘"。

---

① 在越南语中，树精是主要生活在树上的女性邪精，以色诱惑青壮年，并竭其精气。中国之狐精的角色与此相同。

② 《皇越地舆志》（*Hoàng Việt Địa Dư Chí*，卷一，第 20a 页），引自《岭南摭怪》（*Lĩnh Nam Trích Quái*）。《岭南摭怪》的最完整版本（法国远东学院藏抄本 A. 1200）转载于 Chéon 1905：88（文本与注释）及 239（翻译）。其曰："升龙城（河内）……之西有小石山……山下之穴，有白狐九尾，寿千余年……或为人为鬼，遍行民间。时伞圆山……有神灵异，蛮人奉事之。常教蛮人耕织，作白衣衣之，名曰'白衣蛮'。九尾狐化为白衣人，入蛮众中，与同歌唱，诱取蛮人男女为食，藏于小石岩穴。蛮人苦之。龙君遂遣水府之部众引水而上，攻破小石岩穴……获狐啗之。其破处成深渊，今呼为狐尸潭［今西湖是也（Chéon 文缺失）］。遂立祠观（今金牛寺，见 164 页注 ①，或名千年寺），以镇压其妖。"最后两处细节亦不见于 Chéon 的文中，他采用了《岭南摭怪》的另一个版本［法国远东学院藏抄本 A.1752］。此处不再就这一传说专门展开研究，我希望在将来能回到对这一传说的研究中。但这里让我们注意与此传说相关的三个事实：第一，由山与洞穴（深渊）所组成的"全形场所"，也即昆仑山的典型元素（见第三部分）；第二，借唱歌跳舞之际引诱男童女童的主题，这与圣地的节庆活动有紧密关联（见下文）；第三，此场所与山区原住民有关（见下文天依阿那的故事）。

③ 参见 Granet 1926：378。

由此，自然界中的“山”“水”（构成一处理想场所的两大要素）之“精”既是食人且色诱男性的狐精，也即主治掌管（préside）一处场所的圣母，她的角色被传递给了柳杏公主。柳杏是因打碎玉盏（按：越南文作 ngọc trản）而受贬下界的仙女，也是壶天的主人，并曾于壶天之中为倾心于她的年轻书生侍酒。河内不是她唯一留下足迹的地方。她的记忆还保留在生祠［Sinh-từ］路上的玉壶寺（Ngọc Hồ tự）中（一如许多其他寺庙，该庙也由佛教僧人管理）。

寺内正中的匾额提示来者，此处即是“玉壶世界”。其上联曰“玉盏楼台别占蓬莱世界”；下联曰“壶中日月依然天竺清光”。左室中的右龛奉祀本质上为女性的“诸位”及柳杏公主的香火，并刻有“壶中日月”四字。室中对联的用典出自柳杏，其曰：“日焰月临玉壶灿烂；山缠水绕浦葛（柳杏的一处圣地）奇观。”因此，我们需要注意，壶中的世外天地乃是一处由母性坤元（principe féminin）所主宰的场所。但现在还不是讨论它的时候，我们需要继续对于“壶天”的考察。

玉壶寺庭院中有一块现代所立的石碑，上曰：“前门有井，故名玉壶。”这个解释并不像乍看之下那么荒谬。在从南郊坛至顺化城的路旁，一块也是近期所新立的石碑同样讲述了一则“古镜重圆”的故事，其曰：“异哉！是井（镜）[①] 非避世桃源仙游洞口，有何奇秘之不可泄，乃失其传乎？”事实上，在中国

① 译者按：虽然书中明确记录了这一段汉字的原文，但石泰安先生仍将“井”译为“镜”，关于“井”与“镜”之关联可参见下一小节之讨论。

民间传说中，进入仙界的入口通常是位于井底侧面的隧道。

［因此，东京（Đông Kinh，译者按：越南北部一地区旧称）三岛（Tam Đảo）的名称正由三仙岛而来，“其中有一深池，池前‘山崗如月钟’，其上有圣母庙”[①]。］

我们知道，在这样的一处天地之中，总有一块平坦的岩石作为棋盘，而“对弈”是仙人居所的重要特征之一。这个被称为“石盘”的细节可在众多有关洞室的叙述中见到，正因如此，其总是出现于盆景之中（如上引《乌州近录》所言真灵县之洞穴）。同时，也有一种异兽的名字融合了“盘”与“瓠”两字，谓之“盘瓠狗”，即“蛮”人之祖先。[②]《后汉书》的唐代注疏讨论了圣地“盘瓠石室”，其“可容数万人，中有石

① 《皇越地舆志》卷一，第 35b 页。

② “盘”与“瓠”这两个元素十分重要。按《魏略》所云：“高辛氏有老妇，居王室，得耳疾，挑之，乃得物大如茧。妇人盛瓠中，覆之以盘，俄顷化为犬，其文五色，因名盘瓠。”按照 Auguste Bonifacy 的研究，“瓠”即是一种体量稍大，味苦，近似瓜形之植物果实。这一瓜形果实在蛮（瑶）及泰（Thai, 译者按：中国境内谓之“傣”）等民族的传说中扮演了极其重要的角色（Bonifacy 1908）。“瓠”是人祖兄妹在大洪水中的庇护所，他们因此得以幸存，其腹中数量众多的种子，也暗喻了丰产与生育的主题，我们将在壶天场所中再次看到。作为人类始祖夫妇的居所，“瓠”同样也对应了中国南方其他地区原住民传说中民族起源的洞穴。

［我们已经看到（上文 98 页注 ①）洞天中盘石的重要性，其被用以堵塞通往神宫的洞门（或镇于三足铜鼎之上；《真诰》卷十一，第 24 页）。有一点特别之处仍然未解，在所有洞天中（卷十一，第 19 页），均有一块盘石“正当洞天之中央玄窗之上也”（卷十一，第 18、35 页）。此石谓之“天市坛”，或“仙人市坛”（卷十一，第 18—19 页）。此名得自其产地“天市山”（卷十一，第 29 页）。但我们也见到了仙人与弟子相会于“市”中的重要性（译者按：如壶公与费长房）。我们将会继续看到这一盘石，但在日本富士山的“胎洞”之中，相似的扁平山石的功能则截然不同。更令人玩味的是，在道教和神话背景中，盘石之“盘”也有徘徊（méandre）、起舞、螺旋（spirale）上升或旋绕之意（Robinet 1979: 178-180）。］

床……”[1]墨司它先生在其有关传说的系列讲座（1934—1935年）中业已指出，在一些类似的场所中，“石室”常被“井”所取代，例如长沙贾谊家中有一井名曰“壶井”(其状如壶)。[2]墨司它先生并未引用我在上文所引的文献，但他也指出，这一空间代表了天空倒映于井水之中这一倒置世界的形象。事实上，正如我们所刚刚看到的，“井”即是“镜”。

---

① 〔南朝宋〕范晔:《后汉书》卷八十六。

② 我需重申，作为容器的“壶”是对于植物果实“瓠”的形状模仿。我们已经见到一处被称为“冰壶”的洞天。由此，洞穴或石室也即等同于瓠状容器。在同一地区，还建有许多奉祀壶天真人的祠庙。(《金华赤松山志》，第11ab页）其一处位于“壶屏”，一处位于“棋盘”。根据序言所称，“棋盘”即徐仙弈棋之所，而“壶屏”则为其炼丹之处。(《金华赤松山志》，第1ab页）虽然丹药应是在葫芦（瓠）中所加工，但其通常是在“丹井”中合制而成。《金华赤松山志》中便记载了一处丹井，其曰:“二皇君得道将欲飞毕，乃为石屏，上有石荷，盖与龛相类。奉所事石老君于内，而埋井中……有诗纪之曰:‘炼厥紫河车，汲此太阴精。铅男沉玉洞，汞女隐金城。’”(《金华赤松山志》，第9ab页）我们应记住，所有这些场景都是相互关联的:井、胎（子宫）、具有女性特征之酒器（réceptacle de la liqueur féminine）、洞穴、以墙围合的空间（enceinte murée）。正如我们将要详细看到的，这些都代表了一种封闭且与世隔绝的天地。我们也应注意壶、井与屏风的组合，在下文中我们将继续对这一组合进行讨论。

［一个相似的案例可参见 Soymié 1956: 99。在《蜀典》(有1818年序）所引《仙传拾遗》对于“青城仙馆”的叙述中，存在着一套非常完整的空间元素组合。其云:“嵩山叟……嵩山北有大穴，莫测其浅深，百姓每岁游观其上。叟尝误坠穴中，同辈冀其倘不死，投食于穴。坠者得而食之，巡穴而行十许日，忽旷然见明，有草屋一区，中有二仙对棋，局下有数盆白饮。坠者告以饥渴，棋者与之饮。饮毕，气力十倍。棋者曰:‘汝欲留此否？’曰:‘不愿停。’棋者教云:‘从此西行数十步，有大井，井中怪异多，慎勿畏之，必投身井中。’井多蛟龙，见叟辙避路，于是坠井而行。井中物如青泥而香美，食之不饥，半年许，乃出蜀青城山，因得归洛。问张华（3世纪《博物志》作者)，华曰:‘此仙馆大夫也。所饮者玉浆，所食者龙穴石髓，子其得仙乎！’遂往寻洞，不知所之。《玄中记》曰:‘蜀郡青城山有洞穴分为三道，西北通昆仑。’《茅君传》云:‘青城是第五洞九仙宝室之天，周回二千里，十洞天之一也，入山十里得至焉。’”(〔清〕张耐:《蜀典》卷一下，第6b—7a页）。这一故事还可引用高道寇谦之的传记作为支持。430年左右，仙人成公兴“将谦之入嵩山。有三重石室，令谦之住第二重……兴乃入第三重石室而卒（仙化)”(〔北齐〕魏收:《魏书》卷一一四，第11b页）。这一洞穴与道馆楼阁之建筑模式相互呼应。见第三部分关于昆仑的讨论及408页注①］。

因此，在与“壶天”相关的研究中又出现了两个新的主题[①]：“以井为镜”以及“正反倒置”（renversement）。我们稍后都会对此两者进行研究，但我们有必要先对后者稍作讨论。我们已经看到，“壶”有两种主要形式。

〔“壶”与山岛〕

一件“正”壶的形制是“圆口方身”（见 102 页注①）。这样的容器特别适合用来代表天地，因为对应了“天圆地方”。[②]但在一些情况中，如此的“正”形被倒置，由此形成与其相对的“反”形，即“方口圆身”。如此，则“天”处于下，“地”位居上，一如贾谊之壶井。我们知道，在中国各类的表征形式（représentation）中，倒置（renversement）与交叠（imbrication）的概念极为重要。一如众所周知的《太极图》（宋明理学之宇宙图示）中对于“阴”与“阳”的表现。[③]

“壶”以其半方半圆的形式对应天地，并成为一处天地，但这只是其形式之一种。这种抽象思想仅仅是民间传说中众多神话

① 为方便起见，我仅简写为“gourde”（瓠），但其都对应“以瓠为状的容器”（vase hou dont la forme dérive de la gourde）。译者按：作者在本书中将“瓠”（葫芦，gourde）与“壶”（容器，vase）相等同。

② 中国人一直都明确地知晓这种组合。如按《白虎通义》所云，环状的玉器“璧”：“内方象地，外圆象天也。”（〔汉〕班固等：《白虎通义 · 文质》，第 3a 页）

③ 在我们上文所见与丹井相关的诗句中（109 页注②）有云：“铅男沉玉洞，汞女隐金城。”但“玉”通常为童女之属性，“金”则为童男之属性（参见道教用词“金童玉女”）。在越南谚语中，我们可发现这一表达方式的另一种出乎意料的应用——我们稍后将再讨论它，其曰：“母圆子方”（mẹ tròn con vuông）。阮文玉（Nguyên-van-Ngọc, n.d.：81）进一步解释说：“正常分娩中母子平安之意，圆与方象征着男与女、天与地之和谐。”

表达的内容之一。我们还应记住，以方、圆为特征的壶，实际只是人类文明对于“瓠”（两个球体之叠加）的仿制（以陶或青铜为材质）。如果我们一定要确立一个历史性的年代顺序，则“瓠”（葫芦）应出现在先，而“壶”（容器）随之其后。后者之所以具有方圆之形，乃是因为“世外天地”的思想已经与“瓠”发生了关联，且“天圆地方”的形而上思想在周、汉之际业已形成。

事实上，在东周晚期，一处封闭、全形且俗人无法进入的福地仙岛便被描述为一种浮于海面的“壶”：

渤海之东……有大壑焉，实为无底之谷，其下无底，名曰归墟。八弦九野之水，天汉之流，莫不注之，而无增无减焉。其中有五山焉：一曰岱舆，二曰员峤，三曰方壶（方形之壶，也即圆身方口之“反壶”），四曰瀛洲，五曰蓬莱……其顶平……其上台观皆金玉，其上禽兽皆纯缟。珠玕之树皆丛生，华实皆有滋味，食之皆不老不死。所居之人皆仙圣之种……而五山之根，无所连箸，常随潮波上下往还，不得暂峙焉。[1]仙圣毒之，诉之于帝（上方之帝）。帝恐（诸山岛）流于西极，失群仙圣之居，乃命禺强使巨鳌十五举首而戴之[2]……五山始峙而不动。[3]

① “峙”（rester debout）似乎用以指山，因为此词在最后一句中再次出现，清楚地表达了这一属性。

② 鳌支撑着大地，《楚辞》中也提到了这点。译者按，《楚辞·天问》曰：“鳌戴山抃，何以安之？”

③ 《列子·汤问》，戴遂良译本，章 V.B，第 131 页。

方壶岛更为人所知的是其后来的名字："方丈"（参见 92 页玄解的故事）。在汉代记载中，它又与另一座称为"壶梁"的山岛成组出现。[①] 而正是在汉代，也即寻找仙岛的热情达到顶峰时，出现了象征海上仙山的博山炉与魂瓶（见第一章最后的讨论）。最终，公元 4 世纪，《拾遗记》记载了海中三处"壶"状的山岛，其中方丈称作"方壶"，蓬莱称作"蓬壶"，瀛洲则称作"瀛壶"[②]。劳费尔由此得出结论认为，可能是魂瓶及博山炉上对这些仙岛的表现，使其后被理解为"壶"的形式[③]。

这一说法不足以让我信服。传说的年代记录并不重要，因为这些年代只为我们提供了某一概念被以书面形式定型，由此为我们所知的最早的时期。但它很可能早已存在，只是未有文字记载，或是记载其事的文献未能传世。如此，劳费尔的推论也可以倒过来，即在容器中表现仙岛的想法可能正是因为仙岛早已被视作漂浮于海上之"壶"。无论如何，我们应当注意到一则可上溯至东周的珍贵文献。《庄子》中提及了因体量过大而无用的"五

---

① 公元前 104 年，汉武帝命治"泰液池"，"中有蓬莱、方丈、瀛洲、壶梁"。这一工程意在构建与这些仙岛的联通（《史记 · 孝武本纪》;《封禅书》参见沙畹译本，3.514）。[海上仙岛及昆仑山在中国历代皇家园林中被一直复制，并为日本所继承（Ledderose 1982）。大多数文本都只提及了三岛。但《列子》在同一章中还描述了北方一处仙境"终北"国，其曰："当国之中有山，山名壶领，状若甔甀。顶有口，状若员环，名曰滋穴。有水涌出，名曰神瀵，臭过兰椒，味过醪醴。一源分为四埒，注于山下。"在这个国家中，一切都是完美的，且居民永葆青春。这一传说显然受到了佛教的影响（北俱卢洲之无热恼池派分为四大河）。稍后我们将看到这一概念在建筑中的模仿（见图 113）。关于人工园林中的洞穴，李渔也曾设想过类似的设计。]

② 《拾遗记》,《汉魏丛书》本卷十。（译者按:《拾遗记》原文曰："三壶，则海中三山也。一曰方壶，则方丈也；二曰蓬壶，则蓬莱也；三曰瀛壶，则瀛洲也。形如壶器。此三山上广、中狭、下方，皆如工制，犹华山之似削成。"）

③ Laufer 1909: 195.

石之瓠”，庄子建议将其砍为两半以作为“樽”，由此得以“浮乎江湖”[1]。与此同时，我们已经知道了“壶”由“瓠”衍化而来。此外，正如我们在下文中所将见到的，“留停于仙界”与“酒器”这两个主题之间有着很深的内在联系，这就使我们进一步相信“仙岛”与“壶”或“瓠”之间很早便拥有了相互关联。

〔词源学研究〕

最后，我们需考虑一些与此相关的词源学（étymologiques）事实。从高本汉（Bernhard Karlgren）的研究开始，人们已经意识到了“词群”（familles de mots）对汉语词源研究的重要性[2]。并且，得益于卜弼德（Peter Boodberg）的研究，我们也了解到一系列“叠词”（mots redoublés）对重构古汉语“复辅音声母”（initiales à consonne double）的重要性[3]。

我们知道“瓠”又名“葫芦”[4]，代表了一个全形、神秘，且自我封闭的世外天地。“闷葫芦”意为封闭的葫芦，也意为一件玄秘之事物。此类的瓠由两个相互重叠的球体组成。我们可将其与一系列其他词语相比较：囫（圆的、完整的）、囫囵（完全的、整个的）、曶（视线模糊的、暮色），以及惚（晦涩的、深奥的）。如将“壶”字稍微改写，即产生“壸”字（音 kǔn，宫

① 《庄子·逍遥游》，戴遂良译本，第 213 页。

② Karlgren 1933, 1940.

③ Boodberg 1937.

④ 清陈元龙《格致镜原》卷六十三引《本草纲目》云：“‘壶’，酒器；‘卢’，食器；此物各象其形，故名。俗作葫芦。”

室中两栋建筑间的走廊，妇女所居之内室；即远离外部世界的深隐之处，并形容事物微隐深奥）。“壶奥”意为极其幽深之地。此外，还有表达“晦涩、昏暗”的一系列语词，其中包括了“混”或“昆”字。将这些字叠加，则有“浑沦”“混沦”，亦有“混沌”（浑浊之水），若鸡子一般之封闭，及“无所知之貌”等义。[①]“浑沌”是一个黑皮袋，其中无所能视（为了造化天地，需于其上开凿孔窍）。这一只皮袋与葫芦相同，乃是一种酒器。葫芦或壶是东海仙人所居之山岛，而西海亦有一处相似的神仙居所，即“昆仑山”。昆仑山有两层，其状若一个倒锥体叠立于正锥体之上。而葫芦亦由两个球体叠加而成。昆仑山也存于人的头颅之中。其中最幽秘的部分谓之“洞房”（101 页注 ③）及“泥丸”。修道者需要通过玄秘的存思而进入洞房，与此同时，他也由此进入一种“混”的状态，这是一种近似于创世之先的、先天且超越的“无意识”状态。

在一系列带有声母“x-”（k- 或 h-）以及“l-”的叠词中，它们的古音实际为“kl-”[②]。藏语中保留了这一类复辅音声母，并揭示出了与上文所述词语相同的词源学发展。其中，“klung”意为谷底；“klong”则意为：其一，广阔，混乱的物质，深度，深渊以及波浪或任何呈波浪状起伏的东西，例如海螺的褶皱；

---

① 另一系列词语引入了首字母“t-”而非“l-”：混沌（《庄子》，《易经》），其同义词为“混沦”（《列子》），但这两个系列语词均有趣地与日常用语“糊里糊涂”联系到一起，意为“愚蠢的，无思想的”。

② 参见 Boodberg 1937: 355-356。这一系列有许多分支，我们稍后将看到其中一些内容，整个昆仑山的主题将在本书第三部分中讨论。

其二，巨大的延展、无限、空间，以及精神的深度；其三，中心（在汉族聚居区，昆仑山被视为中心，是天地之轴）。最后，“klong' k' or”表示旋涡或深渊（参见汉语中 hun、hu 等发音的字）。[在神秘主义哲学中，“klong”意为绝对的空间，不可解之奥秘（一如道教“洞”之深义）。]

人体头部与腹部中的“昆仑”是内丹实践中炼化仙胎的两处中心，亦谓之“丹田”。我们已经看到，炼丹的过程完成于“丹井”之中（109 页注②），其或被视为一座城郭，状若昆仑山或古螺（Cổ Loa）。[①] 再者，“田”字用以表示理想中的“井田”系统，而“井田”得名于“田”字的四个方格，其也相当于“井”字的九个方格。此种四方与九方之间的关联也应用于象征天地的明堂的建造之中（方形基座师法

① [作者们都明确了解这些语言形式背后的联想。越南传说中的第一位圣王安阳王（An Dương Vương）创立了瓯雒国（“Âu Lạc”，“âu”的发音包含有一个初始喉音“k”），其都城因其形状而被称为“螺”（loa）。但其名称后被转为“古螺”（Cổ Loa）。古螺城在营建过程中不断崩塌，直至战胜恶鬼后才得以全部告竣。此城又被称作“鬼龙”，但也见有“昆仑”之比喻（这是由于城墙之高耸，参见《皇越地舆志》卷一，第 35b 页；《古螺城的传说》，抄本）。根据另一部著作，古螺城也因其“曲环九重”而被称作螺城。该城或又被称作“K'o-leou”。这一复合词并无实际的含义（或可理解为“电线”），但很明确我们可将其上溯至［k'-/l-］的复合词模式（《大越史记》卷一，第 9b 页）。该城的遗迹仍然存在，但我不太确定这些臆测中的年代或是城郭落成的确切年代（10 世纪？）。（译者按：按《岭南摭怪》及《大越史记全书》，安阳王筑城为战国时期，另可参考蒙文通《越史丛考》。）该城的平面图可参见 Louis Bezacier 1954：图版 24 以及 Despierres 1940。它为一座长方形城郭，并被一圈形状不规则的外郭所围绕（略近似圆形但稍有挤压扭曲），此郭墙约有三分之一与内城形状相仿。对于名称的各种猜测无疑与一篇有关“越（=Viet）国”的中文文献记载紧密相关，即《吴越春秋 · 勾践七年》。据其记载，越王勾践命贤相范蠡相地建立都城，“于是范蠡乃观天文，拟法于紫宫，筑作小城，周千一百二十二步，一圆三方。西北立龙飞翼之楼，以象天门，东南伏漏石窦，以象地户……范蠡曰：‘臣之筑城也，其应天矣，昆仑之象存焉’”。其余细节，可参见本页注中所引之《吴越春秋 · 勾践七年》相关内容。]

于地，圆顶则取象于天）。“井”与“天地”都是瓠状的容器。即使在今天，中国普通民居中由房屋所围合而成的庭院仍被称为“天井”。我们将看到，一如其他许多被界定的封闭空间，住宅也是一处深隐之所，其中，生活在封闭的循环中得以继续。“天井”一词（日文为“tenjo”）也指天花板，特别是天花板正中央方形或八角形的顶板，这对应了其他建筑物中用于排烟或作为入口的屋顶开口（见本书第二部分241页—248页）。

无论我们从哪个方面来考察这一问题，一切的事实都在支持一种非常古老且根深蒂固的联想，因此也非常持久。这种联想介于两种主题之间，其一方面是仙境般的、祥福且拥有极强灵秀之力的美好家园，另一方面则是葫芦或是窄口之壶。

〔壶公与费长房〕

但是，让我们暂时抛开有关“天地容器”这一主题的形而上推论与词源学考证，来看一下与其相关的神仙费长房的传说。[①]

费长房者，汝南人也。曾为市掾。市中有老翁卖药，悬一壶于肆头，及市罢，辄跳入壶中。市人莫之见，唯长房于楼上睹之，异焉，因往再拜奉酒脯。翁知长房之意其神也，谓之

① 〔南朝宋〕范晔:《后汉书》卷八十。同样的故事也见于晋代葛洪之《神仙传》（卷五，第4页）。郦道元《水经注》（5世纪末至6世纪初；卷二十一，第6a页“汝水”）亦有记载。费长房是壶公的弟子（Gustave Dumoutier 1907: 57）叙述了这一故事的几个不同版本，并提及一种“刻有药物名称的陶罐”。

曰："子明日可更来。"长房旦日复诣翁，翁乃与俱入壶中。唯见玉堂严丽，旨酒甘肴盈衍其中，共饮毕而出。[1]

（壶）公语长房曰："我仙人也，昔处天曹，以公事不勤见责因谪人间耳。卿可教，故得见我。"……公后诣长房于楼上曰："我有少酒，相就饮之。酒在楼下。"长房使人取之，不能举……公乃自下，以一指提上，与长房共饮之。酒器如拳许大，饮之至暮不竭[2]。

最终，"长房遂欲求道"。[3]

其后，两人进入深山，在经过了数次考验之后，费长房成了以驱邪治病而闻名的方士（见图 29）。

采药者携杖入深山，其杖上缚有《五岳真形图》（见上文），并悬以小葫芦，用以盛放途中所采之物。（见图 30）

卖药人从远方来到汝南市集之上，[4] 并于摊位上悬以一壶（瓠状）作为标志。[5] 很显然，这就是杖上所悬之瓠，用以存放山中所采之精华（草药，见图 31）。同样，一如对于胜境

① 〔南朝宋〕范晔：《后汉书 · 方术列传下》。

② 〔东晋〕葛洪：《神仙传》。

③ 〔南朝宋〕范晔：《后汉书 · 方术列传下》。

④ 《神仙传》："（费长房）忽见公从远方来。"在这里，"忽"字经常表示奇异的幻影。"远方"暗指蛮夷、恶兽、鬼神精怪所居之处。

⑤ 让我们对"市集"这一主题稍作讨论，也就是学道者与神仙的相会之处。在龙珠寺（也是一处壶天），柳杏公主与几位年轻书生相遇，并为他们侍酒（见上文）。而在玉壶寺，黎圣宗（Lê Thánh Tông）曾与一仙女相遇，一位文人则与另一位仙女姐妹相遇（见《皇越地舆志》卷一，第 25b 页）。

图 29 费长房再次跃入壶中
明代洪应明《洪氏仙佛奇踪》木刻版画。

图 30 山西应县佛宫寺释迦塔佛像内所发现之《采药图》，10 世纪至 12 世纪[①]

图 31 明代唐寅（1470—1524）《临李公麟饮中八仙图》（局部）[②]
图中描绘了手杖与葫芦的组合，台北故宫博物院藏。

① 山西省文物局、中国历史博物馆主编:《应县木塔辽代秘藏》，北京：文物出版社，1991，图版 11。原图来源:《中国文物》，1984 年第 3 期。

② 原图来源：Ledderose 1985。

具有灵力的描画塑造，此瓠每晚也是方士隐遁的一处天地。为了进入瓠之细口，人们需要将自身缩得十分细小，一如隐入木雕蓬莱仙岛之玄解。与东海仙山一样，瓠中自有金楼玉室、珠玕之树、琼浆华实。瓠中所饮之酒，乃是专为启蒙受度弟子（adepte à initier）所用，这无疑与仙岛中延年益寿的美酒相同。卖药人是一位仙翁，他因过失受贬，被逐出他所属的世界（译者按：仙界）。他以瓠替代这一处世界，其中也包含了仙界的一切。这是因为瓠本身也是用来储存酒与草药的容器，采自与世隔绝远山之中的精华都被集中到了这一小场所之中。

正如民间传说中常见的那样，在费长房的传说中，饮酒的主题被分为了两个场景。为了启蒙弟子，度师（initiateur）让已经喝醉的弟子饮酒，并给出了“长饮”（longue beuverie）的考验。第一个场景将饮酒置于瓠中，瓠既是仙居，又是酒器。第二个场景发生于楼上，“楼”是道教仙人的典型居所，并使用了一件“如拳许大”的小酒器。虽然二人终日饮取，但器中之酒却饮之不竭。“瓠”的主题代表了一处理想场所（山、水和井）以及仙居。此外，我们必须强调其中饮之不竭的美酒以及用之不竭的资源，这一思想着重于其“小”（petitesse），以此来强调灵力（efficience magique）之特性。

［费长房的传说在后世的仪式或法术实践中得以延续。我们注意到，7 世纪道教类书《金锁流珠引》转引了年代更早的

文献《变壶器盛天地六甲七星府天营出没隐现法》[①]。注解中提及了费长房从壶公受法的传说，并列出了施用这一法术的详细步骤，并谈到其“变一升之器，可容天地，如初造化自然之功”[②]。同卷中所收另一篇《志人学道缩地往来之法》同样提及了费长房的故事，其术可使人将己身缩小，亦可缩短距离。[③]]

〔施存与丹鼎〕

费长房并非唯一的“壶公”，按《云笈七签》所云：“施存，鲁人……学大丹之道……后遇张申为云台治官，常悬一壶如五升器大，变化为天地，中有日月如世间；夜宿其内，自号壶天，人谓曰‘壶公’，因之得道。”[④]这则小故事重复了“悬”这一有趣的主题，我们稍后将会有所讨论。此外，这段文字十分重要，因为其中突出了一些有助于清晰表达主题的细节。[⑤]当施存以大丹求道时，他将所悬之壶变化为一处包含日月的天

① 《正统道藏》涵芬楼影印本第636册，哈佛燕京学社《道藏子目引得》第1009号卷二十七，第7b页。

② ［“造”（动词“制造”，fabriquer）与“化”（动词“转化”，transformer）相当于“自然”(création spontanée) 或“道”。这其中包含了阴与阳、天与地之作为。在性的范畴中，“造”为男，而“化”为女。“造化”并非一个人格化的创造者（即使人们使用了“造物者”一词）。这一问题很复杂，我们将会在别处讨论（见154页注④）。］

③ 译者按，作者这里提及的文献见于《金锁流珠引》卷二十七，其曰：“长房曰：吾能开寸步地为千里江山，千里江山摄为寸步地，神通自在之故也。”

④ ［《云笈七签》卷二十八，第11b页，并见于《真诰》卷十四，第128页。施存，别号壶公，他与洞天有着直接的关联。（译者按，《真诰》卷十四云：“施存者，齐人也，自号婉盆子，得遁变化景之道。今在中岳或少室。往有壶公，正此人也。”）］

⑤ 译者按，此句原文为“Ce texte a en outre l'avantage de mettre, si j'ose dire, les points sur les i, grâce à une expression particulièrement claire.”。其大意为：这段文字十分重要，其如同在字母“i”上加点，特别有助于语言的清晰表达。

地，并以此作为他隐修的斋室，并最终由此得道升仙。我们知道，在丹道术语中，用于相互融合结成仙胎的阴、阳两种金属常被称作“日”“月”（译者按：铅、汞）。《金华赤松山志》中称他们为童男童女（见109页注②）[①]，他们的融合（union）发生于一容器之中，从宗教意义上来讲，其同时也是井、子宫、洞穴以及城郭。此外我们也看到，在修道者的身中，“丹井”就是结成仙胎的“丹田”[②]，而这一“丹田”也是“昆仑”。换言之，“昆仑”即一个由两个圆锥体叠加而成的复合结构，其外形近似于由两个圆球体叠加而成的瓠。在丹道实践中，丹井（水）乃是炉鼎（火）之补充，后者常表现为一座山岳，或设有大门的阶梯状城郭（见图32）。[③]最后，两种金属（译者按：铅、汞），男与女，婴儿与姹女，日与月，通过水（女性）与火（男性）的融合在一处容器内得以完成。这一容器下部为一三足鼎（土），其上又倒扣一相同之鼎，由此得以共同构成一球体。这一对上下相叠的半球体与构成葫芦的两个球体相

① 译者按：原诗作“铅男”“汞女”，但作者此处明显关联了“婴儿”“姹女”的用法。

② 在普通男子身中，丹田是类似于子宫一般的胎儿孕育之所（《云笈七签》卷十五，第71a页，见注文，《正统道藏》涵芬楼影印本）。此处还称为玄牝（黑暗且神秘的女性），此是胎息发生之处（《胎息经》，《学津讨原》本）。

③ 此类图像可见于《正统道藏》之中（见图32）。我们应注意昆仑山有九层。此可与《云笈七签》卷七十二所收《大还丹契秘图并序》中“造炉”一条相比较，其云：“夫炉者，是鼎之城郭，如无城郭，为邪气所侵。高象蓬壶，横象五岳。坛有三层，炉有八门，十二支月……”我们在此应当注意：状若蓬莱的“炉”近似于博山炉，而博山炉所表现的正是海上仙岛；如果我们将“鑪”（译者按：“炉”之繁体）字之金字旁去掉，而代之以代表草药的草字头“艹”，则为葫芦之“蘆”（译者按：芦之繁体）；文本中特意写作“蓬壶”而非“蓬莱”，由此强调这一山岛所具有的壶形容器特质。另参见 Schipper 1982: 125-127。

增图 13 西汉彩绘铜甗
美国波士顿美术博物馆藏。来源：Sullivan 1962：图版 23。

图 32-1《埏埴图》
图中描绘了一件三足丹鼎。来源：《云笈七签》卷七十二《大还丹契秘图》，约公元 1000 年。

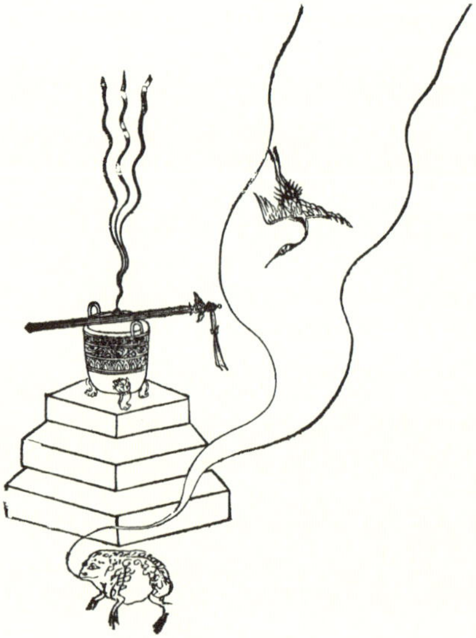

图 32-2 立于三级坛上的丹鼎
来源：《金液还丹印证图》，《正统道藏》涵芬楼影印本，哈佛燕京学社《道藏子目引得》第 151 号。

仿，在丹砂炼化的过程中，炉内包藏有日与月。[①]瓠与丹鼎之间可做进一步比较。内丹修炼者的身中亦包藏了一处“壶天”，一如丹井与丹鼎。丹道要典《参同契》的注疏，为我们详细提供了这一信息。[②]

与铅汞之融合一理，人身中的两仪交融可促成一种犹如子宫之中或卵中的无意识混沌状态，我们因此处于生命最为隐秘的居所之中，也就是一处“方圆径寸”的所在。[③]这是一处近似蓬壶（瓠状之蓬莱岛）的城郭，一如我们刚刚所言及之丹鼎（本部分 121 页注③）。

《佩文韵府》引用了一则《古文参同契》注疏曰：“修丹者法天象地，反身而求，则身中自有一壶天。”（我在《古文参同契集解》中未见有此条）如此，我们便可以理解，施存以炼丹得道，也即意味着进入其所悬壶中的另一重天地。

---

① ［与此类似的神婚（hiérogamie）形式，可参见 Schipper 1982：120 以及本书第三部分之第三章。昆仑与瓠的形状也正与伞圆山（Tản Viên Sơn，越南东京地区的圣山）的形状相同，其顶部与底部宽大而腰部狭细。与此形状类似者，还有作为古代炊具组合的“甗”（yǎn），“甗合甑鬲”，即其由上“甑”（zèng）下“鬲”（lì）两件器皿组成，其中“甑”为底部留空之蒸锅，“鬲”则为具有三足，用于煮水之容器。整套炊具最初由陶土烧制，状若葫芦。另一种类似的容器是“钵”，其中一件汉代的青铜案例上表现有山景之纹样（Sullivan 1962：40–41，及图版 23；译者按，见本书增图 13）。在这种背景下，我们应比较一下《尔雅·释丘》中对于“昆仑”一词的解释，其曰：“三成为昆仑丘。”（译者按：其意为，昆仑丘共有三层）见第二部分的讨论。］

② 传为魏伯阳（公元 2 世纪）所作。见《古文参同契集解》，《津逮秘书》本，卷中，第 8b、11b、16a、41b 页之注解。若仅就正文本身而言，则《汉魏丛书》本（第六部分）更加易于参阅。该书为方士所参学之炼丹参考，以晦涩的比喻性术语呈现。详细分析这一文本需要占据较多篇幅，受限于此，我们在此只对其稍作简述。

③ 见本书 94 页所论之“方寸”，一寸见方，是存思之所，整个天地都被缩至一无限小的，不可见的空间之中。此处，空间不仅是方形，也是圆的，一如“壶”（译者按：方身圆口）。

〔陈元旦之冰壶〕

在“壶公”名录的最后，我想讨论一位越南文人，他将把我们带入一处真实的天然场所之中。1385 年，陈元旦（Trần Nguyên Đán，1325—1390；译者按：越南陈朝大臣、宗室）隐居于崑山（海阳省）之清虚洞[①]。该处山脚下有一湖，名龙目井[②]，山巅则有僧人法螺所建“壶天”“真乐”二庵以供居止。按照当地风俗，“士女以新春诣寺行香”。根据这一区的山水形胜，陈元旦将自己的山斋命名为“冰壶”。此一如加斯帕东（Emile Gaspardone）之确论：这一命名既指此地，[③]又暗示了唐代诗人王昌龄的名句：“一片冰心在玉壶。”[④]

这一处“壶天”的特征与此前已列出的元素一致，其中一部分为山，另一部分则是作为湖泊的水，且被称为“井”。但这里男性与女神邂逅（定情之遇）的主题失去了道教及文学方面的色彩，社会属性得到了彰显。这一处壶天兼具了圣地所有的特征（山、水），同时也是青年男女春季的邂逅之处。葛兰言已经告诉我们，在中国古代，这些春季节日具有特别的重要性，少男少女们在这期间举行对歌并求欢。此外我们也了解到，这

① Gaspardone 1935: 94.

② 对于这一点和接下来的内容，见《大南一统志》（*Đại Nam Nhất Thống Chí*）“海阳”，第 22a 页（中文新版第 2 册第 374 页）。

③ ［如我们之前所见，“冰壶”也是一处洞天之名。］

④ ［这首诗表达了不受俗世浸染的形象（《唐诗三百首新注》，上海古籍出版社，1981，第 328 页）。］

些习俗在越南地区依然盛行[①]，我们稍后将返回这一重要问题。

现在让我们先回到陈元旦的隐居之处。他的别号“冰壶”并不只是对一首名诗的简单引用，这其中还保存了更为原始的意义。我们知道“壶”可以是“天地”，一如“洞”可以是“天”（洞天）。而此处洞室的“清虚”之名实际出自《无上秘要》所列之天下“第一洞天”[②]。因此，“玉壶”或“冰壶”便是一处无尘之天地，一如仙真的第一洞府。但这种“清”所指为何？梁武帝（502—549年在位）的一首诗将此种独特的“清虚”与仙人所居之方诸[③]相关联。但“方诸”一词也指一种镜子，用以收集月中之清水（明水），也即露水。此即同类相互吸引之理。方诸镜具有水之阴性，因此能够聚引月中之水（阴性），此一如具有阳性的阳燧镜（译者按：即凹镜）能够引来日中之火（阳性）。此外，《说文》将方诸镜释义为“盆”。而容纳微缩山水之“盆”（盆景或盆石）则常于月光下被观赏、种养，亦可于清晨时分收集露水（正如正文45页注①所引《考槃余事》）。一处瓠状山水场所的水面（盆景亦是壶天）与井相似。而“井”即“镜”。清虚洞与方诸镜特有之“清”，均与一片名为“龙目井”的水有关。但“清虚”之名既用于第一

---

① Nguyên-van-Huyên（阮文喧）1934；另见本部分106页注②及附录二。

② 《正统道藏》涵芬楼影印本卷四，第14a页；第一洞天名为“小有清虚天”。

③ 《方诸曲》，《乐府诗集》卷五一，第5b页。［方诸也是一处洞天之名，是仙人的居所（《真诰》卷十二，第52页；卷十四，第118、130页）。诸桥辙次（《大汉和辞典》第5册，第664c页）引用了谢燮的一首名为《方诸曲》的诗，他在其中将“井公能六著”与“玉女善投壶”相对（参见上文109页注②及第三部分）。］

洞天，也可用以描述在存思过程中与高玄相冥契的精神状态。在远东地区的艺术与神秘主义象征中，这种精神上的先天冲虚境界被表现为满月倒映于平静的水面之上。

从圣地、福地、仙境，到炼丹过程以及密契存思，所有这些都指向一套主题、形象以及相互关系十分连贯的整体，这一集合体与我们在盆景中所见者完全相同。

〔苏轼之奇石〕

现在，我们还有最后一案例需要考察。苏轼曾居于一处名为“仇池”的别业，并作有《仇池笔记》两卷[①]。苏轼对小型奇石十分着迷，曾购有一块绿白相间的山石，并以宅院将其命名为“仇池”。[②]这一名称十分著名，因其得自一处著名且非凡的胜境“仇池山”。该山位于甘肃成县之西。按《三秦记》所载：“其上有池，故曰仇池，仇池方百顷，其旁平地二十余里，四面斗绝而高[③]，为羊肠盘道，三十六回而上。”[④]值得注意的是，这一场所被称为“穴”，且与“小有天”（第一洞天，亦名“清

① 〔宋〕苏轼：《仇池笔记》两卷，《龙威秘书》本。

② 《云林石谱 · 英石》，第 9a 页。见正文 21 页注 ①。该书中还记录了另一种特殊的赏石“仇石”（第 14b 页）。仇石产自“韶州之东南七八十里，地名仇池”。

③ 译者按：石泰安先生将“其旁平地二十余里，四面斗绝而高”译作“Le lac est entouré d'une plaine bornée des quatre côtés par de hautes parois.”字面意为：湖被平地所环绕，平地则被四面之墙所围合。作者将“斗绝”理解为四面围合的墙体有其合理之处。中国许多名山实际都因其四面之绝壁而被称为“城”，如“青城”“赤城”等山，道经中亦有“西城山”。他的这一理解与翻译使其进一步将仇池山描述为一处居于山巅且与世隔绝的“壶天胜境”。

④ 《辞源》转引《三秦记》。道士以盘旋的形式神游而升天（《庄子》）。

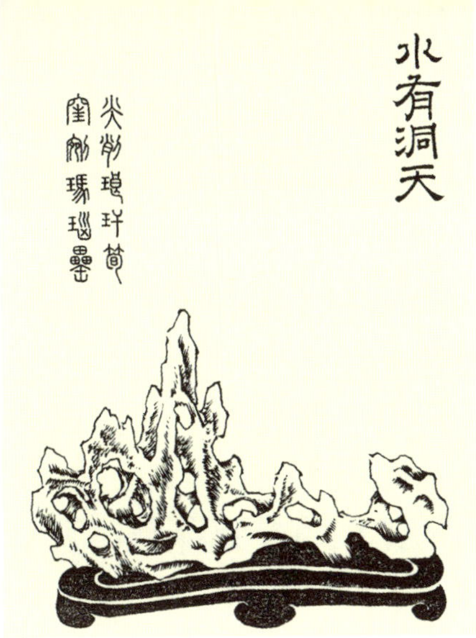

图 33《小有洞天》
来源:《素园石谱》(1613 年)卷三,第 36a 页。

虚")在地下相通(见图 33)。[①] 此外,它亦与蓬壶(壶,蓬莱)仙岛具有关联。[②]

由此,我们处于一处极为理想的世外天地。围合这一方形场所的四墙使其看似城池(译者按:参见 126 页注 ③)。但仇池山的盛名还有更深层次原因,它准确地反映出孔子的特殊相貌:反首。按《圣迹图》云,孔子"反首洼面,状若尼山"。也就是说,他的头像古希腊半圆形剧场(amphithéâtre),头顶凹入,使人联想到尼丘山顶的盆地,该处亦是孔母祈嗣之所[③]。得益于

---

① [杜甫(8 世纪)有诗云:"万古仇池穴,潜通小有天。"(《全唐诗》卷二百二十五,上海,1960,第 4 册,第 2418 页;译者按:《秦州杂诗二十首》其十四。)]

② [袁桷(14 世纪)吟咏一处山水云:"沧波蓬壶岛,古石仇池天。"(《清容居士集》,《四部丛刊》卷四,第 26—27 页)。]

③ Henri Doré(禄是遒)1911-1938: 13.2, 10;依《圣迹图》转。按照另一种说法,孔子的母亲生其于"空桑"之中(Granet 1926: 434)。我们前文已经见到了再现甘肃崆峒山的盆景,"崆峒"等同于"空桐"。

此，孔母其后得生孔子（孔子字仲尼，即由此山名而来）[①]。

仇池山因此呼应了一种十分典型的圣地，其中包含了山峰及水洞，且是春日庆典的举行之所，青年男女们于此相遇，“由此可知，其目的乃是祷雨与祈嗣”[②]。

正是如此的一处场所，一处举世闻名的圣地，一处适宜神游的仙境，苏轼将其选为自己斋室的名号，并联想到应以一块奇石来对其进行微缩再现。但这还不是全部，他还将“仇池”与另一处同样重要的小天地进行了关联。他曾十分钦羡一块江州石，并言及曰：“异石九峰，玲珑婉转，若窗楹，予欲以百金买之，与‘仇池’为偶，方南迁，未暇也。名之曰‘壶中九华’。”[③]（与图 34 比较）

“九华”乃是山名，位于安徽，以其九峰形如莲花而得

① 仇池山的这种空间组合形式也见于一处“南瓜”圣地，即越南东京地区山区原住民的祖居地（见上文 108 页注②）。“Muong Tèng”（南瓜地）肥沃的高原环抱着灵山“Phou San Tang”，“在其山顶，一处众神所给养的湖泊分流为三条河流。”首位始祖即葬于这一圣地中（Alfred Raquez 1905 : 1163-64）。译者按：按红河学院黄先民老师之解释，“南瓜”圣地应为“天原”，越南泰语为“muang then”，越南语音译为“mương thanh”，法国学者 Alfred Raquez 将其记音为“muong tèng”。其中“muang”意为“地方，地域；坡地”，“then”意为“天”。此外，“Phou San Tang”中，“Phou”为越南泰语之“山”，“San Tang”可音译为“山塘”。该山位于今越南奠边省“Nà Tấu 乡境内”，这一名称似已不再使用。山顶之湖即是位于今越南奠边省奠边市之回怕（Huổi Phạ）湖，而三条河流则分别为恁容河（Sông Nậm Rốm）及其两条支流泽坝河（Sông Tắc Pạ）与沈美河（Sông Thẩm Mây）。另感谢叶少飞教授对此条的协助。

② Granet 1926.

③ 苏轼《壶中九华诗》（收入《苏文忠公诗合注》，诗前有苏轼自序）。（译者按：此石当时由湖口人李正臣收藏。）又见《云林石谱》卷上，第 9a、10b 页，“江州石”一条云：“江州湖口石，有数种，或在水中，或产水际。一种青色，混然成峰峦岩壑，或类诸物状；一种扁薄嵌空，穿眼通透……土人多缀以石座，及以细碎诸石胶漆粘缀，取巧为盆山求售，正如僧人排设供佛者，两两相对，殊无意味。”

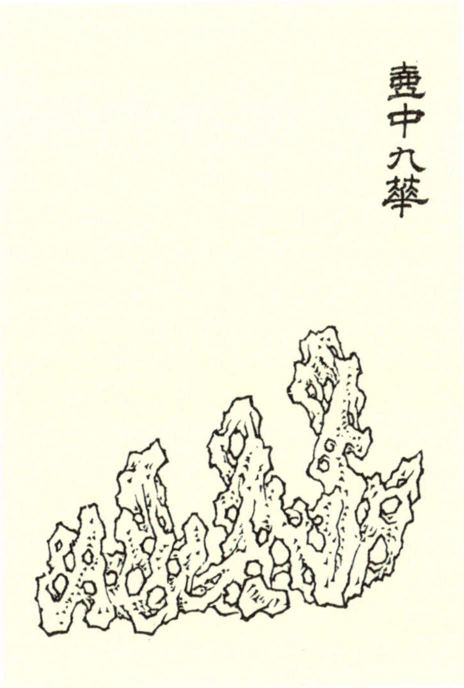

图 34《壶中九华》
来源:《素园石谱》
卷一，第 4a 页。

名，亦称九子山。[1] 苏轼所购之九峰石由此十分适合用来表现九华山，而这一名山的选择更还有多子多孙的含义。

苏轼曾为此小石作《壶中九华诗》云：

清溪电转失云峰，梦里犹惊翠扫空。
五岭莫愁千嶂外，九华今在一壶中。

① 《辞源》引《寰宇记》。“九子母”是中国古代送子女神之一，其常与外来之“鬼子母”（Hārītī）相混淆。《岁时广记》卷二十第 8a 页引《荆楚岁时记》云：“四月八日，长沙寺阁下有九子母神。是日，市肆之无子者，供养薄饼以乞子。”此一段为当今《汉魏丛书》本《荆楚岁时记》所无。

天池水落层层见，玉女窗虚［一作“明”］处处通。
念我仇池太孤绝，百金归买碧［一作“小”］玲珑。

赵次公的注释指出，包藏“九华”之“壶”，是“壶公之壶也，中别有天地山川，故云耳”。“天池”位于九华山中峰之顶，因此也对应了仇池的山湖之貌，其“积旱不竭，久雨不加，人秽之，立涸，烧香告谢，寻复旧”[①]。

由此，这一处水池拥有亘古不变之灵力，且取之不尽用之不竭（故此独立于外界之影响，自给自足）。与此同时，这里还饱含了子嗣与肥水（eau fertile）。就其天然形势而言，这里乃是一处圣地，青年男女春日里在此相会、求爱、祈嗣（生育力）并祷雨（生产力）。[②]此外，这里亦是一处封闭且狭窄的容器，其中的美酒取之不竭，作为山岳精华的药材亦贮藏于此。

以小盆安设小石的盆景更利于在家宅之中保存自然场所的灵力，这是由于其“小”的特性能更好地表达自然尺度场所[③]中神圣与灵秀的特质。除了象征与传说（légende）外，没有其他的方式能够更好地表现这些神异的品质。

① 宋王十朋《东坡诗集注》中所引《青城山记》。

② 在公元纪年之初，汉藏走廊（marches sino-tibétaines）的原住民形容此山为“形似覆壶”（《后汉书》卷一百十六，第 11a 页）。译者按，“汉藏走廊”乃是指中国甘肃、青海、四川诸省与西藏自治区交界之地区，可参见作者另一著作《汉藏走廊古部族》。

③ 译者按：现实中之山水，其数百千倍大于盆景中之山水。

圣地与女神，壶与镜

〔壶天胜境与女神〕

诸多的壶（汉越词 hồ，“瓠”）状的场所大都由山与水（可作为镜子的水井也很常见）组成。此类圣地皆由女神柳杏公主所主治，以她与年轻书生之邂逅为特征，并附带有饮酒的主题。柳杏被逐出仙界受谪下凡，并不是因为她在席间所打碎的是“壶”，而是一只“盏”(trản)。[①] 这必然是十分严重的过失，所以惩罚才如此之严厉。可以肯定，此盏用于盛放仙酒，而就在玉盏打碎前，盛筵中刚刚以玛瑙壶献上了朱砂，也即老君的长生丹药，此两者必然是相同的[②]。玉壶寺前敬献柳杏的对联有曰：“玉盏楼台别占蓬莱世界”。这里通过“玉盏”来暗示这一事件，还同时提及了楼、台等多层建筑，它们一同构成了世外的壶中仙境。（在本章前文中曾对此处寺庙进行了描述）在带有道教影响的民间传说中，“玉”的称谓常用以形容处女（因其皮肤特质而来：紧实，如脂玉）。河内另一奉祀柳杏的场所（龙珠寺，前文也曾讨论）也是一处壶天，它原是柳杏的酒楼，她在这里与年轻书生们相遇，并为他们奉酒回应示好。由此，因为犯下过错而被贬下界、仙境般的居所，以及沧桑变化的人

① 在《云葛神女传》中，柳杏只是使玉盏受到了残损（据顺化保大图书馆抄本）。（译者按：另据《云葛神女古录》云，“一位红云衣娘子，捧玉杯上寿，失手，缺其一角。”）

② 《云葛神女古录》，译者按：参见《越南汉文小说集成》，前揭，第 234 页。

间流放地（必然也是一处仙境，一处壶天），这三者之间似乎存在着某种关联。

此外，另一处奉祀至尊女神天依阿那（Thiên Y A Na）[①]的圣地也以玉盏这一元素为特征。天依阿那在安南地区（Annam）[②]一如柳杏在东京地区的地位[③]。此处圣地的山顶有一小池，池四周环绕天然山石。在汉字地图上，其名为“玉盏”。[④]但是，在其一侧的村庄名为“Ngọc Hồ”，当地居民对此有不同的拼写，而汉越语地图将其写作“玉湖”（带有表水的“三点水”偏旁）。如果我们将其部首换为草字头，则可写作“玉葫”，与“玉壶”同音同义，而后者正是河内供奉柳杏寺院的名称。我认为在柳杏的故事中，“盏”实际是对“瓠—壶”的替代，这类容器显然与女神有着直接

① “阿那”（A Na）可理解为天所依凭之人，而非将天擎举。“依”指的是神降临至灵媒身上，或使女子感孕。[译者按：“天依阿那”源自占语词“inâ nagar”。古代占人将占婆王国的守护神称为“inâ nagar”，即“王国之母”意。越人接触到该信仰时，仅音译出了占语的前半部分“inâ”（母亲）为“依阿那”，而略掉了“nagar”（国家）一词，同时又缀以越南语词“thiên”（天），并称“天母”。此为越人对占人信仰的再理解。]

② 译者按：法国殖民时代对越南中部地区的称谓，一名“中圻”（Trung Kỳ）。

③ 译者按：此处所言当是位于越南顺化城西南郊玉河西岸之玉盏殿（Điện Hòn Chén）。

④ 在顺化的法文地图上，我们发现了一处“玉盏山”。柳杏与天依阿那之间还有另一个共通点。前者所属的村子为“Phố Cát”（河口的豌豆），后者为“Hải Cát”（海上的豌豆），这一巧合颇有意趣。另有一座由女神西王母（在越南列为诸圣母之一）主治的名山“昆仑”，为神仙居所，在《淮南子》中被称作“锺山”。我们晚些会具体谈到这种“锺”（酒杯）。

的关联[①]。

无论她们是被称作柳杏公主（东京地区）、天依阿那（安南地区）、送子娘娘、催生娘娘、奶母娘娘（见正文 38 页）还是其他称谓，这些女神都在民间信仰中融为一体，成为单一之形象：“圣母”（越南文为 Thánh Mẫu，法文为 Sainte-Mère）。在顺化的一座小庙广胜庵 (Quảng Thăng Am) 中，圣母（也许是柳杏，也许是天依阿那，人们忌讳直呼其名）被供奉于中央，其旁配祀以道教的女神西王母（Tây Cung Vương Mẫu，西宫王母）。在河内佛教光明寺（Quang Minh Tự) 的对联中，西王母则与观音（Quan Âm）相互对应[②]，神坛上另奉有几位女神及两位侍者，侍者手捧细长颈之水瓶。

---

① 按宋黄伯思《汉象形壶说》，壶的另一同义词是“瓜壶”，其云：“按壶之象，如瓜壶之壶。豳诗所谓八月断壶，盖瓜壶也。上古之时，洼尊而抔饮，蒉桴而土鼓，因壶以为壶。后世弥文，或陶或铸，皆取象焉。然形模大致近之，不必全体若真物也。今此壶形羡若真壶，然殆汉世取象太巧故尔。”（引自《古今图书集成》卷一九〇，“壶部”）此外，“破瓜”指少女十六岁。人们对这个流行的表达感到好奇，说“瓜”字可被分为两个“八”，由此得出“十六”（或六十四）。我并不相信这是其最初本意。对我而言，其更可能是一个具体的形象，或更直白地说，与香艳色情有关（在明代小说中，女性性器官被称作“破瓜”。译者按，应指女子破身）。我们知道，婚礼中两个酒盏分别由丈夫与妻子依次饮竟，而这两个酒盏“最初是由切成两半的南瓜或葫芦制成的”（Dumoutier 1891: 118）。另外，我们也知道了“壶”还被表现为“井”，而“井”即是“镜”。由此，“破镜”在一方面关系到夫妻忠诚（破镜是两地分离夫妻忠诚的象征；如果女方通奸，则其所保留的一半镜子会变为喜鹊飞回丈夫身边），并在另一方面与月相周期相关（破镜是一种鸟名，其幼鸟食母，象征月亮之受损）。破镜“是月亮，也是月相变化背后之规则（毋庸置疑与性有关）。破镜可置于月中玉兔一旁……玉兔远观（月亮）而怀胎，并从口中分娩：其口唇因此裂开一如月亮（满月结束之后）”（Granet 1926: 533-34）。在上文已看到，柳杏公主因为失手打裂玉盏而被贬下凡（见 131 页注 ①）。［在另一种情况下，作为一个少女的性隐喻，破瓜的主题与碎玉相同。（受益于高罗佩，我得以掌握部分相关诗歌，如孙绰《情人碧玉歌》之二云：“碧玉破瓜时，郎为情颠倒”（《乐府诗集》卷四五，页 10a）。］

② ［其联曰：福满人间，南海观音重降世；风吹仙界，西龟圣母此真身。］

此外，“葫芦在整个中国及远东地区象征着‘丰裕角’（corne d’abondance）[①]；中国的医生将草药装入中空的小葫芦中，或是葫芦形的小瓶之中，这使葫芦也成了医疗的象征”[②]。

我们已经见到了几处具有壶天特征的场所，它们皆由圣母所主治，特征均包含了取之不竭的美酒，以及祷雨、祈子之灵应（供奉天依阿那的玉盏殿，在天旱时也仍有降雨[③]）。

此外，所有主奉这些圣母的神亭均陈设有镜子，根据我所采访的一位越南人士，镜子可以帮助“神魂”（âme du culte，也即女神）在婆僮入迷时进入其身中（见图 35—36）。在中国，镜子自古以来便具有女性的属性，同时也与月相紧密相关（参见 133 页注①）。与此相应，阴历的每月初一与十五，婆僮们都会在圣母的崇祀活动中举行降神仪式。但“镜”也与“井”相连（月映于圆形水面之中，一如我们此前所见龙目井之描述），而“井”亦为“瓠”。[④]

作为生产力与生育力的象征，“壶”与“镜”在这些圣地中占据了主导地位；它们同时也是圣地中所奉祀女神们的内在属性。这些女神被供奉于众多小庙以及无数婆僮供奉三府（天、地、水）、“诸位”的神亭之中。这些崇拜场所通常位于两河交汇处、十字路口、市集、码头或边界标志处。一言

---

① 译者按：“丰裕角”是一装满花果及谷穗的羊角，在希腊神话原型中，其为哺育宙斯的羊角，是生育力与生产力的象征。

② Dumoutier 1891: 118.

③ Nguyên Dinh Hoe（阮廷槐）1915: 362.

④ 《雨窗记所记》中记载了一则很重要的逸闻，名曰《照井》，其表现了井、镜以及感孕。

事中有一对姐妹，长女云英已受聘订婚，次女月英尚未受聘。一日，妹月英曰：“昨观方书言，女国人皆照井而生，真乎？伪乎？”……姊妹低头，照见井水澄清如镜，井底有少年甚都。月曰“彼向姐姐笑”，云亦笑曰：“贱人胡说，彼向你笑。”失手一推，扑通有声，月落井矣……云（英）由是惊悸成病……于朦胧之际见妹与绿衣少年挽手而至，曰：“……自入井底颇亦不恶，已与此君偕伉俪矣。”云（英）见少年，未免有羞涩之态，而少年佻达良久，遂为所污。由是来去无恒，来则必尽床笫之乐，数月后腹膨膨然而骨黄……母知为妖，延番僧祷禳……命泅人入井，塞其泉源，车干其水，见一巨鼋……云（英）未几产鼋数十头，跳跃而去，亦无它恙。（《雨窗记所记》，《春草堂丛书》本）龟之淫名亦见于其他材料之中。玉盏山一区包含了岩岬与深池，其作用与类似场所中的井相同。有一巨龟居于此处渊中，为河伯之副丞（阮廷槐 1915: 361）。中国古代亦有河伯娶妻之说，巫师在仪式中将少女沉溺于临水的祭祀圣所。在安南，女人因性的原因而溺死的故事不胜枚举。如《乌州近录》所载之郃阳夫人，其祠庙位于金荼县郃阳社之海边。夫人因其误与亲生兄长结为夫妇而离家，终因“日夜思夫，含愁而死。胎中化为一石”［类似者亦见于平定（越南中南部沿海地区的一省）之“望夫石”；参见《大南一统志》，“平定”卷九，页 19b］。［译者按，《大南一统志》曰：“望夫石。在符吉县东南乾阳山之北，山上有石，形如妇人抱一孩儿；又有一小石如一儿形携立于左；背倚高山，面向南海。”此石后为海村渔人所得，以其为枕，夜得异梦，“乃立祠事之，往往祈祷无不立应。每于冬祭，皆用少女（‘用’是牺牲祭祀的专用语）。后妨生人，代用骍角牛，于冬祭必降尸，名曰婆扬（Bà Dương，即婆僮于入迷状态下之精神飞举。此是一个半汉半越的词汇，其中加入了纯越南语词汇“Lên đồng”，意为进入入迷状态）。”（《乌州近录》抄本，页 72）］

书中又一则《水族》云：“河潞（Hà Lộ）二社三歧江神，本水族（水族神，Thủy Tộc Thần）。俗传河潞社有一处女，神与之通。其女死，妖取以配神。又有一妇人，亦河路社长之妻，神亦往往私通。有胎卵生而死”（《乌州近录》抄本，页 73）。又其所录《四位圣娘》（Tứ Vị Thánh Mẫu）云：“夫人赵氏，南宋公主也。母子（女）三人，夫人季女也……绍宝元年……陆秀夫沉于海……尊室官民死者十万余人。夫人母子（女）三人，援得船板，飘到海岸佛寺。饥困无聊，寺僧见而可怜，为之与食。保养数月余，肌体复足，容仪奇异。寺僧悦之，遂生淫心，夜间求通。夫人守节拒之甚严。僧自悟暂（惭）愧，乃于海没身而死。夫人母子（女）相谓泣曰：‘吾母子赖僧养育，遂得生全，今以我故而自沉，吾何以生为？’其母自投于海。夫人此亦随溺焉。僵尸漂荡，至我越之演州乾海门，棲泊岸边。土人见其身体无有亏损……皆惊异以为神。于是相率封窆，立祠奉事。凡远近商贾人船过海，倘遇风波，尤迫恳祷，呼吸之间，果遂平安……旧时俗人不知，以淫物（表示性器官）事神，何其妄误哉！”（《乌州近录》抄本，页 69）此外，又有一说：“初，后生二女，未有皇子。其臣见王老，请立次子为太子。王曰：‘闻后有孕，姑俟。庶妾恐已子不得立……厚赂（稳婆）。及皇后生子辰，稳婆潜割其势。已而王巡守归，问后生男耶？女耶？左右对曰‘男而阴阳不具’。后闻之曰‘……庶妾为之耳’。后由是有怨望，王怒谪后母子于海岛，到乾门而死。渔人捕鱼，宿其处，梦神谓之曰‘我当为南国之主，为人所陷。上帝悯我母子，使为南国之神’……乃立祠事之，大应灵显，岁辰饗祀，常舞红花 。”（《乌州近录》抄本，页 69b）我在这里还可以引用很多别的事例。

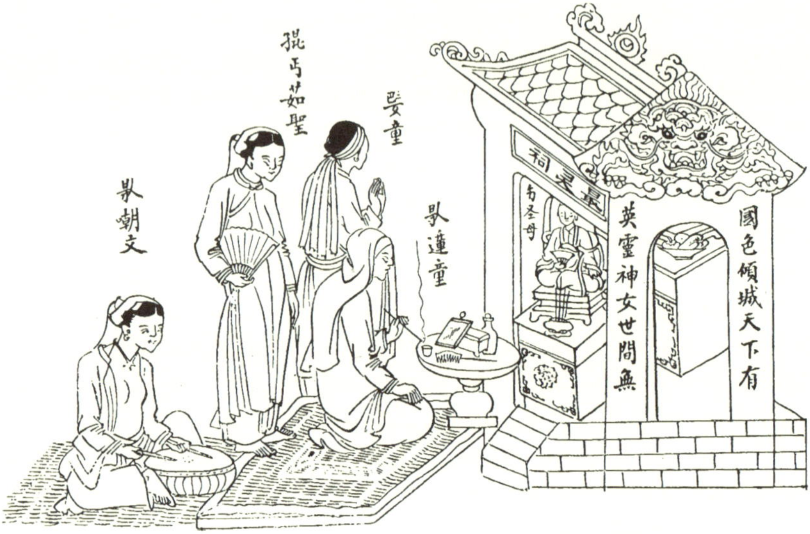

图 35 越南婆僮（女性灵媒）之仪式实践[1]

图 36 越南一位婆僮化身为上岸圣母，于神坛前奉香[2]

① Dumoutier 1898.

② Durand 1959.

以蔽之，即人群聚会之处。总体而言，这些场所经常呈现出一些相同元素的组合（它们当然并不总是一同出现），如：古树（尤其是无花果树及榕树）、山石、位于神树之上或之前的神亭（安置在经过修剪后的树干的两根枝杈之上，或是单根立柱之上）、屏风，种有荷花或布设小景的缸盆。[①] 这其中所奉的神明几乎都是女性，且通常都没有名号，人们只呼之以笼统的称谓，如：圣母、婆（Bà）、德婆（Đức Bà）或玉主（Chúa Ngọc，其中“Chúa”是公主“Công Chúa”之简写）。[②] 在这里，侧龛中的男性神明仅仅是作为女神的侍臣。

〔慈恩寺〕

下面，我将从保留有较好传统风貌的顺化地区选择几个案例，用以说明这一类组合。慈恩寺（Từ Ân Tự）位于顺化城西，香江北岸。寺之一侧有老树一棵，树前有一山石盆景，树后两侧各有一水池。这一组合为围墙所环绕，墙开有两口。盆景前为一神亭，其下供奉神虎，虎前香炉中插满了香。神亭上有额曰：“外景娘娘峒。”[③]

---

① 见第一章中的案例描述。关于树木与山石，见 Cadière 1919 及 Chapuis 1937：图版 2，9。另一方面，在传说中，西王母曾赠予黄帝一博山炉，该礼物十分独特，因其细致描摹了神仙的世界，即浮于海上之仙岛（见《事物纪原》卷八，第 7b 页，引《黄帝内经》）。

② 译者按：“Chúa Ngọc” 应该是玉仙仙主，即天依阿那女神的演绎。

③ 译者按，在 1942 年之初版中，作者还记载了其对联：左曰“万里（？）灵，参（？）天”；右曰“千江有水，千江月”。院门之右云“黄昏月炤，空庭晚”；左曰“白旦风生，古树寒”。R. A. Stein，1942：68.

在一棵树的左前方，有一神亭名为“圣母会同殿”[①]，其中供奉由十块红布所缠绕的神位。中间靠后之神位云：“天依阿那，吒演玉妃，上等神，降临宝座。”天依阿那之右为“三界火雷风神女，山峒主晶[②]，福德圣母娘娘”。其左为“水界狐狸九尾，山峒主晶，福德仙妃，圣母娘娘”。再左一位为“中央戊已土德仙娘神位，降临宝座”。由此，龛中供奉的乃是一组圣母的“三位一体”（trinité，也即此处人们常说的“三圣母”）以及五行女神中的第一位。其他诸神沿两墙各成一排。[③]左侧为“南方丙丁火德”及“北方子癸水德（译者按：原书如此）”仙娘之位。右侧为“东方甲乙木德”及“西方庚辛金德”仙娘之位。此外，靠近门口处有两位将军，均为圣婆之子，右侧为长子“通天郡堂，明上将军，上圣长子，州保中兴第一位”，左侧为次子“灵山鉴公，聪大将军，上圣次子，翊保中兴第二位”。

〔广胜庵〕

在顺化香江与运河交汇处的湖楼（Hồ Lâu）镇，有一座小庙名曰广胜庵（Quáng Thăng Am）。庙内主神为“德婆圣

① 译者按：在1942年之初版中，作者还记载了其对联，其曰“日月无私昭；江山（？）护持”。

② 此处之“晶”（tinh）与“精”（tinh）同。“con tinh”乃是女性精怪，她们通过勾引年轻人来夺走他们的气血。在平顺，有一庙宇奉祀主峒夫人。按《大南一统志》云：“夫人祠……其地有白沙三岗……沙岗崚屼，不随风飘而增减，不因践踏而低平，甚为灵异…… 湖南有祠，祀主岗夫人，祈雨祷病，稔者灵应。”《大南一统志》卷十一“平顺”，第24b页。

③ 我们在上文中曾提到顺化苇野坊私宅之盆景，其中五行由人物小像所代表，并享受香火的供奉（第一章案例2）。

母”（Đức Bà Thánh Mẫu），供奉于神坛正中靠后。她的左手边为西王母（长生仙桃之主），右手边为关帝（中国古代武圣及戏台的守护神）。左墙前有四尊摩伊人（Moï）的雕像，他们是有着深色皮肤生活在山中的原住民[①]，通常被称为上岸诸翁（Thượng Ngạn Chư Ông）。[②]摩伊人雕像头上缠布，佩戴着闪亮绿珠的长项链，其上方悬挂有弓弩及芦笙（khènes，老挝人与摩伊人使用的一种笙）。今天的越南人将他们都视作老挝人，并将他们解释为从前生活在顺化地区的居民（他们其实将摩伊人与占族人混淆了），目前则居住在周围的山区中。他们在空间上代表着边地的“蛮族”（barbares），而在时间上则代表着神话中的初民时期。与此同时，他们还拥有采自山中的草药，

---

① 译者按：摩伊人（又称“昧人”“山地高棉人”）是越南京族对西北或西原地区 30 多个少数民族的通用蔑称，现在已基本不再使用。这些民族信奉多神，部分部族尚保存母系残余，从事刀耕火种的山地旱稻农业，也种植少量水稻。感谢叶少飞教授对此条的协助。

② 我请守庙人开列了一份婆僮仪式中所有需要奉请的神明名录，其中包括：“上岸高山林野境土灵州大主”（Thượng Ngàn Cao Sơn Lâm Dã Cảnh Thổ Linh Châu Đại Chú）、“上岸高山主峒圣母”（Thượng Ngàn Cao Sơn Chú Động Thánh Mẫu）、“上岸管誃（？）山岳九州黎迈大王圣母”（Thượng Ngàn Quản Xí? Sơn Nhạc Cửu Châu Lê Mại Đại Vương）以及“上岸蓬莱境雪岚山桃源公主”（Thượng Ngàn Bồng Lai Cảnh Lam Sơn Đào Nguyên Công Chúa），此外还有“上岸二位贵公子”（Thượng Ngàn Nhì Vị Quý Công Tử）。我将“上岸”翻译为“上层河岸”（rive supérieure）可能只是近似含义。《大南一统志》描述广平省之“蛮人”时，使用了“上源诸蛮”这一表达，或简称“上蛮”，这与“上岸”所表达的含义很可能很接近。实际上，这是自然中的三界（三府）之一，也即山林之三界。[对于“岸”这一词语表达，参见 Cadière 1905：349 注 2。汉语与汉越词“岸”（an/ngan）词源为“nguôn”。Cadière 认为其在广平地区意指“河与溪”，并进一步引申为“西部山区”之意。人们说“lên nguôn, đi nguôn”，意为爬上河岸，进入山中。山民也即原住民，亦被称作“nguôn”。另外我还可以补充一点，即这一词语早在 13 世纪就已被著名旅行家赵汝适所记载，其《诸番志》卷下，“沉香”一条云：“沉香所出非一，真腊（今柬埔寨）为上，占城（译者按：今越南南部古国）次之，三佛奇（马来群岛古国）、阇婆（译者按：今印度尼西亚一带古国）等为下。俗分诸国为‘上下岸’。以真腊、占城为‘上岸’，大食（译者按：阿拉伯半岛古国）、三佛奇、阇婆为‘下岸’。”]

人们因此向他们祈祷以治疗疾病。在其他类似的庙宇中，他们被以数字称为“某号翁”（Monsieur Numéro tel），每位都掌管某一特定的山峰或泉水。稍后我们将对他们进行更为详细的讨论（参见下文“南山殿”之描述）。

广胜庵前的空间布局十分典型。首先是一处金鱼游弋其中的水池盆景，池中小山之上生有草木。山石正中有一小庙，庙前有相同微缩尺度的香炉，其中插满了香。电灯泡、镜子碎片，以及石制小动物散布于山石之中，清晰可见。此外又有蓝珊瑚及贝壳，它们与其他各种元素构成了一个整体。池后为一祭坛，坛后有神亭，亭中陈设有常用的香炉与一面镜子。这一空间组合的一侧安设有一些盆栽灌木。大约一米之外有老树一棵，四周是废弃石盆与碎炉砖，树枝上安有一神亭（参见正文34页注①）。在其旁另有一神亭，安设于一被砍斫过的树干之上，树干上保留了两根枝杈。

每月初一、十五，婆僮们都要在此庙中举行仪式，我们无法在此对其进行详细的讨论，但其中一些细节仍值得注意。在降神仪式开始之初，人们不仅在主神、从神、神虎及神亭前分别焚香，还在池中盆景内的小香炉焚香。此外，在每次请神的过程中，婆僮都会先于主神圣母前祝祷，然后再转身向盆景中的小山及圣化山石的神亭祝祷。其中的一位婆僮为她生病的孩子求药，特别向此处进行了祝祷，她在入迷的状态下跳舞许久。这是因为治病的草药是由居于山中的摩伊人之神所守护。由此，池中小山代表了远处的山岳，或者说，远处的山岳通过小型山石而得以显现（présent）于此处。另一位婆僮也于池边起舞，用她晃动的手掬取池水。一位助手告诉我，她这么做是因为池中住着一"善神"（bon dieu），代表着离此不远的河神。由此，这一处水池盆景所具有的宗教功能便毋庸置疑了。这就好像是一系列层层相套的空间，一如城池中由多重墙郭所围合的布局（曼荼罗之模式）。雄伟的自然场所（被群山所环绕的平原）充满了神奇的灵力，它首先以庙宇的形式以较小的尺度得以复制，其次又在更为微缩的水池盆景中再次复制。我们稍后将在其他庙宇中看到，这一层层相套的空间模式甚至还能延展出第四重更小的场所。

〔南山殿〕

另一案例是位于顺化通往南郊坛大道上的一处场所，其主要建筑为一座破旧的草屋，名为"南山殿"（Nam Sơn Điện），由一位老翁和一位老妇管理。在草屋之前院落的中轴线上有一处水池盆景，山石上布满小神像，并设有一香炉及一面镜子。水池盆景对面有一神亭立于柱上，也配有香炉与镜子。右侧有一老树，其根部由一堆废炉砖及石盆所围绕，一如经常所见。此树枝杈上有一神亭，石堆之上则立有一尊摩伊神"六翁"（Ông Sáu）的彩瓷小像：[①] 他身背一箩筐，右足之下踏一巨蜥。其他的摩伊神被供奉于殿内。在右侧墙的正中间，我首先发现

① 六翁一名"Nguôn Bồ"。该信息是我在参观顺化旗台（Cavalier du Roi）前方一座无名庙时，由顺化启定（Khải Định）博物馆管理员范安（Phạm Yên）先生所告知。

了“大翁”(Ông Một)[①]，其前有一小镜；其右侧为“七翁”(Ông Bảy)，身背箩筐，脚踩一蛇。七翁之前有一拳石，状若小山。大翁左侧为“九翁”(Ông Chín)[②]，他手持长矛，其前供有一块与拳石大小相当的沉香（Trầm）山子。[③]

在大翁、七翁、九翁这三尊像周围悬挂着芦笙、弓弩与帽子，帽上围着一圈绿珠项链。这些是摩伊人的物品，婆僮们在跳舞时会将其穿戴于身上。在左侧墙前，“七姑”(Cô Bảy) 坐于宝座上，为一老妇人相，下身以裙围裹。她右手持一树枝，左手持一置于盘中的玻璃小瓶。据该庙一位年老婆僮谈，此瓶用以收集“香水”，也即香精（essences odoriférantes）。庙内左后方供有三尊造像，即“诸位圣婆”（Chư Vị Thánh Bà），其中间者为西王母。正中神坛上奉有“会同诸位”（Hội Đồng Chư Vị）的神位，又有两鹤、两镜及两件长颈瓶（一奉茶，一奉酒）。神台之下供奉当方“土地”（Thổ Địa）之神，即一只蹲伏于山间的神虎。最后，前排一根柱上配有两把木剑及一把桨，皆是九姑之物，她一边起舞一边向后划桨。[这一种用数字标识翁、姑，王子、公主的神明谱系也见于东京地区[④]。]

---

① 大翁也称“Bài Nhất Thượng Ngàn”[上岸（诸灵）之首]，他掌管着顺化附近的温泉。

② 此翁是否也可以是一位女性？在刚才提到的庙宇中，九翁的神像居于左侧，我听说他主治横山（Đèo Ngang，也是东京与安南两地之间的一处关隘），亦被称作“横山女神”（Cô Cả Đèo Ngang）。然而，我所采访的人对此并不确定。毫无疑问，与诸“翁”一同的，还有一系列的“姑”。尽管九翁有一长矛，但沉香木的存在使其也可能是一位女性（参见 145 页注 ③），正如我们将要看到的沉香木与天依阿那之间的关联。

③ 出生于越南的Claeys夫人带领我参观了这座庙宇，当她看到这块沉香木时惊呼了起来，并说这是一种由女神所创造的“小山”。我们将会看到，这位女神正是天依阿那。

④ 参见 Durand 1959；另见正文 27 页注 ②。

树与石，小山与水池——它们是全形场所中的两层空间（译者按：垂直方向），由此得以构成了一处世外的独立天地。这里是否缺少了第三层空间"天"？答案是否定的。南山殿中所存一份仪式抄本的插图解释了这一点。（据一年老婆僮言，该抄本至少可追溯至三代人以前）其中一幅插图绘有一座安于柱上的神亭，据说代表了"中天"（Trung Thiên）。在另一幅图中，一座类似的神亭位居柱上，立于一水池之前，池中设有山石盆景。顺化旗台（Kỳ Đài，Cavalier du Roi）前方有一座无名庙宇，其庭院中有一神亭，上安镜子一面，并有题字曰"敬如在"[on est respectueux comme si (la divinité) était présente]，这里是"中天圣母"（Trung Thiên Thánh Mẫu）的圣所。天地三界与"三圣母"（Tam Thánh Mẫu）相互对应，也被称作"三台"。[三台也是《真诰》中所载一处道教洞天之特征（见第一章）] 在奉祀天依阿那的玉盏殿中，其中央的圣号写作"明镜中台第二宫"，而在高有九层的神台[①]之后则题曰："明镜高台第一宫"。

让我们回到南山殿。在这一处自成一体的三层世界中（当然是神话性的），我们再次见到了镜子、圣母，以及摩伊人，他们是居于山泉之间的原住民，掌管草药的神灵。这些"香水"都保存在七姑所携的小瓶中，一如其他地方的草药被收贮于葫芦瓶之中。在此类庙宇中，我们所能见到的信仰崇拜主要旨在

① 昆仑山也高有九层，乃是仙人之所居，由西王母所主治，她同时也被供奉于南山殿的三圣母之中。

治疗疾病。这些小型庙宇中甚至还包含更小的场所，也即池中的假山，其中同样生长有药用植物（见第一章及正文 67 页注 ② 中所引皮日休之文。在此，饱含占族记忆的越南民间传说（至少在顺化地区）被加入了道教主题。在这些主题中求仙者携杖入山采药[1]，杖上悬有葫芦与《五岳真形图》；随后，他又以得道者的身份回归于市集之中，售卖山中所得，并在葫芦中为自己造化出一处世外天地。他们在市集聚会之处畅饮美酒，美酒出自不竭的灵源，一如壶天圣所中的女神，她们赐予丰收，并通过饮酒享受多情的邂逅。女神掌管着各类集会场所中的庙宇与神亭，这里有树木、山石，以及婆僮们蓬头散发的通神仪式，婆僮们的形象一如搭讪引诱年轻路人的女性树精。

但入山采药的道士也可同为樵夫（他们必然熟知山中的天然洞穴以及山民的穴居）。许多传说都讲述了樵夫受到度化并进入仙境之事，也即进入一处隐于山中的天地。而正是樵夫的主题让我们再次回到这座安南庙宇之中。南山殿中所供奉的那块状若小山的沉香木与天依阿那的传说颇有近似之处，后者就其本质而言，正是一则有关沉香木的故事。[2]

① 我们曾提及，山中原住民的村庄也被称为“峝”（103 页注 ①）。

② Sallet（1926, 1930）与 Đào Thái Hành（1914b）均记述了这一故事。参见 106 页注 ② 及 139 页注 ②。此外，伞圆山之神也是一位樵夫。

〔沉香木与天依阿那〕

在远离尘世的山中住着樵夫一家，他们开辟了树林一角，种植了黄瓜与西瓜。一天，樵夫发现一个小女孩正在偷吃他的作物。原来这位小女孩是一名孤儿，樵夫一家便因此收养了她。小女孩的仪态出众，这暗示了她可能来自天上。一天，在一场猛烈的暴风雨中，人们看到女孩“玩着普通孩子不懂的游戏，采花，叠石，并构筑了仙人所居的三十六洞的形象”①。在故事的另一个版本中，她“开始收集石头并将其一块一块地叠筑成一处看似小岛的地方，又在周围种植花卉，以此表现她的故乡，也即海上三灵岛的优美风景”。②

现在我们来看这块漂流的沉香木。③这位小女孩不是别人，正是天依阿那，她与沉香木融为一体④并被海浪带到中国。其后，一位年轻的皇子将这块宝木带入他的宫殿，并在夜晚发现了浮现于树上的天依。后来，他们结婚生子，并育有一男一女。但由于思乡心切⑤，又或是其人间使命已经完成，天依需要

① Sallet 1926. 这些洞穴无疑就是我们在第一章所提及的“三十六洞天”。

② Đào Thái Hành 1914b. “三灵岛”（Ile des Trois Génies）肯定是“三仙岛”（Trois Iles des immortels）的误译，“三仙岛”是蓬莱、瀛洲、方丈，也正是汉代博山炉与许多盆景中所表现的岛屿（见第一章）。

③ 亦称“奇楠”“伽罗木”（kỳ-nam; *aquilaria agalbochia*），一种香木，Sallet 称其“以前主要由南部森林中的占族人（Chams）所开采”。在越南语中，它又被称作“đà nam”（Đào Thái Hành 1914b）或“trầm”（写作“沉木”，参见西晋嵇含《南方草木状》卷中，3—4 世纪）。沉香木长年沉于水中，《本草纲目》云，“其积年老木，长年其外皮俱朽，木心与枝节不坏，坚黑沉水者，即沉香也”，焚之则有“紫烟”。按《岭南杂记》云：“海琼沉香俱产黎峒，多虎狼毒蛇。其俗皆女子采香，耳戴金环，首缠锦帕，腰佩利刀，什伯为群。”（《岭南丛书》本，卷二十三，第 8a 页）

④ Sallet 1926.

⑤ Đào Thái Hành 1914b.

回归她“以往的神明状态”(ancienne existence de génie)[1]，她带着两个孩子借由同一个树干回到了她养父母的国家。此时樵夫一家已经去世，天依便为他们立庙奉祀，并开始教化当地居民，传授给他们各项技艺。在这一切工作都完成后，她便驾着“神鹤”返归天上了[2]。中国皇子曾派遣一支船队寻找天依阿那的下落，但却为台风所摧。作为女神，天依阿那常以白象为坐骑出现，并伴随以炮声。[3]有时她则化身为一块展开的丝绸，劈开空气。[4]

Sallet 收录了暴风雨故事的几个版本，能够揭示其内在含义[5]。在一种版本中，受命寻找沉香木及天依的中国船队成员将这块宝木砍成了三块。但暴风雨及洪水将碎木片带回了潘里(Phan Ri)附近的垒河(Sông Lũi)，沉于平水(Bình Thùy)村。该处有一庙，奉祀玉婆(Bà Ngọc)。洪水退去之后，守庙人将三块宝木集于一处。其中最大的一块形若女人，便是天依阿那，其余两块则是她的孩子。人们由此便将这三块宝木雕制成了造像。天依的雕像如同石头一般坚且黑，但其子女的雕像却朽坏了。庙中的碑文描绘了这一女神最终的落脚之处，其

---

① Sallet 1926.

② Sallet 1926.

③ 按照顺化所流行的形象(如在南山殿中)，西王母也以白象为坐骑。她已成为母道信仰中的三圣母之一。

④ Đào Thái Hành 1914b. 劈开空气的是闪电，也是树神出现的方式(参见 Cadière 1918: 14)。住在树中并勾引年轻人的树精蓬头散发，一如入迷状态之婆僮，也就是说，其被同为女性的树精附体。

⑤ Sallet 1930.

曰：此处汇聚了“山水石木之全景，其皆聚于一大圈之中”[①]。可见，这是一处全形且与世隔绝的场所！

按照另一种故事的版本，庙宇附近曾有占族人的宗教纪念物，并曾在这里发现过一块带有香气的树干，被一场洪水冲到了平水。这是一块极坚且黑的木头，人们专门为其修建了一座建筑来安置。一位富有的中国行家认出这是一块“品质一流且价值不可估量”的沉香（Trầm hương）木，想将其带回中国。结果，中国人在返程路上遭遇了暴风雨，他便向沉香之灵祈祷平安，暴风雨平息后，他便将其奉还至原处。但为了防止他再次将木头带走，神灵将此沉香木化为了石头[②]。

占族樵夫进入山林寻找香木，中国富商试图将其带回中国。除了贸易与朝贡，还有竞争与战争。战争是频繁的，但通常只是小规模的冲突与掠夺，且往往以台风吹散船队的灾难而告终。天依与一块沉香木融为一体，被樵夫发现于山林之中。一场暴风雨将她带往中国。她在中国停留多年，但因为乡愁，便带着两个孩子回到了故国（化为三块木头之形）。她的行程实际是一次长距离的浮木运输，一场洪水便将其带回了起点。其后，最大的一块木头变得如石一般坚且黑，且持续硬化，相对次要的两块则腐朽了。纯正且珍贵的沉香木需要在水中浸泡多年，其外皮与枝杈俱朽，木心与枝节不坏，并且变得坚且黑（见本部分 145 页注 ③）。女神必须离开她仙境般的祖

① Sallet 1930: 184–185.

② Sallet 1930: 186–187.

国，且只有在完成俗世使命后方可回归。虽然这是一则有关原住民神灵的故事，但女神回归后的第一个落脚之处却是以道教化的民间传说来描述的。这是一处洞天[①]，一处封闭的世界，一处“天”（该字在道教中指代一处尚未被人工所触及的完好自然场所）。这块沉香木同样离开了原始山林，经过了漫长的水中旅行，并在造访中国后才得以返回。它离开时还是原材料的状态，返回时却缩小为持久之精质（quintessence durable），并被雕刻为神像。女神与宝木这两则故事相互对应，要成为珍贵之物，就需要有远距离的往返运输，在不同的地方以及不同人手中交换。

摩伊圣人居于山中，掌管着珍贵的自然之精。在首都众多婆僮的庙宇中也能看到他们的神像[②]。庙里的人们会一年一度地带着他们的神像前往大神天依圣母居处的山麓。天依阿那是香木之灵，同时也是风暴与洪水之神，并能带来降雨。在我看来，这两种品质之间的关联可见于“沉木”这一主题中。沉香的珍贵部分只有在水中长时间浸泡之后才会显露。其心材变硬、变黑且加重，进而沉入水中。在越南语中，“Trầm”意为沉香木，其对应的汉字为“沉”，意为淹没、变暗。我们已经看到其他职掌风暴和降雨的越南女神，她们沉入水中并变化为石（部阳夫人，Thai Dương phu nhân），或是溺亡后尸体漂浮

① 天依“在一处开敞的洞穴中休息”（庙内碑文；Sallet 1930: 186）。

② 在这方面的关联请参见前文所提及的葛兰言关于“蛮人”的研究，以及将天地汇聚于首都之高见。

水中长时不腐（四位圣母，Tứ Vị Thánh Mẫu）。[①] 天依之沉香木在洪水之后被发现，并已化作了石头。与此同时，“附近土中生出一块蓝石，石上刻有‘天依’二字”[②]。雕像由此石制成。在安南，人们普遍相信石生于土中，并长于土中。正是灵石与神树一道，构成了“婆”或“圣母”信仰的具体崇拜对象。[③]

但这并非全部。现在是时候来看一下记载木质小假山（译者按：即木山子、沉香山子）的中国文献了（参见 71 页注③）。树木的枝干在多年的水中漂浮或淹没后，经过长时间的侵蚀而最终成为山形，其后只需略施雕琢便可成为假山（例如保存在日本的假山，见图 37 及 162 页注③）。这类假山在安南依然常见，常被置于家中与庙宇中，与水池盆景占据着同样的位置并发挥着相同的功用。[④] 此外，我们也已看到，作为沉香之灵的天依阿那正是在消遣游戏时通过叠石与种植花卉造化了一处微缩的洞天福地。与天依一样，另一位在安南广为人知

---

① 见上文 134 页注④，另参见“奇石夫人”（*Kỳ Thạch phu nhân*），此是一块占族人的石刻，后经渔夫捞起（Đào Thái Hành 1915）。越南有多位职司风雨的女神，如在平顺省天后祠旁，建有杨须（Dương tu）祠与故喜夫人（Cố Hi phu nhân）祠，后者“祷雨祈病，稔著灵应”（《大南一统志》卷十二“平顺”，第 24a 页）。

② Sallet 1930: 185.

③ 参见 Cadière 1918, 1919。在我看来，Cadière 想要在各种树与石的崇拜案例之间建立不同的类别并进而各自独立地进行解释是错误的。相反，我们刚刚看到的事实表明，如果我们从宗教或神话的角度来看，树与石之间没有本质的区别。树可化石，一如石能生树。

④ 它们有时保持自然状态，有时则在某些部位被雕以动物，而且基本都由沉香木所制成！［日本奈良法隆寺（见图 37）藏有一尊 12 世纪初之圣德太子像，在神像内的装藏物中发现有经过侵蚀与虫蛀而形似山石的一块天然木材。它被置于龟背之上，同时期一份文字资料显示其被称为“蓬莱山”。事实上，这整件物品乃是一尊更为古老的观音像的底座。（倉田文作 1973: 51-52，图 112）。在第一章中我们已经了解到了蓬莱这一表征，我们还将在本书的第三部分中看到更多的案例。］

图 37 日本奈良法隆寺圣德太子像内所藏虫蛀木雕“蓬莱山”

其下由灵龟所驮负。原书图片系岩波书店提供，另参见 149 页注④。

的中国圣母也具有呼风唤雨的职司，她就是天后圣母（Thiên Hậu Thánh Mẫu，译者按：即湄洲妈祖）。顺化有一座主奉妈祖（也包括其他神明）的庙宇［位于嘉会（Gia Hoi）街］，此庙原是为纪念暴风雨中所溺亡的 50 位中国人所建。一如其他所有奉祀圣母的庙宇（她们的具体名号无关紧要），该庙楹联的内容包含了母仪、女性神力等“坤”的元素，以及植物生长的力量（“英灵”），以及长寿。[1] 在神台中央第一块神位前，安

① 关于所有的文字表达，参见第一章案例 5。以下对联见于神台两侧：母仪有则，千秋神威定宝地；坤德普遍，万年英灵荣南土。

有一块用红布缠裹的大镜子；一块安设于镜前的沉香山子倒映于其中[①]。

我们以上所回顾的一组民间传说与古代中国和安南—占城之间的珍贵香木贸易有着密切的关联，这种贸易极易受到海上气候变化（暴风雨、风暴）的影响。由水流侵蚀所造就的天然沉香木山子似乎是那些置于盆中且生有植物的小山的前身。我们已经看到，最早有关山岳的微缩表现可追溯至秦汉时期的博山炉（秦时曾于安南中部设象林县；博山炉参见第一章）。在这一时期，人们对入海寻求奇珍异宝产生了兴趣，而海上仙岛作为目的地，则正是这些微缩景观所再现的对象。此外，这些对于仙岛的再现多以沉香木制成，而沉香木本身亦可置于香炉中熏点。

在中国，道士群体直接促成了仙岛传说的流行。他们保存并传承了一种以女性元素占主导的古老民间信仰，文人阶层男本位道德的胜利并未将其扼杀。这一宗教主要源自中国南方之楚国。我们知道，楚地以对于女巫、降神之舞以及熏香的重视而著称[②]。几乎所有对中国南方及安南的中文记载都重点提及其

① 红布这一细节不可忽视。婆僮将其戴在头上，摩伊圣人的雕像上也盖有红布。天后圣母之神力起于一件颇为灵妙之事，按《天后圣母圣迹图志》云："后年十六时，与诸女游照古井，忽现神人捧铜符一双，上有仙官拥护。群女骇奔，后受之不疑，自此法力玄通，常得神游方外。"(《天后圣母圣迹图志》卷一，广东版，第30a、3.9b）我们已经看到了井、镜、少女之间的关联（见134页注④）此外，我们上文中也在河内宝光灵祠的对联中看到了天后，而该庙的庭院中央也正有一座山石盆景（第一章案例5）。

② 在中国，带有香气的熏蒸具有性的寓意。皇后所居之"椒房"一词暗示了生育力。在其他地方，对于香气以及有兴奋作用精华的摄取在道教中一直有着重要作用（参见《楚辞》）。

巫术与淫祀[①]。（北方的萨满同样很重要，但我们对其与古代中国的关联一无所知。）

人们可能很希望将这些庙宇中所展现的女性主导地位与有关古代占城文明的记忆遗存进行关联，因其具有很多女权制的特征。[②]但我们也有同样多的理由考虑其在古代中国的来源。正如我们所看到的，这些特征在古代中国同样明显。[③]

不过，我们现在要回到对于场所的讨论中来。天依阿那、柳杏、天后，或是其他众多的夫人或圣母，她们是这些场所的主宰，无论这些场所是与自然地貌相等大，还是缩小至庙宇及其庭院之中，或是与树、石相伴的神亭，又或是水池盆景，甚至是拳石或沉香木山子等更小的形式。这些女神代表着母仪及

---

① 参见《岭南丛书》（卷廿三）。“淫”字在《乌州近录》中被用以描述并污化有关“四位圣母”的信俗（见上文，134 页注④）。有关“淫祀”，有关古树、市集相遇以及召神的讨论，参见 R.A.Stein 1979。

② 根据中国古代文献，占族文明非常重视女性以及由母胎所建立的关系（参见 G. Maspero 1928: 19）。也可参见《大南一统志》（卷十二“平顺”，第 9ab 页），其云：“婚嫁，则以女取男，生下子女皆从母属，盖以女为内，以男为外也。惟‘春会’春光‘遵教’三社村，男用汉服，女用土服。”

③ 两个主要的占族部落将他们的历史追溯至槟榔和椰子树，并因其而命名。与此同时，他们也十分重视母亲（G. Maspero 1928: 18）。我们还知道中国古代有一个与兰花有关的类似例子。兰（即郑穆公）因其母梦受兰花而感孕。译者按，《史记 · 郑世家》云：“二十四年，文公之贱妾曰燕姞，梦天与之兰，曰：‘余为伯鯈。余，尔祖也。以是为而子，兰有国香。’以梦告文公，文公幸之，而予之草兰为符。遂生子，名曰兰。”关于在社会基层群众及农民群体中盆景（生有矮小植物的山石及水池）与女性生活的紧密关联，请参见 G. Maspero 1928: 27。［关于以女性，尤其以母亲为主导的半哲学半神话叙述，我们必须考虑到公元前 4 世纪、前 3 世纪的早期道家著作中用于描述“道”的诸多形象与象征（《老子》《庄子》）。“道”即是母，“是谓玄牝。玄牝之门，是谓天地根。绵绵若存，用之不勤”。修道者为了融入大道，则需要持守于“阴”。关于这些概念与形象，参见 Schipper 1982: 162, 164-165, 168-169。关于造化天地之母，参见 Anna Seidel（索安）1982。］

大地坤德之力，使“英灵”之力（puissance végétative，生长的力量）得以生生不息。宝光灵祠（见第一章案例 5）就是这样一处重要且典型的案例。这是一处邻近河流且包含古树、小山石的场所，人们于此敬礼“万古英灵仙圣女”，她是母仪与坤德的具体显现，其恩慈“惠泽”众生。

世代子孙生活在这一处舟车云集之所，为了延续其社会生活，他们维系着神明的香火（“亿年香火国家封”），并仰赖这一方水土所禀赋的世外神异品质（“桃源流水真仙界”）[1]。

〔锺〕

继续举例将十分乏味，因为类似者实属众多。这一切都回到同一个主题：一种永恒存在的力量，尽管它可以追溯到一万甚至几百万年前，但依然存在；雨与水（生产力）；子孙圣母、奶母娘娘、送子娘娘（生育力）；[2] 福地、桃源，不竭的泉水（丰裕角）；老树、古石（长寿）；山中精华、香水、主管草药的摩伊圣人（健康、治疗、性能力）。[3]

因此，“英灵”（生长之力，puissance végétative）与“显赫”

---

① 译者按：在此段中，作者尝试利用祠庙中楹联牌匾之文意来说明该处香火崇拜的本质。

② 参见第一章里关于中国张良庙与二郎庙的描述（Boerschmann 1914）。一处越南案例："Hòa Cảnh Am"（译者按：根据音译约为“和景庵”），一处婆僮供奉“四府会同列位”的庙宇，其庭院中布设有一处盆景与一处代表水界的池塘，池中设有诸位圣母的造像、神位、四位摩伊女神“姑娘”（Cô Nương）的造像，以及其他物品（如珍珠项链、两只小公鸡、小玩具、金手镯、小镜子、笙以及琵琶）。凡妇女有生产困难皆向四位圣母祈祷顺产。

③ 几则较好的案例可参见 Sallet 1924: 13, 14, 15, 102。这部著作给出了几处洞穴圣地的描述。

（éclat manifeste，显明的光辉）这两个非常概括的表达被与一个更为具体的形象结合到了一起。这一形象将结束我们此前一大圈的总览，并将我们带回到起点。这就是“锺”的形象（vase，酒器、杯子、量杯，聚合），一直以来，这个字常与我们所关注的神亭中的“鐘”（cloche，译者按：打击乐器）相混淆[①]。

按《大南一统志》的论述，顺化地区的天授山（Thiên Thụ Sơn）乃是“国家亿万年钟祥福地者也”。[②]在同一地区，弘福村被论为“弘福祇园，钟无穷之福”[③]。川圹（Xieng Khouang）乡一座名为“圣母灵祠”（Thánh Mẫu Linh Từ）的小庙有联曰：“光岳千秋钟秀气；名蓝万古贡嘉祥。”[④]又曰：“灵（植物生长力）钟河岳天生圣，花草妆成宇宙春；气旺虹霓地有神，楼台增彩江山色。”这座庙宇后部的建筑上安有一水瓶，被彩绘瓷片所制幡旗所环绕。

到此，我们已经没有必要再增加更多案例了。树液的上升

---

① 译者按：此两字在简化汉字中皆写作“钟”，下文除非特别注明，皆将“锺”作“钟”。

② 《大南一统志》卷上“承天”，第21a页。福地共有七十二处，与三十六洞天对应，也是神仙居所。可参见本章中“世外天地”一节。

③ 《乌州近录》，第53a页。

④ ［这种表述暗示了土地的神圣或超自然力量，或一种“造化”（natura naturans，与神无关）。（译者按：法文原文“与神无关”之“神”为首字母大写之“Dieu”，即犹太—基督教传统中创造世界的“神”，或被翻译为“上帝”“上主”，并等同于“耶和华”。）杜甫（8世纪）在其赞颂一座灵山的诗中写道：“造化（创造力）钟（汇集，如入酒杯之中）神秀，阴阳（山之南北面）割昏晓”（《唐诗三百首新注》，第10页）。这一主题也见于越南一处洞穴（壶天）的对联之中，其曰：“谓钟山川奇秀者，地之气也；补造化之不足者，人之力也。”这一洞穴经过人工修整，其平地中有“石山如花绽放”，这使其成为一处名胜。“上下有洞，中藏仙迹，宛然别一壶天世界。”其后洞穴年久失修，人们便又“重整这一福地”（《山西省专刊》，*Monographie de la Province de Sơn Tây*，下集，第25ab页）。关于“创造力”的表述，见120页注②。］

动力，与仙境相似的福地（包含了山与水、树与石）中的繁茂植被——所有关于生产力、能量与持续力的主题，都与水瓶、壶、盛有不竭美酒的“锺”（亦写作“鐘”）以及圣母相伴相随[①]。因此，我们也许可以将壶中的世外天地与柳杏、天依的故事、壶或玉盏、镜与井的故事都联系到一起。

镜子是女性的标志，与婚姻的忠贞以及月相周期紧密相关（与此同时，月亮也是一位女性）。[②]镜也即井，女人只需要通过它观看自己的倒影便能受感而孕。丹家黄白之术的典籍也已经向我们展示了井与胞胎的宗教特质（参见109页注②）。因此，很明显，我们所讨论的场所必然都与女神相关。

神木与灵石，健康与长寿

〔钟乳石〕

从古至今，各类文本都交替地使用“锺”（酒器）与“鐘”

① 我们应注意，观音手中所持便是盛有“甘露”的长颈净瓶。河内光明寺内的观音也手持相同的净瓶，并陪侍于西王母之一侧。“钟”（乐器）的形象强调了一处独立、封闭且全形的宇宙。在日语中，也存在着具有中国意象的表达方式，其意可解释为“汇聚宇宙之钟”（cloche renfermant un univers）。这一表达现在用以描述一个封闭的经济领域。我们应注意，这一形象也使人联想到“房屋”与“帐篷”（八维、八纮，意为八条绳索）。此外，“八纮”这一表达也有世界、天地之意（风气之处）。译者按，《淮南子・地形训》曰：“九州岛之外，乃有八殥……八殥之外，而有八纮……凡八纮之气，是出寒暑，以合八正，必以风雨。”

② 月中之神嫦娥曾偷取了长生之药。此药于月中臼内捣成，此外，月中还有一桂树。香木、香水、草药以及长生之药、长生之酒等物品悉皆储存于状若葫芦的壶中。瓠即井，抟炼长生药之丹井则为一子宫，人们于子宫中（一如从井中）汲取“太阴之精”，而“太阴”也正是月亮之名。

（乐器）二字来表示大自然中所蕴藏的生长力量（puissance végétative）。[①] 在古代铜钟上，其细长的凸起物被称为“乳”，四面各有九枚，共成三十六枚，与洞天之数相同[②]。而所谓的“石钟乳”或“钟乳”，皆为钟乳石（stalactite）之意（见图38—图40）。（此外，“stalagmite”被称为“石笋”。越南语中亦称此类物品为“vú đá”，意即“石乳”。）

《乌州近录》记载了新平（Tân Bình）的一处福（phú）地，并称该处所“锺”之“灵力”（puissance végétative，生长之力）与“毓气”（nourriciers）皆源出石笋之中，而未提及钟乳石。[③] 不过，钟乳石的确也含有滋养之力，[④] 我们在一些洞穴（即仙人所居之洞天）中也发现有石人与石笋，类似于古代帝王求仙所饮的天钟之乳，即钟乳石（见上文“金华洞天”）。[⑤]

---

① 此两字的古代发音是一样的。[在一些情况下，这两个同音字所指的含义是单一且相同的对象（参见刘节:《驫氏编钟考》,《国立北平书馆馆刊》1931 年第 5 卷第 6 期，第 37 页）。]

② 见《周礼 · 考工记》，毕瓯（Édouard Biot）译本，第 2 册，第 419 页，注 2。

③ 《乌州近录》:“千年绥禄，鍾灵盖自于慈昙；十室安全，毓气都从于石笋。”(《乌州近录》,“新平府”，第 45b—46a 页)

④ 《种树书》(“Yuan Yu che Tsong pen”本）云:“凿果树，纳少钟乳粉，则子多且美。又树老以钟乳末和泥，于根上揭去皮，抹之，复茂。”（译者按：参见当代重印本明俞宗本《种树书》，北京：农业出版社，1962，第 56 页）

⑤ 这是一个复杂的问题，葛兰言已对其进行过讨论，但更详细的处理则见于他的“Le roi boit”之中（参见正文 8 页注 ②）。我们已经知道古代中国的“天”是男性化的，这一事实乍一看似乎与我们所观察到的女性占主导地位的哺育等主题相矛盾，但在古代中国，父亲需将子女抱于胸前养育（见葛兰言之研究），这正是对母亲之替代。此外，按《后汉书》所云，和熹邓皇后“尝梦扪天，荡荡正青，若有钟乳状，乃仰嗽饮之”（译者按:《后汉书 · 皇后纪上》)。[日本一幅 19 世纪版画描绘了富士山的一处洞穴（见图 39），朝圣者们正在吮吸钟乳石，其中十分逼真地描绘了石质的乳头或乳房的形象。这种洞穴圣地被称作“胎内”。参见 Starr 1924 : 52-53。有关洞穴作为子宫的完整研究，请参阅 R.A.Stein 1988。]

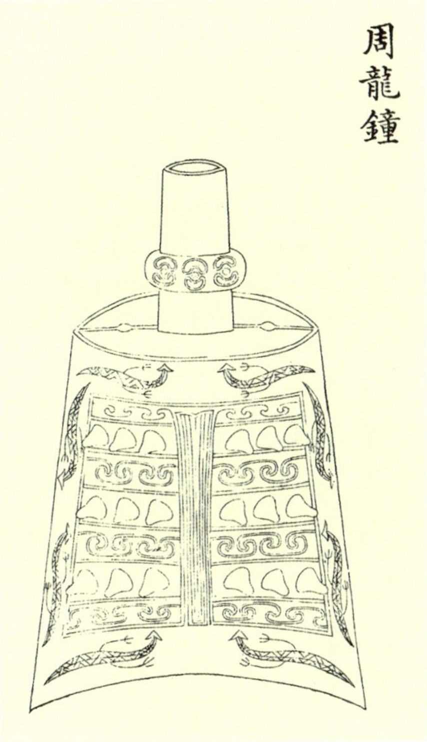

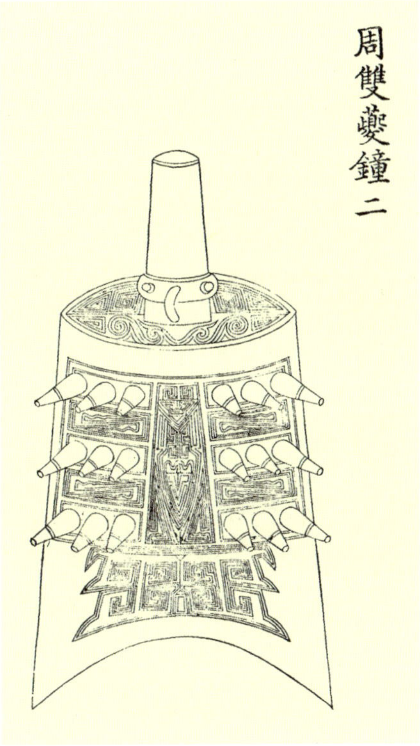

图 38 宋人所绘周代（约公元前 1000 年至前 400 年）古钟图示

来源：《宣和博古图录》卷二十三，明万历十六年泊如斋刊本。

与壶天一类场所相同，这些洞穴也与饮酒的考验相关。壶天内饮之不竭的酒水一如其他场所中取之不尽的滋养之液，如越南新平的石笋饱含滋养之“毓气”；而位于汉中紫柏山的双泉洞（该山第五十八洞）则留有题字曰“桃源故处”[①]。

① 鲍希曼写道：“此处是过往的仙境”（Hier ist das Urparadis，Boerschmann 1914: 119）。见 Sallet 1924: 102。

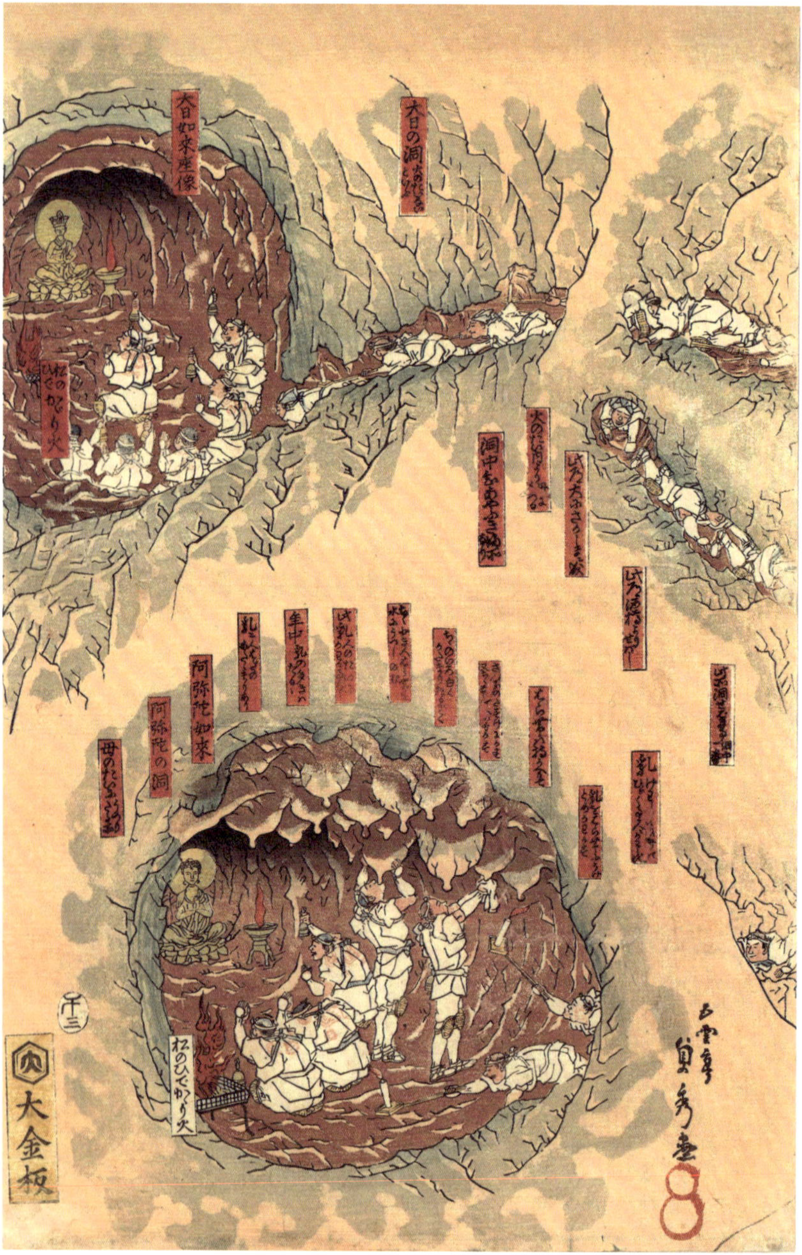

图 39 歌川贞秀《富士山体内巡之图》(局部)

1858 年，木刻版画，日本都留文科大学附属图书馆藏。

图 40 歌川贞秀《富士山体内巡之图》（局部）

1858 年，木刻版画，日本都留文科大学附属图书馆藏，参见 156 页注⑤。[1]

① 图 39、图 40 对应的原书图像来自私人收藏。

因为钟乳石与石笋（以及其他倒挂生长的石头）能使人联想起各类滋养力，由此被普遍用作盆景中之假山。[1]而这些盆景最为特殊的用途便是收集清晨的露水（见上文）。按《云林石谱》所载，曾有一名僧人购得一块“临安石”，“其石置方廨中，四面嵌空崄怪，洞穴委曲。于石罅间植枇杷一株，颇年远，岩窦中尝有露珠凝滴，谓为瑰石”[2]。

但需注意的是，露水实际是仙人及修仙道士的饮品。将露水收集之“盆”（微缩景观亦谓之“盆景”）无异于自月中引（露）水的“方诸神镜”。虽被文人嗤之以鼻，但大众（俗）仍将此种神异的饮品与西王母（诸圣母之一）仙桃上的露水，以及菖蒲上的露水关联到一起，而菖蒲也同样具有神异的品质。[3]

〔石为木胎〕

因此，我们又一次在山石中见到了“饮品”（boisson）与“草药精华”（essences médicinales）的主题，它们是令所有全形场所成为一处世外天地的必要元素，其中当然也包括了山

① 《云林石谱》（卷下，第 13b 页）：“钟乳。又婺州金华县智者三洞产石，晚岩如雪，间有悬石如钟乳，色灰白嵌空。予顷于洞上获一石，大如拳，高数寸，若二龙交尾缠绕，鳞鬣爪甲悉备，中有数窍，因植溪荪……”（参见 Schafer 1961: 99）。（译者按：溪荪即菖蒲之别名）

② 《云林石谱》卷上，第 6a 页。

③ 参见正文 47 页注 ①。元代吴莱《南海古迹记》云：“白云山，在番禺东……溪涧中产菖蒲，一寸九节，食之仙。”（《说郛》本，第 2b 页；另参见《南方草木状》，第 4a 页）。［译者按，《南方草木状》（卷上）云：“菖蒲，番禺东有涧，涧中生菖蒲，皆一寸九节，安期生采服仙去，但留玉舄焉。”］《辞源》解释说，菖蒲可以延年，其根可入药。《岁时杂记》提及端午节（五月初五）正午，会以菖蒲编成绳索或制酒。安南地区也会在这一时节期间采集草药。（《岁时杂记》，《岁时广记》本，卷二十一，第 8a 页）

石。这些饮品的特质在于赋予人类以持续健康与长寿的能量。而山石本身也具有这些特质，尤其当它们与植物有某种共生关系（symbiose）时。山石的喜好者将其安于盆内，置于家中，蕴藏于石中的生命特质由此得以传递于人。据一份日本古籍的记载，洛阳曾有一位藏家拥有一块“快石”：

看此快石，清以盆水，布以白沙，其横径寸者三尺，其竖尺者七寸……其四面也，秀色青青……加之涧壑，有一株青松，四时不变色，与石相映……古曰：视其所好，知其人，宜哉者老人。清姿秀骨而不凡者，石之体也；德重一世而不动者，石之性也；勤咏倭而不怠者，石之文也；长富春秋而不崩者，石之寿也。然则，老人即石，石即老人。[1]

如果山石具有长寿的禀赋，那么石上所生之松便也同样具有这一异质。松与石同质，且密不分离。[我们已经看到，石与木没有本质上的区别：木可化为石（沉香木），石则如木一般从土中生出。]《黄山松石谱》“破石松”曰：

松根植石底，枝铺石巅，盖荫亩许，游者见盖不见干，谓松以石为干，不知干固藏石腹也。松干壮茁，石不任受，裂缝一线，盘抱如故，若母怀子……按《博物志》，松本石气，[2] 石

① 《续群书类从》，卷五百三十三，第973页，其中的诗序作于庆长六年（1601年）。
② 《博物志》，成书于晋，我在《汉魏丛书》版本中未能找到这段引文。

裂受沙，即产松。松三千年更化为石。[①]

又“扰龙松”曰：“凌空飞舞，若龙爪搏击；此松破石以孕身。”[②]

这种将山石视为胞胎的概念并不仅仅是一种文人的想象，同时出现在从古至今越南与中国的各类民间传说中。郃阳夫人的胎中之子（与其兄交合所得）最终化为了石头（参见134页注④；在其他地方，这一胎儿是一颗珍珠，甚至是一块璞玉）。一些外来的船夫曾尝试劈石而取其子（fruit）。大禹的儿子启便自石中所生：“涂山氏……见禹方作熊，惭而去，至嵩高山下化为石，方生启。禹曰：‘归我子。’石破北方而启生。”[③]

松树与长寿紧密关联，不仅因其常青之针叶、松果与松膏（即松脂，同理，液化之玉也被称为“玉膏”），更因其在千年生长之中的转化（transformation）。按《续群书类从》曰：

（盆松）其灵药也。姚合上高枝，采松花服之。《淮南子》曰：“千年之松，下有茯苓，上有兔丝。”……苏东坡少年日，

① 〔清〕闵麟嗣：《黄山松石谱》，《昭代丛书》本，第2b页。

② 《黄山松石谱》，第1a页。译者按：“此松破石以孕身”一句似非出自《昭代丛书》本《黄山松石谱》。按清康熙十八年《黄山志定本》曰：“散花坞中突兀一峰，下临无际，一松破石以孕身。”

③ 参见Granet 1926: 563。此即嵩山之启母石，其上多“䔄草”及美石（Granet 1926: 563注1）。“䔄草”植物具有神奇的品质，并与一系列其他物品的关系十分混乱，但其确实与“水玉”、赤松子以及长生仙药有关 (Granet 1926: 518注1)。译者按：“启母石”原文译自《汉书·武帝纪》；“䔄草”美石之说出自《山海经·中次七经》之“泰室之山”，按其所言，䔄草“服之不昧”。

种松于东冈，欲食其膏[①]……其变化也，古松之精，化为青牛，为伏龟，为琥珀，为苍石。[②]

松树与其石胎相结合，由此得以长寿并具有药性及异质，并最终衍化为“精”（essence），“精”字后来则用以表示“灵”（esprit）或“妖”（lutin）。在这里，松树的转化与其他老旧之物、废弃之物的转化相似。禄是遒曾就此论道：“有一种关于大树的迷信崇拜，这些大树拥有雄奇的枝干以及极长的树龄。随着年龄的增长，它们便转化成了‘灵’［充满灵力］……在中国，任何古旧之物，无论是否具有生命力，都会随着其年龄的增长而升格成为‘灵’，即使是一尊雕像、一块石头，或是一块金属。”[③]在越南也是如此，前一年的炉床砖、不再使用的石盆、破碎无法使用的砖瓦、玻璃碎片、瓶与碗，都放在古老的神树脚下，或靠近灵石、石碑及屏风附

---

① “松脂”防风御湿，中和毒性，并除杀蠕虫。它使皮肤生长并止痛。方士以其延年益寿（《本草备要》卷二）。

② 《续群书类从》（第553章，第976—977页）关于盆栽小松树之条目。［所引《淮南子》之记载亦见于《史记》（卷一百二十八，第2a页），其中的“茯苓”以谐音字写出，意为“潜伏之灵力”。其云：“伏灵者，千岁松根也，食之不死。”据《博物志》卷四引《神仙传》云：“松柏脂入地千年化为茯苓，茯苓化为琥珀。”］

《述异记》（卷上）云：“千年木精为青牛。”又《嵩高山记》云：“有大松树，或百岁，或千岁，其精变为青牛，或为伏龟，采其实得长生”（引自《辞海》）。能化为牛者，并非仅有松树。按《史记·秦本纪》之“正义”引《录异传》云：“秦文公时，雍南山有大梓树，文公伐之，辄有大风雨，树生合不断。时有一人病，夜往山中，闻有鬼语树神曰：‘秦若使人被发，以朱丝绕树伐汝，汝得不困耶？’树神无言。明日，病人语闻，公如其言伐，树断，中有一青牛出，走入丰水中。其后牛出丰水中，使骑击之，不胜。有骑堕地复上，发解，牛畏之，入不出，故置髦头。”

③ Doré 1911-1938: 2, 477.

近，或放在盆景中。所有的这些物件都具有“古精”的性质。经过千年的时间，血精可化为宝石，松精则可化为琥珀、绿石、青牛或卧龟。[1]“精”的含义可理解为物质在经过提炼之后所产生的精华。“精”可以是白米、烧酒，以及经过锻炼的金属。“精”在男人身中则为精子（sperme），与“魄”（« âme» végétative，具有生长力之魂）相合[2]，经过炼化与提纯之后则可结为长生之仙胎。因此，古物之所以特别乃是因其自身的特质得到了浓缩，且其凡质得以被转化为充足、珍贵且具有药性的异质（propriétés efficientes）。老树与古石为庙宇院落赋予了特征，这些场所乃是人们祈求康复、健康、长寿与子孙繁茂的所在，而这些祈求也正是远东地区民众最为突出的生活愿望。正如我们在第一章中所见，“古树”一词也用以指代盆景中形体扭曲、奇特的矮化树木。而在我们此前所讨论的庙宇中，盆景也被用于表现那些掌管山中草药之精、沉香木以及宝石的摩伊神灵的高栖之所。在自己的家中构筑、栽种这样的一处盆景，则可延年益寿，并使肌肤光鲜紧实，充满活力，一如我们在本章开篇所见（第二章开

① 这些动物或为石或为金属。按《皇越舆地志》（卷一，第20b页）所载：“高骈……当对山南烂柯山龙脊有金牛，自山谷中逸出，隐于湖中，遂为千古灵迹。”古物之“精”常以动物之形式变化，与石或金属所表现的动物形象之间有着密切的关系（这种关联可以很好地解释藏家对古董之痴迷）。其中一则趣事见于《岭表录异》（收入《说郛》，第1b页），其云：“有乡墅小儿，因牧牛闻田中有蛤鸣（原注：蛤即虾蟆），牧童遂捕之。蛤跃入一穴，遂掘之深大，即蛮酋冢也。蛤乃无踪，穴中得一铜鼓，其色翠绿，土蚀数处损阙（可见极为古老），其上隐起，多铸蛙黾之状。疑其鸣蛤即鼓精也。”

② 见《本草纲目》。

篇所言之高室氏老人）。

〔枝干盘桓〕

在越南，树精是一种蓬头散发的女性精灵，而这也是中国女巫的特征之一。[1]实际上，蓬发的主题与草木植被有着密切的关系。杨界右注《幼学故事寻源》曰："凡草木倒生，禽兽横生，惟人顺生，故人无不知，草木无知，禽兽有知而不全。"[2]按其所言，植物的头与发位于底部（也即其根）因此造成了它们在智识上的缺失。此外，植物乃是土地之"毛"[3]，或者山之"发"[4]。但在这里，"倒置"（renversement）的主题更为主要。事实上，每一则对于神异灵秀场所的描述不仅都会提及倒生的植物，更会点明倒生的山石（见上文）。[5]这一主

---

① 这也是中国文献中经常提到的一个特征，特别是吴越之"巫"（蓬发）。《仁恕堂笔记》中记载了一则与此类女性有关，且具有代表性的记载，其曰："雷击一枯树。雷斧才下，枯树中辄跃出一妇人，红衫披发，若与雷相搏状。旋击旋起，四五不得中。射弩者视树中妇人跃出，从旁发一矢，中要害，妇人遂不复起。雷火旋烧树，灰尽乃息"（〔清〕黎士宏：《仁恕堂笔记》，《昭代丛书》本己集卷二十五，第16b—17a页）。

② 〔明〕邱浚：《幼学故事寻源》（杨界右注，天宝楼本，卷六）。关于植物乃是生物但无意识的记载，已见于晋崔豹之《古今注》（《汉魏丛书》本）。其曰："牛亨问曰：'草木生类乎？'答曰：'生类也。'又曰：'有识乎？'答曰：'无识也。'又曰：'无识宁得为生类也？'答曰：'物有生而有识者，有生而无识者，有不生而有识者，有不生而无识者。夫生而有识者，虫类也；生而无识者，草木也；不生而无识者，水土也；不生而有识者，鬼神也。'"

③ 唐代成玄英注《庄子·逍遥游》之"穷发"曰："地以草为毛发，北方寒沍之地，草木不生，故名穷发，所谓不毛之地。"《庄子》，理雅各（James Legge）译本，第1册，第167页。另参见《列子》第2章。

④ 译者按：另可参见北宋陈景元《南华真经章句音义疏》卷一。其云："穷发。崔云，'北方无毛地也，山以草木为发'。"

⑤ 另见《黄山松石谱》（第2b页）云："倒挂松……苍虬逆悬，根怒生如发……实历亿万年而葱翠之色自若"。

题显然与中国人一直关注的树液、气血（sève）[1]循环问题有关。[2]道士们通过在导引中模仿动物或植物，从而达到一种无意识的、天然的生命状态，这就是自然其本身的状态。他们将自己倒立悬挂如同倒生之树，以此使精液返还大脑。[3]相似地，人们也通过扭曲树干而使得其变得苍老且低矮，这是一种用来减缓树液流动并延长其循环路径的技术，一如修习导引的道士[4]。

道士们盘桓其身，引颈舒肢，倒立而悬（见图41）[5]。为了达到自然的状态，他们首先要对自身施加人为的形变。同理，矮化植物的栽培也是通过人为干预来实现一种对于自然状态的

① 译者按：sève 在法文中有树液与气血（力量）的双重含义，很明显，石泰安先生在此处的法文写作中巧妙地利用了这一双关语，将植物与生物体内能量的循环相互贯通。另可参见下一条注及 166 页注 ⑤。

② 在冬季节日的考验中（葛兰言计划在“Le roi boit”中对其进行详细讨论；见正文 8 页注 ②），毫无疑问，“君王单足跳跃，如树桩一般寂然不动，静候能量之上升”（Granet 1950: 320）。（译者按，葛兰言原文曰：le Chef, piétinant à cloche-pied ou immobile comme une souche, attendait et provoquit la montée de la sève。）

③ 《后汉书 · 方术列传下》云：“或饮小便，或自倒悬，爱啬精气，不极视大言。”

④ 著名的道家神仙之一名为赤松子。一如上文所述之松树，人们通过将自身倒挂变得红若丹砂，而丹砂则为长生之药。此外，人身中所结就的大丹乃是通过炼精之术而获得。又见《述异记》云：“……山洞往往有乳窟，窟中多玉泉交流。中有白蝙蝠，大如鸦。按仙经云：‘蝙蝠一名仙鼠，千载之后，体白如银。栖则倒悬。盖饮乳水而长生也。’”又按《中华古今注》云：“蝙蝠一名仙鼠，一名飞鼠，五百岁色白脑重，集物则头垂，故谓为倒挂蝙蝠，食之神仙。”

⑤ 案例可参见 H. Maspero 1937。这些模仿动物动作的方技不仅涉及呼吸，而且还涉及性行为（见《素女经》）。将树液与男性精液联系在一起并不是我的发明的，在一则“蛮人”起源的传说中，一个细节清楚地表明了这一点。其中，人祖兄妹从一南瓜中诞生（见前文关于壶天的讨论），他们为了避免乱伦而分睡河岸的两侧。随后，他们的胸口各自生出一棵树，并在河面上交织到一起，女方由此受孕（Bonifacy 1908: 51）。

图 41 道教导引修炼之法

来源：《钟离八段锦》，《正统道藏》涵芬楼影印本，哈佛燕京学社《道藏子目引得》第 263 号卷十九。

表现。[1]道士通过模仿鹤与熊、伸展四肢、控制呼吸等方式而达到延年益寿的目的。[2]通过扭曲矮化树木的枝杈，树液循环的路径得以增长，从而形成“古树”。一些扭曲且矮小的树木形似跳舞的人物，如我们此前所提到的泰国案例便是此种情况（正文9页注③；称为mai khèn），其枝干之形态状若舞姿（见图5）。“偃”字常用于表示扭曲的矮树，意为向后弯曲以仰望天空。[3]同样，该字也指一种舞蹈姿态[4]，还指“巫师”、矮人及方士的残缺之形。在《列子》的记载中，周穆王西巡，路遇一位掌握幻术的工匠向他呈进了能如真人一般歌唱、跳舞

---

① Rein（1889: 265）在矮化树木的栽培与其他人工整形技术间建立了一个发人深省的联系，他说：“中国女孩通过缠足使脚变形，远东的园丁们则通过将植物栽入小罐、频繁移植、限制养分与修剪枝叶等方式来限制植物的生长。”

② 以龟、舞鹤、女神及松树表达长生的关联可在日本能剧中找到明显的案例。其中一部由Gaston Renondeau所翻译的能剧《鹤龟》可资代表（Renondeau 1927: 5, 8, 9）。故事发生于“月宫殿”（长生之境）中，其布置采用蓬莱仙岛之意境。鹤与龟佩戴女人之面具上场，龟之袴裳上饰有松、梅。其唱辞云：“千年龟，万年鹤。若依千年之例，我等须采何物？姬小松！绿龟如松，且舞且游，丹顶之鹤，君寿千年……”（亀は万年の劫を経て、鶴も千代をや重ぬらん……千代の例の、数々に、何をか引かまし、姫小松、緑の亀も、舞ひ遊べば、丹頂の鶴も、一千年の、齢を君に、授け奉り……）［译者按：关于日文文本，可参见“能楽‘鶴亀’”http: //nohgakubu.maiougi.com/turukame.html（2023年2月15日访问）。申非将此段译为：“龟历万年劫，鹤享千年寿。往昔佳例万万千，岂有祯祥似当前。青松不老称少女，福如东海寿无边。丹顶鹤游绿龟舞，祝君高寿越千年。”参见申非《日本谣曲狂言选》，北京：人民文学出版社，1985，第16页］Renondeau的翻译注释提及，在日本新年元月中，人们前往郊野采移小松树，并移植于庭院之中。“他们认为松树的美德，尤其是长寿之德由此得以注入自己身中。”“姬小松”一词中，“姬”有女人之意，而“丹顶鹤”虽指白鹤，但尤其突出了“丹顶”，与丹砂之意相通。这些概念进行直译会更好地揭示文本在“舞龟”和人们所移栽之“小松”之间的联系。丹顶（丹砂、长生）可与我们之前遇到的赤松子相通（参见166页注④）。我在越南手稿中发现的盆景主题便是“神龟出岗”（见图7），其树枝犹若龟舞。此外，泰国的手绘中，也显示了盆景枝干的舞蹈形态（见图5）。

③《种树书》中可见一例，其云：“栽松时，去松中大根，唯留四旁须根，则无不偃盖。”（《种树书》，《说郛》本，第1b页）

④ 见《楚辞》，引自《辞海》。

的木偶人，此工匠名为“偃师”（意为向后弯曲的匠师[①]；“师”字也用于巫师）。盆景中的矮化树木常用以表现龙、龟、鹤的形象（或为树木自身，或与山石结合）。这些动物皆为“灵”（mana）兽，其中的鹤在起舞时伸引长颈；龟也常有伸缩脖颈的行为。也就是说，它们能够通过延伸呼吸路径来调整气息。盆景中的矮化树木也是如此，可以将呼吸替换以树液或“精”（quintessence, sperme）。它们都以这种方式来实现长寿。要想进入与世隔绝的壶中天地，人们必须蜷曲其身，“伛偻”地通过壶瓶细颈的窄门。“伛偻”是一个复合词，其归属以“kl”为首字母的语义群（série sémantique）[②]，一如“葫芦”“昆仑”等词（见本部分，114页注②及其所提到的文本）。此外，这一语义群还包含了以下的字、词：偻佝、佝偻、拘、钩、痀、痀偻、豿、句、跔、曲、屈、伛、妪、窟、岣嵝、高楼。

在道士或巫师的形象（矮小、畸形、跛足、扭曲、皱缩；舞者、偶人、附体）与受外力而长成奇特形态的植物之间，还可以做进一步相似性方面的探求。事实上，这与其说是一个相似性的问题，不如说是一个身份问题。

道士所持的手杖是其另一重自我（见图42—43）。费长房（本章已叙述了他的故事）以一根青竹杖替代自己的身形，由此向他的亲属隐瞒了入山修道之事[③]。以杖代形之法有多种，其一

---

① 《列子》，第5页。

② “伛”的音素是“k'iu”，该系列以古老的“**gləu”结尾（Boodberg 1937: 356）。

③ 《神仙传》卷五《壶公》。

图 42 李右常《香山九老图》（1810 年）局部之一

图中所绘之多节手杖上悬有一葫芦。私人收藏。

图 43 李右常《香山九老图》局部之二

三足蟾口中呼出长生仙气。私人收藏。

法“以‘录形灵丸’以合唾，涂所持杖，与之俱寝三日，则杖化为己形在被中”[1]。可资制作手杖之物“有方竹，上生九节，其祟不满七尺”[2]。与此对应，人身则有七窍或九窍[3]，而智者之心则有七孔。道士通过导引以打通身中关节，从而使其气脉畅通。而竹是植物中之君子，所谓“竹虚中劲节，清修有文”[4]。（译者按：作者突出了两者“节”的共性）此外，竹子也是长寿的象征，并具有驱邪之功用[5]。菖蒲也具有同样的品质（无论是九节菖蒲或是普通菖蒲；参见160页注③）。与此同时，竹与菖蒲也是盆景中最常种植于小石之上的植物。另一类典型的盆景植物是万岁藤，尤其适宜为老人制作手杖。[6]此类藤杖扭曲多节，是寿星[7]及其他道家仙人的标志（如八仙之一的铁拐李有一瘸腿；见图44[8]）。杖的一头通常悬以盛放草药的小瓠以及《五岳真形图》，此两者均为世外天地的微缩象征[9]。

我们在上文中所讨论的典型植物、山石，以及对其进行再

① 《无上秘要》（卷八七）；Lagerwey（劳格文）1981: 136。

② 《考槃余事》（《龙威秘书》本卷四，第25a页）称其“不满七尺”。《长物志》与此对应的文字云：“杖须长七尺余。”（《长物志》，《说库》本卷七，第6b页）。《十友图赞》（《说郛续》本）中提及有一“九节竹”，并指出九节之间并非等距。

③ 道家圣人常有九尺高（如天真皇人，见《广黄帝本行记》，《正统道藏》涵芬楼影印本，哈佛燕京学社《道藏子目引得》第290号，第5b页），或七尺高（如陶弘景，其传记可参见《梁书》卷五一及《南史》卷七六）。

④ 李少文注《幼学故事寻源》（卷六），“竹称君子”。

⑤ 参见第一章中所引屠隆之描述，亦参见Doré 1911–1938: 2.483。

⑥ 关于藤类在盆景中之应用，可参见第一章历史部分之讨论。关于以藤类制杖之记录，可参见《考槃余事》卷三“杖”条，及《长物志》卷七“杖”条。

⑦ Doré: 1911–1938：2. 图 278。

⑧ 并参见Doré 1911– 1938: 9.496, 514, 图 148。

⑨ 参见本章开头与《考槃余事》卷四，第25b页。

图 44 八仙之一的铁拐李

来源：明代洪应明《洪氏仙佛奇踪》木刻版画。

现的盆景，都通过弯曲多节的形态来彰显其神异、药用的品质，以及树龄之长寿。我们已经看到了松、竹、菖蒲、钟乳石及石笋。虽然不能穷尽，但我们还可以列举柏[1]桧、梓[2]、栗[3]、

① 清汪昂《本草备要》曰："性坚致，有脂而香。"其根形似坐人。斫之则渗血。此血使人得以在水上行走，并停于深渊底部，甚至使自己隐形，或治愈疾病（Chikashige 1936: 54–55）。

② 君王之棺以梓木制成；参见 186 页注 ④ 与注 ⑤。

③ 其果实为吉物，预兆多子多孙（Doré 1911–1938: 2.484）。

桃[①]、梅[②]以及杨柳[③]。

〔神树与场所〕

在盆景中选栽这些植物，是因为它们的灵秀之气以及草药异质能够赋予场所以灵力，还是说恰恰相反，是这些场所（人群聚会之处、节庆场所、圣地）的灵力使人们相信其中的植物与山石具有类似的特质？这前后两个问题其实都没有意义。毫无疑问，我们在讨论同一思想集合体的两个方面及其相互性。

但从这些场所来看，它们不外乎是封闭的圣域、仙人居所、丰裕角、葫芦，其中充满了草药、长生仙酒，以及促进生产、生育与生存的灵毓之气。在我们准备结束有关这些场所的讨论时，我们应指出，树木构成了一部分此类场所的典型特征，但其同时也在社坛与墓冢这两类重要场所中具有同等意义。

社坛由土台与树组成[④]，它将整个大地汇集于一处，因此

① 西王母之仙桃；神仙之树（赋予美肤色），具有驱邪的功能（《本草备要》卷十三引《本草纲目》；《种树书》第9a页；Doré 1911–1938: 2.477）。

② “令神骨具清”（《长物志》卷二，第2a页）。吉祥符，辟邪之护身符（Doré 1911–1938: 2.483）。

③ 具有驱邪之功能。将柳枝插在年轻人的头发中，可防止他们被变为黄狗。观音手持柳枝，由此遍洒净瓶中之圣水。巫师用其制作偶像以召唤死者（Doré 1911–1938: 2.483）。

④ 见 Chavannes 1910：附录“Le dieu du sol dans la Chine antique”；以及 Doré 1911–1938: 9.861ff.。对于中国古代文本的一般性讨论，参见汉代班固等撰写的《白虎通义·社稷》。

也属于阴性，或女性事物范畴[①]。（“社”字意为土地之神，与“土”是同源字。）但它也是不同社会单元（州、区、藩国）的活动中心与阶层组织。男性元素在这方面占有主导地位。越南的神树崇拜也有同样的区别：其中一小部分表现为男性之精，并依附于作为男性集会公屋之“亭”（Đình）。[②]葛兰言已在其著作中言明，以男性为主导的中国古代父权组织首先建立于城市与军营的封建贵族社会之中，而后又在城镇的资产阶级之中得到发展，最终占据了以女性为主导的农民社会，许多证据都表明了这一点。在越南，典型的有山有树的场所最常被作为供奉“诸位”（女性崇拜）及“三府”的圣所。在这些场所中，水池构成了第三种不可或缺的要素。[③]此外，社坛取代了房屋中心的“中霤”，也即屋顶天井正下方，上承雨水的集水坑，其同时也是家宅之神。[④]一如上古民居之中霤，社坛也暴露于雨雪霜露之中，天、地之气由此得以相互交接[⑤]。而这也正是盆景的特征（一如屠隆所言：“日则见天，夜则见露”）。社

① Chavannes 1910: 479，引自《礼记》（译者按：其文曰，“社祭土而主阴气也”）。以及《白虎通义》，引用于 Doré 1911–1938: 2.483–484。在古代，“社者众阴之主”，并用以祭祀山林、川泽、丘陵、坟衍与厚隰等五种地祇（〔清〕秦蕙田：《五礼通考》，引用于 Doré 1911–1938: 2.862–863）。

② Przyluski 1909: 757–764.

③ 三位主要的圣母是在东京地区的“上岸母”（Mẫu Thượng Ngàn），也即林野母（la Mère des forêts，但根据 Dumoutier 的研究，更准确的是“高山林野母”[Mère des Monts et Forêts]，参见《顺化词典》（*Dictionnaire de Hue*）之“ngàn”词条，以及 139 页注②），“水府母”（Mẫu Thuỷ Phủ）；以及“Đức Me Ca”（最老的），天、气之母（Mère de l'Air et du Ciel，Dumoutier 1908: 243）。汉武帝曾在池沼中央建立一圆形土台，专为祭祀地祇“后土”。（Doré 1911–1938: 2.870）

④ 《礼记·郊特牲》（译者按，其文曰：“家主中霤，而国主社。”），见本书第三部分。

⑤ 译者按：《礼记·郊特牲》云，“天子大社必受霜露风雨，以达天地之气也”。

坛还有祈雨的功能，按《春秋繁露》所言，旱季求雨，当“取五虾蟆，错置社之中”[①]。陶制的蟾蜍（虾蟆）亦常见于盆景之中，而雨水则由掌管盆中山水的圣母所赐降。此外，我们已经看到，婆僮庙宇附近必有神树，神树附近则必有盆景，而山石则是此类庙宇神树附近盆景中所常见的元素。同样，石块亦见于社坛之中，象征社神的小柱或者社神造像必须以石制成，这是因为石与土本同为一类[②]。

一如婆僮所礼敬的神树与盆景中的小树，社坛之树也必然极为老态、多节，且没有任何世俗功用。按《庄子·人间世》云：“匠石之齐……见栎社树……观者如市。”匠人对此视若无睹，继续前行，于是弟子问他，何以对此巨树视若无睹？其曰：“是不材之木也。无所可用，故能若是之寿。”[③]之后，社神出现在匠人梦中，提醒他那些堪用于营造之树都已被斫伐，其他树木也因为果实采摘而被折断枝干。[④]社坛之树扭曲多节，

---

① Chavannes 1910: 496.

② 沙畹引郑玄语，Chavannes 1910: 477。（译者按：《周礼·春官宗伯·小宗伯》曰，“若大师，则帅有司而立军社”；郑玄注云，“社之主，盖用石为之”；《通典》疏云，“以石为土类故也”。）

③《庄子》，戴遂良译本，第 239 页，D。[《南方草木状》中对于榕树的讨论与此主题十分相近，其曰：“烧之无焰，是不可以为薪也。以其不材，故能久而无伤。”（《南方草木状》卷中，第 1b 页）古老神树的香火在越南十分多见（与婆僮信仰相关；参见 Przyluski 1909: 757-764），中国亦是如此（见 Sekino 1948）。在归绥（位于绥远省；译者按：今内蒙古呼和浩特），我见到一块颂扬古柳香火的石碑。根据 Forke 1898: 36，此香火在山西与其他地方也广泛流传。《坚瓠余集》中也讲述了一棵松树的香火，其神名为“九姑”（清褚人获《坚瓠余集》卷四《林九姑》，第 7b 页）。我们还可以举出更多的例子。]

④ 译者按，《庄子》原文曰：“栎社见梦曰：‘女将恶乎比予哉？若将比予于文木邪？夫柤梨橘柚果蓏之属，实熟则剥，剥则辱，大枝折，小枝泄。此以其能苦其生者也，故不终其天年而中道夭，自掊击于世俗者也。’”

往往享有很高的树龄，这是因为相关的禁忌保护其免受斧斤之害。在越南，斫伐神树也被明令禁止，故其枝干也总能自然地生长出扭曲之态。我们应该记得，那些长时间浸泡在水、沙之中，因受侵蚀而奇形怪状的木头，它们也因此被选用于盆景之中而免遭破坏（见 71 页注③）。有用则为俗，无用则为圣。树木的寿命与其扭曲、结节、形变的程度相对应。这些特征也常见于庙宇的神树之中，而庙宇本身则代表了一处充满灵力的世外壶中天地；它们也见于盆景山石中所生之矮树以及社坛之上，而社坛也正是一处人群聚集、相会的场所。社坛常见之树有松、柏、梓、栗与槐，各主不同之方向，而这些也正是盆景中常见之树，且都具有长寿的属性。

以上这些也是墓冢封土所植树木的典型种类，它们依据等级而划分："天子……树以松；诸侯……树以柏；大夫……树以栾；士……树以槐；庶人……树以杨柳。"[①]

越南的一些重要墓冢场所由土丘、一棵古树或一片不可穿越的圣林组成。墓冢是一座山，是一座房屋，也是一重天地。我们知道秦始皇的墓室中描画有天地、山川与星辰，其中："明月珠为日月，水银为江海，金银为凫鹤，又刻玉石为松柏。"[②]壶天仙岛之中，亦生有琅玕草木，一如表现这些胜境的盆景（参见上文"玄解"之故事）。发掘于通沟（译者按：

---

① 《白虎通义·崩薨》，第 33b 页。注释中引用了另一份名录："天子树松，诸侯树柏，卿大夫树杨，士树榆，尊卑差也。"（《御览》引《礼统》）在其他文献中，梓木用以制作皇帝的棺木（《本草备要》卷十四）。

② 译者按：原文转译自《三辅故事》。

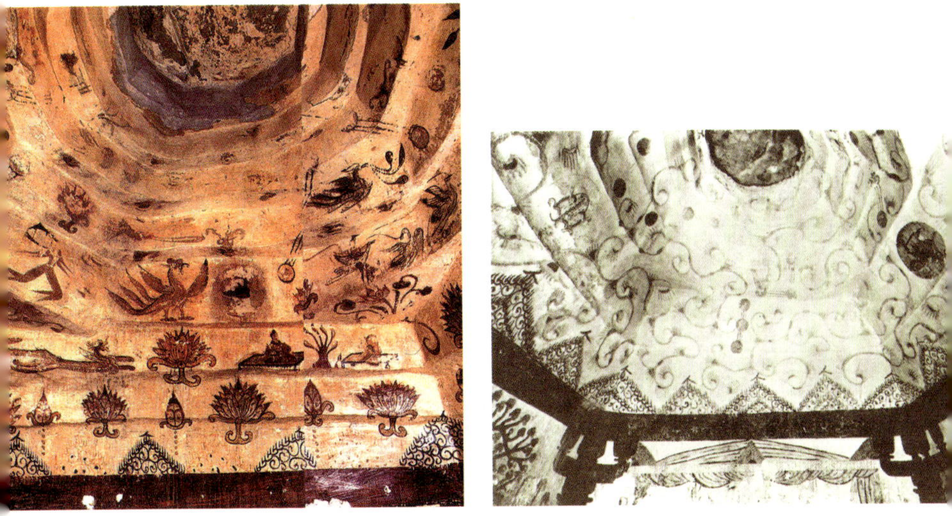

图 45 吉林省集安市通沟高句丽古墓群 5 世纪（？）墓葬之内景[②]

其墓室被描绘为带有穹顶及两柱的房屋。

位于今吉林省境内）的一座 5 世纪墓室表现了一座带有彩绘梁柱的房屋内部（见图 45）。它从外部观看是一座土丘，而内部则有一座绘有星辰、日月及动物、植物的穹顶。[①]

充满奇珍的场所、婆僮的庙宇、盆景、社坛，以及包含永葆青春与长寿想象的墓穴——所有这些场所都以土丘或山石，以及古老且奇形的树木为特征；并由此构成了远离尘世且封闭的天地（mondes clos à part）。[我们在此应当记住一个主要特

① 参见池内宏，梅原末治 1940：卷 2，图版 10，12，16，18，20 。[一座 4 世纪的墓葬的结构与房屋相同（立有石柱），但有一穹顶（由结构支撑）代表天穹（安岳郡，3 号墓；韩国中央历史博物馆 1979:7, 21）。位于西安附近女皇武则天侄子的墓葬（8 世纪）也是如此。]

② 徐光冀编：《中国出土壁画全集（第 8 卷）》，北京：科学出版社，2012：图 119（上图，舞俑墓），图 105（下图，角抵墓）。原图来源：池内宏 1936。

征。这些世外天地有时是自然的（洞穴），有时则为人造（房屋、墓室）。人造场所与自然场所相辅相成，且具有一些共同的特征，我们将在下文中继续讨论。］

退隐与回归，封闭容器中的生活

〔瓠、墓冢与住宅之平行关系〕

墓室之中亦含藏有一处仙境天地，并与其他仙境天地一样，可表现为瓠或窄口壶之形式。1938 年，日本考古学家梅原末治指导挖掘的一处朝鲜半岛古坟[①]可被视作此类完美的案例。据梅原氏称，这一古坟拥有一种非常特别的形式，其封土坐南朝北，北侧高隆而圆，南侧扁平而方[②]。他认为这种形式使人联想到前方后圆的日本古坟封土，而这是在朝鲜半岛发现的第一处案例。从这一墓葬中出土有六具陶瓮棺。其中五具由两瓮组成，一瓮之口卡于另一瓮之内，由此，其一瓮为棺身，另一瓮则为棺盖（见图 46[③]）。只有一棺（四号棺）在形式上与此不同，只由一瓮构成。在由两瓮组成的棺葬中，其中一瓮包容尸体之头，使其身体朝西安放，另一瓮则从尸体脚部嵌入前瓮开口之中。

---

① 梅原末治 1938。该地区的墓葬与公元 400 年左右占据朝鲜半岛西南海岸的百济古国有关。在这里我想讨论的是新村里 6 号墓（《罗州》；第 21—25 页，图版 17ff）（译者按：位于今韩国全罗南道）。我们此前已经知道，日本推古天皇（593—628 年在位）的盆景正是由百济所得来（参见上文）。

② 梅原末治 1938：38。

③ 参见梅原末治 1938：图版 17。

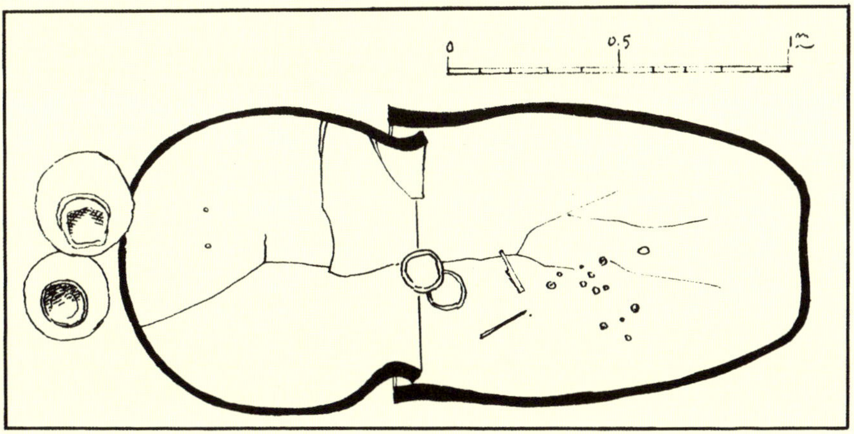

图 46 5 世纪朝鲜半岛双瓮式棺葬

如此，这便形成了一处与“圆头方底”封土相类同的空间形式，构成了逝者的一处世外天地。这一特别的形式再现了“壶”的形象，也即“瓠”。身体占据了两个元素，两瓮构成了一瓠。我们已经看到，瓮有时候会替代包含微缩天地的水盆或水池（见75 页注 ①），这一天地同时也是“瓠”或“壶”，再现了作为逝者与仙人居所的圣境昆仑（葫芦）。越南的许多墓冢都具有圆形或椭圆形的封土，似卵或似龟，周围环绕以长方形、圆形或方形的围墙，入口通常设于狭长甬道或窄口的一端。[①] 墓冢正面由一屏风（影壁）封罩，屏风处留有用过的炉砖与石盆、石块、陶片

① 参见 Cadière 1928: 图版 6, 9, 14, 16, 31, 35, 39, 41, 43, 45, 47。在顺化一婆僮小庙所存的占卜抄本中，墓冢以 Ω 表示。［另见 Colani 1940: 图版 128—130。中国南方也见有类似的墓冢（Boerschmann 1914）。最近在“Choyang-dong”的考古挖掘中发现了同样类型的儿童瓮棺，由两个瓮组成。这些底部带孔的瓮原本一定是厨具（用以蒸馏食物），而后才用作葬具。参见 *Revue de Corée* , 1982，14 (2): 43，以及照片 2、5，第 45—46 页。］

等，使其具有了神圣性。这种做法与住宅、庙宇相同，此三者都是与外部隔绝的居所、全形场所，其中包含着一种封闭，不容侵扰，且在封闭循环中得以持续的生活。

墓冢与住宅之间存在着一种平行关系。越南有一谚语云："生，依我宅；死［字面义为'老'］，依我冢。"① 住宅与墓冢往往彼此相邻，它们是自我封闭社会单元的具体表现，其中最小的单元为家庭，最大的单元通常是构成村庄的宗族②。和住宅一样，村庄的入口也同样受到保护，生活在这一封闭容器中进行③，一如家庭中之生活。越南人有俗谚云："噢，你！无论是雅是俗，毋使人侵入你的领地。令此永不发生，你便会大吉大利。"④ 亦有谚云："毋开门而使风得入。"⑤ 住宅也常由屏风所遮掩，一如包括了灵石与神树的墓冢、庙宇，以及含藏有井与屏风的仙境场所，它们与葫芦一样，都是一处封闭的世外天地⑥。

---

① "vivant on s'appuie sur sa maison, mort［litt. vieux］on s'appuie sur sa tombe." Craste 1939: 24.

② 见 de Groot 1892-1910: 2.363-394。

③ 译者按：石泰安先生此处所言的封闭的生活单元的观念根深蒂固，存在于各个方面之中，其中包括了文学作品。老舍先生在他的《四世同堂》中，将他自幼居住的北平小羊圈胡同（今小杨家胡同）比喻为一个葫芦。他写道："通到西大街去的是葫芦的嘴和脖子，很细很长，而且很脏。葫芦的嘴是那么窄小，人们若不留心细找，或向邮差打听，便很容易忽略过去……祁家的房便是在葫芦胸里……他爱这个地方。胡同口是那么狭窄不惹人注意，使他觉到安全；而葫芦胸里有六七家人家，又使他觉到温暖。"（老舍：《四世同堂》，北京：民主与建设出版社，2018，第 9 页）

④ 法文原文作：Ô vous! que vous soyez policé ou rustaud, ne laissez personne empiéter sur votre domaine，que jamais vela n'arrive et ce sera la chance pour vous。

⑤ Craste 1939: 24-25. 法文原文作：il ne faut pas ouvrir la porte pour laisser pénétrer le vent。不过，Craste (1939) 由此得出了我并不同意的结论。

⑥ 见本部分 109 页注②，以及 Chapuis 1937: 图版 2。

通往住宅的小路常被设计得曲折迂回，难以进入。[1]这种设计如同屏风一样，常被解释为辟邪之需。此说固有道理，但其消极的一面也对应了积极的一面。屏风既可辟斥不祥之物，也可遮掩其中的居住者，为其提供庇护。[2]由此，住宅承载着家庭单元，为居者遮风挡雨并与外界隔绝，这是一处在封闭循环中继续生活的隐居之所。住宅与逝者有着密切的共生关系，后者虽常被葬于墓中，但亦有葬于宅中之例[3]。

〔退隐与回归〕

葛兰言很早以前便言明了这一循环的设置逻辑：生者食谷，死为先祖，四代之后归于地下黄泉，保其稼穑以为子孙之所食。因此，这些社会单元（像我们此前所讨论的墓葬、盆景等封闭天地）亦表达了丰产、多子，以及氏族繁衍等观念，一如其他的圣地。生活在远离俗世的封闭天地之中，这种思想本身意味着一种生命力量。一处封闭场所也即一处全形场所。道士的个人生活便包含了这一概念。北齐刘昼《新论·韬光》论曰：[4]

---

① 死者的灵魂想要进入由西王母所掌管的昆仑仙居，就必须在河伯的引导下经过九曲黄泉（一如其他宗教中引领亡魂的冥府使者“psychopomp”）。

② “屏风所以障风，亦所以隔形。”（刘承干《南唐书补注》，引自《辞海》）。译者按：在法文中，“retraite”有庇护所与隐居所的双重含义。

③ Craste 1939: 26.

④ 《新论》应为北齐刘昼（550—577，译者按，又作 514—565）所作。《汉魏丛书》本卷一“韬光”，第 1b 页。

物之寓世，未尝不韬形灭影，隐质遐外，以全性栖命者也（按，加着重号的内容为笔者所强调）。夫含奇佩美，衒异露才者，未有不以此伤性毁命者也。故翠以羽自残，龟以智自害，丹以含色磨肌，石以抱玉碎质。此四者，生于异俗，与人非不隔也，托性于山林，寄情于物外，非有求于人也，然而自贻伊患者，未能隐其形也。若使翠敛翮于明丘之林，则解羽之患永脱；龟曳尾于旸谷之泥，则钻灼之患不至；丹伏光于春山之底，则磨肌之患永绝；石亢体于玄圃之岩，则剖琢之忧不及。故穷岩曲岫之梓樑，生于积石，颖贯青天，根凿黄泉，分条布叶，轮菌磊硊，麒麟戏其下，鹓鸾游其颠，浮云栖其侧，清风激其间，终岁无毫厘之忧，免刀斧之害者，非与人有德也，能韬隐（译者按，dans une retraite，退隐）其质，故致全性（译者按，nature，本质）也。路侧之榆，樵人采其条，匠者伐其柯，余有尺蘖，而为行人所折者，非与人有仇也，然而致寇者，形不隐也。周鸡断尾，获免牺牲；山狙见巧，终必招害。由此言之，则出处之理，亦可知矣。是以古之有德者，韬（译者按，cachaient，隐藏）迹隐智，以密其外；澄心封情，以定其内。内定则神腑不乱，外密则形骸不扰。以此处[1]（译者按，demeurer，安放）身，不亦全乎？

如此，一如动物、山石与植物只有处于山林深处，才能完

① “处”字有隐遁、纯洁、完好之意，如“处士”“处女”。

美地绽放其非凡异质，人类也只有居于与世隔绝的退隐之所中，才能获得生命力量的充盈，进而实现“清”且“全”的状态（也即人类生命最深处的不受侵扰的本质）。（东汉名将马援曾为其子弟授以两条训诫：“当屏居自守”以及“闭门自守”。[①]）

师法于动物、山石与植物之“隐”，人们于宅院围墙内构筑微缩且封闭的空间，这些空间同时具有理想、全形，且不受侵扰的本质。出于更突出的原因，类似的做法当然也见于隐居的斋室（ermitage，见第一章“斋”之讨论）之中。小巧的盆景陈设于庭院屏风之后。有时盆中并无山石，此亦无妨，这是因为屏风本身便等同于山。有时，栽有灌木的土丘亦可作为此类屏风。相反，在其他自然场所中，小山则可替代屏风之功用，如杨弩（Dương Nỗ）社亭中的一副对联便将顺化之“御屏”（Ngự Bình）唤为屏山。[②]

为了获得长生或重获新生，道士需要采药负樵，“藏”（cacher）形于山中。但他们并不需要为此离开自己的家园。就像我们此前所见的玄解，他便是将自身变小，最终消失于盆景之中。顺化地区的婆僮每年一次进入山林深处，于彼处与摩伊神进行交易，并采集治病法术所需用的草药。在婆僮的庙宇

① 〔南朝宋〕范晔：《后汉书》卷二十四，第8a页；“自守”意味着向内专注而不受外部侵扰。

② 位于从顺化至顺安的路上，其联曰：对屏山而钟秀；回香水以成文。其上联表达了该场所因为面对屏山而得以将植物的灵秀汇集（钟）于一处，下联则表达了该场所被香江（流经顺化）所环绕的形胜。

中，相同的神明以及山岳通过盆中小山的形式而实际存在。同样，婆僮供奉的主神天依阿那（她曾显现为沉香木，尽管为樵夫所收养，但仍对仙界的故乡十分思念），她只需创制一处盆景便能够返回故乡（见上文）。后来，她自中国从海上归来，并从河中逆流游至山中的泉源，直到在水中经历了蜕变过程成为沉香宝木之后，她才真正得以回到故乡。[①]

退隐即回归（La retraite est un retour）。对于道士而言，这就是回归于原初的、自发的天然（nature primitive, spontanée），回归于未受侵扰也不被侵扰的先天状态，此即"归根"（回归到根部）[②]。这是一种无意识的状态，与植物、婴儿之状态相仿（《老子》）[③]。一部带有融合色彩的近代道教论著对此明确地论道："故如来发大慈悲，泄漏修炼之法。教人再入包胎[④]，重造我之性命。"[⑤]事实上，早期的道士也早已掌握这一修行方法，谓之"胎息"。道士所希求的胎中生命，正是维持于一处封闭的循环之中（一如血液与呼吸，其由母及子，再由子及母）。道士亦常常师法于冬眠的动物，一如洞中之熊将

① 前面曾提及的婆僮节日称为"đi nguồn"，意为"前往泉源"。"桃源"（越南文：nguồn đào）乃是一处仙境，常被表现于庙宇与盆景之中。（见上文）

② 译者按：参见《老子》第十六章，"夫物芸芸，各复归其根。归根曰静，是谓复命"。

③ 《老子》第二十章："如婴儿之未孩……我独异于人，而贵食母。"（戴遂良译本，第33页）《老子》第二十八章："常德不离，复归于婴儿。"（戴遂良译本，第55页）又如在《庄子·庚桑楚》中，老子曰："卫生之经，能抱一乎？……能儿子乎？儿子终日嗥而嗌不嗄，和之至也……"（戴遂良译本，第406—407页）

④ 回归母体是《参同契》（123页注②）与《胎息经》（收入《津逮秘书》）中的永恒主题。[藏传佛教与日本修验道中也有类似的复归子宫的思想。参见156页注⑤。]

⑤ 〔清〕柳华阳《慧命经》（第5页），卫礼贤得于中国，现藏于德国柏林国家图书馆，由L. C. Lo译为德文。

自身蜷于一处。[1]故曰："蛰伏者，阴之类也。"[2]道士"澄神于山岩之庭，颐真于逸谷之畔。于是……反为婴童，则入道。入道得仙，得道成真"[3]。我们知道，在《老子》及其他许多文献中，山谷即"玄牝"（grande femelle obscure），天地开辟于其中。此即是"道"。我们在上文所讨论的这些自然山水场所（常被复制于婆僮庙宇及盆景中）大都由圣母所主治掌管，且经常与瓠、丰裕角以及取之不竭的美酒等主题相关联。同时，分泌滋养之液的"钟乳"，包藏植物的洞穴（一如子宫之于胎儿）等主题皆可得见于盆景之中。这些场所中的山石草木均由女神所统领，故从本质上而言，这些都是以女性为中心的崇拜。

[除了道教中将"道"视为"母"的宗教思想以及其他道教女神外，大约从公元 4 世纪至 6 世纪开始，中国的民间宗教中便出现了与越南相同的"母神"（déesses-mères）崇拜，同时也与灵媒的活动紧密关联。[4]此外，除了这些"母亲"，我们也许还可以加上那些被尊为"夫人"或"公主"的女神。]

① 熊于冬日不食，饥则舔爪。熊掌中的脂肪在中国备受推崇（参见《本草纲目》）。导引之术亦师法于熊（《庄子》，戴遂良译本，第 331 页）。译者按，出自《庄子・刻意》，其文曰：吹呴呼吸，吐故纳新，熊经鸟申，为寿而已矣。

② 《新论・类感》，第 11b 页。

③ 《无上秘要》（卷六十五，第 10 页）引《真迹经》（Lagerwey 1981: 173 ）。同在《无上秘要》（6 世纪，卷七四 3b，4a）中还提及了修行者与玄母之融合（在饮食、睡眠等方面）。译者按，此篇名为《玄母八间篇目》。其文有曰：……四愿玄母与我俱食于自然之间……五愿玄母与我俱饮于匏河之间……六愿玄母与我俱息于玉真之间……七愿玄母与我俱寝于仙堂之间。

④ 宫川尚志 1964: 342-434；1973：19-20.

曾有一类小景是田野中所安设之灵石，以此表现泰山。[①]泰山是五岳独尊，位居群山之首，众生由此而生，并又死归此山。[②]但这一特质也并非为泰山所独有。辽人之黑山，乌桓之赤山皆被视为有同类品质。逝者的圣山（祖先回归）与氏族发祥地（祖先降生）两者相似。[③]因此，死亡即一种回归，而墓冢即人类的归藏之山。自古以来，中国的训诂学家便总将“葬”解释为“藏”，“鬼”解释为“归”。[④]藏形于墓室之中，实际也就是回归于“小天地”之中。[⑤]

故此，死亡只是退隐于世外仙界的一种特殊类型，而由土或石，以及树木共同组成墓冢则只是典型场所的一种新的形式。

---

① 《云林石谱》曰：“又有石罅中上下生小林木，蓊郁可喜，或高三四尺，或五六尺，全如一大山气势……土人以石占田垄，有妨布种，恨不之去。”（《云林石谱·袁石》，第10a页）

② 参见 Chavannes 1910。此山之上有诸位女神：碧霞元君（又名泰山圣母），以及眼光娘娘、送生娘娘、催生娘娘、乳饮娘娘、瘢疹娘娘（第32页）。所有这些女神也都见于微缩山水之中。

③ 参见 R. A. Stein 1940: 141-143。道士结就长生圣胎的身中之洞谓之“祖穴”（《太乙金华宗旨》卷一，第1a页）。

④ 《礼记·檀弓》，第1章，第3页；《广雅·释诂》；《荀子·礼论》。《白虎通义》作了进一步阐释：“所以入地何？人生于阴，含阳光，死始入地，归所与也。”（《白虎通义》“崩薨”卷十一，第32a页）关于“鬼”，参见高延（de Groot 1892—1910: 1.306-309）所引《汉书》卷六十七。（译者按，其文曰：且夫死者，终生之化，而物之归者也。归者得至，化者得变，是物各反其真也。）越南有一格言亦有此意，其曰：“生为暂驻，死为归所。”（La vie est un dépôt, la mort un retour. Hue 1938: 1123a）

⑤ de Groot 1892-1910: 1.316：“他们（中国人）以一定之法度描绘棺木，使其代表微缩天地［皇帝的棺材用代表四个方向的颜色画有日、月及红鸟（南）、黑龟（北）、青龙（东）、白虎（西）；《后汉书》卷十六，第2页］。”此外请注意：皇帝之棺椁称为“梓宫”；这一表达与“子宫”谐音；中文训诂学以“子”来解释“梓”，其曰：“梓者，子道也。”（《本草备药》卷十四。译者按，或应转引自《尚书大传》）

所有这些归隐之所（墓室、住宅、山谷、祖穴、子宫）都是“阴”性的。而“阴”的显著特质之一是为“宁静”（calme），这特别在土地或坤卦中得以表现。（关于这个主题在小型赏石中的运用，见第一章案例 7 及正文 33 页注 ③），而这也是“道”与存思的基本特征之一。[①]《太乙金华宗旨》解释了“回光”[②] 产生一粒真阳的自然过程，其云“忽生黍球，如夫妇交合有胎”，由此“便当静以待之”[③]。这种存思中的被动等待状态（état passif d'attent）实际也就是妊娠的状态。在绘画与诗歌中，存思的平静状态常表现为“玉壶”或“冰壶”（见上文），抑或是圆月映于平静水面的形象。退隐的孤客或是修习存思的山人，无论其是道，是僧还是儒，都常伴以盆景度过月圆之夜，他于静中凝视山石中升起之灯烟，并以清晨之甘露滋润双目。他退居至一处封闭且隐秘的世外天地之中，探入一处充满物华天宝的处所，并从中汲取天地万化的毓秀之气（efficience végétative，生长之力）以及由其所散发的生生之力（puissance de vie）。潜形于这一幽深而寂静的隐遁之所，他因空间之微小而被引入无间（imperceptible）之中，并顺从其中的寂寥，在清静无为中照见万物皆为其影并复归本身，并于本身的造化之中绵绵不绝。他于此静待妊娠之果：一粒极微之黍米，包藏了他永恒且

① 在这里没有引用例子的必要，因为其数量太多，会导致篇幅过长。只需阅读《老子》，或是具有启发性阐释的葛兰言著作。

② “回光”即将平日浪费于外部世界的目光集中于下丹田，这一过程通常与精液相关的过程相仿。

③ 《太乙金华宗旨》卷二，第 7b 页。

全能的“我”。[1]

总结

对于盆景的欣赏不仅仅是审美或哲学问题的表达。这种兴趣所相关的诗歌、图画象征以及哲学思想，都源自古代民俗中极为庞大的宗教与法术宝库；盆景从中汲取养分，并获得生命与声名。这一意象、行为、习俗以及神话的古代宝库出现在各种不同的场景中，或农民或贵族，或由女性主导或男性主导，或法术倾向或道德倾向，或道家或儒家（后期虽有部分佛教元素融入，但仅限于形式与术语）。所有这些都汇聚为一种总体的融合。但是，这些事物以过于自发的形式联系在一起，以至于人们难以相信文人的融合主义对不同主题的某种故意或任意的混合（我们已经知道儒释道三教合一理论的命运）。由于葛兰言的研究，我们知道道家与儒家的很多思想都可追溯至上古的共同源头，直到相互竞争性的哲学派系出现前，它们都并非是相互对立的思想。在我看来，晚期的融合不自知地受到了这一古老的共同源头的启发。

但需指出的是，虽然与这些象征以及极为多样的环境背景

① 译者按，本段落法文原文为：Enfoui dans cette cachette profonde et calme qui, par sa petitesse même, l'amène à l'imperceptible, il subit lui-même cette quiétude et dans un calme parfait où tout n'est qu'image reflétée et renvoyée à elle-même, où toute vie est repliée sur elle-même, s'écoulant en circuit fermé, il attend le résultat de la gestation: le grain imperceptible mais tout-puissant de son moi immortel。

有关，但道教与农民社会显然占其主导，尤其在技术的范畴中。道教主题包括：治疗、生命力、充满奇珍异物与草药精华的壶天，以及壶天中的长生不死、丰裕角、类似子宫的隐居之所，居住这一封闭空间中所能获得的富足且不受侵扰的生活。实现这些主题的技术有：扭曲四肢、延长呼吸或气血循环之路径、倒悬、动物或植物的生命；对人造微缩天地的灵力描画。农业元素包括：治疗（再一次出现）、生命力、社会背景中的长寿、生命的延续、生产力与生育力。这些都是诸位圣母以及三府崇拜的恒久主题，这些女性崇拜均指向充满生长力量与奇药精华的场所，掌管这些场所的女神同时也职司风雨。我们也已看到，这些场所是举行春季节日以及青年男女求爱的圣地，宗族祖母也曾因神迹而于此感孕。

对于以上的各类主题，美学与哲学层面的盆景爱好者们没有任何概念。当他们思考“平湖秋月”[①]“玉壶冰心”[②]以及其他许多类似的景象时，他们并没有意识到，这些景象之所以能够打动他们，正是因为承袭自远古若隐若现传统中的力量，以及有关宗教、法术思想的记忆遗存。

① 译者按，原文作：a lune se reflétant dans le calme miroir de l'eau。

② 译者按，原文作：la calebasse de jade qu'est son cœur。

附录一 《花镜·种盆取景法》[1]

山林原野，地旷风疏，任意栽培，自生佳景。至若城市狭隘之所，安能比户皆园？高人韵士，惟多种盆花小景，庶几免俗。然而盆中之保护灌溉，更难于园圃。花木之燥湿冷暖，更烦于乔林。

盆中土薄，力量无多，故未有树，先须制下肥土，全赖冬月取阳沟污泥晒干，筛去瓦砾，将粪泼湿，复晒。如此数次，用干草柴一皮，肥土一皮，取火烧过，收贮至来春，随便栽诸色花木可也。

栽后宜肥者，每日用鸡鹅毛水与粪水相和而浇。如花已发萌，不宜浇粪。若嫩条已长，花头已发，正好浇肥。至花开时，又不可浇。每日早晚，只须清水，果实时亦不可浇，浇则实落。

凡植花，三四月间，方可上盆，则根不长而花多，若根多则花少矣。或用蚕沙浸水浇之，亦良。

草子之宜盆者甚多，不必细陈。果木之宜盆者甚少，惟松、柏、榆、桧、枫、橘、桃、梅、茶、桂、榴、槿、凤竹、虎刺、瑞香、金雀、海棠、黄杨、杜鹃、月季、茉莉、火蕉、素馨、枸杞、丁香、牡丹、平地木、六月雪等树，皆可盆栽，

① 这份非常有技术含量的文本的翻译，全托靠于我的朋友 E. Casstagnel（一位博学的农艺师）的解答。

但须剪裁有致。

近日吴下出一种，仿云林山树画意，用长大白石盆，或紫砂宜兴盆，将最小柏桧或枫榆，六月雪或虎刺、黄杨、梅椿等，择取十余株，细视其体态，参差高下，倚山靠石而栽之。或用昆山白石，或用广东英石，随意叠成山林佳景。置数盆于高轩书室之前，诚雅人清供也。

如树服盆已久，枝干长野，必须修枝盘干。其法：宜穴干纳巴豆，则枝节柔软可结。若欲委曲折枝，则微破其皮，以金汁[1]一点，便可任意转折。须以极细棕索缚吊，岁久性定，自饶古致矣。

凡盆花拳石上，最宜苔藓。若一时不可得，以菱泥、马粪和匀，涂润湿处及桠枝间，不久即生，俨如古木华林。

---

① “金汁”有两种制法。《辞源》曰：“截取一段竹子，并保留两侧竹节；将其置于厕坑中；年末取出。则其中所见之液体即为金汁，其有利于树木和花卉的生长。”《辞海》曰：“取棕树皮一片、棉花及纸；铺黄土于上，以粪水浇之并过滤；将澄清之液体封于罐中，并埋入土中，年末时取出，即所谓之金汁。”

附录二　关于遗存思想的一次试验

我曾进行过一项有趣的试验，该试验可以被理解为是一种“试剂”（“réactif”，葛兰言喜欢使用的术语），使我得以考察与圣地相关的思想体系与对唱民歌（chants alternés）之间的关系。

在河内的大市场中，人们可买到一种非常奇特的物品：三座由纸浆糊成的山峰被漆以黑色，立于由纸板制成的盆中，盆中装满粉红色及绿色羽毛（代表水），并以小支架托起两条纸糊的金鱼（见图47）。山上装饰着星状的花朵，并安有身着各色袍服（白、红、黄、绿、蓝）的小人。其中包含有坐于岸边的渔夫，德婆或圣母（Thánh Mẫu，我们应记得母道崇拜中的女性灵媒“婆僮”，她们通神起舞时所穿礼服的颜色与其所沟通之神明的方位属性相互对应）。中峰上耸起七层宝塔一座，又以绿色棉花作为林木，点缀于山之四周。整件物品大约10厘米高。这些微缩的全形天地被当作供品，置于供奉地方神明的小龛（小庙）之前。

我的设想是向一位越南妇女展示一幅这种盆景的写实画作，虽然她对河内的欧洲式生活有所了解，但仍完全生活在当地的传统习俗中。她的反应是自然且直接的，她一边敲打节拍，一边依次用手指出画中的不同内容，并吟唱下面的诗句：

图 47 越南的纸制供器

其间之圣母身着不同颜色（红、黄、蓝、白、绿）之袍服。1941 年，河内，私人收藏。

沧江之水兮，半浊半清（Sông Thương bên đục bên trong）；

伞圆之山中狭兮，圣人出焉（núi ông Tản Viên thắt đáy cố bồng, lại có thánh sinh）；

崇山之祠兮，清化最灵（đền Sòng thiêng nhất tỉnh Thanh）；

谅山之巅兮，仙人筑城（tỉnh Lạng lại có cái thành tiên xây）；

天上兮，云霄九重（trên trời có chín lần mây）；

江水兮，浩浩汤汤；山岳兮，遍野积金（dưới sông lắm nước, núi nay nhiều vàng）；

香积之寺兮，别号洞府[①]（chùa Hương Tích gọi là chùa hang）；

绿林之中兮，良材丰茂；娘子可知否？（rừng xanh lắm gỗ vì nàng biết không？）

昔有空路圣僧兮，变化钱囊……（ông Không Lộ sinh ra túi đồng...）[②]

［越南文转译由法国远东学院助理阮文宽（Nguyễn Văn

① 香积寺是河东郡（Hà Đông）著名的朝香圣地，主奉送子观音；人们来此祈嗣。此是一处洞穴。

② 杨空路（Dương Không Lộ），著名僧人与术士，亦称阮明空（Nguyễn Minh Không，1060—1136，Nordemann 1898）。根据国王的承诺，他可以将任何想要的东西装满他的小口袋，最终，空路将国王所有的财宝都装进了自己囊中。

Khoan）先生协助完成］[①]

这首歌是青年男女对歌（Trống quân）的一部分。我们看到，一处小山盆景中“小天地”的图像唤起了一位朴实农妇对于节日的回忆。青年男女们在春日里来到山水胜境之中，面对面谈情对歌。这首民歌中汇集了歌颂圣地与英雄时代的传统题目。我们能够经常看到这件盆景所直接对应的伞圆山（Tản Viên Sơn）这一重要的场所。此山被认为是“国祖”［为其所编订的仪典文献《大化神经》（*Đai Hóa Thần Kinh*）[②]中也见有这一称谓：“伞圣南国之祖也”（Tản-thần Nam-quốc chi tồgiã）］。就像细腰果盘（mâm bằng，一种供器，其底座之上为一细柱，托起宽大的上部）；伞圆山的形状为一倒锥体立于椎体之

① 译者按，原书中法文译文为：Les eaux du (fleuve) Sông Thương sont troubles d'un côté et claires de l'autre; le mont Tản Viên est rétréci au milieu et un saint y est né; le temple Sòng Sơn est le plus puissant (le plus riche en mana) de la province de Thanh Hoá; dans la province de Lạng Sơn il y a un rempart construit par des immortels; en haut le Ciel a neuf couches de nuages; en bas les fleuves abondent en eau et les montagnes sont riches en or; la pagode Hương Tích est appelée pagode de la grotte; les forêts vertes abondent en bois; pour vous, Mademoiselle, le savez-vous? le sieur Không Lộ a inventé le sac à bronze, etc。1942年越南河内版还包含了此后更多的几句歌词，其越南文原文为：trên trời lại có cái sông Nhân-hà, bên Tầu dệt gấm thêu hoa, Hữu-sào sinh cửa sinh nhà mình ơi, bà Nữ-oa đội đá và trời, ông Bành-tổ sống ở trên đời được tám trăm năm, Tú-bà cợt nguyệt cười hoa。歌词大意为：“天上有银河，在中国，人们织锦绣花，有巢氏创制了屋室，亲爱的！女娲用头顶石补天，彭祖住世八百年，秀婆以月亮与花来调笑。”法文译文为：au Ciel, il y a le Fleuve d'Argent (la Voie lactée)，en Chine, on tisse le brocart et brode des fleurs, Hữu-sào a inventé les portes et le maisons, chérie! dame Nữ-oa apporta sur sa tête des pierres pour raccommoder le ciel, sieur Bành-tổ vécut en ce monde huit cents ans, la dame Tú-bà plaisante et rit avec lune et fleurs (coquetterie amoureuse)。

② 法国远东学院藏本 A. 2305。

上，这实际近似于昆仑山。半浊半清的沧江（Sông Thương）之水代表了两条河流的“神婚”（hiérogamie），一如黄河与洛河（或其他成对的河流）交汇处也正是一处圣地（沧江也是由两条河流交汇而成，故此半清半浊的两水于此并流）。阮文素（Nguyễn Văn Tố）先生告诉我，沧江的名字“Thương”有时被解释为“爱”，也正是因为其水流清浊之混融，而男女对唱的情歌则呼应了这一主题。[1]

上文所引用的民歌并不完整，但值得注意的是，这一特殊的段落作为歌曲的核心仍然保留在了一位农妇的记忆之中。我后来从另一位博闻强记的女士处获得了这首歌的其余部分（她曾是对歌比赛的获胜者），其中内容包括了中国与越南的历史与传说。

① 另一条东京地区的河流被描述为具有中国神话特征：“清河九曲”（“le Fleuve Clair se replie neuf fois sur lui-même”；Dumoutier 1890：52）。“九曲”黄河是死者灵魂升入昆仑的必经之路。

第二部分　居所及其建筑构造①

① 英文版译者注：这份研究最初于在 1957 年发表于《亚洲艺术》[*Arts asiatiques*，译者按：应为《亚洲学刊》(*Journal Asiatique*)] 期刊，标题为《远东及高地亚洲的居所、世界与人身》(«L'habitat, le monde et le corps humain en Extreme-Orient et en Haute-Asie»)。作者在本书中对其进行了更新与扩展。尽管石泰安将他书中这一部分视为其在《亚洲艺术》上所发文章(R. A. Stein 1957a)的一系列“注释”，但这里所展示的材料不仅仅是对那篇文章的补充。石泰安总结并概述了先前研究中所讨论的每个主要思想，并重复且极大地扩展了其中所引用的图片及文本论据。在《亚洲学刊》所发表文章的第一部分，石泰安指出，我们不可避免地由内而外地展开个人的世界观；我们每个人都处于个人世界的中心，隔绝在一系列逐渐扩大的(以及，推而广之，心理的与社会层面的) 环境——身体、房屋、社区等等中。与许多古代文明一样，在古代中国这一连续的空间有着一个精确的形式：圆或方，立方或球状，天圆以及地方。这些(也包括其他) 我们所处空间的表征不仅是对物质实体的描述，而且是植根于宗教信仰的理想概念。事实上，石泰安称，“关于我们生活空间的组织概念代表了最为普世的宗教，一种既没有名字也没有教会组织的宗教，其由某一特定社会中的全部习俗及宗教思想组成”(R. A. Stein 1957a: 163)。但这些概念根植于物质现实之中。在该系列可以不断外扩的空间中，石泰安专注于我们身体之外最接近我们的房屋，这是最亲密的身体活动以及社会活动场所。其后，他以中国汉族聚居区与藏族聚居区为主要讨论对象，但也远涉了北亚的案例，展示了一系列上古时代房屋的建筑特征在其他更为大型的建筑中的保存与发展——它们总是能够保留其本土原型的神圣特质。

前言

在这一部分中，我们将概略地关注中国汉族聚居区、中国藏族聚居区，以及相邻民族的居住地（habitat），对其在宗教层面的功能进行考察。由居住地［房屋（maison）或居住场所（site habité）］衍发的众多形象及象征同时出现于宇宙志（cosmographie）与身体观（conception du corps humain）之中。这种宏观—微观的对应关系已为人们所熟悉。许多近期的研究成果都对这类思想的研究做出了重要贡献，但比较研究（travaux comparatifs）往往在其中的某一区域（尤其是中国的汉族聚居区与藏族聚居区）内不够详严。当然，对于那些未能使用一手资料的地区我的研究也存在同样的缺陷。即便如此，本研究仍可填补汉族、藏族研究中的一些空白，并同时期望能对相似事物的分析有所裨益。

这一题目的难度较大，因为我们所探寻的思想非常古老，而相关的文字记录则十分零散，且出处与年代各不相同。如果我们不放弃这项研究，就势必同时使用各类文献，因为将它们分开单独处理则往往晦涩难解。我们必须提供一组连贯且能够相互解释的事实与思想（un ensemble cohérent de faits et de notions qui s'expliquent mutuellement），如此才能进行有效的比较与分析。当然，我将把考察范围限制在非常少量的现象之上。在这样一个广阔的地理范围以及漫长的历史过程中，我们仍可举出许多其他事实。社会，及其技术以及思想——都随着时间、空间的变化而变化。我的目的并不是重构历史，甚至不是重构特定的情境（état），而仅仅是简单地使一些形象与思想（idée）能够被理解。

对于这一系列材料的呈现必然是密集的。我在 1956 年吉美博物馆（musée Guimet）的一次讲座中概述了其中的主要思想，并后来发表于《亚洲艺术》[1]之中，但是其中尚未收录完整的支持性材料。在本书中，我将把这些材料分成若干连续的部分依次铺陈。但是我们应注意，只有当这些材料被视为一个整体时才具有真正的价值。为此，我只能请求读者的宽容与耐心。

① R. A. Stein 1957a.

第一章　中国汉族聚居区的房屋与家宅神

〔穴与巢〕

从中国最早的文献来看，其居住传统与其他地区相同：古人居于地下或半地下的“穴”，以及由木桩所构成的“巢”之中[①]。为了充分理解这一传统，我们不应仅从字面来理解，至少不应完全如此。它构成了中国古代思想中具有代表性的、有关世界结构的总体理论的一部分。其中，由于先贤们创立了礼法及有了各类发明创造，一个充斥乱交、无智、简单、“自然”（naturelle）生活方式的蛮荒时代得以被另一个“文明”（civilisation）的时代所取代，其中包含了中国古代社会的各

① 《孟子》曰：“当尧之时，水逆行，泛滥于中国。……下者为巢，上者为营窟。”（《孟子·滕文公下》，顾赛芬译本，第450页；理雅各译本，第155—156页）另见《论衡·诘术》，第二十五章，第2a页及《易经·系辞下》，第10b页。上古时期人们居住于巢穴之中，但到了后期，洞穴则为神人所居住。公元前1世纪，《盐铁论》的作者将穴居归属于边夷，并将其与乱交的原始生活习俗相联系（见下文）。译者按，《论衡·诘术》原文曰：“……则上古之时，巢居穴处，无屋宅之居……”《易经·系辞下》原文曰：“上古穴居而野处，后世圣人易之以宫室，上栋下宇，以待风雨，盖取诸大壮。”又按，《礼记·礼运》曰：“昔者先王未有宫室，冬则居营窟，夏则居橧巢。”孔颖达《正义》云：“夏则居橧巢者，谓橧聚其薪以为巢。”除了“橧巢”外，此类积薪而造的原始住宅也被称作“干阑巢居”。在下文中，译者将世界各文明中的“habitations sur pilotis”（木桩上之住房）译作“干阑式房屋”“干阑橧屋”。

类典章制度。婚丧之礼、房屋营造之规制、主要人际关系中的礼仪——所有的这些都使当时的中国人认识到他们生活于一个“人”的世界，而非野蛮、未开化的世界之中。这一野蛮、未开化的世界同时存在于时间（圣贤之前的原始时代）与空间（天道运行的世界之外，“天下”之外——在实际层面也即当时代表中原王国的部落联盟之外的世界[①]）之中。

有关中国上古时代房屋的理论必须从这一角度来思考。我们有充分的理由相信，即使在封建时代（époque féodale），同时期原始部落的房屋也可以作为这一理论架构的模型，然后上溯至传说中的上古时代。（见图 48—52，上古房屋的复原，以及增图 14）即使在今天中国的北方和南方，仍有部分土著居民以干阑或地穴（穴居或半地穴房屋）的形式来建造其房屋。艾伯华曾将古代中国的居住传统与当代各地土著居民的房屋进行比较，并试图将不同风格的住房归因于由外部环境所决定的、本地的“文化”。在地穴式房屋中，他区分了两种居所：其一，天然洞穴中的住所或挖入黄土中的窑洞，此类是中国西北（山西、陕西二省）与“北方民族文化”（culture des peuples du Nord）的典型[②]（译者按：横穴式或窑洞式）；其二，垂直向下挖掘，入口位于顶部的房屋（译者按：竖穴式），他将此类归为“ 通古斯文化”（culture

① 译者按：即所谓“四夷”。

② Eberhard 1942: 1.23-24.

tongouse）[1]。此外，他还将干阑式房屋归为“傣文化”（译者按：原文作“culture Tai”，亦可译作“泰文化”），并认为这是中国古典时代房屋的起源[2]。

我们可能与艾伯华先生持不同观点，但仍需感谢他，因为他对文献进行了汇集，尝试着对中国汉族聚居区极为多样化的事实进行了分类，并合理地将其与周边民族的典型资料进行了比较。他是第一位，实际上也是唯一一位开展过这一系列工作的学者。与其不同，葛兰言直接指出了古代房屋的一些特征（相互独立、互不连贯且零散的）与中国古代神话之间的可见联系[3]。在这里，我将追随葛兰言的路径，这并不是因为我对历史缺乏兴趣，而是因为我意识到，面对一个曾经无限复杂且多变的现实，我们可使用的零散文献并不足以重构历史。

---

① Eberhard 1942：2.489-490.

② Eberhard 1942：2.324-329. 人们可能会反对艾伯华的分类，因为地穴式房屋与干阑式房屋可同时存在于同一人群中。这两种居住模式与季节性周期有关：夏居于干阑之上，冬居于地穴之中，一如室韦国之记载（R. A. Stein 1940: 44；另见唐代李延寿《北史》卷九四，第9b页；唐代魏徵《隋书》卷八四；宋代欧阳修、宋祁《新唐书》卷二一九，第5a页）。挹娄亦与此相同（〔唐〕房玄龄等：《晋书》卷九十七，第2b页）。今日堪察加（Kamchatka）半岛之居民冬季居于地穴式房屋之中；夏季其穴则为水所充溢，乃居于干阑式房屋之上（Jochelson 1908: 464）。值得注意的是，在中国的传统中也有着同样的体系：上古之民冬居于穴，夏居于巢（干阑之上的房屋）（《礼记·礼运》，顾赛芬译本，第1册，第504页）。这一观念明显出于冬季御寒，夏季躲避潮湿与动物的目的（《淮南子·氾论训》，第1a页；《孟子·滕文公下》，第9页；顾赛芬译本，第450页）。

③ Granet 1950: 353.

图 48 中国史前住宅发展序列：从地穴至房屋[①]

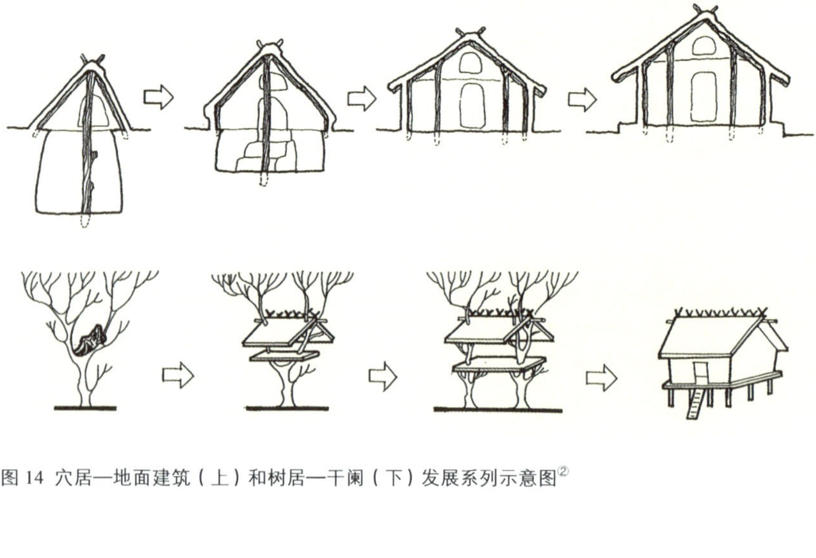

增图 14 穴居—地面建筑（上）和树居—干阑（下）发展系列示意图[②]

① 杨鸿勋：《试论中国黄土地带节约能源的地下居民点——〈现代穴居——地下、半地下城镇创作〉研究提要》，《建筑学报》1981 年第 5 期，第 68、69 页。

② 萧默编：《中国建筑艺术史》，北京：文物出版社，1999，第 121 页。

图 49 陕西半坡博物馆史前房屋复原
P. Jonathan 友情提供。

图 50 陕西半坡博物馆半坡史前聚落复原模型
P. Jonathan 友情提供。

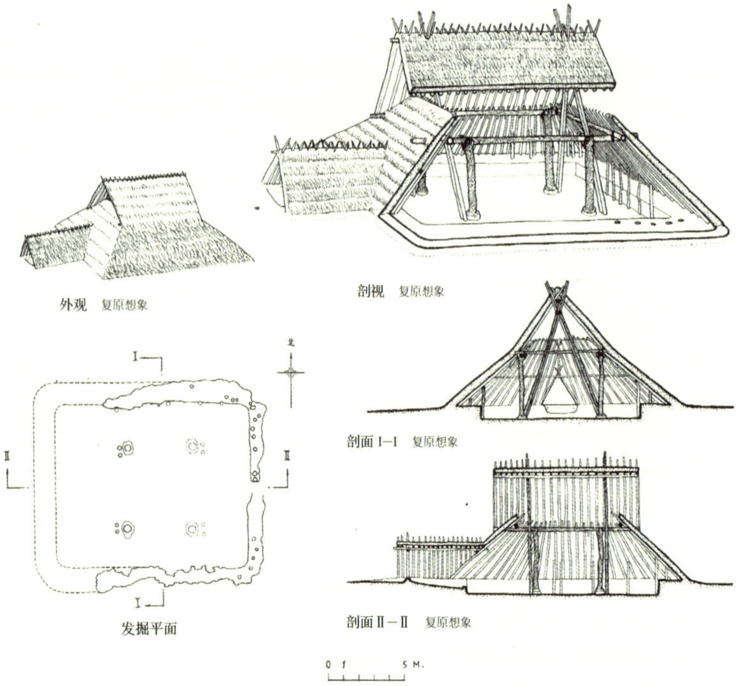

图 51–1 陕西半坡史前无灶大方形房屋复原图（上）

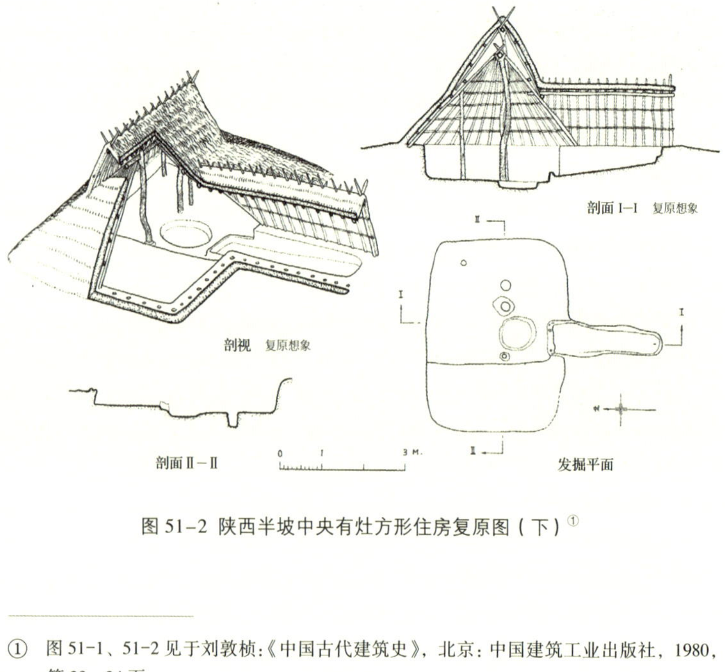

图 51–2 陕西半坡中央有灶方形住房复原图（下）①

① 图 51-1、51-2 见于刘敦桢:《中国古代建筑史》，北京：中国建筑工业出版社，1980，第 23—24 页。

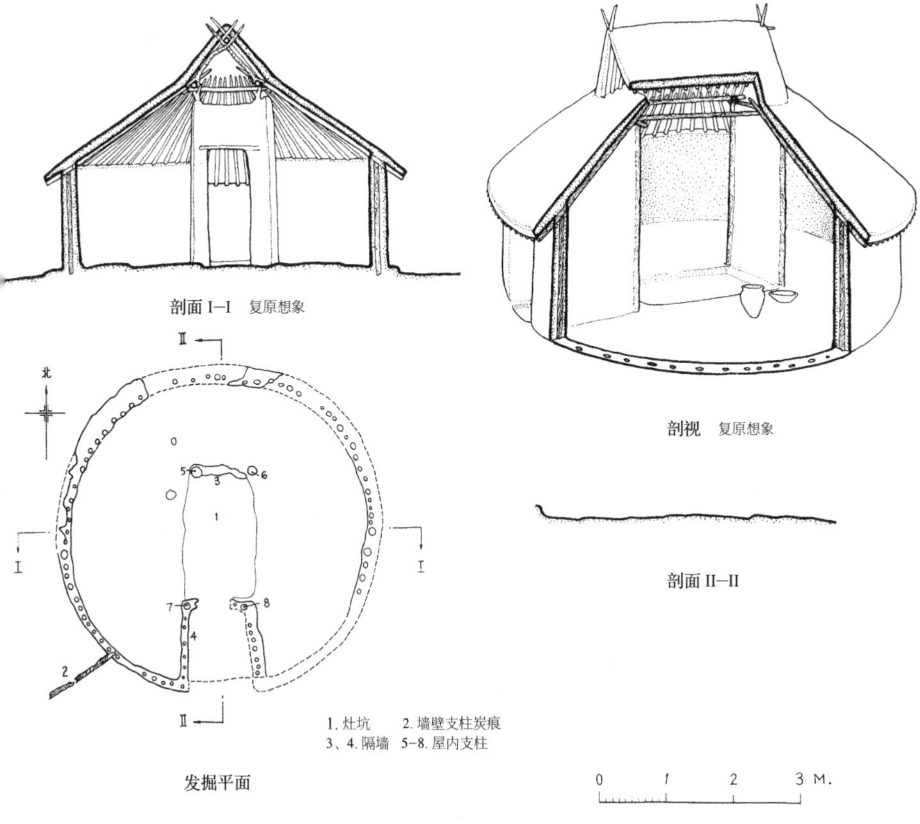

图 52 陕西半坡史前圆形住房复原图①

〔双层穴居〕

作为开始，我们首先要处理一些易于描述却难以解释的难点。最早记载有上古房屋的文本是《诗经》（公元前 8 世纪），但其叙述却是含糊且难以理解的。

① 刘敦桢：《中国古代建筑史》，前揭，第 25 页。

［1］緜緜瓜瓞，民之初生。

［2］自土沮漆，古公亶父。

［3］陶復陶穴，未有家室。

——《诗经·大雅·文王之什·緜》[①]

这首诗可以很明确地分为三段（上述引文里用数字表示）。第一段描绘了原始社会的生活，也即人类传衍不分代际的神话时代。瓜藤无限交织的形象引发了中国古人有关生命世代繁衍的思想（多籽，多孙）。“緜緜”一词亦见于《老子》第六章中，用以描述“玄牝”作为生命与世界之源的无穷运动[②]。

第二段提供了具体的地点与时代。根据传说，亶父、公刘（后稷之子[③]）与不窋[④]是周人部落的三位首领，他们都曾先后统御豳原（今陕西西安以北），该处流有沮水与漆水（传统上将其年代追溯至公元前1796年至前1327年）。这片土地曾被其邻

① 理雅各译本，第1册，第三部分，第437页；顾赛芬译本，第326页。译者按：标点参考了作者之法文翻译。

② 译者按：“谷神不死，是谓玄牝。玄牝之门，是谓天地根。绵绵若存，用之不勤。”

③ 译者按：此似应为后稷之曾孙。

④ 虽然公刘与亶父之名看似汉语，但不窋（**pi̯ug-k'wət 或 -ti̯wat?）之名显然十分特别。其中第一个字“不”近似与土丘相关的偏旁（如“墙”字，Fig.55之［a］），且与“覆”字（**p'i̯ôk, b'iôk，覆盖洞穴之土）有关，我们很快会看到“覆”字也与房屋有关。第二字“窋”意为洞穴或孔洞。由此，这一名字也显得更加特别，如果它不是其他语言读音的转写，那便应是一种楼阁式的洞穴；这与位居西北方的著名天柱山“不周”（**pi̯ug-ti̯ôg）极为相近。“不周”在后世被解释为“不完整”之意，这种文人的训诂学解释实际源自一传说，即不周山的倒塌导致了天倾西北。其后，从《隋书》开始，“周”字乃与“石”字旁相结合而成“碉”字，用以描述多层之石楼（《隋书》卷八三，第8a页）。

近的诸部西戎（barbares）入侵，如：Tchou-no[①]、乌氏与密须。首领不窋曾与这些戎族结盟，而亶父则移居至岐山以南，在今西安以西临近渭水处建立了周国[②]。如果这些位置准确且传说有据的话（我们暂时也只能如此接受），我们这里所讨论的房屋将会是周人祖先居所的典型代表。与周人相邻的戎人被上古中原王朝称为“羌”。根据传说，羌人与周人的氏族实际一水同源（周人之女性先祖为姜嫄）。殷商甲骨文中经常提及这些羌人（羌方），并将其作为商王朝的敌人。由此，他们的定居地不可能距离商人太远[③]。除了羌，西部与北部的边夷还有“戎”。根据传统，“羌”字从“羊”，“戎”字则从“犬”。

这些信息多少能够阐明诗句第三段中所言房屋的社会背景，不过，对于最后一句的解释向来颇有争议。在“陶復陶穴”一句中，“陶”字可能是动词，或是形容词（动词过去分词）。它在现代汉语中意为“陶窑”“陶器”（four à poterie, poterie）。“陶”字可构成两种动词，第一种可以理解为“营造如陶窑形的房屋”（或更确切地说是陶质容器状的房屋），第二种可理解为“如制陶般营造房屋”。注疏家以及后来的西文翻译者们往往会在这两者中选择一种。理雅各将这句话翻作“依照窑形来建造”（英文：to make in the shape of a kiln），顾赛芬译作“依照小屋之形建造，依照洞穴之形建造”（拉丁文：

① 译者按：难以判断作者原文所指为哪一民族，有待进一步考证。

② Haloun 1924: 601–609.

③ Liu Ch'ao-yang 1946; R. A. Stein 1956.

erant in fornaris modum casae, in fornaris modum cavernae）。高本汉采用了“抟土而制”（英文：working of the clay）之意，并将其译作“他以土塑造了顶盖，他以土塑形了洞穴”（英文：he moulded covers, he moulded caves.）[1]。在将“陶”解释为“窑”时[2]，注疏家们脑海中想到的是山西地区自黄土中掏掘而成的房屋，被称作“窑洞”。[3] 柔克义（William Woodville Rockhill）注意到张家口西部地区的一些房屋：“这些屋室是中国北方普遍存在的拱形窑洞，在此地区被称为神仙洞。”[4]

当讨论到“土人”村落［该处居民使用土族语（Monguor，蒙兀儿语），一种古老的蒙古方言，并深受藏传佛教与萨满教的影响］时，柔克义说：“大量的房屋都是窑洞，或是半窑洞类型，其正面有一堵普通砖墙砌于入口处。在甘肃西部，只有土人使用窑洞。”[5] 最后他描述了汾河平原（山西）的许多窑洞，并补充道：“山西中部的许多房屋并不是窑洞……但建筑形式相同：拱形的房屋上覆有一英寸或更厚的土质平屋顶”[6]。

---

① Karlgren 1946a: 20.

② 参见《说文解字诂林》，第3373b—3374a页。

③ 《说文解字诂林》，第3274a页。《甘肃全省新通志》云：“民杂番夷，……居多陶穴。”（《甘肃全省新通志》卷十一，第2b—3a页）尤其是平凉及泾州一带的冬季。这种季节性的细节稍后还将出现。《中华全国风俗志》云：“（隰州）民皆穿土为窑，曲折而入，如层楼复室。”（《中华全国风俗志》上篇卷一，山西，第80页，上海，1932）据其书云，此类民居亦见于袁枚（字子才，1752年于山西）之书中。此外，山西大同的同类民居，亦名为“窑”（Grootaers 1945: 167-168）。

④ Rockhill 1894: 7.

⑤ Rockhill 1894: 73.

⑥ Rockhill 1891: 14.

在从甘肃到山西这一区域，人们至今仍将作为住房的洞穴或类洞穴称之为“窑”（见图 53—54）。《诗经》中的“陶”也可用同样的方式来解释，但这并不意味着《诗经》中的房屋应被视作那些横向挖入黄土崖坡并封以前墙、门户的洞穴。我们并不了解当时陶窑的形状，但它极可能是具有某种拱券（voûte）或穹顶（dôme）。[①] 事实上，《诗经》的诸家注疏忽略了一点，即“陶”字本身具有专门的技术性含义。《尔雅》（一部早期词典）卷三云：“丘一成为敦丘。再成为陶丘……三成为昆仑丘。”其注疏引《说文解字》解释说，“陶”字的

① 劳费尔在其著作中讨论了这些住房的问题（Laufer 1910）。饭田须贺斯（1940）将其上溯至汉代之前，与其相似，劳费尔注意到该地区常使用半圆拱券（门、窗），并将其与该地区常见之拱形建筑进行了关联。此类建筑不仅可以从黄土崖壁中掘出，亦可以于平地以砖砌造。劳费尔认为平地建造者为崖壁者之原型，即窑洞乃是对于砖砌拱顶之模仿，理由是黄土自身的自然肌理缝隙是垂直的。劳费尔也注意到一种由狭窄的拱形通道构成的名副其实的地下迷宫。有关这类民居的平面图及照片可参见龙非了《穴居杂考》（载《中国营造学社汇刊》1934 年第 5 卷第 1 期，第 55—76 页）。据作者所言，“天井院”乃是平原地面所向下挖出的方坑，房间从井坑四壁横向开掘而出（《穴居杂考》，第 75 页）。在地面一层，天井由夯土墙所包围，一侧建有碉楼。伊东忠太也记录了这种类型的庭院，他不仅记录了山西、陕西的地坑院民居，而且还收录了山东的案例。（伊东忠太 1941: 2.1-2; 图版 2.1）

Timperley（1931: 236）提到在山西西南部汾河汇入黄河的万荣县发现了一些“半地下民居，略类似于李济博士于安阳所发现者……其屋顶木构之上覆以泥土，此类洞穴空间的内部涂以泥土……其中部分还安有土灶”（着重号由本书作者所加）。

［关于此类穴居住房的平面与照片，参见 Liu Dunzhen 1980: 177-184; Rudofsky 1964: 图版 II, 15-18;《建筑学报》1981 年第 5 期、第 10 期中的诸篇文章。顾立雅（Herrlee Creel）将史前及殷商时期安阳地区的房屋推测为“形如巢穴之地坑……其顶部覆以树枝，并以一层黏土为顶……门是其最高处的开口”（Creel 1937: 58）关于半坡等地（史前时代）及其他地区“坑”或“半地穴”形式的住房，参见 Liu Dunzhen 1980：37-44。无论这些房屋是圆形还是矩形，其屋顶顶部或侧面山墙都曾应留有一开口。中国的建筑考古学家复原了早期住房发展的变化：从挖入地下之地穴（最初为水平之横穴，后来逐步发展成垂直之竖穴）到半地穴房屋，再到建于水平地面上的房屋（杨鸿勋：《试论中国黄土地带节约能源的地下居民点》，前揭）。译者按：参见图 48 及增图 14。］

图 53 陕西窑洞之一

1981 年，石泰安摄。

图 54 陕西窑洞之二

窗户左侧为烟囱。1981 年，石泰安摄。

含义或出自陶灶（即陶窑），或出自“匋”（瓦器），该字由“缶”字（盛酒瓦器）组成。其实，《尔雅》亦曰：“如覆敦者，敦丘。”也就是说，具有一层台之“敦丘”得名于“敦器”（敦或音 duì）之形象，有时则为倒覆之状（“覆敦”），其底部与顶部具有相同的宽度。同理，“陶丘”为两层之台，因其形似两件敦器上下叠置而得名。

在上文诗中，“陶”之后的“寝”字同样具有重叠（surélévation）与重复（redoublement）之观念，两字相结合之“陶寝”意为：“造寝”（Ils faisaient des fou）。“寝”者为何？无论是以具有行走之意的双人旁简写（“復”字，通常意为“往来，又一次”），还是更准确地加上表示洞穴或丝线的部首（即“寝”与“覆”字），所有注疏都十分恰当地将其视为一种土质的覆盖物。在商周时期所有“復”（**b'iôk，“往来”义）字的变体中，除了底部之外，还显示有一个看似双层容器或建筑的元素（参见图 55 中的字［e］）。“覆”字（**p'iôk，“覆盖”义）与“寝”字（**b'iôk，“洞穴”义）来自同一词族，并可以类比于古藏语之“phug”（“洞，岩洞”义）、“phigs”（phibs 俗字；“建筑圆顶”义）、“bugs”（“开挖”义），以及“phub”（“覆盖”义）与“phibs”（“屋顶，圆顶”义）。

另一“複”字（“重复”义）也具有相同的含义；“複道”指有屋顶覆盖的多层走廊（见第三部分，454 页注①）。令人玩味的是，在公元前 1 世纪之《盐铁论》中再次提及《诗经》这一主题时使用了另一种重要的表达方式，其云：“古者，采椽茅茨，陶桴復穴。”[①] 此处之“桴”字或是《诗经》“寝”字的同源对似词。“桴”同时也可组成“桴思”一词［该字还有其他变体，包括“浮思”“覆思”“罘罳”（**p'iug 或 b'iog，b'iug-sieg）］，后者是置于宫殿（盖因注疏将其释为朝奏之反复思考之义）与观楼前之屏风，其上覆有屋顶，且似乎是以木或土构筑。在稍晚的文献中，高丽之干阑式粮仓谓之“桴京”。[②] 这也许是因为“**p'iug”一类的词语在古典时期已不再使用，故其转而代表某种圆形覆土或圆顶。

我们此处可注意到另一字“缶”（*fu*<**piôg），意为瓦器，见于殷商甲骨文中，但在古典时期已很少使用（该字为“陶”字的组成部分）。高本汉认为，图 55［f］号字可能表现了一口窑[③]，不过，它似乎更应被视作一件容器。按《尔雅·释器第六》云：“盎谓之缶（注曰：盆也）。”由此，“缶”字代表了一种“大腹而敛口”的容器。按《说文解字》云：“缶，瓦器，所以盛酒浆，秦人鼓之以节歌。”由此，“缶”字代表了一种容器，这是与“亯”（音 duì，祭器；图 55［g］号）进行比较所得之结论。“亯”为“𦎫”字（音 chún，容器，“敦”字异体）的主要构成元素，其次要元素为“羊”[④]。虽然“亯”字之形看

---

① 〔汉〕桓宽编：《盐铁论》卷六《散不足》第二十九，第 2a 页。

② 《三国志》云：“无大仓库，家家自有小仓，名之为‘桴京’。”（〔晋〕陈寿：《三国志》卷三十“魏书”，第 6a 页）此处“桴”与“京”意为漂浮。“倒景（影）”一词亦写作“浮景”，意指天穹最高之顶点，其中之“浮”（通常为漂浮之意）被释为飞升［扬雄（公元前 53 年至公元 18 年），《甘泉赋》（译者按：“腾清霄而轶浮景兮”）］。

③ Karlgren 1940：第 1107 号。

④ 参见 Karlgren 1940：第 464 号。

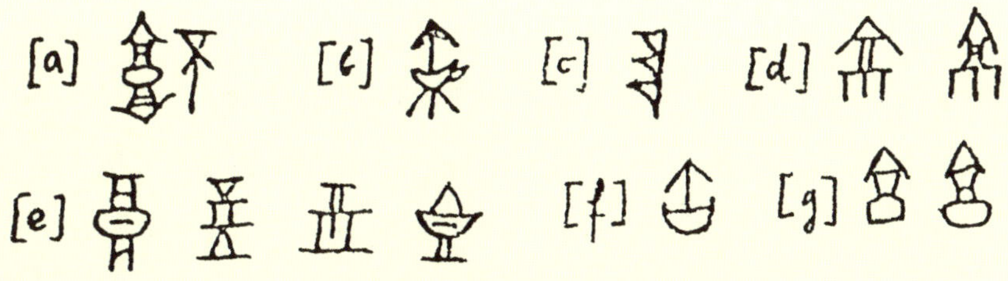

图 55 与覆盖物及陶窑有关的古代汉字字形

似一座房屋，但其所表现的必为一种容器[①]。[g] 号字由两部分组成：注疏家都很明确地将其底部视作一个房间或一处洞穴，上部则很明显地可被理解为屋顶。我们之前已经看到，《诗经》中的“陶”字用以描述古代住房的营造方式，《尔雅》将其释为上下两层重叠之山丘；虽然该字一般被解释为陶窑，但其实也可被视作一件容器。这一形象为我们指向了一种由双重洞室（double cavité）组成的住房。此种观念的延续时间相当长；从古典时代末期到今天，双球形的壶（瓠所演变）一直都象征了一种入口狭小的洞穴居所（见第一部分之第二章）。

虽然《盐铁论》以“桴”（**p'iug）作为“陶”之补语[因此不同于《诗经》所用之“寝”（*fu*<**p'iôk, b'iôg）]，但值得注意的是，《盐铁论》将动词“復”应用于“穴”字之前

① Hentze（1951: 52）将许多青铜器都解释为房屋模型。尽管他的理论只有一部分令人信服，但许多青铜容器的顶部的确都有一种屋顶状的突起（案例参见该书之图 33、35、36）。同样形似房顶的柱钮也见于“斝”“爵”等青铜容器。“爵”字的一种形式与“簠”（容器）相似，见图 55 [b] 号。

（译者按：“陶桴復穴”），由此与《诗经》中作为动词之“陶”不同（译者按：“陶復陶穴”）。早于《盐铁论》大约一个世纪的《淮南子·氾论训》中也见有同样的用法，其云：“古者民泽处復穴。”高诱注曰：“復穴，重窟也。”[①] 当我们想起“陶”字也用以表示两层之山丘时，我们可能想知道“层”的观念是否也能适用于深度与高度呢？难道先周部落不能建造双层的地下屋室吗？与周人相邻的商人留下了众多宏伟的土方挖掘遗址（商王墓圹、粮仓或配有阶道的窖穴）。[②]若《后汉书》之记载可信，则商人亡国多年之后，被中原人认为“原始”的边夷仍然遵循此法，且做了进一步发展。其《东夷列传》描述东北地区之挹娄人“常为穴居，以深为贵，大家至接九梯”[③]。这些房屋

① 《淮南子》，《四部丛刊》本，卷十二，第 2a 页。

② 安阳的十二处发掘现场中，共发现 617 处形状各异的“坑”与“窖穴”，如：长方形（近一半的数量）、圆形、不规则形、椭圆形、方形、细长形，以及少数葫芦形。这些坑中最大者长达 20 米，宽 10 米，深 4 米；大部分窖穴长约 2 米，宽约 1 米，深约 1 米至 9 米。其中一部分设有阶道，另一部分则于壁上挖有凹槽以便出入。在圆形坑中，阶道呈螺旋状下降，凹槽则排列成两条垂直线，一侧的凹槽与另一侧凹槽相互偏移。人们可以在地面上悬挂一绳用以牵手，如此则可进一步保障出入的安全。地穴内壁经过了精心修整，并被涂以紧实之泥土，又覆以白灰，表面光滑平整。石璋如提到这种技术仍沿用于湖南西部的穴居房屋之中（石璋如：《小屯的文化层》）。根据这些商代遗址中所发现的垃圾，他进一步认为其中只有一小部分为工匠住宅或作坊，其余则是作为粮仓的窖穴，一如今日在察哈尔、绥远（译者按：今河北与内蒙古部分地区）所见者。商王大墓的面积达 20 米见方，深 13 米。请参阅梅原末治（1942: 28）所提供的照片与平面图。感谢 M. V. Elisseff 向我提供了该文的相关信息。另参见梅原末治 1941；《伦敦新闻画报》（*Illustrated London News*），1936 年 4 月 4 日，第 587—589 页；Eberhard 1932: 1-2; Pelliot 1938：54ff。关于台阶，可参见图 55［c］号，此似乎“複”（*fou*<**b'iog) 之商代甲骨文，表现了嵌入墙壁的踏步或凹槽（Karlgren 1940: 第 1108 号）。另参见陕西半坡的考古成果（半地穴房屋通过阶道进入其中；并竖有众多立柱）。

③ 《后汉书》卷一百十五《东夷列传》，第 2b 页；《三国志》卷三十《魏书》，第 7b 页有相同的段落。

与汉族人传统中的上古房屋还有着其他的相似性，我们稍后将再对它们进行讨论。

毫无疑问，我们无法对这些上古住房的具体空间形式进行精确的推论。这些房屋风格所留下的宗教符号脉络，也就是其建筑空间的双重性，对于后世中国人而言十分重要：房屋的一部分向上抬升，并（可能由泥土）覆以顶盖（或是顶部覆土的木结构平屋顶，亦或是内部掘有拱券的圆形土丘）；另一部分则是土中所挖出的地下或半地下洞穴。

注疏家（其观点见于《说文解字》）认为这是一种类似于汉墓，具有“覆土”的建筑。[①] 艾伯华推测这种形式的墓葬是周代的创新，并认为其圆形的形式与北方的帐幕以及穴居有关。但他在这一方面忽略了汉语文献中有关上古房屋之记载。如我们所见，艾伯华主要将这种建筑形式视为垂直式的挖掘（译者按：竖穴式），并因此将其与“通古斯文化”相关联。上文所引的挹娄穴居正为他提供了充足的论据，不过，《诗经》中所记载确切地点（先周部落居于陕西周原）的情况显然与此相违背。

我们稍后进行的比较研究（第三部分）将表明，我们很难将具体的技术性构造归属某一特定族群。不过我们这里所首要关注的，乃是这些住房的建筑特征中所包含的宗教内涵。我们还将看

① 相反，高延则认为这些“窑状房屋”源于坟墓，因为死者被葬于房屋中，他将这类房屋与窑洞，以及直隶省（译者按：今河北省部分地区）之墓葬相比较（de Groot 1892–1910: 2.372–375）。

到，这些特征也存在于许多使用不同技术的建筑形式之中。

在进行这些比较之前，让我们再次回到记载有上古房屋的传统文献中，其中有两个突出要点仍值得注意。

在上文所引诗中，“陶襩陶穴”之后以“未有家室”结尾，这实际意味着当时尚未出现古典时期的婚姻制度（两性分居；“室”指已婚女性）[①]。古典时期的汉族人竞相以惊恐的口吻斥责其周边“蛮夷”中性别与代际之间的乱交（promiscuité）。《盐铁论》重拾《诗经》这一主题（见上文），论“边民”云：“夏不失複（双层衣服，vêtements doubles）[②]，冬不离窟，父子夫妇内藏于专室土圜之中。”[③]《诗经・文王之什》最后一句所暗示的乱交的状态，与第一句中“緜緜瓜瓞”所描述的瓜藤交织的形象相吻合。如果我敢断言的话，这乃是一种原始且混乱的生活。

与此同时，《文王之什》末尾所言之“家室”也进一步确认了此类住房所处的地理位置（也许可追溯至先周部落时期）。周人东面所邻之商人曾建造过带有立柱的房屋。如甲骨文所见，商人的各类建筑词汇已十分丰富，尤其包含了“家”字

---

① 见《盐铁论・散不足第二十九》，第7b页：“古者，夫妇之好，一男一女，而成家室之道。”

② “複”字可能存在讹误（译者按：“複”后期被释作双层的衣物），这应是受了前文语义的影响，其曰：“无桑麻之利，仰中国丝絮而后衣之，皮裘蒙毛，曾不足盖形。”我们应注意所有关于这些“未开化”民族生活的文献都记载有一种季节性的居住模式：夏季居于高处干阑橧屋，冬季居于低处地穴；由此，这里的语句必然工整地相互对仗（在古代汉语中，上下两句之间逐字对应）。因此，“夏不失複，冬不离窟”的意思应当是“他们夏日不离高处的干阑橧屋，冬日不离地穴”，这里“複”与“窟”乃是沿袭了《诗经》中的“陶襩陶穴”。此外，“襦”字（有衬之衣）与“複”字的写法极为相近（译者按：在原文中，作者在“複”字之后罗列了“voûte, tumulus, recouvrement de terre”等语义，应当是将“襩”“複”“覆”等字视作相互通假）。

③《盐铁论・轻重第十四》，第5b页。

与“室”字。[1]但奇怪的是，从已出版的甲骨文合集资料来看，“寝”字［以覆土的形式建造顶盖，（recouvrement à la manière d'un tumulus）］并未出现于其中。

〔中霤〕

最后，我们仍需讨论先周部落上古房屋的最后一种建筑构造，也是一种宗教功能与意义皆极为重要的元素。我们上引《诗经》诗句的注疏家们认为，地穴式房屋以土构成的屋顶上方有一开口，与地面中央的一处泥坑（bourbier）对应，也即“中霤”（中央集［排］水孔，trou central d'écoulement）。注疏家们一致认为，中霤乃是家宅的土地之神（以及其祭所）[2]。由于古典时期的人们从未见过此类房屋，所以注疏家们的想象力可以自由发挥且畅通无阻。有时他们将其视作顶部一简单的开口，使光线、雨水得以进入（当然也可以排烟），有时他们又将其想象为一处相当宽阔的中央空间（称之为“室”），其顶部有开口且四面无墙。这是一种承接雨水的内部庭院，卫礼贤（Richard Wilhelm）曾将这一建筑特征与古罗马庭院正中的承雨

① 例如“大室”“南室”“血室”（参见罗振玉《殷墟书契考释》）。考古挖掘发现了曾竖有许多立柱的大型房屋地基，毫无疑问，它们用于王室的祭拜与仪典（参见石璋如《殷墟最近之重要发现附论小屯地层》，《中国考古学报》1947 年第 2 期，第 1—81 页，图版 5）。

② 译者按：法文原文作“房屋的土地之神”（le dieu du sol de la maison），英文译本作“房屋土地之祭坛”（the earth altar of the house）。这一翻译的差异同样存在于对“社”的理解之上。事实上这两种理解互不矛盾，这是因为无论是“社”还是“中霤”，首先都是一处空间概念，其次才是一方土地之神，而其所处之场所也即等同于其神之祭所。

池（impluvium，译者按：或译作“地井”）相比较①。后一种说法在古典时代与汉初当然成立，当礼书与注疏家们就“中霤”高谈阔论时，似乎它在当时仍存见于房屋中一般。可将此时所谓之“中霤”与先周部落的房屋构造相提并论则无疑是错误的。

---

① 《礼记 · 月令》孔颖达疏“中霤”条（顾赛芬译本，第1册，第372页；译者按：原文作，“郑意言：‘中霤犹中室’，乃是开牖象中霤之取明，则其地不当栋，而在室之中央，故《丧礼》云‘浴於中霤，饭於牖下’，明中霤不关牖下也。”）〔汉〕刘熙《释名 · 释宫室》（译者按，原文曰：“中央曰中溜。古者寝穴，后室之溜，当今之栋下，直室之中，古者溜下之处也。”）；Wilhelm 1928: 69；Chavannes 1910: 438；Granet 1926: 307 注2。高田忠周在其《古籀篇》（卷七十一，第10aff页）中，详细讨论了“中霤”从房屋屋顶中央的排水开口发展至带有集水坑房屋的演变，其中，周围屋顶的雨水被导入内部庭院的这一集水坑中。高田氏同时还将内部庭院与明堂的中央空间进行了比较。《公羊传 · 哀公六年》中，记载了一次于“中溜”（译者按，本书作者将“中溜”等同与“中霤”，下文同理）举行的“鱼菽之祭”。（哈佛燕京学社《春秋经传注疏引书引得》本，第474页）其中，齐相陈乞邀请了诸大夫至其家中，将其拥立的新君阳生以巨囊包裹，命力士“举巨囊而至于中溜”（参见 Chavannes 1897: 4.80）。或有人不禁发疑，这一中溜是否在这里并不简单地表示中庭内院。《礼记 · 檀弓》似乎以另一名称“内溜”表示同一空间，其曰：“季孙之母死，哀公吊焉，曾子与子贡吊焉，阍人为君在，弗内也。曾子与子贡入于其厩而修容焉。子贡先入，阍人曰：‘乡者已告矣。’曾子后入，阍人辟之。涉‘内溜’，卿大夫皆辟位，公降一等而揖之。”此处，曾子与子贡前往私宅吊丧，守门人因鲁国国君在场而阻其进入。当两人整理完仪容之后方许其进门。他们穿过了“内溜”，并受到了鲁君的接见。这里特别值得注意的是“涉”字，也即以步行蹚水穿过之意。（《礼记》，顾赛芬译本，第1册，第254页）[一个被汉学家忽视的语言学线索可以证明，中溜确实近乎于明堂的中央空间。目前尚未见有任何有关“明堂”一词确定及可信的解释。中国的注疏家及后续的汉学家们（sinologues），将其视为由“明”“堂”二字组成的表达（光明的殿堂之义，hall de lumière），并将其理解为“明确”地宣布政令，尤其是“授时”的所在。但是，作为一种假设，我们或可将“明堂”视作一“联绵词”（mots liés），即带有古老的双辅音形式的复合词（binômes）（如“命令”，译者按：据陈梦家先生考证周人有“命”无“令”，而商人有“令”无“命”。据此，则两字或同出一源而后分作两字。参见陈梦家《尚书通论》，北京：中华书局，1985，第207页；以及《殷虚卜辞综述》，北京：科学出版社，1957，第581—580页）。换言之，极有可能存在着一个“ming-t'ing”的双音词，它更接近于初始发音发生变化之后的双音词（参见第三部分对“明堂”之讨论）。此外，“堂”字也往往具有光亮与高拔之意（《广雅 · 释诂》：“堂，彰著明也”）。由此，“明堂”一词可以追溯至诸如“*mthang”或“*mthing”的某种形式，这样便可与藏语中一些语义相关的词语（本书将在其他地方进行讨论）进行比较，如“mdangs”意为闪耀、光彩；更还有“mthong（s）”，意为屋顶开口、宅中庭院，并被理解为中央洞口的天穹中心。]

无论中霤到底是何物，也无论建筑史学家在技术层面的答案会是如何，至少从宗教层面上来看，“屋顶开口”或“内部庭院”这两种理解中霤的方式是完全对等的（此两者皆位于住宅建筑的中心）。我们将很快回到古典时代晚期各位礼书注疏家笔下的中霤。但中霤到底是否存在于上古房屋之中呢？对此我们实际一无所知。近期的考古挖掘发现了一处非常古老的房屋，其中心有一个圆形空间，必然是生火之灶（见第三部分）。房屋顶部的开口（没有形容词“中央”）已见于《诗经》之中，但这些诗歌的地点与时间与上古房屋并无确切关联。但即使无关，其也肯定属于一处民房，且应十分古早（公元前 8 世纪或更早）。其中有两行诗句可资比较。其中一首《苕之华》曰“三星在罶”（汉代变体：**liôg，“屋顶开口”义）[①]；另一首《绸缪》曰“三星在天……三星在隅……三星在户”[②]（此处三星即猎户座之腰带三星）。在《绸缪》中，三星（猎户座）可从房屋的三个不同位置看到。如果这两段诗句都属于同一主题（显然也无法证明），“天窗”（skylight）一词或可适用于表示屋顶开口（汉语“天窗”一词稍晚才出现）。

但使问题更为复杂的是，《诗经》中另一首《荡之什 · 抑》还提及了一种名为“屋漏”的元素，应是指房屋西北隅，即屋

① 《诗经 · 小雅 · 苕之华》。当前版本写作“罶”，而非自汉代便已为人所知的“霤”。当前的写法毫无意义，高本汉采取第二种选择显然是正确的（Karlgren 1949: 117–120）。实际上，这两个字只是部首不同。

② 《诗经 · 唐风 · 绸缪》注疏以“三星”作为猎户座之代称，“在天”意为在东方，“在隅”意为在东南角。另一条注疏认为“三星”指心宿（天蝎座的三颗星），其在天空中的不同位置分别对应了时间上的三月、五月及六月。

中最暗之处。诗的上下文表明，即使是在屋中这一最为阴暗之处，神明依然能够观察到人类。[①]某些注疏家将这一角落视作专为神明所留，且认为诗中所描写者乃是诸侯宗庙（译者按：卫国公）。事实上，对于此段文字，古代注疏家可能与我们一样感到困惑。我们只能说，几个世纪后，礼书与辞书都将“屋漏”视为葬礼中于屋顶西北角所开之洞。按《白虎通义·崩薨》云：“人死必沐浴于中溜何？示洁净反本也。”[②]但其他地方则说应从屋顶西北角之“屋漏”取茅草（按《礼记》所言，此处被作为祖先之庙），并从西墙取土做灶。从屋顶所取的茅草应“以爨灶煮沐，供诸丧用”。[③]此外，灶边应挖一洞，用以倾倒脏水。汉代辞书《释名》曰，“辄撤屋之西北隅薪”，“时若值雨则漏，遂以名之也”[④]。由此，“中霤”的部分古老功能似乎已转移至西北角之“屋漏”，或者被后者所承袭。

在古典时代，中霤位列家宅五祀之神，受人祭拜[⑤]。但不同

---

① 《诗经·大雅·抑》（顾赛芬译本，第381页；译者按，其文曰：“神之格思，不可度思，矧可射思。”）《中庸》之中亦引有此句。（《礼记》，顾赛芬译本，第2册，第477—478页）。

② 《礼记·檀弓上》（顾赛芬译本，第1册，第157页）；《白虎通义·崩薨》（《四部丛刊》本，卷十，第4a页）。《礼记》明确指出，“掘中溜”是为了清洗尸体，那么这是挖出一个先前已经存在的坑，还是在庭院正中新挖一坑？此外，其又云“毁灶以缀足”，也即将灶打破以放置尸体的双脚。《礼记》进而表明，此为殷商之习俗，“殷道也”。但在《礼记》中另外一篇《丧大记》中，其曰“浴水用盆”，而未言及中溜，且“缀足用燕几”。（顾赛芬译本，第二册，第219页）沐浴尸体的水必须倒入西北或西侧所掘坑中，其中所掘出的泥土用于临时修灶以加热沐浴之水。

③ 译者按：原文译自《释名·释宫名》。

④ 《礼记·丧大记》，顾赛芬译本，第2册，第220页；《释名·释宫名》。

⑤ 译者按，《白虎通义·五祀》云：“五祀者，何谓也？谓门、户、井、灶、中溜也。所以祭何？人之所处出入、所饮食，故为神而祭之。”

的传统或因思想之衍化，或因地点与环境之不同而各异。[①] 在我们已经引用过的《礼记・檀弓上》（222 页注 ②）中有一段关于殷商丧仪的记载，其中开列有：中霤、灶、宗（墙所开之洞，以通棺木）、行（神之通道）与门（人之通道）诸神。这一名录与家宅五祀之神基本相互对应，其中，“户”取代了“宗”[②]。此外，《礼记・祭法》中亦载有另一“七祀”之名录：司命、中溜、国门、国行、泰厉、户、灶。[③]

家宅众神之主当然是居于中央的中霤。“中霤”对应了村庄与国家社会生活的中心“社”[④]，以及每年年中之时天子的中央居所“明堂”[⑤]。应该注意的是，这两处与中霤相对应的场所都具有位居世界正中，且与天、地自由交通的思想。（“亡国之社”被周以围墙并覆以屋顶，以此切断与天地之间的交通）。这种对称性非常清楚地反映了地面中央集水坑正对屋顶开口的观念。《礼记》注疏家注意到了这一点：当他们描述村中之“社”与屋中“中霤”的对应关系时，他们所引用的正是上古房屋的相同传统，其中地穴上部的覆土开有一洞，光线与雨水由此得以进入。更值得注意的是，“社”由土台、树、石组成，其一面向上升高，另一面则是向下低陷以及挖掘之处，这种建

① 《庄子・达生》中开列有家宅鬼神三种：“沈有履，灶有髻。户内之烦壤……”，即集水坑之神、灶神（乃一美人）及户神（雷之处所）。见于《庄子》第 19 章，第 8b 页，原文作：Chuang-tzu (Book 7, 19.8b)。

② 《礼记・檀弓上》，顾赛芬译本，第 1 册，第 99 页注 290，第 410 页。

③ 《礼记》，顾赛芬译本，第 2 册，第 266—267 页。

④ 《礼记》，顾赛芬译本，第 1 册，第 587 页。

⑤ 《礼记》，顾赛芬译本，第 1 册，第 372 页。

筑空间上的对立必然吸引了上古中国人的注意，并进而被纳入其对于宇宙的等级划分体系之中。《淮南子・天文训》中的一段文字便可作为典型代表，其曰：

阴气极，则北至北极（北＝下），下至黄泉（地下之河流，亡人居所），故不可以凿地穿井，万物闭藏，蛰虫首穴，故曰：德在室。阳气极（夏季），则南至南极，上至朱天，故不可以夷丘上屋，万物蕃息，五谷兆长，故曰：德在野。[①]

在这一系统中，南与天顶最高点（Zénith）相关联，北与地底最低点（Nadir）相关联。此外还可参见《礼记・郊特牲》中的基本原则，其云“阴（酒祭）达于渊泉”，“阳（燔祭）达于墙屋”[②]。此二者相结合，被应用于南郊祭天的仪典之中，其中，柴燔燃于祭所之东南（以祭天），血瘗埋于祭所之西北（以祭地）[③]。另在招魂仪式中，一人自东南爬上屋顶，仪式之后又自西北降下。稍后我们将看到一相反的原则，这时北（或西北）与向上的高度相关联（昆仑系统；北极星）。葛兰言很早就注意到了房屋与宇宙的平行关系[④]，尤其是“建木”这一概念。建木是南方的极点，也是连接天地之地心，顺沿建木则

① 《淮南子》，《四部丛刊》本，卷三，第 5a 页。

② 《礼记》，顾赛芬译本，第 1 册，第 612—613 页。

③ 《论衡・说日》；参见北京天坛及顺化南郊坛的布局（de Groot 1918: 146；另见《汉书》25B.8b 对于燔烧、瘗埋祭品的讨论）。

④ Granet 1950：349–356.

可以反复升降。有关建木的描述稍显含糊，其一方面与太阳相连，另一方面又与居于建木底部的怪兽窫窳（yà yǔ）相关[①]。在传说中，多余的九日及窫窳都被射手羿所射灭。出于这个原因，羿也便成了守护住宅中心之神，并与司命神相关联[②]。我们在上文中已经看到，司命位列家宅神的名录之中，虽然其在后世与灶神相融合，但在此处明显等同于中霤[③]。中霤这一家宅守护神很快便为灶神所取代，但在宋代，人们仍将其视作某种司命之神[④]；其中，中霤神不仅向主人提前预告大限之期，并还因

① 按《山海经》卷三《北山经》，窫窳居于北方；但按《山海经》卷十《海内南经》所载则居于南方，位于西弱水之上。

② 《淮南子》卷十三《氾论训》，第 28b 页。译者按，其文曰："羿除天下之害，死而为宗布。此鬼神之所以立。"

③ de Groot 1886: 2.457. 按宋代孟元老《东京梦华录》卷十云："二十四日交年，都人……帖灶马于灶上。以酒糟涂抹灶门，谓之'醉司命'。"又汉代应劭《风俗通义》卷八《祀典》云："常以腊日祀灶。"这里的"腊"与"八蜡"之"蜡"（zhà）相通假。

④ 在汉代，司命被认为是极星文昌，并与天之高处（天门）及天心相关联。与司命一同享祭者还有"司中"，《周礼 · 大宗伯》云："以槱燎祀司中……"（毕瓯译本，第 1 册，第 420 页）另一种对于司命神之理解见于《楚辞 · 九歌》，英文翻译参见亚瑟 · 伟利（Arthur Waley） 1955：37，注解参见第 39—40 页。文昌（司命）之后又与魁星（与文昌相等同）被供奉于城镇、村庄大门上方的楼阁之中，其形象为一足独立。在汉代，司命被想象为一高大之人（八尺，与测景土圭等高），但其神像却极小，按《风俗通义》卷八《祀典》云："木长尺二寸为人像，行者檐箧中，居者别作小屋。齐天地大尊重之……"八尺高之圭表立于"地中"，也就是"天地之所合"，在日中时正好于地上投出一尺五寸长之影（"二"与"五"两字常容易混淆；《周礼 · 地官司徒》，毕瓯译本，第 1 册，第 201 页），这或许并非偶然。同样引人注目的是，景（影）这个字，意思是高度［小山］、影子、圭表和国都，其上古字形表现为一座干阑或大门之上的楼阁（见图 55［d］号）。可以说，在中霤（及屋顶开口）与灶之间，司命之神占据了"中央的、光明的、贯通天地的"这样一个特殊位置，其以"天"的元素为主导（高度、升高 / 楼阁、单足 / 立柱）。这一"天"的属性更为值得注意，因为司命是萨满（楚巫）的崇拜对象。但是根据《风俗同义》，他是唯一一位被大众广为崇奉的神明，这也表明他与民间宗教的关联（人们将其神偶携带于旅途中；以同样的方式，君主旅行时，社神之神主也被载于车中，见下文）。

其主人曾经的恩惠而对其寿算进行干涉[①]。我们还将看到灶与中霤或井之间相互替换的其他案例。[②]

在家宅神的名录中，"井" 取代了 "行"[③]。这是因其水的特性而与中霤有着明显的关联。尽管中霤持续出现于名录之中，但它的位置似乎已被内部庭院所取代了，也即 "天井"。在《白虎通义・五祀》所载祭祀家宅神的牺牲品目中，其有 "中溜以豚（小猪）" "井以豕（猪）"。[④] 我们知道，在中国农民的住宅中，猪圈与厕所实际混合为一，集水坑或者说泥坑也自然就是养猪的所在。在对东北地区挹娄的民居进行描述时，汉语文献清楚地表明其 "作 '溷'（bourbier，或写作 '厕'）于中，圜之而居"[⑤]。两千年后的现代中国，猪头被置于高桌之上，陈于庭院之中（译者

① 《春渚纪闻・中霤神》，收入《说郛》涵芬楼本卷二，第 12ab 页。（译者按，其文曰："中溜之神，实司一家之事而阴佑于人者，晨夕香火之奉，故不可不尽诚敬……又朝奉郎刘安行，东州人，每遇啜茶，必先酹中溜神而后饮。一夕忽梦一老人告之曰：'主人禄命告终，阴符已下，而少迟之，幸速处置后事，明日午时不可逾也。' 刘起拜老人，且询其谁氏，曰：'我主人中溜神也，每承主人酹茶之荐，常思有以致效，今故奉报也。' 刘既悟，点计其家事，且语家人，神告之详，云：'生死去来，理之常也。我自度平生无大过恶，独有一事，吾家厨婢采苹者，执性刚戾，与其辈不足，若我死，必不能久留我家，出外则必大狼狈，今当急与求一亲，使之从良，且有所归，则我瞑目矣。' 因呼与白金十星，以为资遣。语毕，沐浴易服，以俟时至。过午，忽觉少倦，就憩枕间，复梦其神欣跃而告曰：'主人今以嫁遣厨婢之事，天帝嘉之，已许延一纪之数矣。' 已而睡起安然，后至宣和间，无病而卒。"）

② 溷（猪圈）中女神乃是一美人（《白泽图》），后被称为紫姑。在《礼记》（顾赛芬译本，第 1 册，第 554 页）中，她也是一名负责管理灶台的老妇。其后，女灶神又演变为一美人（《酉阳杂俎》卷十四《诺皋记上》，第 2b 页）。

③ 《白虎通义》；《汉书・郊祀志上》，卷二十五上，第 4a 页；《论衡》，伏尔克（Alfred Forke）译本，第 1 册，第 119 页。

④ 《白虎通义・五祀》载有三说，其一曰："祭五祀，天子、诸侯以牛，卿、大夫以羊。" 其二曰："户以羊，灶以鸡，中溜以豚，门以犬，井以豕。" 其三曰："中溜用牛，余不得用豚，井以鱼。" 其中，似乎只有第二说合乎情理。

⑤ 《后汉书・东夷列传》，第 2b 页；《三国志》卷三十《魏书》，第 7b 页。

按：在祭祀场合中）。牺牲是献予上天的，但猪无疑代表了向上天所敞开的庭院。十分重要的是，猪也被称为“豚元”（或作“沌元”“豘元”，一义为宇宙太初之道，一义为乳猪）[1]，这是因为“豚”是专门祭祀中霤之牺牲，有着相同的语音元素[2]。

“豚”也写作“豘”，又可作“沌”，出现于双音节词“浑沌”之中，意为无秩序之“混乱”（chaos）。[3]“浑沌”表示一片浑浊不清之水，据《庄子》所载，其为“中央之帝”，周身无窍[4]。（在中国历史上曾有一位女士被如此迫害，其手足被断，七窍被封，若一肉球，名为“彘”，意为“母猪”[5]。）“浑”（或“混”字）字作为复合词的首字（其两种书写形式只用于显示发音，并皆有关于水的模糊概念），其无疑与表示猪圈的同音字“溷”（音 hùn）字关系密切，尽管其字形相异，但我们在此处只关注语音问题。

〔灶〕

［近一千年以来，中国的住宅因地而异，形式多样。但除了上文已经提及的特别案例外，最常见的建筑形式为一种四周

① 高延将“豘元”译为“origine de la chair de porc”（猪肉之起源）显然有误。（de Groot 1886: 1.47）

② 《管子 · 枢言》。译者按，其文曰：圣人用其心，沌沌乎博而圜，豚豚乎莫得其门。

③ 此“混”可与“元”字组合为一双音词“混元”，与“豘元”完全对应。这一“混元”有“先天混沌之气”（souffle primordial, chaotique）之意。

④ 《庄子 · 应帝王》，戴遂良译本，第 269 页；哈佛燕京学社《庄子引得》，第 21 页；Granet 1926：543-544。

⑤ 《后汉书》卷十上，第 8b 页；及《史记 · 吕太后本纪》；参见 Granet 1929：50。译者按：此言吕后所迫害之汉高祖宠妃戚夫人。

封闭，且向上开放的空间（见图 56—57）。有时四座房屋围合出一内庭，也即一处院落，或者说“天井”。有时则只由三座房屋围合，沿街入口的第四面由墙封闭，正房则位于后方。在这种宅形中，只有大门打破其封闭空间，门内则起建砖石之“屏风”以防外人窥探，也使得所有人须走“之”字（zigzag）进入。如此，整座城市的鸟瞰则有一种蜂巢感。大户宅邸与宫府可以有若干进院落逐次展开，但其四周封闭的规划原则是不变的。这一原则也主导了乡村中的建筑，它们大都由围墙（如山西、广东）或树篱（如四川部分地区）所围合；越南亦是如此。在公元最初的几个世纪中，同样的规划原则也见于墓葬中所发现的作为冥器的陶屋模型（见图 58—59）。[1]

下面想就“灶”的问题再稍作讨论。在历史的发展过程中，从古典时代到今天，灶的宗教功用变得越来越重要，但它在古代房屋中的位置却不是一成不变的。《论语》中孔子的一段隐晦语句将灶归位于房屋之西南隅，一处尊贵的方位，其云“与其媚于奥，宁媚于灶”[2]。“奥”“灶”两字同韵（灶，tsao <**tsôg；西南隅之“奥”，ngao <**'ôg）。按《尔雅 · 释宫》所云，西南隅之“奥”是屋舍之中最为隐蔽之所。该字含有“黑暗、神秘、深邃”的含义，亦有“家宅神”之意（日语中保留有“奥”——“oku”一词，例如表达房屋内部之意的“奥

① H. Maspero 研究了一个越南的重要案例（H. Maspero 1932: 图版 43）。有关照片与描述，参见 Talon-Noppe 1983。从天井庭院到天花板上象征性的开口是一个直接的演变（见下文）。

②《论语 · 八佾》III，13.1。

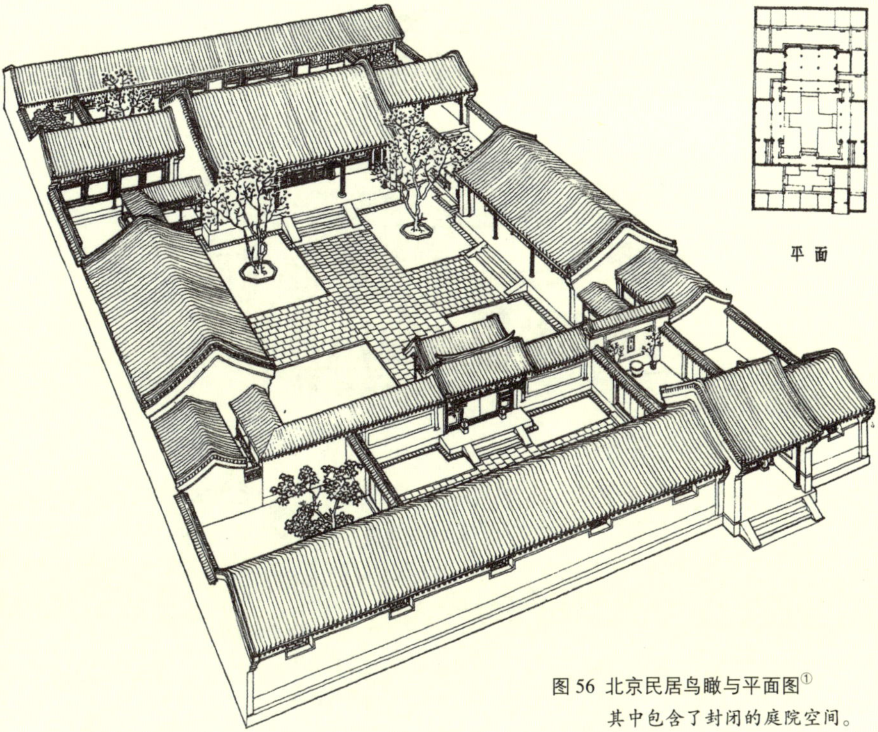

图 56 北京民居鸟瞰与平面图[1]
其中包含了封闭的庭院空间。

图 57 具有封闭空间的北京民居
1981 年，石泰安摄。

① 刘敦桢:《中国古代建筑史》，前揭，第 319 页。

图 58 汉代陶屋模型[2]

向き”——“okumuki”，以及表达妻子之意的“奥さん”——“okusan”）。在中国古代，“奥”是老妇举行祭祀之所[1]。

注疏家因此以“灶”来解释“奥”，因为灶神是老妇、“先

① 《礼记 · 礼器》，顾赛芬译本，第 1 册，第 554 页。译者按，其文曰：“燔柴于奥，夫奥者，老妇之祭也……”

② 广州市文物管理委员会编：《广州出土汉代陶屋》，北京：文物出版社，1958。

图 59 汉代陶屋模型
巴黎吉美博物馆（Musee Guimet）藏；巴黎国立博物馆（Musees Nationaux, Paris）供图。

炊”，或一位稳婆（《庄子》，及稍晚汉唐间之文献），而火则以男性神代表（炎帝，有时则为黄帝）。（经过数百年湮没无闻之后，这位女神再次出现于晚期道教与现代民间宗教中；见第三部分，她居于昆仑山之上）但我们已经看到，西北隅在《诗经》中是最为昏暗的角落，也即“屋漏”之所在（有时则为洞）。但这里未见有烟囱，我们也从未在汉墓所出土的陶屋模型中发现烟囱。[①] 我们今天仍能在部分传统房屋（尤其是农舍）的侧面山墙处上看到一处三角形开口。有的时候开口位于屋顶中心，并另有一小屋顶罩于其上（见图 60—61，以及增图 15）。巴黎赛努奇博物馆（Musée Cernuschi）收藏有一件汉代陶屋模型，其中便见有这一构造。日本也是如此，山墙侧面三角开口处常见有汉字“水”字，这显然是为了避火。[②]

作为家宅之神，灶神与中霤神的地位具有一定的竞争之势。灶也可以与井相提并论，如《抱朴子》中便言明应避免“越井跨灶”等过失，以免得罪于神明[③]。我们应注意，火与水之间，具有某种交替的关系。在现代中国，灶神（男性）是司命之神，同时也是家宅的土地之神。他于年终之时乘鲤上天，朝觐天帝，就一户人家的所作所为进行汇报（黄河中也有鲤鱼逆流跃上龙门，并于暴风雨之中变化成龙的著名传说）。“竈”字（译者按：“灶”之繁体）由一“穴”（表意）及一“鼀”字（表音，tsou< **ts’iôk，“蟾蜍”义）构成。表音的部分是否也暗示了该字具有水生动物的含义？这种观点在中国古代会被认

① ［在这些冥器模型中，厨房灶台显然像一座房屋。填入燃料的灶口像一扇门，有时灶门一侧饰有人物（如一西安墓葬所出，俞伟超：《西安白鹿原墓葬发掘报告》，《考古学报》1956 年第 3 期，第 41 页）。不同的方位通常由常见的动物标志所标记：北（入口）为龟蛇，西为虎，等等（参见 Segalen 等 1935: 222–223）。有时烟囱设于与门相对的另一端（Laufer 1909: 80–89），1103 年至 1106 年刊行的《营造法式》卷十三清楚地描绘了一“灶突”，其超出屋顶“三尺”高。］

② ［参见下文在天花板中央的“藻井”或天井（象征性的而不是真正的洞口）。在日本民居中，“囲炉裏”（irori）位于房屋中央（方孔）。“自在鉤”（jizaikagi）自梁上悬下，用以悬挂锅釜，其配重通常是一大鱼。炊烟自房顶的圆孔散出（Jouon des Longrais 1958: 69）。］

③ 《抱朴子 · 内篇》卷六，约公元 300 年。

图 60 屋顶侧面带有排烟道的四川民居
1981 年，石泰安摄。

图 61 屋顶开有“气楼”用于通风排烟的日本房屋
1974 年，石泰安摄。

增图 15 屋顶开有“气楼”的北京南新仓建筑遗存
2023 年，陶金摄。

为是错误的。但一则晚出的颠覆性材料表明：灶中火神宋无忌同时也是月神，而月神的符号则为三足蟾蜍。[①]

香炉的顶盖之上也见有相同的月蟾，而早在汉代，蟾蜍便出现于象征仙山的食器顶盖之上（与第一部分第一章所讨论之博山炉相仿）。几个世纪后，三足蟾的形象又被应用于焚香或熏香炉之上。这种形制早在 9 世纪李商隐（字义山）的诗中便已出现[②]，按注疏所言，蟾蜍这种动物知晓如何“闭

① [艾伯华注意到了“竈”字中的“黿”（蟾蜍）（Eberhard 1942: 2.71），他将其归因于洪水神话的遗留：它体现为臼及灶上的蟾蜍（Eberhard 1942: 2.199，引自 Granet 1926: 2.430–431）。杨堃在其《灶神考》（1944）中对这一题目进行了系统性的研究。对于宋代注疏家来说，“竈”字之“黿”——蟾蜍不仅仅表声，也具有实切含义。]
② 引自《辞源》“金蟾”词条下。译者按：原诗为“金蟾啮锁烧香入，玉虎牵丝汲井回”。

图 62 中国台南一处寺庙中之焚纸炉（左）及其上之三足蟾式烟囱（右）
1986 年，郭丽英提供。

气”。[①] 在现代中国，尤其在四川汉藏走廊的寺庙中，常建有用以焚烧纸质供品的六角砖塔（译者按：谓之“字库”“字库塔”“惜字塔”“焚字炉”等）。它们采用中式多层宝塔的形制，烟道上口被塑为三足蟾之形（见图 62）。[②]]

〔天地中心〕

高田忠周在其《古籀篇》中曾对中霤与明堂的中央空间进

① ［暗指道家的闭气胎息功夫以及冬眠的动物（它们也在冬眠中闭气）。内丹学经典《金液还丹印证图》（《正统道藏》涵芬楼影印本，哈佛燕京学社《道藏子目引得》第 151 号，第 5b—6a 页）中的一幅插图展示了一件安于三层坛上的三足香炉。坛下卧有一三足之蟾，口吐祥烟。］译者按：参见图 32。

② 以及 Boerschmann 1914: 2.179 及图版 17。［我曾在康定看到一座焚纸炉，其顶上有一蟾蜍状烟囱，位于一座藏族寺院院中，旁边有一两层阁楼。藏族民众在宝瓶状焚化炉中焚烧柏枝，该炉常位于屋顶上，但其烟囱不是蟾蜍状的。］

行了比较（参见220页注①）。在此之外，我也已经简要指出了国都、居室之天地、明堂，以及带有中庭的住宅这几类范畴在平面布局上的平行关系。建立首都需要先树立圭表（译者按：即日晷）进行勘测，我们也已经看到宇宙中心树（译者按：建木）的观念与司命神的紧密关联。

圭表的问题非常复杂。在葛兰言所引用的《诗经》段落中[①]（译者按：《定之方中》，“望楚与堂，景山与京”），周王通过测量山丘的阴影（或光线）来为国都选址。其中，“京”字有国都之义。“景”（音yǐng）字首先意为“光”（lumière），其次为“影”(ombre)[②]。此外，“景”字也还有圭表的含义。按《周礼》所言，“土圭”为南北朝向，水平安放于地面，其南端设一八尺高之“表”，正午时分，表杆之影投于土圭之上。这一“圭表”被用来确立天地相通之“地中”[③]。从自然的角度来说，在中国北方，想以圭表的“日中无影”来探寻神话与宗教中的理想地心中点（centre de la terre）是不可能的，这种情况只能去到更为遥远的南方才能实现。而且从汉代起，人们便已对这种“无影”的可能性开始抱以怀疑的态度[④]。

从宗教观念的角度来看，这一理想中的中心位于南方，这

① Granet 1950: 118.

② 可参见《颜氏家训》卷下，“书证”对此的讨论。

③ 译者按，《周礼·地官·司徒》曰：“以土圭之法测土深、正日景，以求地中。日南则景短多暑，日北则景长多寒，日东则景夕多风，日西则景朝多阴。日至之景，尺有五寸，谓之地中：天地之所合也，四时之所交也，风雨之所会也，阴阳之所和也。然则百物阜安，乃建王国焉，制其畿，方千里而封树之。”

④ 参见R. A. Stein 1947: 18-19。

是因为南方是太阳顶点的所在。从实践的角度，天地中心之轴也位于南方，与太阳顶点（zénith）相对。因此，建木不但是“众帝所自上下”的通道，而且还“日中无景，呼而无响”，它位于南山，是为“天地之中”。[①] 同理，君王于仲夏之日立于明堂正中之位，与南方对应。

“树”代表了四个方位极点（太阳周行之位），亦可表现为天柱般的高山。这些概念应是众所周知的，不需要我在这里重复。值得一提的是，国都的布局是通过测量山丘或圭表之阴影而确定的。稍后我们将看到这两种元素相结合后所形成的两种重要思想：昆仑山位居天地中央，其顶峰立有一柱；而社坛亦位居某一居住地之中央，并也是生有大树，或是立有柱子、石头的一处土台。《楚辞》中有一首诗歌很好地诠释了这组主题[②]，其中，山鬼自言自语道：“表独立兮山之上。”[③] 众所周知，山鬼或山魈只有一腿[④]，亚瑟·伟利（Arthur Waley）指出，这首诗所表达的必然是楚国的圣岳天柱山[⑤]。

我们在这里无法讨论有关“明堂”的那些聚讼千年的问

---

① 《淮南子》卷四《地形训》，第 4a 页。伊利亚德注意到巴勒斯坦地区有着完全相同的传统：夏至时分，地脐（nombril de la Terre）无影（Eliade 1951: 243）。（译者按：圣城耶路撒冷被谓之大地之中心，即地脐。）《吕氏春秋》（卷十三《有始览》，第一段“有始”）中，亦有与《淮南子》相似之记载可资印证，其曰：“极星与天俱游，而天极不移。冬至日行远道，周行四极，命曰玄明。夏至日行近道，乃参于上。当枢之下无昼夜。白民之南，建木之下，日中无影，呼而无响，盖天地之中也。”

② 《九歌·山鬼》，Waley 1955: 53，55。

③ 亚瑟·伟利的翻译未能保留“表”（日晷）的含义，而以其作为一动词。译者按：以作者之见，此句应理解为，如表杆一般立于山巅。

④ Eberhard 1942: 30ff.

⑤ Waley 1955: 55.

题。毫无疑问，明堂最初只是一个虚构的建筑，但最早在公元前2世纪便已被具体实现。与其相关的诸多观点都各不相同。明堂最核心的问题是其平面，其中央为一方形空间，四周环绕以朝向四方的屋室。与纵向高度相关的概念稍后被增入其中，但似乎并非固有内容。在一种观点中，明堂是一种带有双重屋顶的楼阁，并以“复道”（有顶之走廊）作为入口，这一复道的名字十分重要，其名曰“昆仑”[①]。我们将在第三部分讨论这一问题。

关于明堂形制的推论出现得相对较晚，但其平面布局应与商王大墓相类同（见图63），两者均呈“亞”字形。这些墓葬的中心都有一腰坑，另有四或八坑分布于主要方位点之上。坑中皆埋有人牲或动物牲一具（有时两具）。墓葬显然不是房屋，但两者具有可比性，因为墓葬代表了逝者的安栖之所。在许多房屋的营造仪式中，都有将人牲置于中心柱之下或入口之下的做法；牺牲由此成为房屋的守护神。因此，商王墓葬中的殉牲坑可类比于房屋的支柱。在“亞”字形墓葬中，犬牲被瘗埋于中央腰坑之内，而在中国古典时期，犬是献祭大门的牺牲。我们已经知道，汉代东北地区的民族曾建有非常深的地穴住宅（见上文），如此将埋于商墓中央的犬牲与东北地区的“引魂犬”（chien psychopompe）相比较，也许不会失当。引魂犬专门负责将逝者的灵魂引至祖先所居之山中[②]。科里亚克人

① 关于这一观点的恰当总结，可参见 Eberhard 1942: 1.249-252。

② R. A. Stein 1940: 134-136,143.

图 63 河南安阳商王大墓（约公元前 1400 年至前 1000 年）[2]

（Koryak）将献祭之犬悬于立柱之上，负责守护一处大家族的居所，进而成为村庄的守护者[1]。需要注意的是，这种立柱通常位于山丘之上，因此与中国村庄的社坛近似，并与住宅正中之中霤相对应。此外，商王大墓之墓圹呈倒锥状，这一形制与后来出现的昆仑山的表征相对应：一座锥形之山立于倒锥形深渊之上。

① Jochelson 1908: 1.36–37.
② 梅原末治 1942.

第二章　屋顶中央开口

在不同的地理区域中，位于屋顶中央的开口分别具有四种不同的功能，在一部分住房中可能只具有单一的功能，而在另一部分中则可能结合其中几种甚至全部四种的功能。现谨分列于下：

（1）烟囱，排烟通道，其下方与灶相通，位于房屋正中；

（2）窗户，采光通道；有时是房间中唯一的光源，有时（似乎在发展更为成熟的阶段）墙上也会增开一扇窗或门；

（3）门，出入通道，常以切有槽口的树干作为梯子（un tronc d'arbre muni d'entailles；译者按：以下译作“独木梯”）；有时这一出入口专为特殊阶层的居住者（男人、勇士）使用；在这种情况下，则另开一门以供其他居住者使用；

（4）雨水能够进入的开口，与其相对应，房屋正中也必然设有一储水设施（蓄水池或集水坑）。

对于中亚和远东地区以外的国家，我只能从阅读中随机挑选一些相关的现象描述。在同一地域、人群之间存在的一些相似性并不能总以迁徙或影响来解释，它们通常是因为人们各自所发现的相似问题，以及解决这些问题所应用的相似方式。因此，人们在苏丹（Soudan）能够发现的住房特征，同时也可见于中国东北及西伯利亚沿海地区的住房之中。那里的人们冬天使用地穴式住宅，而在夏天的迁徙中则使用可移动的棚屋。中国东北也存在相同的季节性居住形式，并已见于中国古代汉文文献的记载之中。地穴式住宅有两个入口：一处由斜坡进入，专供女性使用，男性则使用另一处竖井入口。竖井之“门”最常以独木梯出入，而这也正是科里亚克人所使用的系统。地穴房屋通常呈“亞”字形布局，带有较小的侧室，而这也正是明堂以及商王大墓的布局。地穴经常与一地面小屋相通；在演变的过程中这一小屋变得越来越重要，直至地穴空间最终退化为一单纯的窖穴。由此，地下部分归属女人与牲畜，上层小屋则由一家之主使用。这种“地上”与“地下”的等级与对立观念（男与女，上与下）在远东地区十分常见[①]。这种相似性使我们在这里只以“相似现象”（phénomènes analogues）来展开讨论，而非囿于“影响”（influences）。

〔其他地区民居之屋顶开口〕

对于西方传统，除了古罗马的“天井-地井-中庭”（compluvium-impluvium-atrium）之外，我们还可以参考上古时期的印欧（indo-européennes）住宅及其在屋形

① 参见 Martignon 1941-1942: 559-567。

瓮（Hausurnen）[①] 上的表现（中国古代也有形似房屋之魂瓶；见上文）。位于屋顶中央的开口曾被用作烟囱或窗户（希腊之“kapnodokè”，俄罗斯之“dimvolòkă”[②]）。花剌子模（Xwarezm）“Celteminare”新石器文化的年代可追溯至公元前4世纪至前3世纪，在一处名为 Janbas 4 的遗址中[③]曾存在有一座体量较大的房屋（24米 ×17米），由木材与灯芯草建成。房屋的平面呈卵形，其结构由三圈依同心圆布排的立柱构成，主灶位于同心圆之中心。房屋入口为一狭窄通道，其两侧栽有立柱，直通位于中央的主灶（一如中国半坡的房屋）。在入口右侧与主灶之后是几处厨灶。人们在屋顶的构造中预留了一处排烟洞，位于中央灶火的正上方（半坡亦有相同的结构）。考古学家提到了安达曼群岛（Andamans）的“大房子”（maison commune），这似乎是与该遗址最为相似的建筑。中央主灶显然是神圣的，它扮演了重要的角色并明显区别于周围可移动的厨灶。

在高加索（Caucase）地区，我们发现了一些更接近于西藏的元素：堡垒式房屋（maisons-forteresses），阁楼式住宅［位于奥塞梯（Ossétie）］，带有中央开口的高大房屋（格鲁吉亚语谓之“darbazi”；奥塞梯语谓之“ärdoyani sakli”；“屋顶

① 译者按：见公元前7世纪左右，德国中部的骨灰瓮文化（Hausurnenkultur）墓葬之中，用于安放骨灰。

② 参见 Schrader 1917 s.v. *Dach, Haus, Fenster, Bestattung*；关于瓮的图片，参见该书180页。

③ 译者按：今属乌兹别克斯坦。

增图 16 南奥塞梯（高加索地区）房屋示意图：居于中央之灶塘以及椎状烟囱[2]

开口”在格鲁吉亚语中名为“gvirgini”，在奥塞梯语中名为“ärdo”），房屋的三面通常埋于土中，配有独木梯，灶火位于中央，也即屋顶开口的正下方（见增图 16）。[1]

① Džandieri, Režava 1940：39–45.［位于屋顶开口下方，房屋中央的灶，地下室，平屋顶（人们跳舞的地方），以及塔楼（有七层）都可见于该书的记载之中（Dumézil 1930: 21, 26, 47, 52, 58, 63, 134）。］

② Džandieri, Režava 1940：42；转引自 R. A. Stein 1957a：171。

〔中亚地区之屋顶开口〕

［在奥莱尔·斯坦因爵士（Sir Aurel Stein）所挖掘的和田（Khotan）地区古代房屋遗址中，平面图显示了一处由柱子所环绕的中央空间[①]，这里有时作为灶火。作者推测这些柱子用于支撑屋顶开口的框架，并将其与该地区现代突厥房屋之“烟洞”（tungluk）进行了比较。］

在中亚地区的石窟与宗教建筑中，冯·勒柯克（Albert Von Le Coq）将其中各种与叠涩式屋顶（toit en encorbellement）相结合的屋顶开口和兴都库什（Hindukush）、帕米尔（Pamir）以及其他地区的房屋进行了比较（见图64—65）。[②]敦煌石窟中，此类屋顶开口被表现为雕刻或彩绘穹顶的形式，有时非常风格化，日本考古学家称其为“天井”（见图66—67）。（他们也把相同的术语应用于古代朝鲜墓葬中与此类似的室内穹顶。见增图17）[③]在这一点上，他们实际遵循了中国传统中一种可上溯至汉代的建筑元素，我们稍后将对这种室内顶棚中央的装饰构造

① A. Stein 1907 1.322, 332；另参见 Grenard 之描述（收入 Dutreuil de Rhins 1898: 2.97, 99）。

② Von Le Coq 1925: 31-32, figs. 238, 240-241; p.101, fig. 238 (Armenia); p.103, fig. 244 (Tun-huang) .

Von Le Coq 1925: 31-32，图 238、240-241；第 101 页，图 238（亚美尼亚）；第 103 页，图 244（敦煌）。考古学家称这些室内屋顶形式为灯笼式屋顶（Laternendecke）。巴米扬石窟（6—7 世纪）中发现了此类屋顶的多种形式，它们通常用来装饰穹顶（voûtes en coupole）或“摇篮”（berceau）拱顶。其修建方式是在一个低处的外部正方形之上覆盖以一个较小且旋转 45° 的正方形（其边角因此形成一八边形），然后再于其顶上加盖一层圆形（见图 64、65 与 67）。此类结构有时能够构成较深的穹顶，犹如一个去顶之金字塔（Tarzi 1977: 图版 2, 第 85、190—191 页，以及第 2 册之 图片、截面及平面图）。

③《中国佛教史迹》中所收关野贞之论文（常盘大定 1926-1931: 3.63, 65, 101 及照片）；关于高句丽时期（4—6 世纪）朝鲜墓葬，参见朝鲜总督府 1915：图版 214。

图 64 阿富汗犍陀罗地区巴米扬大佛窟，会堂之天井
巴黎国家博物馆提供。

图 65 米斯加尔（Misgar）[1] 一处房屋之顶棚
巴黎国家博物馆提供。

① 译者按：今属巴基斯坦。

图 66 敦煌莫高窟第 61 窟天井（约 10 世纪）[①]

① 敦煌文物研究所编:《中国石窟: 敦煌莫高窟》(五)，北京: 文物出版社，1987，图版 53。

图 67 新疆克孜尔千佛洞某一窟之仿木天井
伯希和摄。

增图 17 一处朝鲜古代墓葬之天井 ①

① 《朝鲜古迹图谱》，卷二：no.548；转引自 R. A. Stein 1957a: 183。

进行专门讨论。实际上，洞窟中的中文题记将这一屋顶元素称为“天窗”。[①] 在《鲁灵光殿赋》中，“天窗”(又作“方井”)一词也用来表达汉代宫殿顶棚上的方形装饰构造[②]。

〔汉族聚居区之藻井〕

[这种顶棚装饰构造也被称为“藻井”，“藻”在此处象征了水，因此具有防火的寓意。[③]《梦溪笔谈》(11 世纪)论曰：“屋上覆橑，古人谓之‘绮井’，亦曰‘藻井’，又谓之‘覆海’……唯宫室祠观为之。”[④] 除此之外，“藻井”还有“方井”，“圆泉”或“圆渊”之称谓。[⑤] 值得注意的是，这一室内屋顶

---

① 伯希和未发表的笔记，第 51C 窟题记：我在天窗绘制了四方佛……（à la Fenêtre du Ciel j'ai peint les boddhas des quatre orients...）。伯希和注意到天窗中常见有蟠龙（如 102 窟；另见他对 95 窟与 97 窟之注释）。

② 约公元前 150 年至前 120 年；收入《文选》卷十一；另见张衡《西京赋》；参见 Bulling 1955: 30–31。

③ Demiéville 1925: 240–241。周代便已出现在建筑梁架上饰有水生植物“藻”的记载。(《礼记 · 明堂位》，第 38a 页；及《论语 · 公冶长》，第 17 页。译者按：两处文献均有“山节藻棁”之记载)。然而，此处防火的考虑似乎并非与顶棚中央的装饰构造有关，而是与梁架有关。这种防火的象征也表现为屋脊两端的水生动物（龙、海牛、鸱吻）。此类装饰被沿袭至今，并有多种变化。据传，其历史可上溯至西汉武帝太初元年（公元前 104 年）柏梁台大火之后（参见 R. A. Stein 1947: 267–271）。但是所有提及此类纹饰的学者都将其追溯至汉以后。

④《梦溪笔谈》(卷十九《器用》,《说郛》本，第 3b 页)。“绮井”一词与上段所引汉《鲁灵光殿赋》(卷十一）中之“天窗”关系密切。其下一句提及“圆渊”与“方井”，并配有“反植荷蕖”(即枝干固定于上，花朵朝下)，犹如从这一水面中所生出。一如《鲁灵光殿赋》,《梦溪笔谈》并未提及“藻井”一词。在沙畹对此赋的翻译中，他将其译为“圆形凸起”(renflements ronds）和“方形装饰板”[caissons carrés,（还是复数形式！)]，并认为这些凸起物位于方板中央（Chavannes 1913: 31）。

⑤ [戴密微认为这些术语表示“圆形穹顶，或者最初为简单的玫瑰窗形的装饰，并饰有水草，其布满了房屋内部的最高点”。天花板是平的，但“井”形成了一处空心凹陷，其应是拱形的凸起。(Demieville 1925)]

的中心，无论其是方形还是圆形，还是象征了被置于高处的“井”或是“海”，都被投影于地面一块方形石板之上。石板被分为八边形，其中包含八个小正方形，它们向内与位于中心的圆形团花相接。

藻井自身由三层元素组成：其最底层为“方井”，中间为“八角井”，最高处谓之“斗八”。此外，又于“顶心之下施垂莲或雕华云”①。在帝国晚期（1699年及以后）宫殿的藻井中，可见有八龙“缠绕于八角所悬垂花柱上”，第九条龙则“雕于圆顶之顶部”（见图68—69，另参见增图18）。②

在本书的第一部分中，我们已经看到洞穴世外天地中自下而上以及自上而下的相互投影。稍后我们将看到类似的八瓣莲花的倒置，其在下方出现于地板之上或成为莲座，在上方则出现于藻井之中（见第三部分）。

这里我们来看一个有趣的事实。汉代之后的文人，以及那些实现他们思想的建筑师将梁架上的“藻”饰转移至了屋顶正中心，同时，他们还通过在地面上对其进行描画来复制这一中心。人们将此视为一种以水克火的方式，由此“天窗”似乎也

---

① 译者按：原文译自《营造法式》，《四库全书》本，卷八，第4b页。

② 戴密微（Demieville 1925：241注1）引用了鲍希曼著作中普陀山法雨寺大殿的平面与剖面图（Boerschmann 1911：1.72-73，图78、79，及图版31；即本书图68）。另参见北京天坛祈年殿之圆顶，以及河南辉县明代无梁殿道观（汤文兴、吕品：《河南省辉县百泉凤凰山发现明代无梁殿》，《文物》1965年第10期，第67—69页。）。这一主题已见于7世纪朝鲜一处墓葬的“天井”之中。这一天井由一个大正方形套嵌另一个旋转45°之小正方形，两者构成一八边形。在天井最高处，则有一螺旋状之蟠龙居于圆顶之中（韩国国立中央博物馆1979：“江西大墓”，第84页）。

图 68-1 浙江普陀山法雨寺剖面图[①]

其中藻井八角各施盘龙垂花柱。

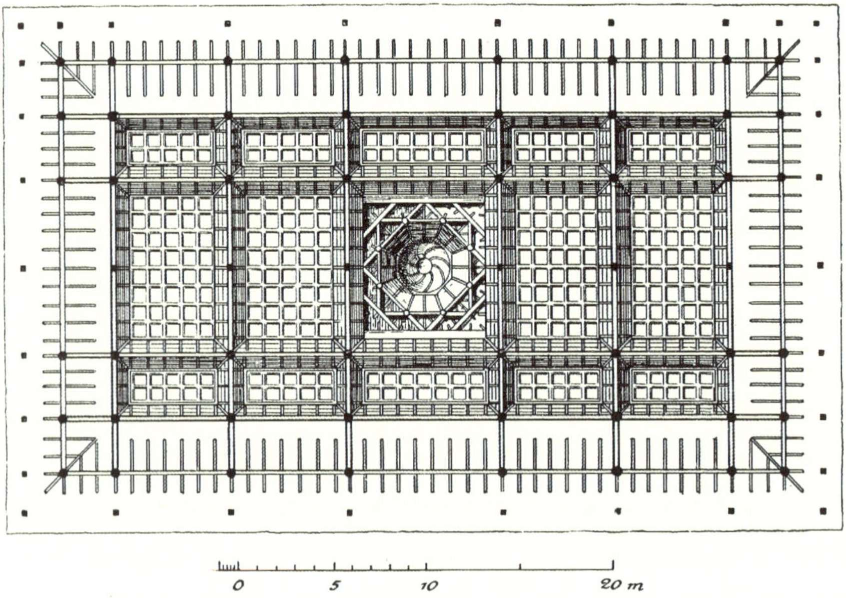

图 68-2 浙江普陀山法雨寺天花平面图[②]

① Boerschmann 1911，第 1 册：图版 31。

② Boerschmann 1911：1.72.

具有了一种烟囱的含义。

这种假的室内屋顶开口不仅具有和水的直接关系（作为一口井）以及与火的间接关系，而且还与光有关。在昏暗的陋

图 69 顶部雕有蟠龙的北京智化寺万佛阁藻井（建于 1444 年）[①]

① 梁思成等:《中国建筑图集》，台北：明文书局，1981，图版 85。

增图 18 北京智化寺智化殿藻井
2023 年，朱若麟摄。

室之中，有时会于屋顶安装一处“明瓦天窗”，谓之“假天”。在房屋内部，用于区分各个房间的隔板则谓之“假地”[1]。这种“天窗”至今仍应用于台湾或广东地区房屋中的部分无窗房间（厨房或卧室）。同样的建筑特征也见于带有拱顶的砖室墓中。其中，拱顶心石（clé de voûte）之下常悬有一面镜子，其光面

① 《清异录》卷下，引自《辞源续编》。译者按，其文曰：“贫者以屋不露明，上安油瓦以窃微光。又或四邻局塞，则半空架版，迭垛箱筥，分寝儿女，故有‘假天’‘假地’之称。”

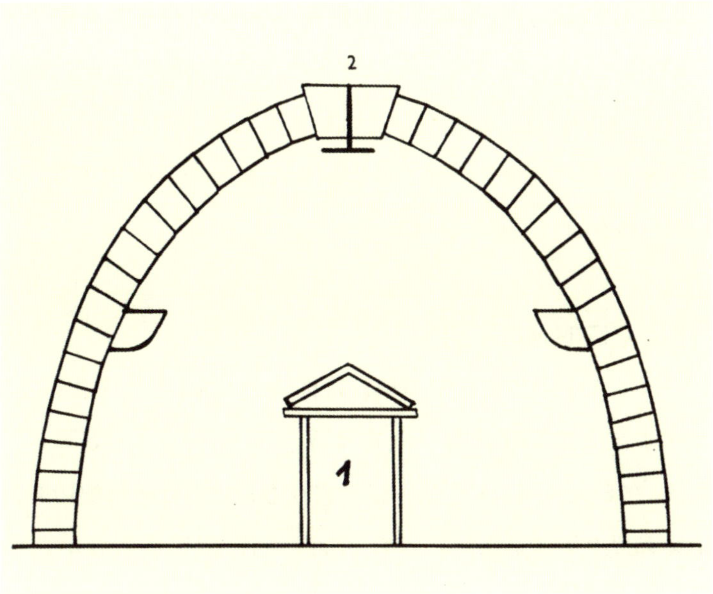

增图 19 中国 11 世纪墓葬示意图[3]

注：1. 朝北之假门；2. 镜子面朝下方，以索悬于砖顶之上，此类镜子的背面带有双鱼的图像，首尾相接。

朝下。有时地面亦有一洞，使水得以流出（11 世纪墓葬，译者按：见增图 19）[1]。在中国与日本，镜子有时也会悬于庙宇室内的天花板正中[2]。我们也已经在此前的讨论中看到山水福地之中的“镜”与“井”存在着关联（见第一部分）。

在云南，当一座房屋建成时，需要举行祭土及一种名为

① Laufer 1909: 313.

② Bulling 记录了两个案例，参见 Bulling 1955: 39。

③ Laufer 1909: 313；转引自 R. A. Stein 1957a: 178。

“安龙”的仪式来对建筑进行圣化（consacré）。在仪式中，屋顶的最后一块瓦被安放于预留的空洞之上。所谓的“龙”即土地及屋舍之神[①]。相反地，华中地区受汉族影响的苗族则是在房屋正中挖掘一坑，将“龙屋”（maison du dragon）瘗埋其中，以此安龙慰土（On l'apaisait ainsi）。]

〔屋顶开口的词源学研究〕

汉族人将蒙古帐幕的屋顶开口称作“天窗”[②]。《蒙古秘史》使用了“天窗”一词翻译蒙古文之“erüge”[③]，《元史》亦如此[④]。在今天，“erüge ”一词以及它在方言中的变体都被用来表示帐幕顶上用作烟囱的开口（“örke”“örkö”以及“orkü”）[⑤]。科瓦列夫斯基（Józef S. Kowalewski）[⑥]与《四体合璧清文鉴》[⑦]都以藏语词“dud kha”（“烟洞”义）来翻译“erüge”，并指出该词用来表示家庭单位（“家宅”，“家庭”，我们的“灶与家”），并有客厅的含义。[⑧]作为翻译，汉语词语“天窗”对于

---

① 译者按：即“五方土龙”。

② 参见南宋彭大雅《黑鞑事略》（徐霆注），作者曾于1235—1236年之间逗留于蒙古地区；亦参见《长春真人西游记》，《国学文库》本，卷三，第101页。关于西夏住宅的屋顶开口“ye-mang”，参见《番汉合时掌中珠》第23a页；关于辽人之帐幕，参见R. A. Stein 1940: 12, 110-111。译者按：下文中将把包括蒙古在内的北亚诸民族屋顶开口均译作“天窗”。

③ 《蒙古秘史》第21节；伯希和译本，第123页。

④ 〔明〕宋濂：《元史》卷一，第1a页。

⑤ Ramstedt 1935；译者按：实际功能包括了采光与换气。

⑥ Kowalewski 1844-1849: 256b.

⑦ 《四体合璧清文鉴》卷二十，第84a页。

⑧ 有关蒙古帐篷此类开口的图画，参见鳥居きみ子1927: 439。

这一种窗式烟囱而言更为妥帖，因为在汉语中，“窗”不仅指“窗户”，亦有“囱”的含义。[①]同样，在突厥语中，屋顶开口的“tünglük”“tündük”之名源自烟雾，进而表示整个帐幕，并延伸至家庭。[②]

不同的是，藏文的翻译“dud kha”一词包含有“阳光”以及“与天相通”的含义。[在尼泊尔藏族人的传统中，屋顶开口谓之“天镜”（mu，这是一个古老的词语，我们将在第三部分中关于西藏的讨论中再次见到[③]）。]但在西藏，最常用的词组为“dkar khung”（白洞）或“skar khung”（星洞）[④]。这两种拼写的发音相同（拉萨方言为 karkung；安多方言为 *karkhung），字典与文献在其两者之间相互代替。这个词最终的含义只是表示门窗，但正如德格丹（Auguste Desgodins）在他的字典中所言[⑤]，其最主要且完整的含义是“用于采光、排烟以及出入的屋顶开口”（着重号由作者所加）[⑥]。同样的定义还可见于一组罕见却重要的同义词：“gnam g.yang”（天运）[⑦]与“gnam sgo”（天门）[⑧]。第一个词“gnam g.yang”见于五世达

---

① 参见 Doré 1911–1938: 11.904。《广雅》卷七：“（灶台之）窗谓之‘堗’（即烟囱）。”

② Radloff 1960。吉尔吉斯语作“tindig”。柯尔克孜语为：tīndīg。根据 Castagne 1930: 100 注 1，“toundouk”表示覆盖洞口的毛毡；后者称为“tchang'rak”。

③ Vinding 1978: 185.

④ 译者按：《藏汉词典》解释为：① 天窗，屋顶通风透光的窗孔；② 牖，窗，窗户。

⑤ Desgodins 1899: 21b, 47b.

⑥ 译者按，原文作：ouverture dans le toit pour la lumière, la fumée et le *passage*。

⑦ Desgodins, 1899: 919b.

⑧ Desgodins, 1899: 569，及其他字典。译者按，《藏汉大辞典》将其解释为：① 室内上下层出入的小门；② 天窗，楼或帐幕顶上通风透光的窗户或开口处；③ 天煞，五行算所说凶煞、恶曜出现的方向。

赖喇嘛所著《西藏王臣记》（*la Chronique du cinquième Dalaï-lama*）：其中会堂失火，“传有僧众万余，从天窗（gnam g.yang）出，腾空而逝”[①]。

第二个词“gnam sgo”见于密勒日巴尊者（Mi la ras pa）《诗歌集》（mGur' bum）之中：其中，一位弟子回至上师面前，他先于“天门”前拜谒；上师在“天门”之上回应后，将“天门”打开，弟子得以进入[②]。与“天”的关联也表现在另一组词组之中。屋顶开口也被称作“dkar mthong”“skar mthong”“sbas mthong”“gnam mthong”“rgya mthong”（德格丹），“[通过此处]可见白色、星辰、隐蔽物、天空、露天之处”。事实上，“mthong”一词（“观看”义）应写作“mthongs”（发音相同），意为“观看[景观]、球体、明亮的空间”[③]。根据萨拉特·钱德拉·达斯（Sarat Chandra Das）所编字典，“mthongs”或“rgya mthongs”一方面表示“天球”（la sphère du ciel）[④]，另一方面表示屋顶开口（供人出入）[⑤]。但是，“khyams mthongs”则意为露天的内部庭院，而“mthongs kha”乃是作为二层庭院的平屋顶。“khyams”意为庭院，“kha”为开

---

① 五世达赖喇嘛：《西藏王臣记》，第 64b 页。译者按，本译稿参考了刘立千译注本，北京：民族出版社，2000，第 75 页。

② 密勒日巴：《诗歌集》（mGur 'bum），北京木刻本，第 293a—294a 页。

③ 章嘉·若必多吉（lCang skya Rol pa'i rdo rje）的《正字法辞典》（*Dag yig mkhas pa'i 'byung gnas*）将“rgya-mthongs”释为“寺庙中央的露天空间”（《正字法辞典》dul-ba 节，第 38a 页）。

④ 译者按：天文学概念。

⑤ 参见 Das 1902: 604b 所列之案例。

口。[①] 贾舍克（Heinrich A. Jäschke）将“khyams”与古罗马住宅庭院之“天井”（compluvium）相类比，乔玛（Alexander Csoma de Körös）则将“khyams mthongs”翻译为“地井”（impluvium）[②]。贾舍克描述说：“在许多藏族民居中都可见到的一种空间……中间是敞开的，四面通常由带有遮檐的走廊（véranda）所围合。这就是为什么‘khyams’处于一层时可被称为庭院的原因。”此外还有“bar khyams”（由二层回廊所围合之庭院）与“khyams stod ”（屋顶露台）等词语。

可以看到，一如汉族聚居区之中霤，“mthongs”以及与其相联的建筑既有屋顶开口之意，也有内部庭院之意；“mthongs”在西藏民居中重复出现两次，一次位于底层，四周为建筑围合，一次位于屋顶之上的主建筑体块中。[③] 屋顶开口与内部庭院之间的相互代替同样见于藏蒙词典中。藏语“gur mthongs”［帐幕之“mthongs”（屋顶开口）］一词在《四体合璧清文鉴》中对应蒙古语之“erüge”[④]（烟洞；译者按：天窗），而在

---

① 德格丹将“khyams”翻译为“solarium, ambularium, saltationem locus”（Desgodins 1899: 108a），并将“khyams mthong”（俗语为“sbas mthong”）译为“用于爬上屋顶的洞”。（译者按，《藏汉大辞典》将其解释为：口，器物口部。）奇怪的是，现代中国作者将这个洞称为“漏”，有古代“屋漏”之意。如青海玉树之结古镇（Jyekundo），“屋宇皆平；无瓦，有漏以出烟”（周希武《玉树调查记》，1920 年铅印本，卷下，第 20 页）。我们已经看到，《诗经》中曾提及屋漏以及其与监观众生的神明之间的关联。藏族“sbas mthong”（洞见隐藏之物）与这一旨趣完全相符。

② 译者按：西方学者也将古罗马之地井（impluvium）与中霤相类比。

③ 这一庭院位于屋顶之上（位于第三层，其上有屋顶，四面有墙围合），被称为“nyi ’og”（“太阳之下”义）。这一庭院也可由一天棚所覆盖，由此类似明堂中央的方形空间以及四周无墙的圆顶。

④《四体合璧清文鉴》卷二十四；汉语词为“帐幕顶”。

科瓦列夫斯基的字典（其因袭了本土字典）中则译作蒙古语之“örügä”“erüge”（堂 salle、厅 salon、屋室 chambre）。毫无疑问，这一词的双重语义影响了下面这则对于西夏民居的描述，其曰：

> 盖西戎之俗，所居正寝，常留中一间以奉鬼神，不敢居之，谓之神明。主人乃坐其傍，以此占主客胜负［占卜活动］[①]。

这里为礼拜神明所保留的中央空间对应了房屋或游牧民族帐幕中灶火所占据的神圣空间。[②]

许多考察者都曾对帐幕与房屋的构造进行过反复的描述，但遗憾的是，真正完整的描述很少。但在这里，一部分的细节便足矣。

蒙古式帐幕

蒙古式帐幕（译者按：又称蒙古包）为圆形；入口南向；圆形天窗开于顶部，用于通风与排烟；灶台位于下方正中；全家人环居于其周围[③]。在从帐幕到房屋的发展过程中，室内可能曾

① 〔清〕张鉴撰：《西夏纪事本末》卷十，第 18b 页；引自《梦溪笔谈》卷十八《技艺》，第 4b 页。

② 在布里亚特人（Buryats）的住房中，主人的座位位于中央方形空间边缘，灶火生于房屋正中（Curtin 1909: 27）。

③ d'Ohsson 1834: 1.12.

铺有木地板，并于中央安设炉灶，烟囱自天窗而出[①]。古时的圆顶毡帐（13 世纪）设有类似炉灶烟囱的“导烟管”（goulet）[②]。帐顶天窗可以一块毛毡（其名称与天窗相同）覆盖，用以防止雨水进入帐内[③]。灶火是神圣的，并代表着家庭的和谐凝聚。作为继承人的幼子被赋予“火主”之称［yal-u（n）noyan；与此相同，突厥语中将其称作“od-xan”[④]；“oděigin”（最幼的儿子）一词据说出自“ot-tegin”（火主）一词[⑤]］。在突厥语系中，“灶”与“火”也有家庭的含义；一家之主被称为“司火者”（maître du feu），灶中持续燃烧的火象征着家族的延续[⑥]。在上文中我们已经看到，与灶火对应的烟洞同时也象征着家庭的团结。

传统蒙古式房屋

传统蒙古式房屋［受俄罗斯影响的布里亚特蒙古人（Bouriates）］为八角形；门位于南侧中间；灶火燃于房屋中央一块长方形裸土之上；其周围有一圈略微升高的木地板；烟洞位于灶火正上方的屋顶正中；室内除帘幔外没有其他隔断；房屋中心（灶火）是家人聚集之处（见图 70）。房屋的木板屋顶

① Roerich 1931: 76.

② Vladimirtsov 1948: 60; Rockhill 1900: 54.

③ Kowalewski 1844–1849: 263b; Ramstedt 1935.

④ 参见 Poppe 1925: 132。

⑤ 参见 Kotwicz 1949: 172。

⑥ Grenard, “Le Turkestan et le Tibet”，收入 Dutreuil de Rhins 1897–1898: 2.248。

上覆以泥土；这样的房屋是举行如法婚礼的必需[①]。

在阿尔泰地区，帐幕通常为圆形，有时为圆锥形，有时则为圆墙上立一圆锥形屋顶（见图71）。烟洞同时也为室内提供采光。下雨时则以一块毛毡将其护盖。富户所居帐幕带有木质梁架。在这种情况下，墙壁与屋顶为八边形，烟洞之上另覆有一顶。帐幕正中常设有一三足架用以支锅[②]。在冬季，人们用泥土与雪将帐幕的垂直墙壁封埋，以此保温[③]。我们可以看到，帐幕由此便呈现为半地下或埋入地下之势。

藏式帐幕

藏式帐幕为正方形；灶火位于中央；屋顶开口亦位于中央；灶旁有一支柱，该柱与灶火同等神圣[④]。除了两根支撑左右两端的柱子外，中央支柱似乎仅见于较大的帐幕；屋顶开口可用一块毡毯覆盖。

藏式房屋

藏式房屋的布局因地区与经济状况（贫富）而异，有时

---

① Curtin 1909: 27, 35, 54, 57。可旁参东部裕固（Shera Yögur）[甘州（今甘肃张掖）南部]的民居：其天花板上有一洞，正对下方地面正中的八块砖，烹锅架于砖上，正对屋顶开口（Mannerheim 1910: 29）。又见南山（大同一地区）“唐古特”（Tangoutes）之“izbah”：其木构平屋顶上覆以泥土，有一方孔，以百叶窗封闭，用于采光与排烟；灶火位于“izbah”中央土地之上，其四周环以土凳（Przhevals'skii 1883: 416）。

② Radloff 1884: 1.267–271，图版5, 6。

③ Curtin 1909: 275.

④ Kuhner n.d.: 1.47, 49; Rockhill 1895: 701; Hermanns 1949: 48; Przhevals'skii 1883: 234之照片；Combe 1926: 100。

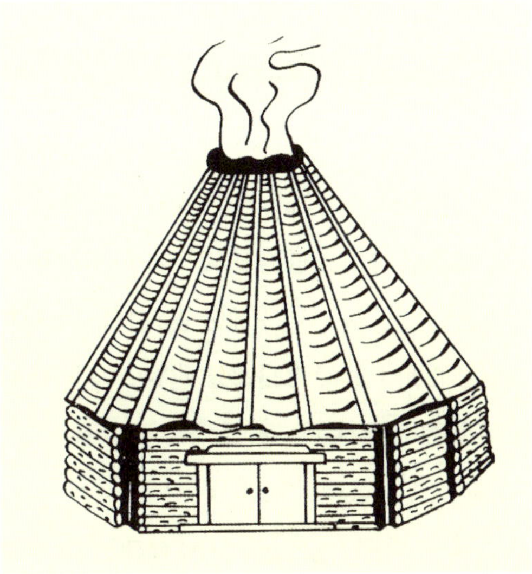

图 70 西伯利亚住房图[1]

图 71 蒙古帐幕[2]

① Radloff 1884.

② 梁思成:《中国建筑图集》，前揭，图版 172。

会吸收一些汉族聚居区建筑的特征（见图72）。赫尔曼神甫（Pere M. Hermanns）曾谈到安多（Amdo）地区农民的房屋与康区（Khams）不同[1]，并指出Buschan与Passarge已将藏式房屋与兴都库什及高加索地区的房屋进行比较。在对于屋顶开口术语称谓的讨论中，我们已了解到其一部分建筑特征。藏式房屋结构的特点和复杂之处在于其经常是多层建筑，且同时具有帐幕或汉族聚居区房屋的部分特征。藏式房屋至少有一层，通常有两层或三层，有时更多，最上一层构成屋顶。

地面一层通常是由建筑所围合的庭院，所有建筑的入口均朝向庭院；庭院的主要功用为畜栏［例如，西部之罗萨尔（Losar）[2]］。在中国藏族聚居区的炉霍（Lu-ho, brag'go），牛居于下层，人居于中层，佛堂则位于顶层。果洛（Ngoloks Serba, mgo log）地区的住房也是同样系统。在德格（Dergué, sde dge）[3]与打箭炉（Tatsienlou, dar rtse mdo）[4]地区，牛居于下层，厨房与起居空间在中间，顶层是粮仓。同样的设置也见于卓尼（Choni, co ne）[5]，其同时还有一花园位于屋顶。云南边陲苦聪人（Kou-tsong；译者按：今属拉祜族）民居的空间设置依次是畜栏、起居空间、佛堂；汉藏走廊羌族民居的底层为带

① Hermanns 1949: 267.

② 译者按：位于今印度斯比蒂（Spiti）山谷地区。

③ 译者按：汉文又作更庆，四川省甘孜藏族自治州西北部，金沙江东岸，县治位于更庆镇。

④ 译者按：今康定，位于四川省甘孜藏族自治州东部，为州治所在地。

⑤ 译者按：位于甘肃省甘南藏族自治州东部，青藏高原东部边缘。

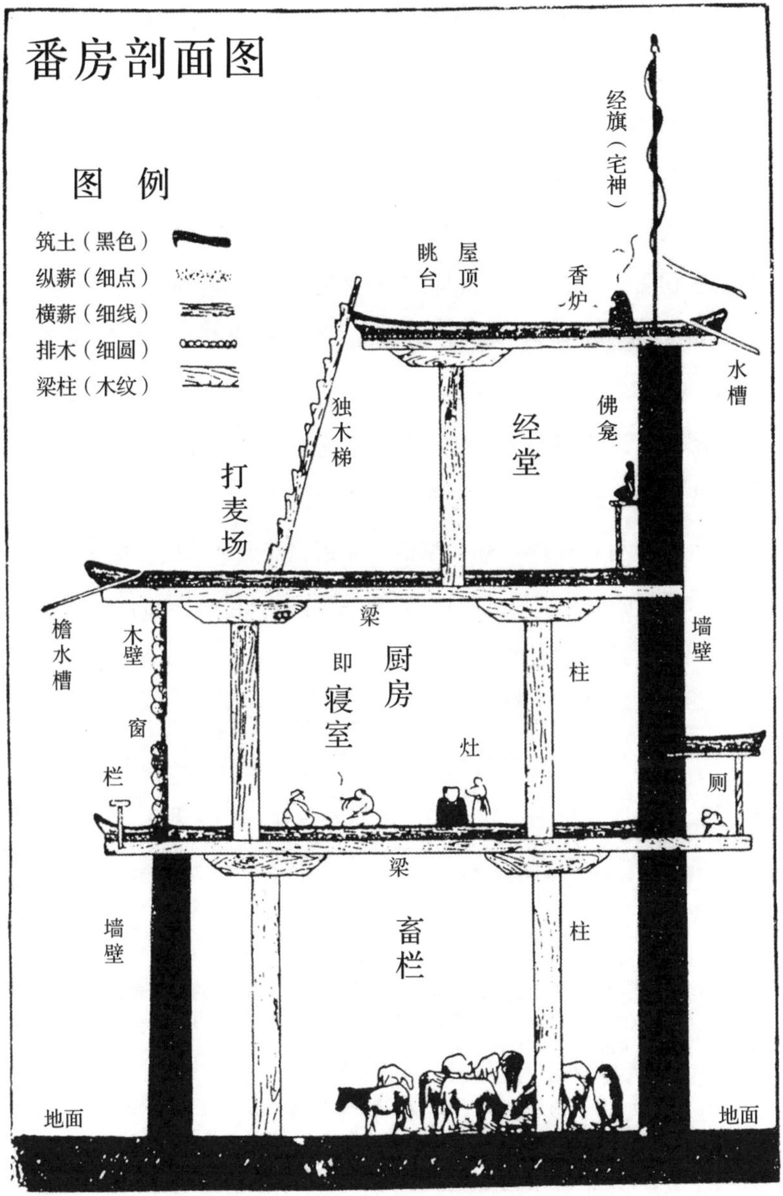

图 72 藏族民居剖面图[①]

图中未显示连接两层之间的地板开口。

① 任乃强:《西康图经 · 民俗篇》，南京：新亚细亚学会，1934，第 250 页。

着牲厩畜栏的院子，中层为起居空间，屋顶一部分用作粮仓与打谷所用的晒台，另一区域则安有一块白色的圣石；此外，畜栏也被用作厕所。[1]

有时，厨房也位于一层；烟向上穿过二层地板中的大洞，“不论谁要离开房间，都有可能坠入其中”[2]。根据一位来自打箭炉的受访者所说，厨房与灶位于一楼的一个角落；有一烟洞连通二层并通往屋顶，梯子则通过另一处开口通往二层。然而，一般来说，灶火都占据了一层公共房间的中心。除了那些现代化的房屋，进入房屋上层都需要使用梯子，也即独木梯。在这里，我们只需摘录几段记述便足以说明情况。

［塔卡利人（Thakali，尼泊尔北部之藏族人）的民居很好地展示了不同的重要特征可以怎样被结合到一起[3]。人们首先进入一个由建筑所围合的庭院，再从庭院进入客厅，客厅内有一中心柱，柱子的一旁是厨房，也用于进餐。客厅之后有一专门用以祭祖的房间。这类房屋有三个特征：中心柱、嵌入后壁的神圣灶台，以及位于灶与中心柱之间的一处“屋顶开口”。

① 关于罗萨尔，参见朱塞佩·图齐（Tucci 1935: 26）。关于炉霍，参见尹子文《炉霍概况》，《康导月刊》1939 年第 2 卷第 4 期，第 44 页。关于德格，参见刘酝泉《色尔巴概况》，《康导月刊》1941 年第 3 卷第 5、6、7 期（同册），第 39 页；以及慕宗《川康边的处女地——金汤》，《康导月刊》1943 年第 5 卷第 2 期，第 61 页。关于卓尼，参见王树民《洮州日记》，《责善》1941 年第 1 卷第 24 期，第 14 页。关于苦聪人（拉祜族），参见和永惠《云南西北之康族》，《西南边疆》1940 年第 8 期，第 71 页。关于羌，参见 Graham 1942: 74–75, 83 及胡鉴民《羌民的经济活动型式》，《民族学研究集刊》1944 年第 4 期，第 35 页。

② A. H. Francke 1898: 4.

③ Jest 1864–1865: 46.

在摩梭人或纳西族（与藏族同源，但亦受汉族影响）民居中，灶火位于主房间正中。屋顶支柱被推至一侧。柱子立于一块名曰“天擎”（support du ciel）的四面方石之上，被认为代表世界中央的圣山［须弥山（Sumeru）或吉罗娑山（Kailāsa）］。因为承袭了汉式的坡屋顶，所以此类房屋没有屋顶开口[①]。]

在汉藏走廊那些难以进入的河谷地带中，居住着与藏族具有相似性的原住民，在这里：“住宅有三至四层高……我们穿过一楼的畜栏，通过梯子可以进入一个设有大灶的‘起居室’。从这里又有另一梯子到达晒台，也即屋顶较低的楼层，这里的部分空间被屋顶覆盖但没有栏杆……每当你想从屋顶下楼时，都必须经受烟雾的考验……屋顶上通常有一小洞用来排烟，但却完全不够，以至于大部分的炊烟都经由梯子口散逸而出。”［Krehchuh 人，其语言属于羌语[②]。]

在同一地区（理番[③]附近的杂谷脑镇），“蛮子”（原住民）贫户的典型房屋被描述为：

两层屋顶，每层都设有一独木梯，一如虾夷（Yezo）阿伊努人（Ainu）的屋顶。其中一个是人、骡子与家禽共用的入口房间；厨房是一处非常昏暗的内室，灶火位于中央且高于地面；因为缺少烟囱，刺鼻的烟雾在房屋的四处弥漫并散逸。在

① Jackson 1979: 95, 114.

② Plewman 1922–1923: 21–22.

③ 译者按：今四川理县，位于阿坝藏族羌族自治州东南部。

条件较好的住房中，屋顶之上有一洞……提供了更为常规的排烟通道。灶火是一家人的聚集之处。[①]

水的侵扰进一步加剧了烟雾所带来的考验。在拉萨一处简陋的房屋中，考察者通过26级木质楼梯上到他位于房屋顶部的房间。光线通过东北向的窄窗以及上方的圆形天窗进入房间，房间中央是用以焚烧干粪的小盆。室内屋顶的开口很常见，其用以排散燃烧干粪所产生的大量烟雾，但这也存在着弊端，因为屋内的人会不时遭受雨雪的侵袭[②]。

在巴塘县的[③]一处条件较好的住宅中，有一架通往二层的正式楼梯（而不是通常的独木梯）。二层的布局呈空心正方形，其四周是房间。人们可以从栏杆往下看到一层的畜栏。中央的方形敞口没有屋顶遮盖，这使得畜栏的中部须承受雨雪。二楼的一角是一处大厨房。而在另一个角落中，独

① Bishop 1899: 413.

② Sandberg 1906: 175。在汉藏走廊一带，人们通过独木梯上至房屋的二层；房屋内的地面为夯土，其中填满石头；地面中有一处坑，此是唯一的灶塘；屋顶的一处开口用于排烟，“但实际上反而让大雨得以淋入”（Gill 1883: 2.216）。蒙式帐幕（其中心也有灶）也有相同的描述：“[在萨满降神之时]，雨通过屋顶开口倾注而入……火被熄灭了。”（Percheron 1953: 234–235）

③ 译者按：今属四川甘孜藏族自治州。

木梯架于屋顶一角的方洞中，作为通往房屋平顶的楼梯[①]。巴考在其研究中描述了主屋中央作为聚会处的灶火，并讨论了带有活板门的屋顶小院以及房屋侧面的烟洞，并附上了照片[②]。

寺院建筑中也保存了屋顶开口与中央庭院相结合的建筑形式。其中，一层用作“聚会殿”（’du khang；译者按：亦音译作“杜康”“都纲”；意译作：“经堂”“集会处”“大殿”）。人们可以通过屋顶的开口登至大厅之上的平屋顶。屋顶开口四周的立柱向上撑起天棚，使房屋内部在恶劣天气中免遭侵害，与此同时，带有中央开口的屋顶平台也因为适于采光而保持不变。S. Hummel 在其著作中发表了有关这种建筑的测绘图（见增图 20）。[③] 我们已经提及，明堂之“重屋”（双层屋顶）覆于由其他建筑所围合的中央开敞空间之上，这与此处聚会殿的空间形式惊人地相似。

我们已经看到《正字法辞典》中所记载的寺院中央开放空间（rgya mthongs）。在《西藏王臣记》中也提到了这一空间类型与拉萨的寺院或宫殿的关联（mthongs khung）[④]。

---

① Gill 1883: 2. 199. 藏式的独木梯在汉藏走廊原住民（羌）的民居中也很普遍（察拉及瓦寺一带，参见 Stötzner 1924: 137, 221；羌族民居，参见 Graham 1942: 79）。但具有两侧长杆的梯子（一如我们所普遍使用的样式）常或多或少地取代藏式独木梯（见 Bell 1927: 2 的图，来自西藏南部；在桑耶寺，Tucci 1950: 77）。我未见到任何有关独木梯的照片，因为它们通常置于黑暗的室内。Forstmann 的研究（1926: 290-291）中收有锡金（Sikkim）一处民居的图纸；另参见本书的图 72。独木梯在苗族（出现在升天神话中）以及具有干阑式民居的傣族等民族民居中也很有代表性（Savina 1930: 20, 200, 246）。

② Bacot 1909: 122-124, 140, 206.

③ Hummel 1953, 图 78b。另参见 Schlagintweit 1881: 121; Roerich 1931: 211。关于柱子与平屋顶，参见 de Filippi 1932：第十三卷，第二十章，第 292 页。

④《西藏王臣记》，第 26ab 页。

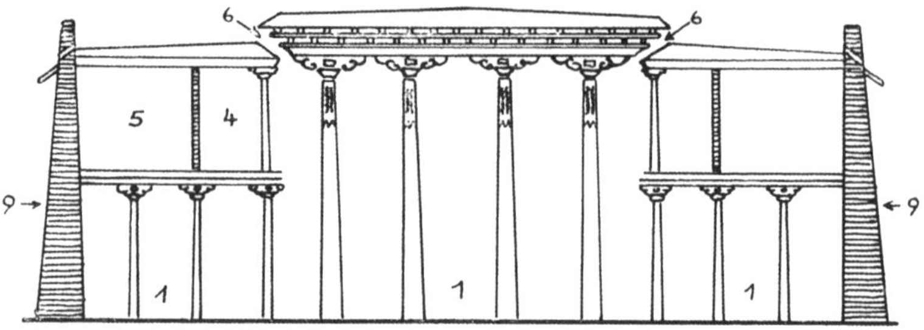

a）一座寺院之横剖面（前视）

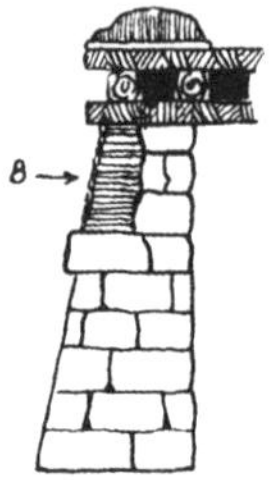

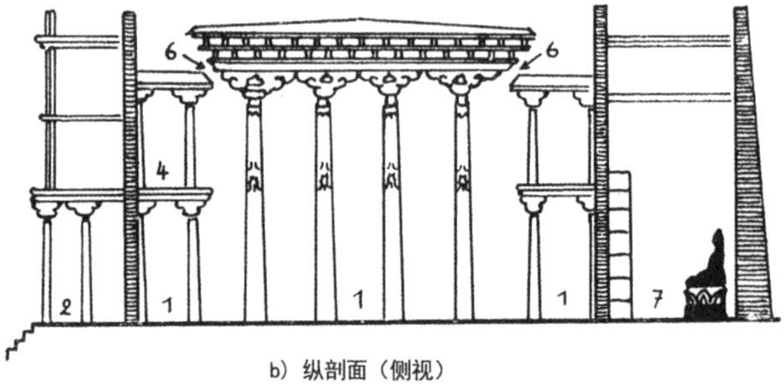

d）　　　　b）纵剖面（侧视）

1. 中堂和侧堂；
2. 前厅（其上为敞廊）；
3. 中堂大门；
4. 楼厅；
5. 房间；
6. 采光井；
7. 内坛；
8. 干柴束（其上为椽子）；
9. 砌体墙。

增图 20 聚会殿测绘图[①]

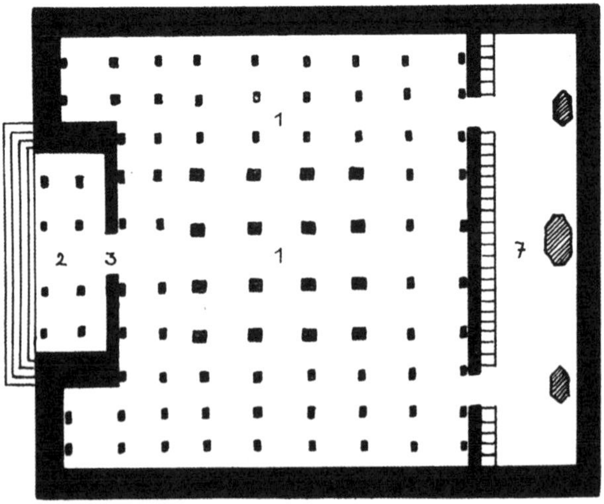

c）平面图

① Hummel 1953：图 78b。

［当松赞干布（Srong bcan sgam po）奉邀观世音菩萨（bodhisattva Avalokiteśvara）降临其寺院时，“观音主从各尊，不待请驾，自动由王宫天窗飞出，降临于净香室北”。具体而言，他是从天洞（nam mkha'i mthong nas）降至屋顶，又从“屋顶开口”（mthongs）降至宫中[1]。在其他关于房屋建造的记载中明确地言明，屋顶覆盖了“人们营建的梵天居所‘mthongs’”[2]。此外，这一屋顶开口也与人的头顶相对应（参见本书第三部分 347—348 页）。］

① 〔唐〕松赞干布：《嘛呢全集》（*Ma ṇi bka' 'bum*）卷一，第 229b、239b 页。

② 《白琉璃》（*Vaiḍūrya dkar po*）卷二，第 202a 页。

第三章　楼阁与地穴

〔西藏之地穴〕

值得注意的是，在某些特定建筑中，屋顶开口是唯一的“门”；这些建筑与洞穴或球体（sphère）非常相似。这些建筑是“习禅间”（mchams khang），它们通常位于村庄之外，但有时甚至会出现在村中心。习禅间的构造通常为“一个粗糙的圆形石屋……只有屋顶一处开口”。在其他地方，人们则利用洞穴为之[①]。丹杰林寺（bstan rgyas gling/ Tengyai Ling）的首领便是因为煽动起义反抗十三世达赖喇嘛（1876—1933）而被囚禁于这样一处只有屋顶开口的“小砖屋”中[②]。根据一位来自噶伦堡（Kalimpong）的藏族受访者介绍，此类习禅间屋顶上的洞以纸或白布覆盖。此类具有地下特征的隐修屋室无疑是对于洞穴的模仿，《密勒日巴尊者传》（*la biographie de Mi*

① Sandberg 1906: 277。“在后藏（Tsang）白朗县（Painam Jong, Pa snam rdzong）附近的夏鲁（Žva-lu, Zha lu），一位隐士居于地穴之中……人们通过地面的一个开口将食物送递给他”（Sandberg 1906: 104-105）。

② Sandberg 1906: 111.

la ras pa）对此进行了明确的记载①，其中作者描述了一座地下三层、地上一层的“禅堂”（sgrub khang）。② 在《青史》（*Deb ther sngon po*）的对应叙述中，这是一段关于建造“地下良室”（sa'og gi khang pa bzang po）的记叙③。我们并不知道楼层之间如何互通，但其很有可能是通过地板或天花板上的开口或活板门（trappes）。

［这一类型屋室或地下洞穴专为“身心”（psychophysiologiques）修炼而设，而修行之妙果往往体现为拙火（热量）与身体浮悬之能力（据说有的修炼者甚至能够穿过屋顶开口的顶盖）。我们可以在一些传奇故事中看到这一点，如密勒日巴尊者的一位弟子修行此种禅定（sgrub pa），他曾经“在身体不动的前提下，穿过了洞穴的‘前顶’④（brag phug gi spyi bor gtol nas），并前往天界游历”⑤。关于16世纪的另一位成就者（siddha），我们读到：“在他的座位前，大约两肘之外有一屋顶开口（mthongs kha）。他的侍者爬上与其相通的楼梯，但当侍者触碰到天花板时，楼梯缩变为几截焦炭（也许是因为修炼的热量）；侍者的身体只剩下一小块，他的铁项圈也被熔成一

---

① 《密勒日巴尊者传》（*la biographie de Mi la ras pa*），北京木刻版，第18b页；法文译本参见Bacot 1925: 63。

② “'Og tu thog rim gsum yod pa/sten du thog rim cig yod pa.” 译本参见Roerich 1953: 2.428。

③ 管·宣奴贝：《青史》（*Deb ther sngon po*），第Na章，第12b页。

④ 译者按：“前顶”原文作“sinciput”，即头的前额部分。

⑤ 蔡巴·贡噶多吉：《红史》（*Hu lan deb ther*），第32b页。

小球。[①] 尽管如此（这一热量？），成就者本人除了身体微微升起之外，并没有受到影响。”[②]]

一则很有代表性的古老传说讲述了通过“天窗”这一类入口而进入地下世界的过程。这一入口引出了挖掘“伏藏”（埋藏于地下之典籍）的途径，而未来的圣者必将寻找到伏藏，并传之于世。在此前描述过的一处场所中有一块木盖子。抬起木盖子，下面即会发现一处“天门”（'og-na gnam sgo gcig），天门之上又覆有另一块木盖子。木盖之上有一处裂缝，穿过其中，顺着“天门的方向”，有一扇窗户（skar khung）。将其打破，便出现一道白光（dkar lam）之路。沿路而行，便可见有一座坛城（曼荼罗）。在坛城这一圆圈下方，还有另一扇安有颅骨的窗户（skar khung）。在一段晦涩的描述之后，文本再次提到洞穴的“天门”（brag phug gi gnam sgo），该处有一根绿松石之生命柱[③]。

[据说，另有一份伏藏隐匿于“有天门的秘洞之中”（gsang phug gnam sgo can）[④]。]

这些描述与汉族的“壶天”惊人地相似，而洞天则是由“天井”所连通的多层天然岩洞（见第一部分，第二章）。但这些西藏的洞穴同样十分重要，因其展示了由“活板门”

① 译者按：此是成就者身中拙火所致。

② 巴卧 · 祖拉陈瓦：《贤者喜宴》（*Chronique de dPa' bo gtsug lag phreng ba*），第 Pa 章，第 181a 页。

③ 《国王遗教》（*rGyal-po bka' thang*）A，第十九章，德格本，第 96a 页；甘丹（Dga' ldan）版，第 68a 页。

④ 《苯教史》（*Srid pa rgyud kyi kha byang chen mo*），手抄本，第 185ab 页。

（trappes）进入这些地下建筑的可能性，而活板门则与屋顶开口一样，在藏语中亦有“天门”之名。16 世纪的一则文献确切记载了此类地穴屋室，其中君主将上师藏于斗室之中，而斗室则由梯子穿过位于宝座或床下的“天门”得以进入。[①]（由此，君主得以在半夜时聆听上师讲经。）

虽然前面所涉及的案例是相对特殊的建筑，但值得注意的是，半地穴式住房在西藏并不少见，且建造方式让人联想起西北地区的汉族建筑。根据 Sandberg 的记载，游牧部落首领（dokpa，'brog pa，北部高原上的族群）的黑色帐幕搭建于一处巨大坑沟之上，坑深 7—8 英尺（译者按：213.36—243.84 厘米），通过阶道出入[②]。这是典型的冬季住宅（dgun sa），环绕帐幕所建之坑沟与石墙必然具有御寒的功能。（可类比此前所引汉族聚居区冬季地穴式住宅的传统。）其他地区的人们也在塬下的土壁上挖掘地道或屋室，用于冬天居住。Sandberg 援引了西藏西部普兰县（Purang，spu hreng rdzong）塔克拉卡尔（Takla Khar）的一处案例，那里有一座约 800 英尺（译者按：243.84 米）高的山，其周身布满了半地穴式住宅，状如蜂巢；其中一些单元（房屋）多达三层。

---

① 《贤者喜宴》，第 Tha 章，第 31a 页（毗卢遮那的故事）：gdan khri'i' og tu gnam sgo sngo them can las babs par Vai ro bzhugs te。据说，印度的寂护大师（Santarakita，8 世纪）在临死前，已将其教法传授于“九层宫殿中的低层屋室”之中［pho brang rim dgu'i' og khang du；拔塞囊：《拔协》（*sBa bzhed*），第 53 页］。结合上下文，这一屋室必是隐秘的，且必然位于地下。

② Sandberg 1906: 140, 145.

［考古学家在西藏东部的昌都附近发现了五座公元前 2000 年左右的房屋遗址。这些房屋可分为三类：一、部分位于地下（40 厘米），灶坑位于中间，有八根立柱（其中两根构成大门）；二、位于地面，中间低于四周，没有灶的迹象，但有三块卵石（西藏常见之灶）；三、有石墙的建筑，中心低于四周，有十根立柱，未见有完整的烧灶[①]。］

〔汉藏走廊之碉楼〕

综上所述，藏族聚居区也存在有地穴式住房，不过，多层建筑仍是这一地区房屋的主要特征。不但布达拉宫（Potala）绝美的城堡举世闻名，西藏还有许多其他建于山巅的寺院与要塞，它们以石块筑成且都极为高耸。[②]在汉、隋、唐（公元前 2 世纪至公元 8 世纪）的历代汉文文献中，记载了西藏东部这一类的住宅与防御性塔楼（译者按：碉楼），其分别归属于与吐蕃具有亲缘关系的独立王国与族群（见图 73—74）。

居于四川西部山地汉藏走廊的冉駹人“累石为室，高者至

① 西藏自治区文物管理委员会：《西藏昌都卡若遗址试掘简报》，《文物》1979 年第 9 期，第 22—28 页。

② 我们已经提及，密勒日巴尊者依其上师之命起建了九层楼阁用以忏罪（Bacot 1925: 101, 103）。据传说，松赞干布曾于岩石上以砖与青铜混合，起建九层城堡，其四面均连接有铁链（《西藏王臣记》，1643 年，第 25b 页）。在敦煌所发现的藏文手稿（9—10 世纪）中，记载有如下谚语：“风吹雨淋，干洞亦湿；当一家人（？）开始制订计划，即使九层楼亦不牢固（安全）。”（法国国家图书馆藏敦煌藏文文献，P. 992：“char 'babs rdzis btab na ni// brag phug skam po yang rlan la// nang byam kyis blo byas na ni// khang pa dgu rim yang myi brtsan no.”）

图 73 四川甘孜州甲居镇藏族八角碉楼
2021 年，圣威力（Guillermo San Vicente Frias）摄。

图 74 四川甘孜州甲居镇方形羌族碉楼[2]
2021 年，圣威力摄。

十余丈（约一百尺），为邛笼（**g'iwong-lung）"[1]。中国古代史家似乎将此类建筑归因为该地区寒冷的气候。在稍晚的隋代文献中，也记载了雅砻江一带附国（位于今四川西康）的同类型塔楼，但这种建筑的功能主要用于防御：

附国者……俗好复仇，故垒石为巢，以避其患。其巢高至

① 《后汉书 · 南蛮西南夷列传》，第 11a 页。"邛笼"一词与中国古代文献中用以所记载的蒙古、突厥、匈奴及乌桓等民族帐幕之"穹庐"一词基本一致。

② 图 73、74 所对应的原书图像皆为噶尔梅桑木丹（Samten G. Karmay）友情提供，1985 年。

十余丈，下至五六丈，每级以木隔之，基方三四步（4 米至 5 米），巢上方二三步（2.5 米），状似浮图（stūpa）。于下级开小门，从内上通，夜必关闭，以防贼盗。[①]

与其相毗邻并具有亲缘关系的“女国”也有着相同的塔楼。等级制度也体现于这些塔楼的层数之中，其中“王居九层之楼”，而普通百姓最多至六层[②]。

这种塔楼名为碉（楼），至今仍是汉藏走廊原住民（“羌、蛮子、西番”）民居的代表类型。在帝国晚期（明清时期）的中文记载以及当代及欧洲考察者都认为这一区域大致即是古代女国与附国的区域［金川县至松潘县以南，康定县以西约至理

① 《北史》卷九十六，第 l0a 页;《隋书》卷八十三，第 8a 页。

② 《隋书》卷八十三，第 5a 页;《北史》卷九十七，第 12ab 页。在西藏的房屋中，仍然保存有不同楼层的等级制度，其同时亦见于汉族聚居区。当玛尔巴（Marpa）与其弟子闭关时，上师和他的法子们（ses fils spirituels）留于屋顶上，他的儿子达玛多德（Dar ma mdo sde）居其下，其他弟子居于最下层（Bacot 1937: 45）。公元 500 年左右，道门宗师陶弘景也有类似的空间设置。按《梁书》（卷五十一，第 5b 页）云：永元初，更筑三层楼，弘景“处”（处字有身处隐遁、清静之中的含义，如“处士”）其上，弟子‘居’其中，宾客至其下（亦见《南史》卷七六，第 5a 页）。在这种情况下，等级制度通过动词的选用得以进一步加强。在西藏，高度的等级也可以通过坐垫的叠放数量来清楚表达。在莲花生大士（Padmasambhava）的一部传记中，其坐垫由九层组成（za 'og dgu brtsegs khri），住持所坐为五层（za 'og lnga brtsegs khri），译师则直接坐于地毯之上［邬坚林巴，《莲花生传》（*O rgyan Padmas mjad pa'i bka' thang bsdus pa*），北京本，第 2b 页］。这种垂直层面的等级制度也存在于水平面上，即从右至左［David-Néel（大卫 - 妮尔）1931：78，84］。数字九表示完美和绝对的高度。由此，对于来到巴黎访问的藏族人而言，凯旋门便有“九层”之高（Bacot 1912: 360）。同样，1694 年由摄政的第巴 · 桑结嘉措（Sangs rgyas rgya mtsho）所建拉萨布达拉宫之“红宫”（mchod khang dmar-po）也被传为有九层［松巴堪布，《如意宝树史》（*dPag bsam ljon bzang, Re'u mig*），第 284a 页］，达赖喇嘛也坐于九层坐垫之上（Tafel 1914: 2.87）。九层楼在西藏确实存在，如在扎什伦布寺（Tashilunpo/ bkra shis lhun po，Sandberg 1906: 113）以及列城（Leh）之城堡（A. H . Francke 1907: 99）。

塘县，木雅（mi nyag）或察拉（lCags la）的区域]。Stötzner提到瓦寺地区（Wassu，今四川省阿坝州汶川县境内）的一种防御塔，其高有50米，并有厚墙环绕（战时牲畜聚集在此屏障内）。不同楼层之间以独木梯相贯通①。在离此较远的察拉，西方考察者常提及通往理塘路上的"八角楼"②。

这些高层建筑的特征之一就是由石块构筑而成。在稍往南的地区，以及中国东北和西伯利亚都存在与此类建筑相对应的类型，即建于木桩之上的干阑式房屋。在中国藏族聚居区德格的南部，传统藏式房屋与干阑系统相互结合到了一起③。在中国南部与印度支那的许多族群中，其特有的"干阑橧屋"式民居也可能具有宗教性，限于篇幅，不再对这些民居进行讨论。④

〔北亚地区之房屋〕

【中国东北所邻民族】

在与中国东北相邻的民族中，存在着一些与藏族聚居区相反的建筑与宗教特征。按汉文文献的记载，至早在汉代，这些

---

① Stötzner 1924: 125-128; 照片，第160、180、317页；参见Tafel 1914: 图版30。

② Stötzner 1924: l08; Rockhill 1894: 364, 353.

③ Teichmann 1922 的相片: 图版42；以及Kaulback 1938: 324。

④ 中国南方的一些民族，尤其是苗人，与北方有着明确的联系。早在古典时代，中国中部（尤其是楚国）所普遍流行的思想在神话形象的发展中发挥了重要作用。我们将稍后关注《楚辞》中的神游，这与西伯利亚萨满之出神十分相似。更为重要的是，"天窗"与低处的入口"狗窦"被相提并论，后者是南方"落头民"之头颅夜间出入的通道。(《太平御览》卷八十，引晋代干宝《搜神记》卷十二；另见本书第三部分，327页注②)。（译者按，其原文云："秦时，南方有'落头民'，其头能飞……每夜卧后，头辄飞去。或从狗窦，或从天窗中出入，以耳为翼，将晓复还。"）

民族使用的建筑技术既与汉族人上古时代居所有相似之处，又以楼层来彰显其等级制度。如朝鲜半岛之马韩，“(茅草屋顶)作土室，形如冢，开户在上。不知跪拜。无长幼男女之别”[①]。

在遥远北方的西伯利亚海岸，挹娄人“处于山林之间，土气极寒，常为穴居，以深为贵，大家至接九梯。好养豕……其人臭秽不洁，作‘厕’于中，圜之而居”[②]。

“九梯”这一表达方式应理解为由多架梯子依次连通的九层地下空间。稍晚的汉文文献记载了这一地区勿吉人的相同空间布局，其居于低洼潮湿之地[③]，“筑城（土堤）穴居，屋形似冢，开口于上，以梯出入”[④]。(也同样饲养猪）此外，关于室韦人、乌洛侯人以及靺鞨人也见有相同的记载。其中，靺鞨人之居所“无屋宇，并依山水掘地为穴，架木于上，以土覆之，状如中国之冢墓，相聚而居”[⑤]。此类建筑技术至今仍在使用，中国注疏家亦推测其为《诗经》之中上古房屋的建筑方法。这些中国古代记载与现代的考察描述相互吻合，我们在上文中也已

---

① 《后汉书》卷一百十五《东夷列传》，第5a页;《三国志》卷三十《辰韩传》，第22a页；《晋书》卷九十七《四夷》，第1b页。

② 《后汉书》卷一百十五《东夷列传》，第2b页，写作“厕”；但《三国志》卷三十《魏书》，第7b页写作“溷”，即猪圈之意。

③ 很多地方都保存有这种“双季节形态”(double morphologie saisonnière)：地穴住房专为冬季保留，到了夏季人们便进行迁徙。有时，逝者的世界也具有一种类似的形态，但与生者相反（参见203页注②)。克特人［Keto，叶尼塞河的奥斯恰克人(Ostyak)］的住房也具有地穴与干阑两种形式（Flor 1930: 104注80)；作者认为这些元素起源于南方；事实上，克特人与南方诸民族在很多方面（语言与民族上的）都十分近似。

④ 《魏书》卷一百，第4a页;《北史》卷九十七，第7b页。

⑤ 《旧唐书》卷一百九十九下，第7b页。

指出了其中的相似之处[①]。

【楚科奇人】

楚科奇人（Chukchee）的住房有着特殊的双重形态（double morphologie）。Czaplicka 在其研究中谈到了他们冬季所居的房屋以及夏季的帐幕[②]。Bogoras 则提供了一系列细节[③]。在这里，我们必须区分内陆的“驯鹿”楚科奇人（Chukchee «Rennes»）与沿海楚科奇人（Chukchee maritimes）。前者使用圆形帐幕，帐幕中央的框架结构具有神圣含义，由三根大木桩组成，状如三脚架，并于顶部留有开口。帐幕的入口设于顶盖之上。在帐幕的内部，一处卧室被单独分隔开来，其中并无供暖设备。灶火生于外屋中央，位于通风口之下。这种是可移动的夏季住房，随牲畜群之迁移而搬动。另外，“驯鹿”楚科奇人会在冬季停留于一处，并居住在冬季的房屋中。这类房屋通常没有真正的门（人们只是掀开墙上的兽皮），其内部包括一处前厅、一间设有灶火的主帐幕以及位居最后的卧室。

虽然帐幕在这一地区占有主导地位，但在沿海地区仍发现有半地穴住房的遗址（圆形坑或平顶覆土），其支柱由鲸骨制成。这些住宅有两处入口：一处是狭长的地下通道（仅用于冬季，因其夏天充满积水）；另一处位于室内一层，开于墙壁顶

① Eberhard 942: 1.23-24.

② Czaplicka 1914: 208.

③ Bogoras 1907: 169-183，图版 1。

部或土墩侧面。第二种入口可用鲸鱼之肩胛骨关闭，夏天使用，冬天封闭。Bogoras 注意到，这与科里亚克人的做法完全相反（夏天使用下部通道，冬天使用上部开口）。主房间的中央有一块大且平的石头，上承大油灯一盏。灯正上方的顶上有一洞，其中嵌有鲸鱼脊椎骨一节，骨中孔窍可资空气之流通。在灯的四周，抬升的地板形成了四个平台，由此分别可作为四个家庭的卧室。按楚科奇人自己的说法，最初是因为垃圾的堆积而使居民离开房屋，并开始居住于帐幕之中。最后应指出的是，楚科奇人也通过挖掘地窖来储存食物。显然，这些古老房屋的布局与明堂的理想形式（围绕中心布排的四间无墙屋室；以带顶走廊作为入口）以及布里亚特人的木屋[1]具有相似性。

【科里亚克人】

对于科里亚克人，我们同样需要区分居住于内陆的“驯鹿”科里亚克人（Koryak «Rennes»）与沿海科里亚克人（Koryak maritimes）[2]。“驯鹿”科里亚克人有一种帐幕与“驯鹿”楚科奇人十分相似。（Jochelson 将其视为亚洲游牧民族帐幕与因纽特人雪屋之间的一种折中。）但沿海科里亚克人的房屋值得我们注意（见图 75）。

---

① 译者按：上文“蒙古式房屋”。

② Jochelson 1908: 2.447-460，图 60-62 以及第 665 页，图 182；其中包括与堪察加半岛各类房屋的比较研究，如吉利亚克人（Gilyak）、阿伊努人（Ainou）、阿留申人（Aleoutiens）、因纽特人（Eskimos）以及美洲印第安人（Indiens）之民居，第 461—466 页。

这是一种永久性的半地穴住宅。人们首先挖出一个 1 米至 1.5 米深之圆坑，并在这一围合空间中将八根柱子环立于八角之上，并环绕以木板墙，由此形成一八边形的空间，并于周围填土。房屋正中有四根呈正方形布列之主立柱，高于其他八柱，并通过框架于上部构成一方形平屋顶[①]。在方形平屋顶之上，又有一圈倒锥形之屋檐，呈“倒伞”形，这使屋顶入口免受风雪的侵袭。[②]（参见增图 21）方形屋顶中央有一开口，既可作为冬季入口，也可作为烟囱。屋顶开口安有独木梯，垂直栽于中央灶台之一侧；此两者距离很近，以至于独木梯底部常被烧黑并覆盖着烟灰。独木梯十分光滑，人们可沿其直接滑落；灶中散出之烟使人感到窒息，这也就使得向上爬出变得更为困难。[③]

① 译者按：外围较低的八边形木板墙与中央高处四方平顶之间，以木板倾斜铺搭而成锥形之屋顶，见增图 21。

② 参见昆仑山与须弥山之形状，即一个倒圆体立于另一正锥体之上（见本书第三部分）。我们需要注意，明堂需通过一处名为“昆仑”的走廊进入，其建筑布局为一中央方形空间连通四方四室乃至八室。另参见阿留申群岛的地穴式房屋，其屋顶之开口用于排烟、采光，并以独木梯通行；除了带有灶火的中央客厅外，其还有若干较小的侧室，并设有狭窄的通道与外部相连（Jochelson 1908: 464）。

③ 这种少见的设置让人想起了一份珍稀的中国古代文本，其中提到了屋中的梯子。这是《楚辞 · 卜居》中的一段，其大意为：有人想知道是保持我的纯洁与矜持，还是放弃原则以妥协。其文曰：“宁廉洁正直，以自清乎？将突梯滑稽，如脂如韦，以洁楹乎？”译者按：作者在翻译中将“洁楹”翻译为，以线绳测量柱子［pour mesurer la colonne（en l’entourant d’un fil）？］朱熹在其注疏中将“突梯”释为“滑”义，但是在汉代，“突”意为烟囱，“梯”则为梯子。这一比喻显然来自房屋建筑之中，因为在后半句中提及了柱子。我们将在下文中见到关于烟囱不宜笔直而适宜弯曲的讨论。立柱是一根支撑屋顶的圆柱，绳线是用来绘制圆圈的。这个比喻暗示了一种围绕中轴平滑地旋转运动的观念。

图 75 科里亚克房屋内景
图中显示了独木梯与屋顶开口。

增图 21 科里亚克人冬季住宅外景[1]
其中的独木梯尚未置入室内。

① 图 75、增图 21 皆见于 Jochelson 1908。

独木梯是神圣的，是房屋的守护神[①]，人们将其想象为一位老妇人，并将她的脸雕刻于独木梯上端[②]。独木梯在冬天到来时方才安入屋中，在圣化仪式中，人们为其涂抹油膏并念诵咒语。此外，独木梯仅限于男性攀爬。女人、儿童以及变身为女性的男萨满（qavau）[③]则使用另一处不需梯子便可进入的洞门。[④]洞门位于一处通往地下主室的低矮前厅（并设有一处通风口）[⑤]。

这一前厅有两处入口，一处即女人冬天所使用的屋顶开口，另一处为前墙面向大海的矮门。夏天时，所有的人都使用这一扇门，而冬天时这扇门必须保持关闭，将其打开是一种罪过。夏天是捕鲸的季节，此门必须保持敞开状态以接纳动物以及访客。每年由夏天转入冬天之际，会按例举行鲸鱼节（fête de la baleine）。在鲸鱼被宰杀后，人们认为它会访问村庄然后再返回大海。鲸鱼头经由夏季洞门运入屋中，并悬于灶边。鲸

① 需要注意的是，灶火在蒙古式帐幕及藏式房屋中扮演了这一角色。蒙古式帐幕中的灶火与火神由一位圣母代表：她只有一只眼睛，并总望向天空（显然就是屋顶天窗下的灶火；参见 Poppe 1925: 132, 135；每年新年时节，灶火圣母得以更新，第140页）。在古代的汉族聚居区，灶神也为女神、老妇或美人。近世以来的灶神则每年上天汇报阖家功过，因此也在新年之中得以更替。在阿伊努人的传统中，灶中女神是向冥界汇报其对于阖家之监观而非天界（Czaplicka 1914: 102, 274, 276，基于 Batchelor 的研究成果）。

② Jochelson 1908: 1.43，图 11。

③ 译者按：以改穿女性服饰等为特征的方式。

④ 堪察加的萨满在变身为女人（koekchuch）之后，以同样的方式穿过这一通风的走廊（Czaplicka 1914: 251）。

⑤ 译者按：关于这一侧面入口的通风功能属性，可参见一篇新近的考古学论文——马晓《半地穴房屋“窄长门道”功能初探》，《考古》2022 年第 10 期，第 79—89 页。值得说明的是，作者在文中同样也征引了部分相关的民族志材料以及黑龙江以北的俄罗斯沿岸地区的考古材料，这与本书中此处所讨论的地理范围大致相同。感谢韩少华先生向译者推荐此篇研究。

鱼返回大海标志着冬天的开始以及屋顶冬季入口的启用。为了使鲸鱼能够顺利返回海中，灶被布置为一座祭坛：鲸鱼头以及为旅途所准备的行李等物一并陈列于此处。在送返鲸鱼时，人们将绳索系于鲸鱼头与行李上，并爬上屋顶，将它们从上方屋顶开口处拖出。在鲸鱼节后的另一节日中，夏天的旧火被熄灭，新火被燃起，与此同时，夏天所用的侧门被封闭，独木梯则由屋顶烟洞置入房屋之中[①]。当他们用火加工鲸鱼皮时，灶火被视作大海，火中之皮则象征着鲸鱼遨游大海之中。神灵们的偶像守护着灶台，以防止鲸皮掉入火中并消失于地下，这将导致未来所有狩猎活动的终止[②]。

如果灶台是一处与大海相通的水洞，那么它也可以是一处通往地下世界的大门。灶台的洞也正是一部分居住于地下的精灵“嘉剌”（kalau[③]，人头犬身）进入地面世界并返回地下的通道。另有一部分嘉剌居住在地面世界的西方，虽然屋顶开口有老妇（独木梯之神）守卫，但它们仍能由此进入，并沿着独木梯下至室内[④]。值得注意的是，进入人类房屋的两种方式在这里也被复制于精灵居所的双重形态之中。嘉剌亦有“沿海”与“驯鹿”之分。很可惜，我们尚未掌握后者房屋的相关描述，但据说前者屋顶有一开口用于采光；与人类的房屋不同，这一

① Jochelson 1908: 1.66–78.

② Jochelson 1908: 1.37.

③ 单数作“kala”，复数作“kalau”。

④ Jochelson 1908: 1.28, 42, 121.

开口并不用于出入，其功能由灶火来实现[①]。由此，嘉剌之灶火相当于人类的屋顶开口，也即大门。[②]

【堪察加人】

有关堪察加（Kamchatka）地区房屋的描述十分模糊（见图 76—77）。但值得注意的是，地下通道作为通风管道且专为女性所使用，并直通于灶火（参见中国半坡的古代住房），这可与科里亚克人房屋前厅的屋顶开口相类比。当火点燃时，通道被打开以供通风，此外也可用作粮仓[③]。季节性的形态使这类居所更加有趣。刚刚提到的地穴住房仅供冬天使用（因为夏季时充满了积水），夏季则居于锥形的帐幕之中，而帐幕立于由木桩所支撑的平台之上。[④] 由夏季转入冬季的标志是独木梯的安装，且伴有竞戏。居民们分为两组。其中一组位于屋中，用力拉拽一根系在白桦树上的绳子，以使其穿过屋顶开口（烟洞；也可作为门？）进入冬季地穴房屋之中。另一组居民则在屋外拉拽另一根绳子来进行阻止。很自然，屋内的一组必须成

---

① Jochelson 1908: 1.29.

② 逝者也在火葬场中通过火而降入“阴影的世界”（monde des ombres，Jochelson 1908: 1. 121）。或许正因如此，楚科奇人将祭祀逝者之处称为“灶塘”（enclose du foyer，Bogoras 1905: 532）。科里亚克人的一则故事讲述了灶火作为通往地下世界大门这一主题。在故事中，锅的移动预示了一位嘉剌的到来，他将一位落单的女人掠走。其后，女人的丈夫向灶中投入了一支箭，由此打开通往地下世界之通道。当他接回妻子后，则将箭从灶中拔出，通道由此关闭，灶火又得以复燃。

③ Jochelson 1908: 2.461-462, 464；Czaplicka 1914: 251.

④ 在中国汉族聚居区，“台”（高台）与“穴”（地下屋室）之间的这种季节性交替（夏—冬）的对立关系，很容易被归入“阴阳”的分类之中。

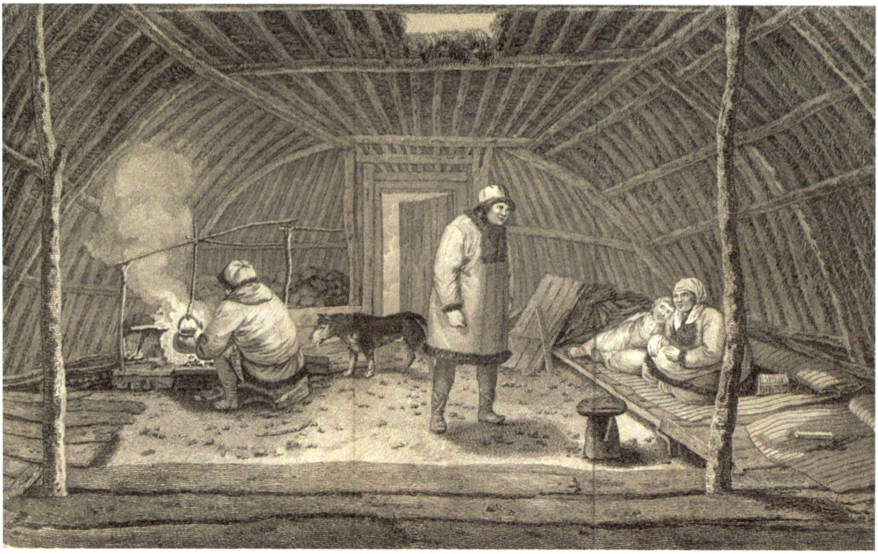

图 76 堪察加地区冬季住宅内景

图 77 堪察加地区夏季住宅

图中显示了独木梯与屋顶开口。[1]

---

① 图 76、77 皆见于 Cook 1785。

功，人们由此发出欢呼[①]。

【其他民族】

吉利亚克（Gilyak）人的地穴住房也具有屋顶开口。但其只在仪式中使用而不作为出入之用。他们现已不再使用，但的确曾经使用过。在这里，独木梯已经成为一种废弃的技术性构件，但其作为宗教元素仍然得以保存（某些北美印第安人也是如此，屋顶开口只出现于传说故事之中）。

北部阿伊努人在冬季也生活于地穴房屋中，夏季则于海边捕鱼。他们只有粮仓构筑于干阑平台之上。我们注意到房屋与灶火（及灶火女神）之间的密切关系，其中，灶火占据了房屋中心；房屋（有“子宫”义）则由灶火所定义[②]。

因纽特人的住房也具有这种双重季节性的形态（夏季：帐幕，分散生活；冬季：房屋，集体生活），但他们没有灶火与屋顶开口，我们在这里只关注一个重要细节：穿过墙上的半地下入口，一条通道直通往房屋内部（见图 78—79）。但在阿拉斯加，这一通道直接通往室内中央区域的地下[③]。

① Frazer 1933: 178；转引自 Steller 1774: 327。

② Batchelor 1927: 167, 282-286; R. Hitchcock 1891: 451-453, 472.

③ Mauss 1904-1905: 65-82.

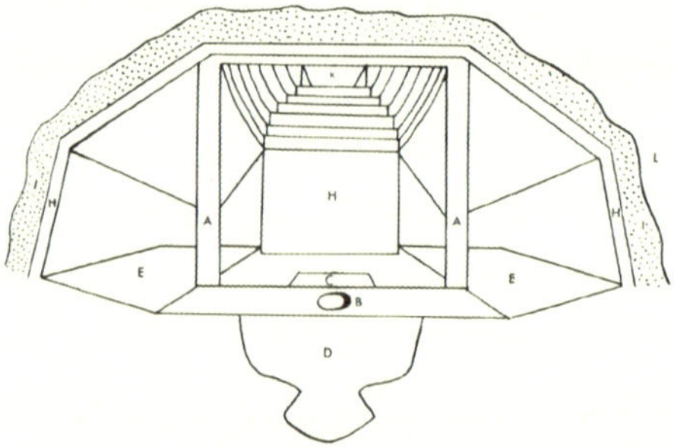

图 78-1 因纽特人之冬季住宅①

A. 支柱；B. 地下入口（D）；C. 灶；K. 屋顶开口。

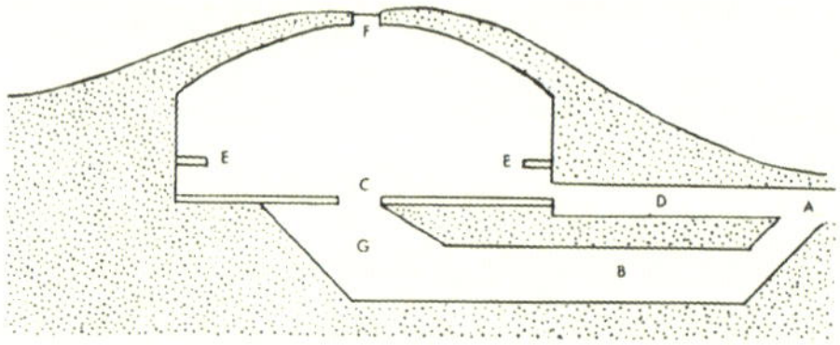

图 78-2 阿拉斯加因纽特人公共住房②

A. 前厅；B. 为萨满保留的入口；C. 地板上的洞；D. 公众入口；E. 座位；F. 屋顶开口（用于通风；萨满入口）。

图 79 阿拉斯加房屋内景③

图中显示了独木梯与屋顶开口。

① Nordenskiöld 1888.

② Hawkes 1913.

③ Cook 1785.

第三部分　宗教思想中的天地与建筑

前言

在许多不同民族的思想中，“大天地”（外部世界，monde）与各类“小天地”（居住场所、房屋、人身）之间的对应关系都有着悠久的历史。有时这种对应关系是系统的、精致的关联，有时则是借用某一范畴中的具体形式来表达其他范畴中的形象。

此话虽然说出来容易，但却也许又过于武断，因为假设了预先提出的问题已被解决。在本研究中，我将从对于社会现实（réalité sociologique，具体且技术性的）的观察入手，这对于由房屋与住房所代表的“天地”尤为重要。一座建筑的技术性元素（éléments techniques）因民族与文化而各异。与此同时，这些建筑特征也存在于有关“天地”“人身”构造的观念之中。此理反之亦然，自然界中的主要元素（山岳、河流等），也成为有关“房屋”（或其他建筑），尤其是“人身”形象的范本。

我们常以一种“宗教情感”（émotion religieuse）来体验人类所居住的世界，即“生活空间”（espace vital），如每个人的身体、住宅、或大或小的居住场所（宗族、村庄）。我们（独自或与家人）隐遁并与世隔绝于具有宗教特性的空间之中，而这种宗教特性恰好伴随着具有神话与符号象征（mythologique et symbolique）属性的想象活动。房屋（包括早期的穴居或干阑楷屋）显然具有实际的功能（庇护所、烹饪场所），其中的各种建筑构造元素实际是用于解决生活基本需求的一系列技术形式。同理，对于由自然所直接赋予人类的身体及其各组成部分而言，情况更是如此。

但是，这些身体组成部分同样也被直接赋予了宗教与符号含义。想象（imagination）当然不能改变身体（尽管有时在割礼与增长颈部等习俗中具有一定的作用），但在建筑构造中却能贡献一定的技术方法。

几个世纪以来，有关建筑"起源"孰先孰后的讨论（技术与实践，抑或符号象征与宗教）一直牵动着欧洲的思想："高贵的野蛮人"（Bon Sauvage）[①] 中的小屋，或是迷宫（labyrinthe）与洞穴。[②] 同样地，中国上古的先民也居于树上之"巢"或地中之"穴"。类似勒儒瓦-高汉（Andre Leroi-Gourhan）这样杰出的史前学家甚至反对建筑学中纯粹的实用主义概念（如庇护等功能），进而强调其符号象征功能的重要性。[③] 从另一方面

---

① 译者按：在西方 17 世纪以来的人类学、哲学和文学中，"高贵的野蛮人"是一个典型的角色，他将想象中的"土著"拟人化为未被文明腐蚀的非白人他者。

② 参见 Ugo 1982［第一章，关于 18 世纪的乌托邦建筑师（Boulee, Ledoux, Lequeu 等）以及他们的象征性建筑；第三章，"'高贵野蛮人'的楷屋与克里特国王亚狄里安（Asterion）之宫殿"］。

③ Leroi-Gourhan 1964: 2.140. 关于史前人类对于洞穴具有象征性的使用，另参见 Leroi-Gourhan 1981: 304a-305a, 308b。

来看，在欧洲的现代建筑学（architecture moderne）中，想象（而非具体需求或技术上的必要性）被视作了建筑构成的基础。让-雅克·勒格（Jean-Jacques Lequeu, 1757—1825）[①]曾凭借想象虚构出一座建筑，其中的某些元素（尤其是门）有意识地模仿女性和男性性器官，直至最小的细节[②]。1966年，在斯德哥尔摩的一场展览中，妮基·圣法勒（Niki de Saint Phalle）[③]建造了一座名为“她”（Hon/Elle）的“大教堂”，其形状为一仰卧的女性裸体，她双腿分开，敞开的阴户成为通往大厅的入口。让-雅克·勒克以及同时代其他乌托邦主义者［如夏尔·傅立叶（Charles Fourier）］创作了一些纯符号象征性的建筑［如“平等圣殿”（Temple de l'Égalité）；见增图 22］。[④]

远东地区也存在着这种具有明确意识与意图象征的建筑。在中国，我们都知道北京天坛的建筑形式源自宇宙论中的宗教观念（见图 80—81）[⑤]。我们稍后也将看到，在古代中国，人们根据象征性的思想与表现形式来尝试建造宗教建筑“明堂”。但在这里，这些观念可能反过来又受到上古房屋某些具体特征的启发。

---

① 译者按：18世纪法国制图员，以空想建筑设计图著称，也被誉为“有远见的建筑师”（visionary architect）。

② Marty-L'Herme 1979.

③ 译者按：Niki de Saint Phalle（1930—2002），法国雕塑师，画家及电影导演。

④ 参见 Starobinski 1973：图 53、54：其中的花园内有一露台，由九个同心圆组成，顶部有 8+8 根圆柱。圣所位于中央，为一球体，其一半位于地上，一半位于地下。南侧有一阶梯，由此得以进入其中。

⑤ 另参见 R. A. Stein 1957d. 关于西藏的讨论，参见 Tucci 1956；以及 Vergara Caffarelli 1979: 1-2。

增图 22 让–雅克 · 勒克绘制的平等圣殿立面图及剖面图
法国国家图书馆藏。

图 80 北京天坛祈年殿

其屋顶为圆形，蓝琉璃瓦覆顶，取象于天。2023 年，陶金摄。

原书图像为 P. Jonathan 友情提供。

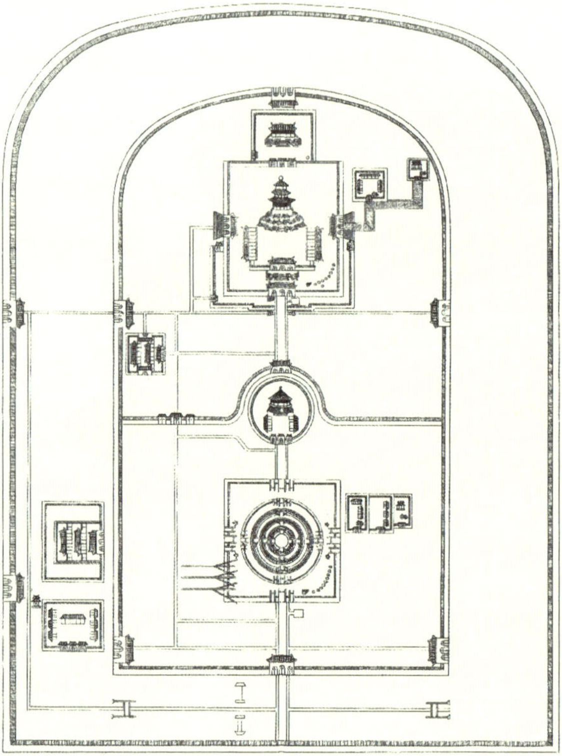

图 81–1 北京天坛平面图[①]

图 81–2 北京天坛鸟瞰
图下方靠前者为祭天之坛（圜丘）。

① de Groot 1918. 译者按：原图出自《大清会典图》（光绪）卷一。

就越南古都古螺城（Cổ Loa）的案例而言，人们以近似圆形或略带弯曲的形式围绕同一中心环筑城墙，这种建造方式可能是由场地的自然地貌所决定的。但中国古代的一则文献也可证明，宇宙论思想被用以指导城郭规划。[1]

① 见第一部分 115 页注 ①。但这一建筑的历史真实性是存疑的，它实际是一种文学虚构。

在大量案例中，某些带有强烈“宗教”色彩的重要元素被应用于宇宙志模型（modèles a la cosmographie）之中。伊利亚德[①]与哈尔瓦（Uno Harva）[②]曾论及萨满关于“天地”的各类表征（如“九层”等；见本部分的第一章）。其中，伊利亚德认为“探讨这些思想观念的经验性（empirique）起源（例如，根据适应环境的基本需求来解释宇宙结构）”是徒劳的。这句话的后半部分是正确的，因为在同一环境中所产生的建筑技术形式可能会有所不同。但在另一方面，人们发现史前中国曾使用的半地穴式住房同样也存在于气候与生活环境截然不同的多种地理环境之中[③]。

解决问题的技术形式并不总是唯一的考虑因素，我们可从“灶”的问题中窥见一斑。作为重要的宗教元素、家庭生活的中心以及家宅土地之神，灶通常被置于家中世界的中心。但在这样的情况下，“灶”的位置与位于屋顶中央开口下的“中霤”（中央集水坑）相互冲突。故此，灶必然在不失去其宗教功能的情况下被移出中心。以欧洲住宅为例，瑞典及奥弗涅（Auvergne）地区[④]仍保存有中央炉灶以及与其相应的中央烟囱，然而在大多数情况中，炉灶常位于房间一侧，沿墙壁而设（译者按：壁炉）。不过它始终是家庭凝聚、亲密，或不可侵犯的符号象征，圣诞老人也总是借用它从天而降。那么，将灶置

① Eliade 1949, 1951.

② Harva 1938.

③ Sorensen 1982: 9.

④ 译者按：法国中部大区。

于房屋中心是出于宗教想象的意志，还是出于技术层面的必要性？这是一个我们不会去涉及的无用问题。但就伊利亚德与哈尔瓦所论的北亚民族宇宙志而言，他们的论述因为忽略了现实中的建筑元素而大打折扣（有关“七重”或“九重”天界的讨论）。为了解释这些有关“层级”的宗教象征，他们不得不诉诸各种假设：哈尔瓦使用了历史学层面的借用或传播理论，伊利亚德则立论于心理学层面。

如在解释萨满的“上天入地”时，他们提出“天界”的层级划分是最初的原型（至少是逻辑上的），而“地界”的层级划分实际是前者的一种镜像复制[①]。但如果我们从地穴与干阑榾屋、窖穴与楼阁这类“双重形态”（double morphologie）的现实出发，所得观察则将有所不同。同样，由于将理想中心（centre idéal）的神秘体验置于优先地位，伊利亚德不得不将现实中的实践（仪式与日常生活中的）视作前者的一种“降级”（dégradation）[②]，并将建筑元素视作宇宙论内容的一种“复制”（réplique）[③]。虽然心理学信息是真实的，但社会事实也当然不可忽视。在这里，我们一方面主要将自己限定于展示部分宗教表征（représentation）与形象之间的联系，另一方面也将展示一些具体的建筑特征（trait）。哈尔瓦[④]与伊利亚德[⑤]认为，

---

① Harva 1938: 56, 351; Eliade 1951: 188, 252.

② Eliade 1951: 395.

③ Eliade 1951: 237.

④ Harva 1938: 54.

⑤ Eliade 1951: 238.

设于帐幕正中的独木梯被称为门神是十分自然之事，因为萨满用其“登天”。这一推论也许成立，但我们仍然需要注意，这种由树干所制成的梯子在实际中可用于进出屋顶开口。

具体的建筑特征与宗教思想并不相互排斥。那么为什么会有九重天与九重地（或七重地）呢？我曾很荣幸地邀请到我已故的老师墨司它先生［法国高等实践研究学院（EPHE），专长于印度支那宗教］出席了我有关“天地”各类表征的讲座，他认为这些数字源自九或七个能够离开身体神游的魂魄。诚然，在中国，人有三魂（与气有关），七或九魄（与精有关），其中数字“九”是一种常见的总数组合。此外，男性的身体有七窍，而女性则有九窍。[①] 如果人们真的曾建有九层阁楼或九层的地穴，则无疑是因为以“九”数为尊；而藏族或中国东北地区古代各民族住房中所见到的相同形式则有可能借用自汉族聚居区。在西藏地区，有时人们会以十三作为天界层级的首选数字。但是，即便层级的数目的确受到了符号象征性思想的影响，建筑意义上客观存在的多层楼阁与窖穴也不应忽视。

天界与地界相互交通（communication avec le Ciel et le Souterrain）的思想普遍见于各民族中，但其具体的方式则因地而异。藏族传说中的“天索”没有任何具体对应的房屋元素，因此无法用建筑元素解释，一如汉族聚居区相类似者，但其毫

① 在云南纳西族（如摩梭人）的传说中，“天-地”“男-女”等复合词常被表现为“九”与“七”的系统性对应。

无疑问与泰国传统中具有同样功能的藤本植物具有关联。[1]另外，虽然西藏民居中使用独木梯，但在佛教图像中，天神降临人寰所使用的梯子仍明确具有左右两根固定杆（一如欧洲的梯子）。我们并不了解这其中的转变及其成因（从其周围民族所借用，抑或其他原因？）。但想象力确实在这里起着主导地位。它可选择从实际房屋建筑中选取一个形象，但同时也可以选择其他形象。

此外，通过神明的降临，以及吞食卵、球或一束光的方式来使人类女性“感孕”（fécondation surnaturelle）的思想也非常普遍。在古代中国，这一场景常发生于城外的荒野，但有时这种超自然感孕也发生于建筑环境中。在这里，我们将只选取第二种情况来进行考察。又比如，在启蒙度化的仪式中，弟子为了获取玄义妙理（mystère），必须要通过各种不同形式的考验（épreuve initiatique），这是同一神话或宗教主题能被表现为不同形式的另一个案例。如对这一宗教主题的起源感兴趣，可参考康德谟针对中国案例进行的研究[2]。在不考虑语境与社会背景的情况下，同一主题可通过不同形式得以表达，比如，

① 与泰国的比较研究，参见 H. Maspero 1924: 94–96。与苗族、太平洋岛民及其他民族的对比，参见 Erkes 1931: 357–360 及 Karlgren 1946b: 234ff, 245。在中国，车舆的形象一直是最常见的一种：其方形车身为地，圆形顶篷为天（H. Maspero 1924: 28–29; Granet 1950: 343–347）。在天与地之间有“八弦”或“八柱”。但天也是一转动的轮子，轮毂似乎与绳索相连（H. Maspero 1924: 31 注 3；及其书评 *Journal Asiatique* 1933: 61–62）。奇怪的是，葛兰言与马伯乐都没有注意到车舆的两个可以纳入宇宙志的元素：支撑顶篷的中央支柱以及将顶篷与车身相连的四根绳索（公元 2 世纪的浅浮雕；沙畹 1913: 499，图 1208；515，图 1235、1236；542，图 1271、1273；以及其他无绳索车舆）。另参见同时期之壁画，米沢嘉圃 1963: 116, 照片 23, 25。

② Kaltenmark 1967.

“代达洛斯（Dédale）与阿里阿德涅（Ariane）之线”的主题能够被表达为九孔贝壳或宝珠的形式（线需要能够穿过这些洞），但也可以有其他形式。在本书中，其中的一种形式特别引起我们的兴趣，如通往昆仑山的黄河“九曲”，以及昆仑山洞穴中的“九转”。在大多数情况下，我们无法追寻不同时代、不同地区的文本，更无法对其形式的转变进行解释。为了在这里方便比较，我们将主要关注普世主题（thème universel）中的非建筑形式，具体而言，我们将只在一连贯的思想体系中讨论与“昆仑山”有关的表现形式。

相同的内容可以采用多种形式，用不同的形制（code）来表达。图像可以在它所描绘的对象消失后仍然长久地存在。此外，正如克洛德·列维-斯特劳斯（Claude Levi-Strauss）所表明的那样，虽然在不了解特定社会实践与制度的情况下必然无法理解相关的宗教与神话表征，但宗教与神话表征并不一定会复制这些实践，它们有时甚至会将这些实践颠倒过来。

有的时候，源自现实物品（objets）或生命的形象、表征一旦被纳入宗教或神话的框架中就会反过来施加于现实结构之中。（参见帝王所建楼阁与昆仑山之间的关系，反之亦然。）我们可以将此想象为一种从现实到符号象征，再从符号象征到现实的辩证运动。随着几个世纪的过去，我们进入了现代，形象的数量不断增长。随着佛教传入中国及其他地区，本土表征与外来表征经常同时并置，并常叠加于外来者之上。这些形式就像语言中的符号一样组合在一起，它们也许不是无限的，但至少是极其多样化且多重的。但这些变化并非随机发生，它们有意无意地与相关范畴中某些一致的思想相吻合。我们在这里将不会试图判定“借用”或谈及“演进”的问题。

在上文中，从中国汉族的房屋开始相关讨论，我相信其可与西部相邻的民族（藏族及汉藏走廊诸民族）以及北部相邻民族（蒙古、突厥及西伯利亚诸民族）的住房相类比。[①] 而在这一部分中，我希望将叙述顺序倒过来，先从北亚开始讨论。这一地区房屋的某些具体建筑特征中，相关宗教形象与观念尤其丰富且清晰。其后，将继续讨论中国藏族聚居区与汉族聚居区的资料。伊利亚德[②] 与其他学者已经就其中的一部分内容进行了研究，但我认为很有必要纠正其中部分问题并展现其整体的风貌。

这种按照地理区域划分的研究只是一种权宜之计，为的是便于参考已有的资料。我不得不多次重复相同的主题与元素，并偶尔游走于不同地区的材料之中。这是因为在许多情况下，相同的观念不仅只存在于一个地区。突厥人（Turcs）曾与藏族人（Tibétains）有着联系，而后者又与汉族人联系密切。由此，“借用”通常是可能的，有时甚至是一定的，我们将会在其出现时加以具体说明。

---

① 为避免这项研究过于烦冗，我忽略了南方的诸多民族（如华南地区以及中南半岛的原住民）以及东方的邻国（尤其是日本）。这些地区也存在着许多重要的元素。

② Eliade 1951: 378-404.

第一章　北亚

在我们所居大地之上的“天界”以及其下的“地界”[①]的有关记载中，常能见到其中空间的“层级划分”(étagement)[②]。此外，我们也常见到一些有关贯通上下两层世界的屋顶开口的记载，有的时候，这一屋顶开口也被表现为上一层级地面的活板门（trappe）。下面想对此稍作概览。

〔天界与地界之层级〕

在楚科奇人的传说中，世界呈现为五、七、九重上下相叠之态。出神状态下的萨满与传说中的英雄控驭于雄鹰或“风暴鸟”的背上，通过屋顶的层层开口从一重世界进入另一重世

① 译者按：在有关北亚诸民族的讨论中，天界与地界的不同层级均是各自独立之“世界”（monde）。为了避免混淆，在这一部分的讨论中，译者将不再特别使用“天地”一词作为“monde”之翻译。其中“天界”被表述为“（地面）之上的世界”（monde au-dessus）或者大写之天（Ciel），“地界”则写作“（地面）之下的世界”［（monde）en dessous，monde souterrain］或者大写之地（Terre），实际等同于汉族观念中之“冥界”。作者交替使用这几个词语，下文将译作“地下世界”“下界”或“地界”。

② Czaplicka 1914: 261, 277, 281; Harva 1938: 26, 35, 53-57, 349-353; Eliade 1949: 324; 1951: 237-239, 248-252（另外还有通过攀树而升天的仪式的比较研究，见该书第116—122页）。

界[1]，而北极星则是我们所处世界的屋顶开口[2]。地下世界另存在一组层级，据传曾有英雄乘着旋涡进入其中[3]。值得注意的是，这些地下层级在形态上与地面相反：当人类世界是夏天时，下一层世界便是冬天。Bogoras 引用了科里亚克人类似的观念[4]：当此处是黑夜时，上一层世界便是白昼，居于黑龙江的奥罗千（Olcha）人则融合了这两种对立。这种对立关系使我们联想起住房的双季节形态（并也存在于亡者的冥界之中）：地下与地上，冬季与夏季（见第二部分，203 页注 ② 以及 278 页注 ③）。科里亚克人的世界共分五层：天上两层，地下两层，人类所居的一层则位于天地之间。地面之上的第一层由“云人”（Peuple des Nuages）所居，顶层则为至上神（Etres Suprême）所居。地面之下的第一层由众嘉剌（kala/kalau）所居，底层则为亡者之影所居[5]。人死后，其主魂（âme principale）升天，“气”魂与“影”魂（âmes «respiration» et «ombre»）则进入地下[6]。阿伊努人也拥有类似的天、地层级观念（上下各六层），下方世界被称作“潮湿”（humide）世界，有时是祖先所居，有时则是“恶人”死后（morts«mauvais»）的居所，而善人

① 人们也可以在日落时通过一条陡峭的路来进入天界（可类比于中国的“建木”以及太阳运行极点）。传说中的英雄也可以通过攀爬绳梯、彩虹与太阳之光芒进入天界，逝者通过火葬仪式中柴堆之火抵达彼处。

② Bogoras 1904–1909: 330–331; Czaplicka 1914: 261; Harva 1938: 53.

③ Bogoras 1904–1909: 232.

④ Jochelson 1908: 27.

⑤ Jochelson 1908: 121.

⑥ Jochelson 1908: 102–103.

（bons）死后则升往众神之地[1]。

在雅库特人的观念中，天界共有九层，至上神居于第九层，次等神居于第三层。天界之神分为九族，下界之神分为八族[2]（此可类比于中国汉族聚居区的情况，其中天被平分为九区，即“天野”，分别对应地上之九州）。通往天界之洞位于普勒阿得斯星（Pléiades，昴宿星团）[3]。地下世界也同样存在着等级划分（hiérarchisation），且亦为九层，并与天界诸层相反。地界是“黑萨满”三魂之一（sür）的受学之处。若萨满之魂（sür）由居于第九层的萨满导师来教授，其必然会成长得极为强大；若由第八层导师教授，则灵力将较为平庸；如果受学于第三层，则只能成为一名普通的巫师（sorcier）。[4]

这种双重形态也可从垂直面转为水平面。在一个象限上，有着白（善）萨满与铁匠，春、夏的节日及精灵，它们居于东方与南方；在另一个象限上则有黑（恶）萨满与铁匠，秋季

① Czaplicka 1914: 153.

② Czaplicka 1914: 277.

③ Harva 1938: 35, 178.

④ Czaplicka 1914: 184. 这一说法引自 Troščanskii 1903: 146，但我未能查阅此书，且伊利亚德（Eliade 1951: 188）也忽略了，他认为雅库特人没有地下层级的概念。这种等级制度最多只有九层，如只有第九代铁匠才能锻造萨满之法器，尤其是“ämägät”，即萨满服饰上代表祖先精神的金属牌，而祖先精神的附体则体现了萨满的力量。灵力较弱的萨满无法受持这种法器，而灵力强大的萨满则由大神乌鲁-托扬（Ulu-Toyon）直接为他们授予“ämägät”。在蒙古传说（最初或来自西藏）中建筑物的层数可代表人之世代，其中，一位英雄与可汗对战，他以神锤敲打地面九次，由此创立了一座高达九层之铁堡。可汗想用一巨大的火盆将其融化。主人公则上至九层楼上，将他的母亲置于八层，然后用一魔法袋（sac magique）所变化出的大雨将火熄灭（Jülg 1866: 87-89）。我们稍后将看到中国汉族聚居区、藏族聚居区与冶炼（métallurgique）相关的主题。

（应还有冬季？）节日及精灵，位居西方与北方[①]。同时，神明也分为两族（bis），即上族与下族。这其中的分类似乎十分混乱，有时甚至相互矛盾。此外，大地被想象为圆形，中央有一洞，即“肚脐”（nombril），但据传其也有八角[②]。在仪式中，萨满顺沿一棵露天且有九齿之树而得以“升天”[③]。天神九部中的第九家族守护着通天之路。具体而言，守护者是两位门卫；家宅之神同时也是猪圈与庭院之神；而七兄弟则是众火的守护者[④]。这看起来像是房屋各类中心元素的组合：上方有屋顶正中的开口，也作为房屋之入口，同时也是天门；在下方则有集水坑，位居中心的庭院或灶火。很明显，这里存在突厥-蒙古人甚至汉族人的影响，其中包括一位神明“Kitaï Baksy Toïon”

回到雅库特人，我们注意到某种模糊性。根据 Czaplicka 转述，Troščanskii 非常清楚地表示存在着白、黑两类萨满之区别（Czaplicka1914: 212）。黑萨满之神力源自地下最底层，白萨满的灵魂受学于何处，Troščanskii 却不甚清楚，或来自天界诸层？无论如何，波塔宁（Potanin 1899: 582 注释）所采访的一位雅库特人向他确认了空间层级中所存在的等级制度。在萨满降生于人间后，其灵魂便于乌鲁-托扬处受学，该处有九巢上下相叠。灵力最强的萨满出于第九巢中，其力量也可用九“度”（neuf degrés）或九“结”（næuds）来描述。某位萨满可能会说“我是七（或九）度”，或说“他比我低（或高）一或二度”。重要的是，大神乌鲁-托扬（萨满灵魂于其处受学）一方面是至高之神，凌驾于下层族群（clan d'en bas）的其他八位神明之上（Sieroszewski 1902: 123），但另一方面，他又通过向西行进而进入第三层天界。作为众生与萨满的造化者、火种的赐予者，乌鲁-托扬与另一位大神乌宗・艾・托扬（Uzüng Ai Toyon）相互对等且对立，后者是居于第四层天界的白色造化者、上层族群的第二位神明（le Créateur Blanc, deuxième dieu du clan d'en haut）。在上与下的对立之中，叠加了东与西的分界线。布里亚特人（他们将神明分为居住在西方的白色善神，以及居于东方的黑色恶神，此与雅库特人正好相反）之白萨满之魂于西方诸神中受学，而黑萨满则受学于东方诸神之中。

① Czaplicka 1914: 195, 277–278, 298; Eliade 1951: 87 注 l, 171–173。

② Harva 1938: 22, 25, 图 1, 26。

③ Harva 1938: 50.

④ Sieroszewski 1902: 118, 122.

被 Sieroszewski 认为源自汉族聚居区。

在阿尔泰地区，善神居于天界之十七层，恶灵则居于地界七或九层。厄尔里克·汗（Erlik-Khan，相当于蒙古人藏传佛教之阎罗王，即死神）居于最底层。在这里，天界的层数与“排烟洞”（trou de fumée）的数目相当，萨满穿过这些排烟洞而得以向上升天。人类所居世界天穹上的“排烟洞”即北极星[①]。哈尔瓦认为三层、七层或九层的概念源自印度、伊朗和古代世界的其他地区，他还将它们与行星的七或九重轨道相关联[②]，伊利亚德对此似乎也有同样的观点[③]。这些影响是有可能的。特别是佛教宇宙论可能从蒙古通过藏传佛教传与阿尔泰的突厥人，甚至在更早时直接由回鹘人所传授。伊朗的影响当然在其他地区也得到了证实，但应记得，在中国汉族聚居区，从公元前最后的几个世纪开始，昆仑之九层，天之九重，以及诸多与天相通的多层楼阁便都已经存在。诚然，在这个时期，我们已经可以考虑外来影响（如在邹衍的地理思想中），艾伯华便认为昆仑山与须弥山这两个综合体（complexe）密不可分，且须弥山对昆仑山存在着影响[④]。

公元前 201 年，汉高祖在长安设立了事奉不同神明祠祀的女巫。《史记》的记载中提到了梁、晋、秦诸国的巫者，并强调其乃是各地之女巫，负责奉祀本地之神明[⑤]。其中所开列

① Czaplicka 1914: 281; Harva 1938: 53-54.
② Harva 1938: 54-55.
③ Eliade 1951: 248.
④ Eberhard 1942: 1.245-255.
⑤《史记》卷二十八，第 7b 页；Chavannes 1897: 3.450-452。

的最后一项令人惊奇，其云：“九天巫，祠九天。”这里并未言明其所属之诸侯国，但按注疏所言，此处所言并非九层之天，而是九野（平面上的中央及八方）。按稍晚出的文献《三辅故事》云：“胡巫事九天于神明台。”① 这里的“胡”字既可指突厥人［Turcs，匈奴（Hiong-nou）］，也可指波斯人（Iraniens）。上文所提及的大多数祠祀都是由中国东部及东南部方士向汉高祖②建议所设立的。但神明台实际是汉武帝③于公元前104年所营建的④。水平面上的“九天”与垂直维度的“九天”可能在后来被混淆了。此外，公元前104年汉帝国对于大宛［费尔干纳盆地（Ferghana）⑤］的攻占⑥(公元前102年或前101年⑦) 促进形成了“胡巫”⑧精于此类祠祀的观念。

无论可能的影响是什么，由诸多层级组成的宇宙论系统似乎不一定能以天文学意义上的天球层级（sphères des planètes）来解释，至少不总能如此。尤其是这些“世界”体系中还包含了地界层级的思想，而这恰恰与天文层面的解释相互抵牾。此外，这一宇宙论系统还对应了房屋的结构形式。哈尔瓦与伊利

① 〔清〕张澍：《三辅故事》，第7b页；其年代至迟为公元6世纪。
② 译者按：书中原文作“汉文帝”，按《史记》所载应为“汉高祖”。
③ 译者按：书中原文作“汉文帝”，但公元104年实为汉武帝太初元年。
④ Chavannes 1897: 3.514.
⑤ 译者按：位于今乌兹别克斯坦及其邻国境内。
⑥ Chavannes 1897: 3.515.
⑦ Chavannes 1897: 3.237, 408.
⑧ “胡巫掘地求偶人，捕蛊，及夜祠视鬼”（《汉书》卷四十五，第6b页）。值得注意的是，这些巫蛊事件的策划者曾出访过匈奴。不过，中国史家仍将“蛊”视作一种中南部地区的特色。

亚德都注意到，这些不同层级的世界以屋顶开口作为相互交通的途径，但他们尚未考虑到高架结构（台、阁）与地穴式房屋。的确，很多民族都拥有层级的宇宙观，但却不具备这些建筑形式。然而，他们可以从其他拥有楼阁与地穴建筑的民族中借用这些形象，其中层级与层级之间可以通过天花板的中央开口而得以连通。此外，这些民族也可能曾经使用过此类建筑形式，但后来废弃了，一如本书第二部分所引中国古代文献所记载的西伯利亚挹娄人。另一种可能性是，这种宇宙观是房屋双重形态（干阑橧屋与地穴住房）的神话投影，它们的层数（尤其是七或九层）源自其他方面的吉数（如身体孔窍之数目，此亦与魂魄数目相应）。而来自西方（伊朗、高加索）与东方（中国）的诸多观念则可能进一步强化了这些思想。

地界层级与天界层级一样重要。萨满的出神远游不仅朝向上方天界，也朝向下方地界。但有时为了突出“上升”的势态，“下降”被有意忽视了。伊利亚德指出，“下降”不常被讨论也是因为其更具危险性且隐秘[①]。但实际上，“下降”经常被提起。

根据哈尔瓦的研究，西伯利亚的突厥民族［柯尔克孜人（Karginzes），卡拉加斯人（Karagasses），索尤特人（Soyotes）等］都认为地下世界分为三个层级[②]，地界的入口是地面上的一处“排烟洞”。但 Castren 所收集的突厥故事[③]讲述了地下的十七

① Eliade 1951: 213, 216, 218.

② Harva 1938: 26, 50, 350；引用 Katanov 与波塔宁。

③ Castren1859: xix, xx.

“级”或“层”[1]（étages ou couches；可类比于阿尔泰的十七层天）。此外，其中还有七或九位善灵（kudai）以及七位恶灵（aina）。地界第十七层住有一位残暴的“天鹅女”（Schwanfrau），她有40个分身，而“40”这一数字则常见于“熔炉般地狱”（Enfer qui ressemble à une forge）的描述之中[2]。

七位善灵与七位恶灵很可能对应了天界与地界的七个层级。[3] 七位天鹅女存在于地下七层[4]，对应了恶灵。任何曾到访过冥王厄尔里克所居地下世界的人，在其返回地面时都必须去除掉身上恶灵的气味[5]。

---

① Castren 1859: 1.200, 438, 931.

② Schiefner 1857: 246, 249.

③ 关于与天界相反的地下七层或九层结构，参见 Eliade 1951: 188；以及 Harva 1938: 349-350。哈尔瓦注意到阿尔泰鞑靼人（Tataren de l'Altai）传说中的厄尔里克有七子或九子（及八女或九女），其数目与天神相当（Harva 1938: 351-352）。Schiefner曾提及七位恶灵“aina”的首领居于地下第九层（Schiefner 1859: xxi）。如果将这里的“七”与“九”置换，则善灵“kudai”亦是如此，他们有七或九位之众 (Radloff 1868: 9.244)。阿尔泰的突厥人与吉尔吉斯人的“qudai”和“aina”这两个词源自波斯语（“hudai”意为神明，“aennah”意为恶灵；Harva 1938: 12）。同样，虽然邪恶的“天鹅女”（femmes-cygnes）居住于地下，且常从地穴中出现，但仍有一部分居于天上（依据 Sagai 人的观念）。一位少女曾穿着鹅一般的衣服飞往天界（Radloff 1868: 2.76）。另一位则变形为鹅，通过屋顶天窗进入帐幕之中，英雄通过关闭天窗迫使她以少女的人形留于家中，这一天窗对少女的回归至关重要（wo ich hinaus muss）。这位少女在七位造化者的神域成为“Purkan”（佛）。这些鸟女（filles-piseaux）可通过蒙古与中国西藏的故事溯源至印度的民间传说。相同的故事、相同的主题及相同的形象广泛存在于中国、日本及东南亚。[毗克罗摩阿迭多（Vikramāditya）的故事，参见 Poppe 1955: 227以及善财本生故事（*Sudhana jātaka*）：在西藏的戏剧版本中，仙女从楼阁屋顶飞翔而升天。《诺布桑波传》（*Nor bu bzang po'i rnam thar*），第 132a—133a 页；参见 Waddell 1934: 552（译者按：藏族民间戏剧故事，八大藏戏之一）。]

④ Radloff 1868: 2.523-525；她们七位中最年长的一位是无敌的，因为她的生命由七只鸟组成，而这些鸟则被纳于一盒之中，藏于一处极为隐匿之地：此地位于半耸入天的铜岩脚下，也是九海交汇的地面洞口之处。这一地面洞口无疑是充满水的“地穴”。

⑤ Sagai 人的传说；Radloff 1868: 2.259-260。

在传说中，英雄进入地界的过程十分有趣：他先被父亲投入桶中，并在“白海”中漂流，然后抵达“血海”，再抵达“黑海”，又从此处进入地下世界，进而游至厄尔里克之泉（井）。由此，地界的入口实际是一处泉眼（trou d'eau）。我们稍后还将再次讨论这一观念。

在该地区的另一则传说中[①]，故事一开始发生于地界第三层，这里是乌素特·汗（Usüt Khan）之辖地；凡地面之人死后，其亡灵皆羁留于此。在故事中，一位英雄在地面追逐天鹅女（出自地界），天鹅女在逃跑过程中跳入有七处入口的地面开口（Ouverture de la Terre），英雄亦随其后进入地下。当英雄以同样的路径返回地面时，文中提到了“大地的七处开口”（sept ouvertures de la Terre）。我们在这里似乎应将“七处入口”理解为地面以下，且上下相叠的七处洞穴，由此得以分别进入地下七层，这是因为水平面上的七个开口实际毫无意义。在传说中，我们总能看到英雄通过一处“排烟洞”进入大地之中的表述[②]。

哈尔瓦认为阿尔泰鞑靼人（Tataren de l'Altai）的观念传播并影响了瓦休甘河地区的奥斯恰克人（Ostyaks du

---

① Koibal; Radloff 1868: 2.293, 300, 302.

② Sagai 故事；Radloff 1868: 2.259。数字本身就具有价值，并被应用于神话的各种元素之中。在另一处地下世界中，地狱是一座有四十个屋角的房屋，房前有九树，共生于一根。这是九位伊尔勒·汗（Irle-Khan，= 厄尔里克）拴马的桩木。在这座房屋中，有四十人锻造锤子，另有四十人制造锯子。在穿过九间屋室之后，九位伊尔勒·汗得见于第十间屋中（Schiefner 1857: 246-249）。此外，另有一位由四十位同类女人组成的天鹅女，她的丈夫 Dilbegan（也是厄尔里克·汗的仆人）是一只有九头、四十角的牛身怪兽（Schiefner

Wasyoungane）[1]；其中，萨满若想拜访土地老人（Vieux de la Terre）便必须穿过地下七层。哈尔瓦还引用了图鲁汉斯克地区萨摩耶人（Samoyèdes de Turushansk）的地下世界，被水隔成了七或九层；他还提及了叶尼塞河（Iénissei）沿岸原住民传说中的巨大地下洞穴，其洞顶即我们的地面，内部则由七个洞室上下相叠组成[2]。同样，我们注意到这一民族［克特人(Keto)］也使用地穴式住房（见第二部分278页注③），且可能与其南部的藏缅语族文明具有一定的关联。我们将在下文中再次看到，藏族也同样具有相似的观念。

对于布里亚特人（Bouriates）来说，大地的“排烟洞”位于北方。哈尔瓦曾合理地指出，地中的“排烟洞”因此与天界的“排烟洞”相对应，也即同样位于北方的北极星[3]。（对于汉族人而言，北方与水、向下的方向这三者之间具有一定的关联，北方同时也与高度相关：北极星、北斗。北极星也同样被视作天界的屋顶开口。）

其他地区也存在着同样的观念，对于雅库特人（Yakoutes）

1859: xx）。四十对于穆斯林也是一有代表性的数字。至于地狱，则可参见阿育王之地狱（一座铁屋）。哈尔瓦认为，十七层天堂这一少见的数字可能最早来源于佛教的七或九层（Harva 1938: 350）。按 Foucher（1905–1951: 2.1, 192）所言，佛教的宇宙观将世界分为三界，共计二十七层天，其中：欲界六天、色界十七天、无色界四天。在其他地区，我们也听说有七或九层神界之说（Gunther 1944: 80）。关于印度的七层天界及地界的思想，参见 Renou, Filliozat et al 1946: 1.547; Renou 1963: 213, 222。两河交汇处的深坑可通往七处地下世界之一，持明（Vidyādhara，一种巫者）于此可找到他的不死之身（Lacote 1908: 88–89）。关于七层天界与七魂，参见 Masson 1942：10–20, 31–32。

① Harva 1938: 350.

② Harva 1938: 56, 350.

③ Harva 1938: 54.

与通古斯人（Tongouses）而言，地下逝者的居所位于北方或黑暗的西方[1]。但逝者所居的北方同时也具有一定的高度（雅库特人的第八层天[2]）。

〔仪式中的空间运动〕

有的时候，“北”与“西”，“低”与“高”之间的这种游移能够以一种综合的形式得以表达。例如，冥界或位于西方，或位于西北方[3]。在通古斯萨满神游的故事中，萨满先是抵达西北方的一座山上（高度！），并又从那里下降（深度！），前往另一个世界[4]。这很容易使人们联想起中国的昆仑山，它位于西北（虽然也被认为是中央）且临于大渊之上，同时还是仙人的居所（见本部分第三章对于昆仑的讨论）。

黑龙江沿岸赫哲族（Goldes de l'Amur）的葬礼很明显也以同样的观念作为基础（他们的术语与神话受到满族与汉族的影响）。这类仪式用于引导逝者的灵魂前往位于西方的冥界。仪式中设有一处特殊的帐幕，帐幕开有两门，一门向东（此世），另一门向西（彼世），两门前皆燃火。[参见上文中雅库特人的双重形态，其垂直轴的属性也被反映于另一水平轴（东西向）之中。]在萨满引领亡魂前往冥界的途中，亡魂

① Eliade 1951: 48, 188.
② Eliade 1951: 189 注 1.
③ Eliade 1951: 281; Flhor 1930 : 143.
④ Eliade 1951: 218.

由两只单足鸟（木雕）所引导，鸟由萨满所控驭。其中一只鸟垂直悬浮，另一只水平悬浮；这表明了它们飞行的方向。此外，萨满还有一副雪橇用以向西方滑行。在出发前往西方冥界之前，萨满会爬上一处独木梯的顶端，于此查看周围环境。哈尔瓦认为此类萨满的“瞭望塔”应即是“宇宙树”（arbre du monde）①。但如果把这一旅程与上文所见通古斯萨满的旅程相比较，并考虑到飞行中的两个维度（水平与垂直）以及雪橇向西的滑行，我们就必须同时顾及“东—西”与“上—下”的双重对立关系（double oppositon）——一个朝向西方且同时下降的运动。②

树干可被视为一种独木梯（一如高加索、中国西藏、科里亚克等地所见），或是一种立柱或支柱（colonne ou un pilier qui supporte）。瓦休甘河谷奥斯恰克人的萨满在其出神状态中拜谒“土地老母”（Vielle de la Terre）。该仪式中，萨满献祭于“七祀之柱”（Colonne aux Sept Sacrifices），该处有七条道路延伸而出，其中一条路经过七层地下世界通向老母的居所。人们祭祀老母的目的是请求她将地界通往人间的洞穴关闭，以此终断疾病的传播③。我们稍后会在中国西藏看到同样的观念。具有金色“排烟洞”的天屋（Maison du Ciel），或

① Harva 1938: 333-334.

② 我们不知道树上的齿槽是何用途。萨满或用其从树上降下？在凌纯声的巨著《松花江下游的赫哲族》中，齿槽状树干的细节甚至被忽略了。

③ Harva 1938: 57.

是带有七个排烟洞的天神之屋也存在于奥斯恰克人的传说之中。事实上，尽管七祀之柱通向九层之地界，但奥斯恰克人仍有一种柱子，既代表城镇中心，也代表天神（是同一根柱子还是另一根？）。这一柱子虽然以木制成，但却被呼作“铁柱人”（Homme-Pilier de Fer）。虽然通身没有齿槽（entaille），但“天柱之神”（colonne-Dieu du Ciel）在祝文中却被称为“有七或六个齿槽”的“铁柱之父”，并“在神树脚下”为其献祭。多尔干人（Dolganes）的同类木柱顶端安有一只木鸟，并还经常设有一根或多根横木。有时这一立柱亦带有齿槽，并穿过一块由其他四根柱子所支撑的方形木板，柱子顶端亦设有一鸟，而木板则代表了天界[1]。我们将在下文中看到中国汉族聚居区与此相似的一些观念，它们与昆仑山具有紧密的关联。

布里亚特人与阿尔泰地区的萨满仪式是这种以“齿槽树干”升天的最佳案例。我们已经通过前文所引的著作了解了这些案例，所以我们在这里只需对它们稍加总结[2]。对于这些因地而异的记述，同时还应该添入 Curtin 的记录[3]。我们此处主要关注的是一种萨满在入迷（extatique；译者按：或曰“出神”）状态下升天的仪式。在仪式中，人们需在帐幕中安设一白桦树，其底部栽于预先清理出来的灶火区域（位于帐幕的西南），

① Harva 1938: 44-45.

② Eliade 1951: 116-120; Czaplicka 1914: 186-190; Harva 1938: 488-494.

③ Curtin 1909: 107-108.

树的顶部从排烟洞中伸出。[1]此树被称为门神[2]，Agapitov 与 Xangalov 认为这是因为该树“为萨满打开了通天之路”；哈尔瓦与伊利亚德也持此观点，并重复了这一描述。他们当然是正确的，但我们也需要注意，在科里亚克，独木梯（带有齿槽的树干）是房屋的守护神，连通了作为大门的屋顶开口，并仅限男性使用。同时，我们也曾经提到，在堪察加这类梯子以白桦树制成，并通过屋顶开口引入地穴房屋之中。在中国藏族聚居区，屋顶开口本身便被称作“天门”（见本部分第二章）。

在为新晋萨满举行启蒙仪式所用的帐幕中（yourte initiaque），彩色丝带或丝线（根据一些人的说法为红色和蓝色）从白桦树顶部与室外其他树木相连。这是萨满的登天之路，也等同于彩虹。Curtin 此前曾告诉我们，强大的萨满甚至可以在这些丝带上行走[3]，又被称作“蹈履虹霓”（marcher sur l'arc-en-ciel）。据说曾有两位萨满高蹈于虹霓之上升天而去。我们稍后将再对此类“虹路”进行讨论。

这些系于丝线或丝带另一端的树木具有多种功能。我们这

① 根据 Curtin 的介绍，白桦树设于帐幕的中央（Curtin 1909）。灶通常占据帐幕中心，布里亚特人的住房也是如此。所以，灶向西南偏移这一点很有趣，这让人想起中国古代民居的布局，其中房屋西南隅之“奥”与“灶”具有关联，即使其关系是模糊的（参见本书第二部分关于布里亚特人与中国古代民居的描述）。

② “Udesi-burxan”（译者按：门神）；布里亚特语“ude” < 古蒙古语“e'üde”，即“门”之义；布里亚特语之“udesi”必然相通于古蒙古语之“e'üdenci”（Pelliot 1930: 32）或“e'üdeci”（Kowalewski 1844-1849；“守门人”之义）。Curtin 也记录了一种祈嗣仪式（Curtin 1909: 118）。其中，一棵高大的白桦树置于帐幕中央，并从屋顶天窗伸出。祭品（酒）顺沿此树而得以上达于天；见本章末尾成吉思汗之酒祭。

③ Curtin 1909: 109.

里将只关注萨满启蒙仪式中由受度萨满所攀爬的一类，以及九棵（三乘三）一组的白桦树，这些树与一根白马毛所制绳子相连，其上又系有白、蓝、红、黄四色彩带。

在启蒙仪式中，受度的萨满弟子首先爬上安于帐中的白桦树，并透过屋顶排烟洞召唤神明。弟子随后会被四名萨满用一块毡毯[①]抬至帐外九棵白桦处。萨满乘于毡毯之上被称为“萨满之攀升”（chamane monte）。弟子从毯上跳至九棵白桦树中的第一棵，攀爬而上，并由此至彼，依次跃至其他八棵白桦树上，然后又以相同方式返回第一棵白桦树，并最终下降，返回至毯上[②]。根据另一则哈尔瓦的记述，弟子首先爬上一棵单独的白桦树，并旋绕九圈，每一圈代表天界的一个层级；降下后，他又再次旋绕九圈。由此，这是一种螺旋的（spirale）上升与下降[③]（一如中国之蟠龙）。受度弟子在仪式中也是如此行事。这里需要关注的是，在上文所提及的第一种启蒙仪式版本中，水平方向的九棵树代表了天界的九层。而在其他记述中，天界九层也表现为两种仪式行为：弟子被抬于毯上，分别九次旋绕一排九棵的白桦；弟子分别爬上每一棵树，并在树顶部留下九道切口[④]。

---

① 类似的行为还见于拓跋魏的登基仪式（532 年）之中，拓跋魏是建立于中国古代的突厥王朝（见 Boodberg 1939: 242，译者按，此处作者意指鲜卑族拓跋氏建立的北魏政权）；此外，这种行为还见于北周时期（557—581 年）的突厥人，以及后来的成吉思汗（Wittfogel, Feng 1949: 223）。

② Czaplicka 1914.

③ 根据一来源不明的描述，萨满应先下降［Lewitzky，1938 年 1 月 19 日在法国人类学研究所（Institut francais d'anthropologie）的演讲］。

④ Eliade 1951: 119.

仪式的绝大部分必须在露天举行，这是因为其内容非常复杂（如以血与水净化、牲祭、坐毯等符号象征，以及在水平方向展现九重层级的仪式行为）。但是，帐幕内的向上攀升，以及从排烟洞（被视为天门）爬出的内容必不可少。如果我们把上述布里亚特萨满的启蒙仪式与阿尔泰人祭祀天神白乌尔根（Bai Ulgen）的仪式进行比较，这一点就非常清楚了。[①]在提出主要观点前，我们应注意其他地区也存在着这种连接帐幕内外两重世界的通道。如果与科里亚克人、堪察加人所使用的独木梯（穿过排烟洞带有齿槽的白桦树树干，也被作为门）完全一致，那么布里亚特人仪式中所用之白桦木也应开有齿槽。虽然相关的记载中并未提及这一构造，但如果没有齿槽的话，则萨满很难向上攀爬。在锡伯族（Sibo，与通古斯民族具有关联）萨满的启蒙仪式中，需要竖立一根安有踏步（象征天界层级）的巨木，萨满通过攀爬此木以登天。举行这一仪式需要在露天场地中，但每个萨满都在自己家中设有一棵带有九级踏步的小树。在雅库特人的祭祀仪式中，萨满通过攀爬一棵九齿树而升天[②]。阿尔泰地区祭祀白乌尔根的仪式也是如此。

在这一仪式中，萨满在专设的帐幕中心栽入一株白桦树苗，如此则茂密的树冠便可穿过排烟孔。低处的树枝被修剪掉，并于

① Czaplicka 1914: 299–303; Harva 1938: 49–50; Eliade 1951: 176–181. 这些记述稍显简略，因此有必要回到 Radloff 所作的第一则记述（Radloff 1884: 2.20–52）。需要注意的是，这种祭祀并非为乌尔根（Ulgen）所专有，也可献予其他神明，尤其是厄尔里克（Radloff 1884: 2.52）。遗憾的是，Radloff 无法获得关于厄尔里克崇拜的任何信息。

② Harva 1938: 50.

树干上开刻九个齿槽（踏步，tapty）。火被燃于白桦树旁，萨满在烟雾缭绕中击鼓，召请诸神，得其助力。随后，萨满在马牲灵魂的伴随下升天，每上升至一层天界都以两个动作为象征：将脚置于踏步之上（白桦树低处的齿槽）；以火为中心旋绕，旋绕次数与所升入天界之层数相对应。由此，这一上升运动似乎是通过螺旋转动而实现的，这也就意味着垂直层面与水平层面实际都存在有运动。当萨满登上树的第一层踏步时，其曰："吾已升至一层踏步；吾已抵达一区。"如此，萨满继续向上攀爬，在第五层踏步（亦即第五层天）上，萨满的保护者（yayuči）为其授学。他于第六层上寻得月亮，于第七层上寻得太阳。只有少数萨满能强大到升入第九层。[①] 我们已经在有关天界、地界层级的观念中看到，萨满的灵力等级因其灵魂所受学之层级而不同。正如我们所言明，虽然数目的问题可能借用了与天球相关的天文学观念，但灵魂构成（三、七或九）的问题也必须纳入考量。[②]

---

① 为了参谒至上神，萨满必须克服七或九重"阻碍"（pudak），哈尔瓦将其与天之层次相联系（Harva 1938: 49；下文将会讨论与其相关联的一个问题）。据说某个特定的萨满只能到达第五重阻碍，也就是北极星（Harva 1938: 49）。在对仪式的完整记述中，白乌尔根据说居于第十六层天（Radloff 1884: 1.6）。根据其灵力级别，阿尔泰萨满或许可以进入第十一、十二或甚至十六层"天界"（Harva 1938: 203; Radloff 1884: 2.49）。

② 在这种情况下，阿尔泰仪式中的"yayuči"似乎能够得到解释。哈尔瓦及伊利亚德均引用了Radloff的材料（1884: 2.6, 44），他将第五阶之"yayuči"表现为"至尊造物主"（Créateur Suprême）。但是，Radloff将"Kudai yayuči"译作"Höchster Schöpfer"（德文"至尊造物者"之义）或"Gott der Schöpfer"（德文"造物之神"之义）的做法似乎欠妥（Radloff 1884: 1.6）。按Radloff所言，在第三天中，居住有白乌尔根的两个儿子亚伊克（Yayïk 或 Mai-änä）与麦塔拉［Mai-tärä，在蒙古信仰中对应"Maidar""Maitreya"（弥勒）］。这里也是公正的天堂，其间还有作为生命之源的白乳湖（Sût-ak-Köl），其旁为苏鲁山［Süro，此可与卡尔梅克蒙古（Kalmouk）

值得注意的是，尽管仪式中的运动具有上升性，灶火或中央区域仍具有相当重要的作用。我们曾提及在布利亚特萨满的启蒙仪式中，白桦树正栽于灶的位置（灶火显然已经熄灭）；由此，我们也能联想到，虽然在阿尔泰地区的仪式中将火燃于白桦树之一侧，但毫无疑问这一中央树被想象为植于灶之正中。① 一份阿尔泰萨满祈求雨旸时若的祝文之中，我们也可看到“地心”（地面的灶或“排烟洞”，人们可通过其中到达下方世界）与“天心”（帐幕之排烟洞）之间的关联。在祝文中，萨满请求凯拉汗（Kaira Kan）将天打开“如一针或一掌之宽”，

之“Sömbre”“sökr”“sümr”相类比，即须弥山］及七神（kudai）之居所，他们统治着“yayuči”（即造物者们），也即“人类的守护天使与伴侣”（anges gardiens et compagnons de l'homme）。Radloff 补充说，当一个男孩要出生时，白乌尔根下令给他的儿子亚伊克，以实现降生事宜，后者则将生子的具体责任交予一位“yayuči”来执行。“yayuči”从白乳湖中取出“生命”，孩子由此得以出生，他继而坐在孩子的右肩之上，终生陪伴并帮助他。为了阻止这一新生命的出世，厄尔里克则派遣一名恶鬼（“körmös”；在其他地区，冥鬼“körmös”与天神“kudai”相互对立），他陪伴并坐在人的左肩上，以伺机对其进行伤害。此二者监察并记录人之善恶，在其死后用于对此人灵魂进行审判 。这些都是纯粹的佛教观念（Radloff 1884: 1.11）。乳湖以及该处生长的阎浮树明确存在于蒙古人的观念之中（参见 Eliade 1951: 122 注 1，245），皆借用自“阿耨达池”（或名“无热恼池”，lac Anavatapta）及赡部树（arbre Jambu）［《大臣遗教》（*Blon po bka'i thang yig*），第一章，德格本，第 222b—223a 页］。与传统中的其他部分一样，“yayuči”一词可能源自蒙古语“jayaghaci”一词，Kowalewski（1844—1849 年）将其翻译为“人的非物质法则，理性的本质；畜牧与财产之神；守护天使”（le principe matériel de l'homme, la nature raisonnable; dieu des troupeaux et des biens; ange gardien）。我们此处所见到的与人同时出生的神与鬼（梵文“sahaja”；藏文“lhan cig skyes pa”；汉文“具生”“同生”）在藏传佛教中广为人知（参见 Harva 1938: 276-277；关于蒙古民间思想，参见 R. A. Stein 1957d: 12-20以及 Soymie 1966: 46-57）。由此，我们不可能将“yayuči”等同于“至尊造物主”。

① Radloff 1884: 2.8-9，在灶塘之内竖立一根柱子是有可能的。这种情况见于欧洲的报告。起居室处于土中，以土覆顶（如中国古代之住房）。其灶或与烟囱设于一隅。树干直立安设于灶之上方，其上端穿过烟囱，下端部则为火所吞噬，随着树干逐渐被燃尽，树干也慢慢地下降（Stahl 1975: 48-49）。

并开通“天路”；此外，祝文亦曰：“愿天之脐在地上！愿地之脐在天上！”[1]

灶与独木梯（也即由排烟洞穿出的带有齿槽的树干）的组合，准确表现了科里亚克人冬季住房的实际布局（如上图75所示）。一幅描绘萨满神游之旅的传统绘画（也来自阿尔泰地区）清楚地展示了这种关联。它同时也证明，虽然仪式的一部分需要在室外举行（如马牲的献祭），但这只是便宜行事：在宗教层面上，一切都必须想象为在帐幕中心进行。哈尔瓦在他的著作中复制了这幅绘画（见增图23）：从帐幕及其灶火所开始延伸的一条线代表了通往乌尔根（Ulgön）的道路[2]，这条路经过一处木桩，桩上绑有马牲，又经过三个饮器，分属于博克多汗（Bogdygan，即蒙古的“Bogdo-qan”），Kökys，以及乌尔根。其后，这条路通向一处类似起始部分的封闭空间（帐幕及灶的图像），室内中央立有一棵白桦树，上有九级踏步，整个结构同时撑起悬挂整张马牲皮的斜杆。升天之路自此树顶起始：首先路过博克多汗，在经过九个“移动”的站点后抵达Kökys，最终，萨满穿过三个圆洞抵达光中的乌尔根。

萨满也可通过七个名为“阻碍”（obstacles）的阶梯垂直降至地下冥界，其中第七个“阻碍”处即冥王厄尔里克汗的国土，该处有“九条地下河的河口”。正如我们多次所见，在不

① 我们将会看到西藏地区与此相似的概念。此外，古代齐国的一处圣地名为“天齐渊”，意即“天之脐”。这是峰顶有湖的一座小山（Granet 1926: 352）。译者按：天齐渊位于今山东淄博临淄区境内，《史记·封禅书》称其为“齐地八神”之一。

② Harva 1938: 557，图105。

增图 23 阿尔泰萨满神游升天之图[2]

同版本的记述中，这一体系通过双象限的位移（首先是水平的，其次是垂直的）而得以被丰富[1]。[此可与中国的“九（三）泉”相比较，也即黄泉的另一版本，代表了逝者的居所；同时，这也可与黄河之“九曲”相比较，而黄河则与昆仑山相连

① Eliade 1951: 184–185; Chadwick, Chadwick 1932–1940: 3.206–207.

② Harva 1938：图 105。

通。］在跨过平原[①]以及一座高耸入云且难以逾越的铁山之后，萨满通过地中的“烟洞”进入冥界。

到此，北亚的这些案例已十分充足，当然，相关的案例仍有许多，读者只需重读伊利亚德的名著《萨满教》[②]便可回顾上升与下降这一主题之“准普世性”（quasi-universalité）。在此，我们将就房屋中的部分形象稍作简明阐述。当然，这些通往另一世界的神游旅程可通过其他方式（绳索，藤，桥梁）来实现，其宗教内涵总是相同的，只是形象表达略异。其中，绳索在西藏地区有着重要的作用，因此值得稍作讨论。即使上升与下降是通过梯子进行的，也需指明其所涉及的梯子类型。在藏族绘画中，我们见到许多经由虹梯的“从天而降”，这种梯子以多重色彩绘就，其形式实际是我们所熟悉的那种由两个长杆及若干横木所构成的梯子[③]。Chadwick 夫妇曾提及，在《福乐智慧》（*Qudatqu-biliq*）中，觉醒（Oktürmiš）梦见自己通过五十层（另一个版本为七层）梯子而得以升至天界[④]。他们认为这一定是西伯利亚所常见的梯子类型，它由一根立杆与两侧分叉组成。这种梯子非开有齿槽的独木梯，而实际近似于奥斯恰

① 朝南行进。Chadwick 夫妇在这一记叙中观察到了现实地理的痕迹（Chadwick 1932-1940: 3.297；参见 Eliade 1951: 187-188）。但鉴于来自蒙古的强烈的藏传佛教影响，我们应注意，南方是死神阎摩（“Yama”，即蒙古与突厥人之厄尔里克）的方向。

② Eliade 1951。译者按：该书中文译本参见米尔恰 · 伊利亚德《萨满教：古老的入迷术》，段满福译，北京：社会科学文献出版社，2018。

③ Tucci 1949: 图版 15，17。

④ Chadwick 1932-1940: 206.

克人城镇中心所立之神柱。

【空间中的建筑元素】

因此，萨满所神游的隐秘世界被人们想象为住房中最为显著的各种元素（建筑规制）。其他宗教观念也与这些元素被关联到一起。

首先，中国古代史书记载了匈奴（公元之初与中国北方汉族聚居区相邻之“突厥-蒙古”民族）先祖（初代圣王）的感孕传说，其云：“匈奴单于生二女……单于曰：‘吾有此女，安可配人，将以与天。’乃于国北无人之地，筑高台，置二女其上，曰：‘请天自迎之。’”在经过四年的等待后，“乃有一老狼昼夜守台嗥呼，因穿台下为空穴，经时不去”。其中的幼女认出其为“神物”，是“天使之然”，于是“将下就之”，“为狼妻而产子，后遂滋繁成国”[①]。我们稍后将会看到这一主题的纯汉族版本。

此神话突出了高耸或深陷的建筑空间，但在蒙元创世君主［译者按：孛端叉儿（Bodončar），又译“孛端察儿”，成吉思汗十世祖］的神话中，则是屋顶开口（为排烟采光而设）实现了垂直方向与天的连接。该传说载于《元朝秘史》（13世纪）[②]，其略述

① 《魏书》卷一百零三。

② 《元朝秘史》第21段（译者按:《四库全书》本卷一，第12页，三体本第8页），该书系中文对蒙古文的音译与翻译［Haenisch 1937（蒙古文重构本），1948: 3（译本）；法文译本参见 Pelliot 1949: 123-124］。译者按:《元朝秘史三种》，台北：维新书局，1975，第9页。

版本亦见于《元史》，其曰：

> 孛端叉儿，母曰阿兰果火……阿兰寡居，夜寝帐中，梦白光自天窗中入，化为金色神人，来趋卧榻。阿兰惊觉，遂有娠，产一子，即孛端叉儿也。[①]

《元朝秘史》更为详细的叙述中并未提及梦境，其曰：“每夜有黄白色（蒙古文作“明黄色”）人，自天窗门楣明处入来。”[②] 他将阿兰的“肚皮摩挲”，“他的光明透入肚里”。但当他离开的时候，他“随日月的光。（他）恰似黄狗般爬出去了”。（在藏文版中，孛端叉儿被描述为“日光与月光所生之子”。这是对神人“黄白色”的解释。它也暗示了暮光。）在阿兰被指控有不正当关系后，她宣称这证明了孛端叉儿是天之子，有神明

---

① 《元史》卷一，第 1a 页。

② 汉文“天窗门额明处”，蒙古文作“erüge dotoga-yin gege”。伯希和的翻译是错误的，其曰：entrant (par) l'ouverture supérieure de la tente (ou) par l'(interstice) lumineux du linteau (de la porte).［进入（通过）帐幕的上部开口（或）通过（门的）过梁的发光（空隙）］。Haenisch 只将其译为“Dachlucke”（译者按：德文“屋顶缝隙”义），而忽略了复杂的构造（Haenisch 1948）。突厥文与藏文版本只提及了“天窗”［阿布勒哈兹·巴哈杜尔（Abu'l ghazi），17 世纪；Desmaisons 1874: 2.65-66；Blochet 1910: 278；拉施德丁（Rašhid-'d-din）］或屋顶开口（“mthong”；《西藏王臣记》，第 52b 页）。“门楣”（linteau de porte）一词在这里必然指的是屋顶开口周围的木制框架。“天界之窗”（fenêtre du Ciel）不仅表示烟囱和天窗，而且也是一条通道（至少在史诗和传说的语言中）。在一则奇袭的故事中，主人公为了接近敌人而从上方的屋顶天窗中进入，打破了帐幕的框架（一作“门框”），此为“福神”之所在［“qutuq”，“天恩”（grâce céleste）之义，第 105，109，115 段］。Haenisch 的翻译（1948: 25，27）一如伯希和的翻译，受到了 Mostaert 神父的批评（1950: 327-332）。蒙古文并未给出“从屋顶开口进入”（但汉文的行间译文明确写作：“房的天窗……入着”）。我们将在下文中看到“福”（qut）从屋顶开口进入的记载。

[Tänggiri（译者按：腾格里）；藏文作 "gmam gyi bu"] 之形。

《元朝秘史》未提及狗从何处而来。在波斯文译本中，其从同一处屋顶开口离开，但在晚出的《蒙古黄金史》（*Altan Tobči*, 1765）中，黑狗系从"右门"离开[1]。这应是中国常见的一种小矮门（供狗匍匐进出）。[2] 此处的狗显然相当于作为突厥和蒙古人祖先的狼（灰色，苍天之色）。[3] 在突厥的乌古斯·汗（Oghuz Khan）神话中，主人公得到了天上祖先的帮助：黎明时分，一缕阳光穿入他的帐幕（显然是通过屋顶天窗）。从光中现出一只灰狼，为其指明了方向与策略[4]。在这里，匈奴传说中楼阁与地穴的对立再次出现，但是以屋顶天窗与门（低矮且小）的对立形式。相同的形式也可以表达其他不同的内容。

按萨冈（Saghang Setsen）《蒙古源流》[5] 所言，一件盛满酒（tarasun）的玉杯从天而降，通过帐幕顶上的"排烟洞"（erüge）一滴不洒地落入成吉思汗手中。汗王想将此酒一饮

---

① Bawden 1955: 115, "baraghun egude-ber"；《西藏王臣记》也见有相似的"穿过帐幕门"。

② 此谓之"狗窦"，通常为一小侧门，常作拱形状，但在汉代墓葬的陶屋中也表现为一钥匙孔（见图 58、59）。在传说中（公元 5、6 世纪的文本），中国南方有"落头民"，因其头能从"狗洞"或天窗飞行出入而得名（《太平御览》卷三六四，页 790, 888，引《博物志》《搜神记》）。

③ 孛儿帖赤那（Börte cino），成吉思汗的祖先（《元朝秘史》，第 1 段）。其父名为合撒儿（Qasar），意为"狗"。此可与上文所引匈奴之狼相类比。敦煌所出一部藏文抄本提供了另一有趣的版本：一红一黑两只狗从天而降，并与一母狼婚配。因无法与她生育，他们绑架了一名突厥妇女。由她所生的男孩是狗，女孩是人。他们后来形成了两个部落（黑与红）。狗与女孩都讲突厥语 [Bacot 1957: 68-83（文本部分）]。

④ Bang, Rachmati 1932: 13.

⑤ 《蒙古源流》[*Erdeni-yin Tobci*，Mostaert 评注版，1662 年，Sayang Secen（萨囊彻辰）1956] 我使用了 Schmidt 的版本（Schmidt 1829: 83），以及 13 世纪《蒙古源流》的汉译本（卷三，第 18a 页）。

而尽，却遭到四兄弟的反对，他们说："你怎能一人独享天恩（grâce du Ciel，蒙古文作"kešik"）？"汗王将杯子递与他们，但兄弟们却一滴也喝不进去，由此，他们只得承认只有成吉思汗才能膺受天命。

这种由上天所降的恩惠与吉运（qut）在中亚突厥人中广为人知。[1]除了"好兆头、好运、恩赐"以及"生命力、灵、魂"这些含义外，"qut"一词还表示"一块红色胶状物体，据说其从帐幕顶端的开口（tïndïq）落入灶中（位于中央），能用手将其取走者将会获得好运。但只有善良纯洁之人才能将其获取；恶人将其拿到则化为一块粪便"[2]。

虽然我们上述案例中所描述的都是从上至下运动的圣物，但自下而上的反方向运动也同时存在。成吉思汗同盟曾有一位对手名为帖卜腾格理（Teb-tengri，"通天"义，汉文曰"通天巫"）或阔阔出（Kököčü，其意为"蓝"，如天空一般）。帖卜腾格理为萨满，他以"长生天"之名进行预言。在与成吉思汗的争斗中，他因脊椎折断而亡。人们将其置于幕帐中，小心地遮住屋顶天窗并封住门。但到了第三天晚上，

① 参见藏文"天运"（gnam g.yang）一词，用于表示屋顶开口（见第二部分）。在满文四语词典《四体合璧清文鉴》（2.22b）中，出现了"天恩日"这一短语（蒙古文"tengri-yin kešik-tü sayin edür"；藏文"gnam g.yang nyin"）。我们稍后会看到，这个词与"天门"有一定关联，其同时适用于空间与时间。

② Kotwicz 1949: 193-194，其中引用了 K. K. Yugakhin 所编柯尔克孜—俄文词典。作者比较了成吉思汗登基的故事。此外，我们还可以将红色凝胶物"qut"与成吉思汗出生时手中所拿的血块相联系（Pelliot, Hambis 1951: 11-12；伯希和指出，这是一个民间传说主题，表现了印度及伊朗的一位佛教化征服者）。

“日光变黄之时”（黄昏时分，一如天上祖先到达的时刻），天窗开启，萨满带着其身体离开了。在场者仔细检查之后，确认在帐幕处（即屋顶天窗上方）所见者确是帖卜腾格理。为了平息事态，成吉思汗宣称，因为帖卜腾格理行为不端，“天不爱他，连他身命都将去了”[①]。萨满为上天所遣命（他由此而来？），并也归身于天。他因其自身足够神圣而得以穿过屋顶封住的天窗。

由此，从天而降的酒（权力的象征）也具有与其对应的上升之物。我们已经看到，在布里亚特人祈嗣仪式的献酒环节中，白桦树设于帐幕中央，萨满必须通过屋顶天窗向上爬至树顶（见上文及 317 页注②）。这一主题也应用于布里亚特人婚礼中的一种仪式。其中，一位老人站在房屋中央（灶火之位，排烟洞正下方），面朝上方，向神明祈求赐予夫妻以幸福，然后将酒（tarasun）朝向屋顶天窗的方向泼洒而出[②]。

---

① 《元朝秘史》第 224 段，246；Mostaert 1952: 294–295。我们将看到中国汉族聚居区中相似的观念。

② Curtin 1909: 34.

第二章　中国藏族聚居区

在突厥与蒙古，超自然事件发生于人们所居的帐幕之中，而在中国西藏，诸神则常以该地区典型的多层民居作为出入的舞台。我们在其中也能发现一些常见于北亚与中国汉族聚居区房屋中的概念。

在一份10世纪抄本所记录的传说中，住房的不同组成部分，表现了世界分层的等级排序（hiérarchie）[1]。在传说中，日神与月魔相结合，相继诞出三枚卵，并从中孵化出了三个生命。僧人将第一个称为“神之子”（fils de dieu），也即西藏苯教中的“天神”，他飞过屋顶开口（mthongs）而升天。第二个是一位鬼神（the'u rang）[2]，他同样也飞了起来，只不过穿过的是窗户（skar khung）。母亲抓住脚将其扔到地上，他偷偷地钻入一处洞中消失了。第三位是一位“非人”（gong po）[3]，他因

---

① 这种层级排序被认为源自印度，且同时流行于佛教与苯教群体之中（R. A. Stein 1988b）。有关飞升上天以及进入洞穴的意象，参见下文，344页注②。

② 译者按:《藏汉大辞典》译为“独脚鬼，一种飞行饿鬼”。

③ 译者按:“鬼怪”义。感谢郝凤凤博士对以上两条的协助。

遭受践踏而四肢受损，所以未能飞起。

“天界”在这里对应了屋顶开口，低处的窗户无疑对应了“空界”，但第三个元素仍模糊不清。在后来的传统中，世界经常被描述有三个阶级（étages）或层次（couches）：天界、空界（bar snang），以及地界（或水界）。每一层级分别住有一类超自然生命，通常为天界之神明（lha），空界（包括山、树与石）之恶灵（btsan）或妖祟（gnyan），以及下界之蛇祟［klu，梵文作“那伽”（nāga）］。崇奉他们的“祭坛”由三块石头堆叠而成（顶部为白色，中间为红色，底部为蓝色或黑色）。在另一不同版本中，三种上等鬼神（the'u rang）统治着这三个层级：天界为白色，空界为杂色，地界为黑色。[①]

这种三分法（classification tripartite）也出现在现代民间宗教以及史诗之中（较为成熟的形式出现于16世纪或17世纪）。在较早的文献中，天界与下界的分层更为典型，我们稍后还将谈到这一点。

〔天门〕

在这里我们必须先对“天门”进行讨论。与北亚所见的表

① 在许多著作中都可见到这种观念的说明。最新的研究可参见 R. A. Stein 1981: 176-187, 193-198, 211（中译本参见石泰安《西藏的文明》。该书中还收录有我们稍后将要谈到的许多其他表征）。需要注意的是，这种天界、空界、地界的三分法也源自印度。“三界”也见于敦煌抄本（P. tib. 218）中，其中提到“天地的层级”（gnam sa rim pa）以及它们的表征：天神（lha，梵文作“deva”）可能居于天界（未详明）；半神（lha 'dre）居于地界（sa 'og）；摩呬陀（Mahendra，藏文作“dBang chen”）居于空界（bar snang）；见 Imaeda 1981: 27, 30。

征相比较，我们发现天门可能是从一个层级通往另一层级的通道。在第二部分中，我们已就西藏民居指出：天门不仅用于与天界交通，也可以表示通往地下的通道。

据说当人们因各类活动（耕种、建造房屋或佛塔）触怒土地神时，（除了其他措施外）乃以艾草对地面施用火灸（me btsa'），并于地面挖“窗”（skar khung）。[①] 一处地方的神明同时也是该处土地的主人以及“守卫”。此外我们还从许多文献中看到另一种情况，其中，圣人（某类创世英雄）“打开了一处场地之门”（gnas sgo），这也就意味着他们是开辟圣地（gnas chen）或建立教团的圣者。如此，从前的“荒野”变为能够居住的场所，自然（nature）状态被转化为开化（culture）状态。其中最著名的一处圣地是西藏东南部的杂日（Ca-ri/ Tsa ri，一处森林密布人迹罕至之地。译者按：位于今西藏自治区珞隅地区）[②]，被视作金刚亥母（Vajravārāhī）的身体（可由象征阴道的洞穴进入）。人们需要一把钥匙与一份文字指南（kha byang, gnas yig）来开启这里的“场所之门”，文字指南解释了如何将艾草施灸于这一场所（sa'i me btsa'

① “klu 'bum”，参见 R. A. Stein 1981: 213-214。我们已经看到“skar khung”（窗户）一词也用于表示屋顶开口。

② 《成天法》（*gNam chos*），Mā 函，《米吉多杰传》（*Biographie de Mi' gyur rdo rje*），17 世纪，第 67b—68 页，第 75a 页。汤东杰布（Thang stong rgyal po）也曾“开启”（gnas sgo phye）杂日圣地（《汤东杰布传》，第 50b 页）。17 世纪青海地区，“当无人的隐秘之野的圣地大门被打开时”（“phug gi sbas yul dKar po rdzong gi gnas sgo phyes nas”），一个禅修群体（sgrub sde）得以建立 [《如意宝树史》（*dPag bsam ljon bzang*），Das 编订本，2.353；木刻本，第 224b 页]。

'debs lugs）。这类场所常被称为“隐秘之野”（sbas yul），圣者将其发现，使其适宜安居，由此转化为庇护所，也即一处独立、封闭、如仙境般的世界。当人们在外部世界遭遇不幸时便可隐遁其中（我们在本书第一部分中曾提及这一主题，与“洞天”相似）。

上文已见，将艾草施灸于一处场所意味着建立人类居所，也意味着侵入一片处女地，并由此引发众神之怒。人类并不屈服于众神的报复（否则建筑便无法完工），而是以建筑物（佛塔之类）对其进行压胜。在开辟扎耶巴圣地（Yer-pa/ brag yer pa，位于拉萨以北）[①]的过程中，圣者首先考察了这里的地形（sa dpyad），一如中国古代的地理之术（géomancie）[②]，进而发现了形似端坐度母（Tārā）的一片森林及一座山。因为这一场所“上方的天门已敞开”（yar gyi gnam sgo bye bas），故他认定此处适合悉地（siddha，“成就者”义，即禅修僧人）在此安居。其中一处洞窟开挖于圣石之上（brag lha brag phug brus pas），另还营造了佛塔用以镇服愤怒的魔鬼，并又另建一塔用以弹压下界诸鬼神（klu, gnyan）之干犯。[③]

---

① 译者按：扎耶巴寺，位于今拉萨市达孜区境内。

② 译者按：又称“堪舆”，晚期亦称“风水”。

③ 《贤者喜宴》（16 世纪），第 Ja 章，第 106ab 页。对于受过教育的藏族人而言，“天上敞开的大门”这一表述意味着宽广的山谷。但正如我们即将看到的，此处所言者乃是一种吉兆，寓意为与天界顺畅的沟通。

〔地钉〕

将一处无人居住的未开化之地转变为一处有人安居且有建筑的场所，这一变化的过程中笼罩着一定的模糊性（ambiguïté）。天门可以被投影至建筑施工现场的地面[①]，将其开启便可带来吉祥。地门则往往预示不祥，因此必须关闭。但根据一些特定案例来看，情况也并不总是那么简单。这两种观念尤其存在于地理与占卜系统之中，而正如我们将要看到的，这些数术似应传自汉族聚居区，但都经过了藏化。它们不仅见于18世纪的体系之中，而且就敦煌抄本（稍早于公元11世纪）中的大量案例来看，其情况也大略相同。

其中一部占卜抄本曰："地狗日[②]，不动便可得睹神域；不行（？）便可陟彼青天。"所卜者吉。诸事皆成。[③]

这里并未提及天门的开启，但其他占卜抄本对其有所论及，并总是使用"mthongs"一词（而非"门"），该词意指屋顶开口、露天庭院以及广阔的天空。其云，"天开之时"诸事顺遂；或云，"若于蔚蓝之上，苍天已开"。

年代较早的此类占卜体系从未像晚出文本那样提及"地

① 前一章中，我们看到了阿尔泰地区以及中国汉族聚居区的类似形象。根据法称（Chos grags）所编词典，地面上的洞也被称作"大地之屋顶开口"（sa mthongs）。

② "狗"是用来表现日期（时间）和方位（空间）的十二生肖之一（译者按：也即十二地支之"戌"）。在汉族聚居区，"戌"表明了天门所处的西北方位。在一年之中，狗与猪（地支"亥"）之象通常表示夏末（藏历七—八月），龙与蛇则表示年初（藏历一月与二月）。

③ Thomas 1975: 128, 第28段；抄本 I.O. 739，10b，11b；抄本 P.1047，第37、58行。

门”（不祥者，故应封闭）。在这一体系中，另一种“固定钉”的意象可推演出具有吉兆之卜辞，其曰：“天之域限不可改变，因其以铁为边，并以天青（mthing）色为饰。星宿不可坠落，因其以九结稳于中央。地之（及其疆域）不可飞离，因其中央楔有以铜为饰的金钉。”在这里，对仗的卜辞清楚地表明，正是因为“青天”稳居于中心，由此确保了日、月所运行的路径（？）。

另一则吉利的卜辞曰：房屋“将如楔入的金钉一样坚固”[①]。在后来的传统中，我们看到“地钉”的形象寓意房屋吉祥。“天钉”在这里虽然并未起到重要作用，但却也为人所熟知。这里所谓的“坚固”（brtan pa）、“金钉”（gser phur）或“高钉”（stod phur）即北极星（译自梵文“Dhruva”），这一形象普遍存在于突厥-蒙古地区及西伯利亚诸民族（萨摩耶、楚科奇、科里亚克）之中。[②]

“天心”（centre du Ciel）的两种表征（“开口”或“钉—

① Thomas 1975: 127，第 26 段；抄本 I.O. 739，la，1.4-5；参见 Thomas, p. 143（I.O. 739）以及抄本 p.1052。

② 参见 Harva 1938: 37-40。星辰被用绳索系于这一钉上（印度便是如此；Harva 1938: 189）；关于铁桩与金（或铁）柱，参见 Heissig 1973: 445-446。但对于楚科奇人而言，北极星是通往天界的开口，人们可通过它从五、七或九层中的某一层级进入另一层级（Czaplicka 1914: 261; Harva 1938: 53; 另见 Eliade 1951: 236-239）。需要注意的是，在 10 世纪的沙州与甘州地区，吐蕃人、回鹘人（译者按：今称“藏族”“维吾尔族”）与汉族人有着密切的交往，而这里也正是抄本所出之处。其中一份回鹘文占卜抄本的形式特征与藏文抄本完全相同。这种融合也延展至宗教之中。回鹘人曾信仰佛教或为摩尼教徒（Manicéens）。此外，P. tib. 351 抄本（占卜文本）提到摩尼教之称谓“夷数・末尸诃”（I-çi myi-çi-ha，耶稣・弥赛亚）以及佛教称谓金刚手菩萨（Vajirapāi）与释迦牟尼（Sakyamuni）。其卜辞（第 19 段，第 31 行）曰“七层天门业已开启”（gnam rim pa bdun gyi sgo phye nas），意为神明将协助人类成就悉地（siddhi）。

柱”）同时存在，可从历史的角度解释为不同系统的融合。但至少在某种程度上，这两个主题的内在联系可追溯至位于房屋中心的两个基本元素。我们稍后还将在藏族聚居区与汉族聚居区再次看到它们：天柱与天门，以及昆仑山。

现在，当我们对晚出占卜与地理表征进行考察时，将再次看到“钉”与“门”这两种与大地相关形象的相互交替。这类晚出体系主要记载于第司·桑吉嘉措（Sangs rgyas rgya mtsho，17 世纪）的著作之中，他在书中论定此是汉族聚居区的占卜（nag rtsis），[1]我们将在讨论汉族聚居区时再次谈及这一点。我们在这里肯定无法对占卜过程进行详细讨论，因为其中的细节极为复杂。

对于男性而言，“天门”（gnam sgo）的卜辞对应地支“戌”（狗，西北），“地门”的卜辞对应地支“亥”（猪，北西北）。对于女性则有一相反的模式：“天门”对应地支“辰”（东南），“地门”对应地支“巳”（南东南）。这是对于西北“天门”与东南“地户”这一方位对应体系的继承与调整。

在西藏，“天门”“地门”这两种卜辞都可能有危险的含义。某些行为必须被避免，并举行相应的仪式以防止天的塌陷。此外，人们还要提防魔鬼从地中钻出的危险。“天门”或“地门”必须被“封闭”（sdom pa）；但在其他情况下，其中一处则又

---

① 第司·桑结嘉措：《白琉璃》（1683 年），第 253ff 页，以及同作者所作之注释《白琉璃除疑》（*Vaiḍūrya g.ya 'sel*），第 169a 页。

必须被“开启”（bye）。如若“攀天之索”（gnam gyi ju thag）被切断，或“定地之钉”（sa yi brtan phur）被拔出，就必须举行相应的特定仪式。[1]但在一些欧洲作者所描述的类似仪式中，“地门”取代了“钉子”，不同系统的发展使这一情况变得非常复杂。在另一种具有汉族聚居区元素的仪式中，需要设置两件以彩线绕制的灵器（mdo）[2]，其中一件附以狗头，狗头向上，用以关闭天门（父神 Khen pa，即“天”，其坐骑为白色天狗），另一件附以羊头，羊头向下，用以关闭地门（母神 Khon ma，即“地”，坐骑为一只公羊）。[3]

在彩线灵器的不同形式中，地门与猪具有关联。[4]这一形式出自另一种强调特定时间内人们在房屋中各类禁忌的地理体系。家宅之神 (nang lha) 的方位因月份、日期所属之十二地支

---

① 关于使用这种仪式的占星术，刊载于 Waddell 1934: 459–464。

② 译者按：参考《藏汉大辞典》之解释“mdos，灵器，供施代替品”。用彩线绕成或用糌粑捏成日用品、牲畜、房屋等模拟物。用以供神者称为上供灵器，用以布施鬼类者称为下施灵器。感谢郝凤凤博士对此条的协助。

③ Waddell 1934: 484–487 以及 Waddell n.d.: 201。关于不同的版本，见 Ribbach 1940: 126, 220。各种不同的思想使这一表征的含义变得复杂。有人提出“地—戌”之象表示西北的天门（其后之象为“亥”，与地门相关联）。在我们所引用的仪式中，狗为白色，对应天界。但其他仪轨则言及“天之黑狗”（gnam khyi nag po；参见《白琉璃》，2.142a = 455a），其为地界之主（sa bdag）。Ribbach 观察了彩线灵器（mdos）及其仪式，其中狗的颅骨用于封闭天门，而羊的颅骨用于封闭地门（Ribbach 1940: 220）。此外，他还提及了坟墓的“天门”。该仪式于年末（十二月二十八日）举行。

④ 锡金的绒巴人（据其传统而言属于藏族；参见 Nebesky Wojkowitz 1951a: 81）认为，如果一处居所受到疾病和死亡的威胁，人们就会悬一个狗头于门上，埋一猪头于灶下。这一仪式被称为“Nambo Sagor”（从天之“gnam”与地门之“sa sgo”而来）。灶的变化十分重要。《白琉璃除疑》（第 213b 页）解释道，具有威胁的邪恶可在仪式中得到避免（bcos），若为“天狗”之问题，则举行天界之仪式（gnam gto），若为“墓猪”（dur phag）之问题，则举行空界之仪式（bar gto）。

而移动，其形象为猪首人身。家宅神因所处空间之不同而有多种不同的形与名，如房屋中心、大门、庭院（或露天平台“khyams”）、西南隅、院子、三石灶、灶（thab）；或其他，如屋顶、门槛、梯子、酒窖、门、磨坊、洞、天门、地基、烟囱（？）等等。[①] 在特定的情况下，“天门”与“地门”可能皆为不祥。竹巴衮烈（'Brug pa Kun legs，约公元1500年）的传记中描述了一种仪式：“地门与天门的裂缝［ral ba bsub］被抹去，衰退的吉运得以复位；苯波驱走了八十凶相。”[②] 其又云：“苯波抹去了天门的裂缝［ral ba］；苯波避免［bcos］了地门的开口［bye-ba］。”[③] 在《西藏王臣记》（1643年）[④] 与《嘛呢全集》（12世纪？）[⑤] 中，也记载有同样的地理“凶相”［sa dpyad nan pa］，其曰：“天门开，天如宝剑（狭缝）；地门开，［地］如猪之口鼻。”为祛除这些凶相，必须起建固若金汤的九层堡垒。

一份敦煌抄本（9世纪初）暗示性地记录了这些表征。其中，由于君明臣贤（或非凡才能）等品德，“天之裂缝（gnam ral ba）被神（君王）之光赫（威严）所缝合（drubs）；地之裂

① 《白琉璃》，2.146b–147a（= 459b），其中根据各种古老仪式推衍出其他变化。根据作者注释，猪头家神（nang lha）“Byi lam phag mgo”，即汉族聚居区之神“Pi ling”。在汉族聚居区，土神也从一处方位移至另一处（de Groot 1892–1910: 6.1258）。《白琉璃》译本，参见 Waddell 1895: 39。此外，猪头家神也可以是灶神（Ribbach 1940: 126）。

② 《竹巴衮烈传记》（*Autobiographie de 'Brug pa Kun legs*），第55ab页。

③ 《竹巴衮烈传记》，第92b页。

④ 《西藏王臣记》，第24b页。

⑤ 《嘛呢全集》，1.238a。

缝（sa gas pa）被臣僚的美德所弥合（bcems），天地合一（和谐的状态）”[①]。

很明显，房屋中通天的开口（mthongs）与屋顶及庭院是一个整体，它是一个宽阔的带有吉祥寓意的开口，并与通天之门相对立；通天之门只是一处狭窄的缝隙，且是不吉的（在某些情况中）。但对北亚常见观念（从天而来的吉运“qut”；见上文）与在汉族聚居区所见者进行的比较研究业已揭示了某种内在逻辑：天门为吉，应敞开；地门凶，应封闭。这种观念在藏族聚居区的其他情况中也很常见。

我们已经看到，地门有时与坟墓相等同，因此必须封闭，以防止逝者从中出走并造成不幸。由此，我们得以发现另一种二分法，有时还存在着居于中间的第三种元素。在直贡巴（'Bri gung pa，13 世纪初）关于苯教的叙述中[②]，为逝者及其坟墓所举行的仪式起源于藏王止贡赞普（Gri gum btsan po）的历险，他切断了与天相通的绳索（见下文）。这其中有三种仪

---

① 在此传说的第三个版本［《大臣遗教》（*lon po bka'i thang yig*），第二十八章，271a=58b］中，有两个形象强调了裂缝的狭窄：“地不过是弓弦，天不过是把剑。”在中国，我们也见到以“天开”为不祥的观念，被称为“天裂”（〔清〕陈世熙《唐人说荟》卷十九，第 57b—58a 页）。（译者按，可参见《太平广记》卷三百零六：“魏耽……忽仰视天裂，有长人于裂处下，直至耽前。”）早在古典时代，便记载有天上的裂缝“列缺”，光从其中散溢而出（Granet 1926：545）。我们将在第三章中看到中国的其他体系，其中“天”与“地”都可能是凶象。关于藏文抄本［“德加祈愿文”（Prières de De-ga）］，参见 Thomas 1948: 2.98。在敦煌汉文抄本中，也发现了同一种藏王祈愿文中的相同形象；见下文 378 页注 ②。

② 直贡巴：《一趣论》（*dGongs gcig yig cha*），新德里本，1969（合集），1.291；土观活佛在他的《土观宗派源流》（*Grub mtha' shel gyi me long*，1802 年）的第八章中对此进行了沿用，其译本刊载于 Hoffmann 1950: 329-330。

式：朝向下界的仪式用以降服诸魔；朝向上界的仪式用以敬拜祖先、神明；空界的仪式用以清除灶炉（住房与外部世界之间的重要联结）中的污垢。土观活佛（Thu'u bkvan，1737—1802）引用了《白琉璃》（17 世纪）来讨论这一文本，据其所言，苯教始祖辛饶弥沃（gShen rabs mi bo）“为生者开启神门（lha sgo），并为逝者封闭墓门 (dur sgo)”。

祖先（古代君王及其他人）本自天而降，因此具有与天沟通的能力，“死”后则应返归天界，由此不留尸体（因此也没有坟墓），直至止贡赞普不慎割断天索。这一绳索象征着祥福与吉运，它与头部相联，而头部也另有一处“天门”或曰“梵穴”（Fente de Brahmâ），一如房屋或天中之开口。[1]

〔世界的层级〕

现在应转向宇宙志的讨论。除了已看到的建筑元素（位于上部中央的开口、位于底部的门，立柱与灶），在西藏还能再次看到多层建筑，其内部各层以梯子相连通。与在北亚及中国汉族聚居区一样，藏族人观念中天上与地下也都分为若干层级，通常为七或九层。这可能受到其他地区的影响，但

① 我已经在其他书中讨论了这一象征群组；R. A. Stein 1981: 176-182, 185-187, 194-198。

我们没有任何确凿的证据。① 它们也可能是平行存在的观念，或源自更为古老的、共享的思想基础。

在敦煌抄本（9—10 世纪）中，七层或九层也已经成为谚语中的一种常见形象。在《吐蕃赞普传记》②（记录下限为公元 840 年）中，记载了某人“即使藏于地下九层”也会被抓住并击杀③。在提及从天而降的开国君王（赞普）时，其曰“（他）来自神州中原，来自七层青天”④，这一传说中并未指明具体的层级⑤。又如一份箴言语录所云：“当智者赞美智者时，［其如同］天顶（phru ka）的饰物⑥；当小人诋毁小人时，［这］比地下九层还低。”语录中另一比喻言曰：“枯萎的植物，它的

① 土观活佛（见本部分 339 页注②）在专门讨论汉族聚居区的宗教的一章中论及天与地曰：“在这一系统中，实际只提及了九天［gnam dgu'i grangs］之数目，但并无高下之别。当这一观念传入西藏时，人们以为其对应的是向下的七个层级［西藏的‘og rim pa bdun’］。但因为‘层级’［rim pa］一词被忽略了，这些下界的层级便被认为是在九层天之上。这些想法都是荒谬的。”

② 译者按：《吐蕃赞普传记》，出自敦煌 Pelliot Tibétain 1287 及 Pelliot Tibétain 1286 抄本，是一部关于西藏的雅砻王朝与吐蕃帝国的古藏文著作，以散文与诗歌的文体叙述吐蕃诸赞普之生平。

③ 巴考等人之编订本，Bacot et al. 1940–1946: 122，第 7 行。

④ Bacot et al. 1940–1946: 113，第 25 行。

⑤ Bacot et al. 1940–1946: 81，第 7 行。

⑥ “phru”一词指的是头盔的尖顶（我们将在天索的讨论中再次看到这一表达）。但它也表示屋顶中央的装饰物，一如我们在西藏绘画中的汉式宫殿建筑所见到的（例如，S. Hummel 1953: 图 50；以及 Roerich 1925: 图版 16，第 28 号），以及一些现实中的建筑物（Tucci 1950: 80 中的照片，扎什伦布寺）。在史诗中，格萨尔为霍尔（Hors）的宫殿用纯金铸造了一个“phru”（Bacot，木刻版，Ba，9b–11a）。在有关德格地区寺院的描述中，也见有此种汉式建筑屋顶（rgya phibs）上的金质饰物“phru”［《德格土司传》（*Généalogie des rois du Dergué*），第 27b 页］。其中，在“Glun”，一名勇士向这样的一件饰物射箭（《德格土司传》，第 15a 页）。佛塔上也见有相同的装饰物，相当于“宝瓶”［Tucci 1932 passim；《汤东杰布传》（*Biographie de thang stong rgyal po*），第 143a 页］。

根从地下九层生发而出。”[①]

关于层级数目的问题及其选择原因不是我们此处的关注点。虽然最早的藏文文本似乎更常以“七”代表天界，“九”代表下界（可能也还存在有一些我们尚未注意到的变体），但稍晚的传统则常以“九”或“十三”对应于天与地。在一部苯教经典中，土神（gnyan, klu, sa bdag）不仅“在地中九层之上”，而且也在天之九层之上。[②] 其他文献中也提及“从上方神界到九层地狱”[③] 的广阔区域。不过，一部 17 世纪的文本首先列出了四方及天顶最高点（zénith），然后讲述了魔鬼被囚禁于“七层之下”的天底（nadir）[④]。我们已经看到西藏学者对“七层之下”与“天之九层”之间对立关系的讨论（见本部分 341 页注①）。一处极深的藏身之所也可被比喻为灶下九

① 敦煌抄本 P. tib. 992，Sum pa ma shags: (1)'dzangs kyis 'dzangs bstod na ni/ gnam gyi phru ka la/ ngan kyis ngan smad na ni sa dgu rim gi 'og go；(2) rtsi dog skam po'i rtsa ba ni sa dgu rim 'og nas ldang la. 该语录可能受到汉族聚居区的影响。参见 335 页注②，其中所引抄本提及了“七层天”可能的外来影响，此两者可资比较。在一部占卜抄本中（P. tib. 1047，第 35—38 行），一则吉祥的卜辞包含了两方面形象：一方面，天上诸神从天顶俯视（gnam gyi phru 'u kha nas；无疑是仁慈的）君王臣民的行为；另一方面，天洞敞开（gnam mthongs bye zhing），疆土得以双倍扩展。Macdonald 发现，这里说的是人类能够看到众神奇观景象（Macdonald 1971: 279）。在汉族聚居区也见到了同样的象征（天门开，众神监察人类的行为；见本部分第三章）。

② 《具舍》（*mdzod phug*），注释，德里版，1966，第 55、56 页（“sa rim pa rgu”及“gnam rgu tshigs”），但“dgu tshigs”这个词也有银河之意。

③ 《格萨尔王传》（木刻版，巴考译本，Ja，6b）；以及 14 世纪《苯教史》（*Srid pa rgyud kyi kha byang*，抄本，法国国家图书馆，tibétaine 804，第 41b 页）。

④ 《成天法》，Vom 函，第 19b 页。

层之洞（有时是十八层）。[①]

在苯教信仰以及祖先传说中，天界有十三层，地界有九层。这些层级与将它们连通的梯子的踏步数目相等。贵族的祖先经由梯子从天而降，而婚礼的喜歌则赞美新郎家的房屋曰："这一爬梯连接上下；通达十三层之高。"第十三层天也是由绿松石（天青）所构成的。[②]赞普及显赫贵族的始祖沿着这样的梯子从天而降，而这一梯子无疑穿过了屋顶开口。[③]

关于开国君王聂赤赞普的传说已有许多研究成果，[④]其最早的版本记录于一部敦煌抄本（10 世纪？）中[⑤]，其中的一些表述在较晚版本中亦可见到。根据传说，祖先-神明（dieu-

---

① 《卓瓦桑姆》（*'Gro ba bzang mo*），木刻本，第 62b 页；以及在《格萨尔王传》中（见下文关于昆仑之讨论）。摩梭人也有同样的表达（Rock 1937: 35）。他们经常将天界的九位白色男人与地界的七位女人相互对应（Rock 1937: 17）。

② 关于十三级台阶，参见 Tucci 1949: 656；关于梯子，参见 Tucci 1936: 34，翻译位于第 69 页；关于绿松石之十三层天，参见 Laufer 1900: 36。在葬礼中，人们必须起造一架有十三级台阶的"吉运之梯"（?，bkra skas，《白琉璃》，2.105b）。在绒巴人的葬礼中，灵媒需要通过攀爬梯子而升天（Nebesky-Wojkowitz 1953: 270；1951b: 36）。尼泊尔萨满使用的梯子为独木梯，升天的一侧有九个齿槽，降返的一侧则有七个齿槽。

③ 噶氏（mGar）家族的祖先通过天界的开口（gnam gyi mthong nas）下降人间（《西藏王臣记》，第 62a 页）。关于梯子穿过开口这一形象，我只能引用一份文本，其中梯子的形象被转移到了身体之中。当噶玛巴 · 让炯多杰（Rang byung rdo rje，1284—1339）进入未来母亲子宫内转世时，他将子宫视为一处"具有天门的水晶屋"（shel gyi khang pa gnam sgo yod pa）。他进入其中，但那里有九架梯子分别设于九处"天界开口"之中（gnam khung dgu la skas dgu bìugs nas 'dug pa）。他从其中一处梯子降下，来到了一处小到无法通过的"天界开口"（gnam khung chung nas phar ma thar nas），由是昏厥了过去。当他恢复意识时，已然是在母胎之中了［《历代噶玛巴传》（*Biographies des Karma Kam tshang*）19 世纪，木刻本，第 94b 页；《贤者喜宴》，16 世纪，第 Pa 章，第 35b 页，其中省略了最后一句话］。

④ Tucci 1949: 714, 733；Hoffmann 1950: 146-155 等。最好的分析为 Ariane Macdonald 1971: 199-219。另参见 R. A. Stein 1961: 54-64。

⑤ 敦煌抄本 P. tib. 1038，第 12 行。

ancêtre）自十三层天界下降人世，而在后来的传统中，这一版本被认为是苯教所特有的。根据《红史》（14 世纪）所载："苯教相信［祖先］通过穆（smu）绳与穆（smu）梯降自上方的第十三层天。"[①]"穆"（mu）一词（dmu, rmu, smu）表示天界以及居于该处的神明（赞普的母系），其与"恰"（phya，父系神明）同居一处。按照一份敦煌抄本的记载，一位穆神（dmu）曾应恰神（phya）之邀降于人世。[②]

这一故事在年代较晚的文献中（14—16 世纪）被描述得更加明确，且被视作苯教所特有。其中，一位生活在第十三层天的恰神与他的穆神妻子共育有七子，分为上组（三人）、中组（一人）和下组（三人）。中组的恰神被驱逐至穆神之地，并与一位穆神结合，育有一子。胎儿既不想从母亲的顶部（头）出世，也不想从底部（阴道）降生，而是从母亲身体的中部（颈

---

① 《红史》，抄本，第 23a 页。《大臣遗教》（14 世纪；7a ＝ 226a）以及 16 世纪近似类书之《释库如意宝》（*bshad mdzod yid bzhin nor bu*）亦有相同之记载（Satapitaka 编，新德里，1969 年，第 140、157 页），后者引用了《贤者喜宴》，第 Ja 章，第 5a 页。在《苯教史》中（见本部分 342 页注 ③；第 37b 页），来自天上的神明通过九级银梯（them dgu）降至大地中心。

② 敦煌抄本 P. tib. 126.2。参见 Macdonald 1971: 210, 305-306; 以及 R. A. Stein 1961: 64。这些神明所处的场所很难确定。在这里，恰神似乎是人类的代表（但他们确实也是天神及圣山之神）。恰神之中没有首领，需从穆神中延请一位。穆神生活在一处难以到达的国度，"向上则鸟飞不到，向下则鼠钻不到"（第 4 行）；另外，"若人无翅飞翔 / 若人非鼠但仍欲钻地，［则无法］通过天界抵达彼处"（第 24—25 行）。这里的用词与本章开篇有关三种神明传说的用词相同。译者按：另参见，石泰安《汉藏走廊古部族》，前揭，2013，第 85—88 页。

背）生出。[①]

其后，这位祖先被邀请来到地上，当时的人类尚未拥有君王。他在从穆神那里得到一套法物之后才降下人间，这其中特别是“九阶之绳（rmu）梯”（rmu skas rim dgu）以及“无限的［？］绳索［或锁链］”（rmu phreng zang yag, rmu thags thang yag）。他脚踩九级踏步之梯降至地上。天门（mthongs）开启，云门（sprin gyi sgo）开散，他由此看到了大地与人民。

在其他版本中，这位天上的先祖居于天与地的五层之上，抑或穿过天、云、雨等神明的九层。此外，我们还需要讨论名为“阶梯”（them skas）或“通神阶梯”（skas them lha la 'jugs）的神明。

层级的观念常与梯子踏步的观念相融合，而祖先降世的圣山也具有此类踏步。按敦煌抄本《吐蕃赞普传记》的记载，聂赤赞普降至圣山（lha ri）羌脱（gyang do，“夯土墙”义）之上，羌脱在这里等同于须弥山，即佛教的宇宙中央圣山。这一圣地明确被表述为：“位居天之正中，位居地之正中，是为一方土地之精。”在他死后（毫无疑问文本中不是这么表述的），他又再次升归天界。他的后裔子孙也是如此的，直至一场由止

① 颈背（gnya'）是被用来解释初代祖先—君王之名：“gNya' khri”（译者按：聂赤赞普）。此是《释库如意宝》（*bshad mdzod*）中所收的版本。根据《苯教史》（卷 37a）所收版本，他的儿子之所以被呼作“gNya' khri”，乃是因为他如果从其母头部生出，则其母必亡；若从阴户生出，则会污秽己身。由此，他从颈背的“恶鬼之门”得以出生（“rtag pa'i bdud sgo”，更正为“ltag po”）。我们将会看到，在汉族聚居区，除了“天门”（西北隅）与“地门”（东南隅）的空间对立外，又增添了“人门”（西南隅）与“鬼门”（东北隅）的对立。

贡赞普所带来的灾难[①]。

在布顿·仁钦朱（Bu ston，12 世纪）所撰这一故事的佛教版本中[②]，聂赤赞普自山中阶梯降下，并以手指天；人们便相信他自天而降。[③]在《嘛呢全集》（12 世纪）的记载中，聂赤赞普以同样的方式经由一天梯或天索（lha skas）从“圣山”顶峰降下[④]（重复出现于《西藏王臣记》中）。在晚出的版本中，人类定居地的正中是等待圣君降世的平野，其名曰“赞塘阁西”（btsan thang sgo bzhi，设有四门的君王平原）[⑤]。这是一处四面由墙围合的空间，中央之山乃是梯子或立柱。

任何居住场所都可以通过建筑形式而被描述，其通常以一座神山（也是国家与祖先的守护神）为标志，并常与一处湖泊相连（山与水相互依凭）。我们稍后将继续讨论这一范式。

但这里还有一个问题。虽然屋顶开口、层级与梯子（以及柱子）显然是从西藏民居中所提取的隐喻，但绳索却并非如此。正如我在本部分序言中所提到的，我们可能会联想到在汉

① Bacot et al. 1940–1946: 81.

② 译者按，《善逝教法史》，又名《佛教史大宝藏论》《布顿佛教史》。

③ 译者按，布顿《佛教史大宝藏论》云：“（赤聂赞普）…… 渐次越过‘拉日’山口，来到了‘赞塘阁西’地方。被当时的苯教徒们看见，说他是由天索和天梯下来的。因此，说他是一位神人，问他是谁，他回答说是‘赞普’。问他从哪里来，他以手指天，彼此不通语言。于是将他安置在木座上，四人用肩抬着，向众人说：‘这是我们的救主。’”（布顿大师：《佛教史大宝藏论》，郭和卿译，北京：民族出版社，1986，第 186 页）感谢郝凤凤博士对此条的协助。

④ 《嘛呢全集》，第 161b 页。

⑤ 译者按：赞塘（btsan thang）指赞普降临的平原或坝子。阁西（sgo bzhi）直译为四门。《藏汉大辞典》释义：赞塘阁希。西藏自治区山南泽当附近一寺庙名，是聂赤赞普最初聚会部落酋长之地。

地与东南亚所见的平行存在且类似的表征：一根最初连接天地但后来被切断了的绳索或藤蔓。但在赞普起源传说的具体案例中，其上下文暗示了另一种可能。

敦煌抄本《吐蕃赞普传记》已经暗示存在的主题在晚出的几种版本中得到了更加详细的叙述：赞普通过天索（dmu）返回天上，且未留下尸体（因此也没有坟墓）。这根绳子始自头顶，状若一道彩虹。赞普的前额被称作“天门”或“梵穴”，一如房屋及宏观世界中的至高点。这一身体观念也适用于其他人，并作为灵魂出体这一心理–生理过程（procédés psychophysiologiques）中的一种隐喻（见 340 页注①）。但在赞普神话中，天索在一场斗法中被止贡赞普（Gri-gum）割断。为了击败止贡赞普，他的对手使用了一些法物［祖先–神明（先辈赞普）们所使用过的］，并要求切断天索，拉起九阶之梯。在《吐蕃赞普传记》中[①]，“索”与“梯”这两件法物与《释库如意宝》所载晚出传说中祖先–神明所用法物的名称相同，除了一个词：“dbu”（“头部的”）绳与“dbu”梯，而非“rmu”(dmu,“天上的”）绳与“rmu”梯[②]。我们并不十分确定，但倾向于认为早期文本中似乎已将“头”等同于“天”，一如后世之传统。在早期文献（9 世纪）中，赞普常被赞颂为“强大的头盔”（dbu rmog btsan）；而对于那些需要祖先–神明来

① Bacot et al. 1940–1946: 97.

② 《释库如意宝》将梯子写作“rmu skas rim dgu”；敦煌《吐蕃赞普传记》写作“dbu' skas sten（= then?）dgu”。《释库如意宝》将绳索写作“rmu phreng zang yag”（然后写作“rmu thags thang yag”），《吐蕃赞普传记》写作“dbu 'breng zang yag”。

统治他们的人间小王而言，他们则被称为“未获赞普之头盔”（dbu rmog）[1]。

如果我们比较前额与头盔的不同版本，我们或可推论绳索的形象取自某种头盔饰物。这是很有可能的，因为这一特别的绳索并不是由常用的“thag”一词来表示，而是由“phreng”（或 'breng）一词，其意为“结合”“系上”。我们此前已经看到了另一种常见于头盔、建筑顶部及天界的装饰物（见 341 页注⑥）。

【场所与元素】

经过了前面一大圈讨论，我们现在将回到居住场所及其中的建筑元素，并对其进行描述。描述性的细节可能会因资料、情境或作者个人品位的不同而有所不同，就好像一种语言中的不同词汇。这里并不存在一个唯一的，系统性的，或者说逻辑性的表征（即对某一种建筑范本的重构）。

图齐曾简要勾勒了藏族人观念中“世界”（Monde）的形状[2]（但并未提供这一重构的资料来源）。据图齐所述，天空（atmosphère）是一“八边形”之帐幕，其中柱穿过中央（gung）之“窗”（dkar khung；更准确地说是屋顶开口）。此柱正是圣山冈仁波齐［Ti-se，梵文“吉罗娑山”（Kailāsa）］，等同于世界中央之须弥山。在其下方，大地呈现为莲花之状。

① Bacot et al. 1940–1946: 81.

② Tucci 1949: 2.719.

这一重构形象并不完全正确。在《格萨尔王史诗》的各种版本及许多其他作品中，一处圣地的理想世界常以以下几种形象为特征：首先，上方的天界是一八辐车轮（'Khor lo rtsibs brgyad）[①]；中间的空界（bar snang）由“八宝”（bkra shis rtags brgyad；梵文 aṣṭamangala）所崇饰；下方的地界则是一朵八瓣莲花。[②]

这些形象源自印度，与文本无关。对于突厥人而言，天界当然可与帐幕相互关联[③]，有时柱子也被视为连接天、地之物（山或君王），但不一定是帐幕的中心柱。同时，此类立柱也同时存在于房屋建筑之中（位于灶火一侧）。对于突厥人与蒙古人而言，宇宙之“柱”有时被认为是门前的拴马桩，其曰：

---

① 其中“rTsibs”一词表示车轮的辐条，也指肋骨。也有文本写作“九辐”（《格萨尔王传》，Roerich 抄本，第 68a 页）。就著名的瑜伽“神经”中枢“脉轮”（cakra）而言，轮与莲交替出现。我们稍后还将见到这些形象。

② R. A. Stein 1955: 55, 82；五世达赖喇嘛：《拉萨大昭寺志》，第 3b—4a 页；《嘛呢全集》，1.187a，189b。天、地是由一轴相连的两个轮子的观念源自印度（Harva 1938: 47；引自 Kirfel）。大地作为莲花也是一个普遍的观念。此外，印度也存在天上七层与地下七层之观念（见 312 页注 ②）。莲花代表子宫或女性性器官，也代表一切纯洁的诞生［圣地（tīrtha）也被称作“瑜尼”（yoni）］。我们将会再次见到，它是须弥山的基座（见本部分第三章）。在西藏，人迹罕至的天堂般场所被认为是莲花状的，如：北方的香巴拉（Sambhala）与东南方的“Nepemako”（gnas padma bkod，意即“莲花中的圣地”）。译者按：“Nepemako”似乎是指今天西藏自治区东南部林芝市之墨脱县，意为“隐藏的莲花”。

③ 关于突厥人，参见阿布勒哈兹・巴哈杜尔（Abulghazi）之著作（Radloff 1891: Lxxxvii，以及 Harva 1938: 34–35）。汉族人以“穹庐”一词形容匈奴帐幕及后来的蒙古帐幕，该词由“穹”字而来，即天与房屋之“穹窿”（voûte）。

“青天十三层之山，其若下马拴马之桩。”[①]

可见，世界中心柱并不总被想象为帐幕或房屋中之立柱，人们可能会用其他具体形象来表现这一观念。格萨尔王作为天地间的支柱也被描述为“世界之王、不动金刚之生命树、如意树”[②]。此树是印度佛教之宇宙树，并也存在于藏族思想之中［天地之轴，苯教始祖（译者按：辛饶弥沃）降世之柳树］。“生命树”一词意指两个不同的对象。首先，生命树是一棵（柳）树，在婴儿诞生时种下，或为整个家族种植，用以护佑生命，祈愿昌荣。[③]另外，生命树也是造像的中轴或内核，为其赋予生命［可以呈现为佛塔（stūpa）之形式］。由此，我们很容易从一种人造之物转换至另一种自然物。在史诗中，霍尔（Hors）王的“命脉”是他城堡中的一根支柱。但在别处，外道之师的“命”系于山中树上的一条九头蛇身上，山有八重之影。此外，其弟子之“命”系于一九头龟身上，龟居于山脚九层铁洞之中[④]。自然场所再次与建筑相结合：山岳与洞穴，楼阁与窖穴。我们将会看到，昆仑山也具有类似的情况。

---

① “Gnam sngon rim pa bcu bcu gsum gyi // rta-babs 'degs pa'i ka ba lta-bu'i ri”［《萨迦班智达传》（*Biographie versifiée de Sa skya pandita*），德格版，Ka，121a］。格萨尔是君王，也是“天地之间的支柱”（“sa gnam bar gyi ka ba”，《格萨尔王传》，Roerich 抄本）。他也被称作“须弥，众山之王”（“ri dbang Lhun po，Mi pham”；《格萨尔王传》，Roerich 抄本，第 3a 页）。关于突厥-蒙古人用于拴马的木桩，参见 Harva 1938: 40。

② “Dpag bsam yongs 'dus ljon pa / mi 'gyur rdo rje srog shing / 'jam gling. Ge sar rgyal po”［江孜（Gyantse）木刻版，Ja，8b］。

③ 关于始祖辛饶弥沃从天降世之树，参见《王臣遗教》，第 257a 页（Hoffmann 1950: 250）。关于所种之树（也称“skye shing”或“bla shing”），参见《译师班智达遗教》（*Lo pang bka' thang*），第八章，页 169b = 156；Duncan 1961: 25 注释 25。

④ A. H. Francke 1902: 55；David-Néel 1931: 93, 97.

我们不断地从建筑形制（code architectural）转换至自然形制（code naturel），其中不同的元素自由地相互组合。①天柱有时是一架表现为绳索（rmu）的“风梯”②。我们在有关北极星的考察中已经看到，柱子或钉子可被想象为悬浮于空中。我们在仪式中也见到了“天绳”与“地钉”的组合，“天界之柱，镇地之钉”③这一表达的汉语解释便是“家神”。各类场所均以此类形象作为其特征。山通常被认为是天柱，但它们也被称为“地钉”（sa yi phur bu）。如果一处场所附近无山，立起一块大石也可起到相同的功用。拉萨大昭寺（Jo khang）前的石碑被称为“长石”“天柱”，一块“短石”则被呼作“地脐”④。在建造桑耶寺（bSam yas）的过程中，一根铁钉被敲入地面，用以圣化（consécration）土地；当铁钉完全敲入地中时，则是时间终止的标志。⑤这一形象无疑来自印度的佛教传统（并在中国汉族聚居区地广为流传）。

按8世纪《括地志》云，佛陀曾登“天青梯”而上忉利天，为其母说法。其后天青梯“变为石，没入地，唯余十二磴”。

---

① 这让人想起中国古代的记载！家宅的土地神“中霤”是天井中的集水坑，集体的土地神“社”是长有树木或立有大石的土丘。

② David-Néel 1931: 114; R. A. Stein 1955: 140.

③ “gnam gyi ka ba sa'i stan (= brtan) phur”（《格萨尔王传》，Roerich 抄本，第 la 页）。由钉子或木桩确保土地之“牢固性”也是一种印度思想。在中国藏族聚居区，“坚固之神”（brtan ma）即大地女神十分常见。

④ 参见五世达赖喇嘛撰《拉萨大昭寺志》，第 13b 页，“rdo ring gnam gyi ka ba; rdo thung sa yi lte ba.”。

⑤ 《秘境莲花圣地志》（*sBas yul Padma bkod gi gnas yig*），抄本，第 27 页。关于建筑，参见《王统记》（*rGyal rabs*），第 87a 页；其建筑也即“地钉”（sa phur）。在这一场所中，曾有一处黑色土丘，形似揳入地下之铁钉。

一位印度老人（来自摩揭陀）云：“梯入地尽，佛法灭。”[①]

中国古代著名的朝圣者法显（约公元400年）与玄奘（7世纪）的记述与此稍有不同。其中，佛陀从三重梯（triple échelle）的中央台阶降下，梵天与因陀罗分别从左右两边的台阶降下。梯有三级踏步埋入地下，七级踏步高出地面。虔诚的阿育王向下挖至黄泉处（三层或九层深），却未能抵达梯子的尽头。他于是在梯子上方起建梵刹，并于寺后竖立一柱。[②]

此类的三重梯经常出现于藏族绘画之中，其样式相对较宽，与藏式独木梯不同，亦不似立柱。不过，它一旦化为岩石，则反而更近似于柱子。

相较于山岳，岩石更能够与“天梯”关联到一起（见图82）。[③]因此，我们又回到了一种十分古老的观念，居住场所中的“山”可作为连接天地之“梯”。有时它是人居场所的中心，非常本地化，是该处居民“有限世界”（monde restreint）的中心，有时它则被认为是宏观世界的中央圣山，即佛教的须弥山。我们稍后将会谈到，因为佛经的翻译，源自印度的佛教思

① 〔唐〕李泰:《括地志》卷一二三，第3b页。

② 《括地志》卷一百二十三，第3b页，其中参考了《史记》的记载；法显《佛国记》，理雅各译本，第62页；玄奘《大唐西域记》，儒莲（Stanislas A. Julien）译本，第124—125页；托马斯·瓦特（Thomas Watters）译本，第354页。

③ 由地中所掘出以及埋藏于地中的经卷皆被称为“伏藏”（gter ma），其由谷如却旺（Guru chos dbang）于1233年在一处名为石天梯（gnam skas brag）的地方发现［松巴堪布:《如意宝树史》(*Re'u mig*)］。中国西藏东南部洛扎（Lho brag）的土地神有“赤岩、天梯、铁钉”等名（brag dmar，gnam skas，lcags phur can；Nebesky Wojkowitz 1956: 227）。中国有多座被称为“天柱”或“天梯”的山岳。华山便是其中之一，其山巅有“通天门”与“上天梯”。

图 82 敦煌莫高窟第 61 窟东壁北侧壁画局部（约 10 世纪）[①]

图中表现了通往须弥山集会之阶梯。

① 《中国石窟：敦煌莫高窟》（五），前揭，图版 76。

想观念在汉族聚居区也十分普及，一如其在藏族聚居区。在这里没必要进行重复性描述，我们将特别看到，须弥山构成了一个不可动摇的轴，并同时具有旋转的特性。

这些观念在西藏也有其本地的表现形式。在一本流行的插图占卜手册中，第十六则卜辞为“万字山”（Montagne du Svastika）。此为吉兆，插图显示了一个竖立于山顶的“卍”字符（svastika）。但这一万字符必然需要被想象为处于水平面，因其如轮子一般向右旋转。[①] 在8世纪末与9世纪初源自汉文的藏文译本中，“g.yung drung”一词意为“永恒”，并用来翻译梵文之“ṣvastika”［即“卍”（万）字，佛教的转动标志，等同于śrīvatsa（室利靺蹉）］。按照苯教的传统（稍晚？），“卍”字符相当于佛教的金刚（不灭，永恒）。此外，“卍字山”共有九层，一如西藏的天界与天梯。

① R. A. Stein 1939: 336。此山名曰“九层万字”（g.yung drung dgu brtsegs），位于世界的西方，居于苯教圣地沃莫隆仁（'ol mo lung ring）之中，此处天若八辐轮，地似八瓣莲［《辛饶弥沃传 · 赛米经》（*gZer myig gZer myig*），校订本及译本刊载于 A. H. Francke 1924: 256-257］。作为立柱，这一圣所中的山必然应被想象为八角形。但其中还隐含了梯子的基本形象。在人体中，“精”（可转化为精液）在父亲体内通过被称作“万字梯”的椎骨下降（“tshigs pa g.yung drung gi them skas”;《辛饶弥沃传 · 赛米经》，A. H. Francke 1924: 248）。我们已经看到，天地层级也称为“关节”（“tshigs”；另参考 342 页注②）。藏文“g.yung drung”一词在《翻译名义大集》（*Mahāvyutpatti*，收有 814 个词条的梵藏文词典）中表示万字符（《翻译名义大集》，第 348 号）。在 8 世纪下半叶的一则王室碑文中，我们可以观察到从抽象含义（永恒）到具体象征含义（万字符）的过渡转变［碑文（rKong-po）；见 Macdonald 1971: 298］。其曰：君王的统治“如天”（gnam dang 'dra ba）又“如万字”（？g.yung drung dang 'dra-ba）。Macdonald 将“如天”视作君王之别号，并将第二部分翻译为“永延帝祚”（“le gouvernement royal s'exerce de façon permanente”）。但这两句话是平行且具体的。因此 Richardson 更准确的翻译为：如万字一般不可易革（“unchangeable as the swastika”；Richardson 1972: 34）。

第三章　中国汉族聚居区

现在应回到我们的出发点了。在中国汉族聚居区，上古房屋的一些特征（在将近三千年的时间中，其中一部分得以保留，但略有变化）在其周边民族中被得以保存。这些特征同样存在于关于“天地”（世界，monde）的宗教表征（représentation）之中。作为一处封闭的空间，这种“天地”重复地体现在一种层层相套的同心围合（emboîtement concentrique）——身体（个人层面）、住房（家庭层面）、居住场所、有组织的场所（社会群体层面）以及自然场所——之中。凭借这些周边民族中所保存的观念（notion）与形象，我们得以进一步了解汉族聚居区与其相对应者。

汉族聚居区有关天地的表征深受具体建筑特征的影响，且已被深入地讨论过。葛兰言曾对这些表征进行过汇集，他的思想对他的学生产生了巨大影响，尤其是我本人。[1] 现在我们有必

① 康德谟的一些观察已经被注意到，我们将在下文中继续看到（Kaltenmark 1967）。关于葛兰言的研究，主要参阅 Granet 1950: 349-358; 以及 R. A. Stein 1952: 9-105; 重点为 63-71，74-77。

要对这些主题与元素进行回顾以及进一步分析，并将它们置于整个中国历史之中进行考量。

天门与地户

古代中国汉族聚居区也同样存在多种神话与宇宙论表征，其中一种延续了现实地理环境中的空间对立关系（opposition）。高山（尤其是昆仑山）坐落于西方与西北隅，大江大河皆源出此处，并向东方与东南隅奔流，最终汇入大海。在神话中，天柱（山峰）曾被撞断，后又得以复原，但这直接导致了天的倾斜。我们将看到，在神话宇宙论（cosmologie mythique）中，昆仑山以及与其近似的龟山都被认为是天地之中轴，并位于西北隅。与这一极点相对者，是位于东南隅的大海深渊，《列子》与《庄子》对其有所记载[①]。这一深渊被称为“无底之谷”，大地中之所有河流皆注入其中[②]；同时它也被称为“闾”［“里巷”（village）义］，“医巫闾”或“尾闾”。葛兰言将其称为“污水坑”（Cloaque），并将其与住宅中央的集水坑（中霤）相类比。[③]

---

① 《列子·汤问》，戴遂良译本，第130页；以及《庄子·秋水》，戴遂良译本，第336页。

② 译者按，参见《列子·汤问》：“渤海之东不知几亿万里，有大壑焉，实惟无底之谷，其下无底，名曰归墟。八弦九野之水，天汉之流，莫不注之，而无增无减焉。”

③ Granet 1950; 1926: 314.《楚辞·天问》（Hawkes 1959: 47，84）及《淮南子·天问》均提及了东南方之“洞”（译者按：由天塌所导致）。但在《周礼·司马》中，“医巫闾”被认作中国东北地区一座山岳之名（毕瓯译本，第二章，第272—273页）。

在人体中，昆仑对应头部（也位于下腹部），医巫闾则对应肛门或臀部。[①] 在“大天地”（macrocosme）中，这两处场所呈相互对立之势，如“上—下”“火—水”：所有的水都“返归”于深渊，而火（光）则自“列缺”（天缝，fente）之中得以逸出（正如我们此前所见，参见339页注①）。

虽然这一对空间形象一直在文学作品中作为典故而流传，但自公元1世纪以来，它们已被另一组至今仍常见于当代民俗中的空间形象所替代，即“天门”与“地户”。这里“门”“户”二字的使用强调了对立关系：天为“门”（双开之大门），但地则为“户”（单开之小门）。所有这些对立的观念都被组合到一起，并被视为一个整体，这是因为在以上这两种对立关系中，“上”都位于西北，而“下”都位于东

① 《庄子·大宗师》中有曰：“以无为首，以生为脊，以死为尻。”而在《庄子·庚桑楚》中，“无”为天门，是万物生死所需出入者。（译者按，《庄子·庚桑楚》曰：“天门者，无有也，万物出乎无有。有不能以有为有，必出乎无有，而无有一无有。”）我们将看到这些形象在4—6世纪的道教中扮演了重要的角色。在其他经典中，天门位于头中两眉之间，乃是明堂之入口（《云笈七签》卷十二，第22a页注《黄庭经》）；地户则为“死气之门”，位于脊柱底部（《云笈七签》卷三十，引《大洞回风混合帝一之法》），或是外肾（《云笈七签》卷四十三，第25a页引《存帝君法》；《云笈七签》卷四十四，第11a页引《镇神养生内思飞仙上法》）。晚出文献《蒙泉杂言》（13—15世纪，收入《元明善本丛书》1937: 4a）曰：“昆仑，首也；中条，脊也；南北条，左右臂也；医巫闾，尻也。”另见Schipper 1982: 143图，145—146，按其中所载《内经图》所示，人体头顶中央有一湖泊，周围有群山环绕。明堂耸立于湖中，其下部为“气海”，有大龟游弋其间，昆仑自此海中耸立而出。我们将在对须弥山的描述中再次看到其中的一些元素。

南。[①] 不过在很多案例中，实际都存在着几种不同的经典阐释（herméneutiques）或解释系统（systèmes d'explication），它们混淆了这种简单且具有“逻辑性”的结构。

在“小天地”的层面，“天门”一词在宋代通俗语言中表示塔顶。在身体层面，“天门”与昆仑山一样位于头部；有时位于两眉之间，有时则是鼻孔（但《黄庭内景经》则将鼻子称为“地户”）。注疏家显然将《老子》中古老的类神话（semi-mythologiques）形象与鼻子以及呼吸关联到了一起。《老子》中曾多次提及“玄牝”或“雌”（“雌鸟”义），其曰“玄牝之门，是谓天地根”（第六章），又曰“天门开阖，能为雌乎”（第十章）。[②]

在另一种更为宇宙论的阐释系统中，这一能够开合的天门乃是万化之源，其位于紫微宫中，也即北极星、北斗，以及大熊星座的末端，并被称作“天关”。“天关”在存思、吐纳的修炼中也表示“前额”[③]。紫微宫乃是上帝之居所，通向该处的

---

① “天不足西北，地不足东南。西北为天门，东南为地户”（《河图括地象》，引自《纬书集成》卷六，第1—2页）。按此书所言，昆仑山既位于大地中央（第1页），也位处于西北（第14页）。同一书（译者按：当为《春秋括地象》）中还提及了一种从未广泛流行过的系统，其曰：“积石［位处西北］为地门……碣石（位处东南）入于海为天脐。”后者为一小山，峰顶有湖（参见322页注①）。在道教《太平经》中，也记载了西北天门和东南地户的位置，但随着阴阳系统的介入，阴（西）被视作凶兆，并与“西北”关联，而阳（东）则被视作吉兆而与“东南”关联（王明《太平经合校》，第226—227、272—273页）。然而在其他地方，“西北”才是真正的阳（统御者），“东南”则为阴（服从者；《太平经合校》，第312页）。参见下文，378页注①。

② 我们将看到，昆仑山之巅有天门与一立柱，柱顶立有一鸟，负责主持神婚。鸟名为“希有”，此名或源自《老子》之中。

③ Robinet 1979: 323；马伯乐 H. Maspero 1971: 373 注释 2 及 530 之注释。

天门谓之“阊阖”，并同样位于西方（《淮南子》所列八风所生处之一）。“阊阖”是一专有名称，但注疏家却仍试图以“开合”来解释其含义。

〔远游与回归〕

具体的表征因作者与环境而各异，但某些主题是不变的，这尤其体现在具有道教风格的游仙诗与招魂仪式中。我们知道，这两种宗教与文学题材首先见于《楚辞》（公元前 4 世纪至前 2 世纪）[①] 之中，并进而成为后世作品模仿或引用的范本。

在《远游》一诗中，魂神自南方（译者按：丹丘）出发，并于此遇见“羽人”，然后到达“九阳”。当“天阍”（译者按：天门之守卫）开启“阊阖”时，魂神由此得以“入帝宫”并“观清都”。他清晨自天宫出发，于晚间抵达“微闾”，此即东方之深渊。主人公乘坐八龙之舆远游，先从南方出发，依次历经西、北，而后自南及北，然后“上至列缺”[②]，最终又“降望大壑”[“无底之谷”，亦称“归墟”（水归之处）、“尾闾”]。

---

① 《招魂》《大招》及《远游》（译本参见 Hawkes 1959: 101–109，109–114，及 83–87）。在这里，我们所处理的是“道教风格”的仪式以及文学版本的巫觋神游（voyages «chamaniques»）。另一种神游的类型可参见《淮南子 · 原道训》，其曰：“昔者冯夷、大丙之御也，乘云车，入云霓，游微雾，骛怳忽，历远弥高以极往。经霜雪而无迹，照日光而无景。扶摇抮抱羊角而上，经纪山川，蹈腾昆仑，排阊阖，沦天门。”《庄子 · 逍遥游》中的大鹏也具有同样类型的典型特征，即盘旋式的上升（montée en spirale；译者按：即文中所言“羊角”）。

② 天之缝隙（译者按：列缺），即光所逸出之处，也是另一处更为危险的入天之“门”；见 339 页注 ①。

《招魂》与《大招》都首先描述了游魂在天地之间所可能遇到的各处潜在危险（鬼怪、恶魔），并首先依四方（东、南、西、北）分别列出。天最高处的“九关”由一“九首”之精怪把守，并将亡魂“投之深渊”。最后是地中最深处的“幽都”，盘绕九转的“土伯”居于此处。最终，亡魂受邀“反故居”，诗文中描述了故宅之中一户富足之家的种种幸福快愉。

这首宇宙论式招魂诗章（译者按:《招魂》）最奇绝的部分见于开篇。其中，上帝告诉巫阳[①]，他意欲帮助一位“魂魄离散”之人，并请巫阳通过占卜（筮予）来协助此事。巫阳认为此工作难以完成（即指“掌梦”一事），但上帝坚持令其“必筮予之”。巫阳由此开始招“魂”；但文中没有进一步提及“魄”。此诗的重要注疏者朱熹（12 世纪）以及其他文人曾尝试通过这一仪式来考察楚国（长江以南）的典型习俗。但事实上，关于招魂仪式的部分细节，我们只能诉诸北方儒家经典（周代，公元前 4 世纪至前 2 世纪）中所记载的材料。[②]

我已经在第二部分的讨论中引用了部分经典中所记载的招魂仪式，但尚未对其进行全面讨论，这里应对其中一些特征再稍作强调。在夏、商时期，凡有人离世，其亲友便登于屋顶之上，以招其魂归家。据记载，他们“通过置于东南隅

① 在开始的部分提及了一位巫者“阳”，但在第二部分（诵唱故居之美好）中，提及了一位“工祝”来负责招魂。

② 魂神（在睡梦中、生病期间或死后）离开身体四处神游，并由仪式专家招领其返回故居的观念在其他地区也很常见，所临近者如北亚之萨满，东南亚与中国西藏也皆是。

的梯子爬至屋顶，站在屋顶中央（并挥舞一件逝者的衣物）以招魂，然后自西南隅降下”[①]。按《尔雅》[②]所云：“西北隅曰屋漏，礼，每有亲死者，辄撤屋之西北隅薪，以爨灶煮沐［尸体］，供诸丧用。”[③]显然，无论是否是巧合，宇宙论式的招魂仪式与家庭仪式之间存在着平行关系，其他一些迹象也进一步向我们印证了这种相似性。如在召唤亡魂的仪式中，人们不仅向上呼召，也实际上同时向下找寻。

战国哲学家墨子（公元前5世纪至前4世纪）曰：“其亲死，列尸弗敛，登屋窥井，挑鼠穴，探涤器，而求其人（逝者）焉。”[④]向上当然是为了召“魂”，而向下则是为了召“魄”，亲属们试图将此两者一同召回。此外，一部年代较早（公元2世纪？）的道教经典也再次表达了这种宇宙论形制，

---

① 译者按：这一句以引号标注，似是对于原典之翻译。就其文义分析，或当为《礼记·丧大记》所云“皆升自东荣，中屋履危，北面三号，卷衣投于前，司命受之，降自西北荣”。需要注意的是，这里的译文与原文并不完全对应。

② 译者按：应为《释名·释宫名》。

③ 《礼记·礼运》，顾赛芬译本1.503（译者按，其文曰：“及其死也，升屋而号，告曰：‘皋！某复’。”）。《仪礼》卷三十五之注疏，顾赛芬译本，第439页（译者按，应为孔颖达《礼记正义》之内容。其文曰：“上言古代质素，此言后世渐文，谓五帝以下至于三王。及其身之死也，升上屋而号呼，‘告曰皋某复’者，谓北面告天曰皋。皋，引声之言。某，谓死者名。令其反复魄，复魄不复，然后浴尸而行含礼。”）。《尔雅·释宫》，第19a页（译者按：应为《释名·释宫名》）。《牟子》，《弘明集》卷一，《理惑论》（译者按，其文曰：“人临死，其家上屋呼之，死已复呼。”）。

④ 《墨子》卷三十九《非儒下》，第1a页。

其曰："魂欲上天魄入渊，还魂反魄道自然。"[1]

我们尚未在古典时代的仪式（译者按：礼书）中发现有隐喻或符号象征的迹象，这是因为其文本特性（即对仪式行为的简要总结）决定了其内容的表达形式。但除此之外我们更无其他线索。招魂仪式一直保存至近现代，且经常被研究，此不详述。但一些重要迹象表明，在两千余年后，汉族人在这一仪式中将房屋、天地与身体全部融汇到了一起。诚然，关于魂魄的传统信仰是模糊且多变的，但至迟从3世纪起便出现了"三魂七魄"的概念。[2]对这些魂魄各自命途归宿的看法不一，在这里将只讨论两个特殊案例。据1910年从南京一位文人处所获得的信息（可能未被充分理解），"人们在屋顶上打开一洞……

---

① 《黄庭外景经》（卷中，第30—31句；Schipper 1975: 3）。关于招魄复魂的记载甚多，可参见《周礼》郑玄注（毕瓯译本，1.169-170）。（译者按，此当为《周礼·夏采》郑玄之注。其文曰："复，谓始死招魂复魄。《士丧礼》曰：'士死于适室，复者一人以爵弁服，簪裳于衣，左何之，扱领于带；升自前东荣、中屋，北面招以衣，曰：皋某复！三，降衣于前。受用箧，升自阼阶，以衣尸。'《丧大记》曰：'复，男子称名，妇人称字，唯哭先复。'言死而哭，哭而复，冀其复反，故《檀弓》曰：'复，尽爱之道也。望反诸幽，求诸鬼神之道也。北面，求诸幽之义也。'《檀弓》又曰：'君复于小寝、大寝，小祖、大祖，库门、四郊。'《丧大记》又曰：'为宾则公馆复，私馆不复。'夏采天子之官，故以冕服复于大祖，以乘马建绥复于四郊，天子之礼也。大祖，始祖庙也。"参见郑玄注，贾公彦疏《周礼注疏》，上海古籍出版社，2010，第296—297页）《魏书》卷四五及附录之第7b页，此外的案例还有很多。（译者按，《魏书》卷四五云："并符出兵之乡，其家有死于戎役者，使皆招魂复魄，祔祭先灵，复其年租调。"）魂系于人类身中之气，而魄则系于其精。

② 《抱朴子·论仙》，第7页（道术与仪式）；自13世纪开始，这一文本常在流行文学中被引用（柳存仁 1962: 205 及注 260）。（译者按，《抱朴子·论仙》曰："人无贤愚，皆知己身之有魂魄，魂魄分去则人病，尽去则人死。故分去则术家有拘录之法，尽去则礼典有招呼之义，此之为物至近者也。"）在越南，"魂"（hon）也为三数，但"魄"（via）则分为男七、女九之数（这些数目明显得自身体孔窍之数）。按照中国的某种说法，人死后魄入于土，但三魂之归宿各有不同，其一魂居于墓内所葬之尸，其一魂归于地府，另一魂附于祖先神主之上（Plopper 1935: 87-88；Ball 1904: 32）。

如此，七魄得以随意而出”。在人死后，“三魂”中之一魂自头而出，前往（地府）受审；其二自肺而出，坐于灵位之上；其三自小腹而出，守于尸身左右[①]。遵循某种内在逻辑，古代屋顶招魂的仪式与屋顶开口（实际并不存在于建筑中）相结合，更好地强调了与天的连接。但在这里，身体之中也体现出了魂与魄的古老等级制度（一为高度、屋顶、气、天界；一为深度、井、液体、下界）。

另一则更为明显的案例来自广东瑶族，瑶族接受并调适了部分汉族习俗，尤其是道教科仪（一如苗族与其他少数民族，皆信奉道教）。瑶族民居以瓦片覆顶。在一位生前曾举行“度身”仪式的人逝世后，巫师会专门为其举行“开天门”的仪式，其中包括了送魂升入“天堂”的内容。在仪式中，“主巫更衣，手持巫杖，缘梯登屋顶，取去屋瓦三条，长六七尺，光线从露天处射入，俾死者灵魂由此透光处出而升天堂”[这让人想起西藏之天索（mu）]。此外，“巫者于露天处垂立布一幅……名为桥……上天用。主巫由屋上隙处掷下纸马及法牒数道……屋内巫焚纸钱纸马法牒……主巫……循梯下返，立于厅中方柗之侧（也即房屋的中央）”[②]。

我们可能会怀疑第一则南京案例的准确性，其中“魄”与

① de Voisins（吉尔贝 · 瓦赞）1924: 2.129；作者只略通中文，但他有一位极佳的翻译，且与谢阁兰（Victor Segalen）同行。

② 庞新民:《广东北江猺山杂记》,《中央研究院历史语言研究所集刊》1931 年第 2 期，第 501—502 页。

"魂"一样向上离开，前者通过屋顶开口，后者则是通过头部。但另一部道教经典（8世纪）也记载有相同的路径，其中，魂魄的归属被置于天地的宏观框架之中。按经文所言，老子（出自"三天"）怜悯众生，意欲救人于死地[①]，但凡人"不能却死缘，不能陵虚空，束身入黄泉，天门地户塞，一去不能还"。由此，他们"三魂系地狱，七魄悬着天"，于是"杀神"入其身，使其患病，"奄忽入黄泉，天门地户闭"。但在司命神的帮助下，众生得以从地狱中被救拔，"三魂还复流，七魄还入身"。值得注意的是，经中所言的这些天地间的场所（lieux du cosmos）正是由老子的变身之一在天地之初所造化（十六变之第九变），其经云："九变之时，下入黄泉正地柱，开辟天地施地户。"[②]

如果说魂魄的远游与回归是按照身体、房屋与"大天地"的形制来构建的，那么它们同样也存在于一个家族、一座村庄、一处圣地或其他具有自然与社会双重属性"景观"的"小天地"之中。

早在《诗经》（公元前8世纪或稍晚）与《韩诗》（公元2世纪）中便描述了三月初三这一天的节日活动。《溱洧》曰：

---

① 《老子化胡经》卷十，第6b、10ab、12a页（敦煌抄本，收于《大正藏》本第2139号第54册，第1267c、1268c—1269a页）。

② 这是一种结合了几种"上下"象征，且十分独特的宇宙论，其与道教类书《上清道宝经》中所载者相类似（《正统道藏》涵芬楼影印本，哈佛燕京学社《道藏子目引得》第1342号第1037册卷五，第4b—5a页），其曰："天中紫微［北极］台：主开九幽之户，出长夜［死亡］之魂。"

“溱与洧，方涣涣兮。士与女，方秉蕑兮”（在溱洧两河交汇处，男女追逐嬉戏，并沉浸于情爱活动之中）。《韩诗内传》注曰：“执兰招魂续魄，祓除不祥。”葛兰言认为，（祖先的）魂魄在仪式中被招回，并附于由春天交合所受生的孩子身上。无论事实如何，这一节日仍见于6世纪《荆楚岁时记》的记载之中，其中“招魂”与“以除岁秽”（《韩诗内传》注中亦有提及）被关联到一起。但在此时，这一节日似乎不再与逝者以及招魂有关。

根据刚才提到的《荆楚岁时记》，三月三之时，文人与村民们“相与携酒［自村中］至东流水边。洗涤去灾。遂因曲（méandres）水[①]以泛觞”。注疏中除引用古诗外，还提及了有关这一习俗起源的其他理论。据推测，汉代便已经出现了“曲水流觞”的活动（近世案例参见图83—84及增图24）。根据传说，周公（也是一名卜者）曾以“流水泛酒”的方式进行占卜，从而择定了洛阳的城址。[②]此外，秦昭王也曾以三月三上巳之日“置酒河曲”，但我们不确定其目的为何。[③]我们将看到，

① 译者按：法文原文作“cours d'eau (k'iu-chouei)”，即“曲水”，此与《荆楚岁时记》通行本所作之“流水”略异。

② 译者按：《续齐谐记》，“晋武帝问尚书郎挚虞仲治”条。

③ 关于与此相关的古代诗歌，参见 Granet 1919: 155-156，51号《褰裳》及52号《溱洧》，第105—108页及第107页之注释；并参见《韩诗外传》。有关《荆楚岁时记》，参见守屋美都雄《校注荆楚岁时记》，第100—101页。节日中的娱乐活动应与文人的雅集共存，后者可以追溯至4—6世纪，并在中国与日本一直传承至19世纪。其中，酒觞浮于弯曲的水渠之上，参与者如能在酒杯漂动至座前的时间内作诗一首则能饮酒一觞。在后世的传统中，此类“曲水流觞”多被设置于园林之中（参见诸桥辙次《大汉和辞典》之“曲水园”条）。

图 83 北京西苑南海流杯亭（流水音）[1]
亭中安设“流觞曲水”。

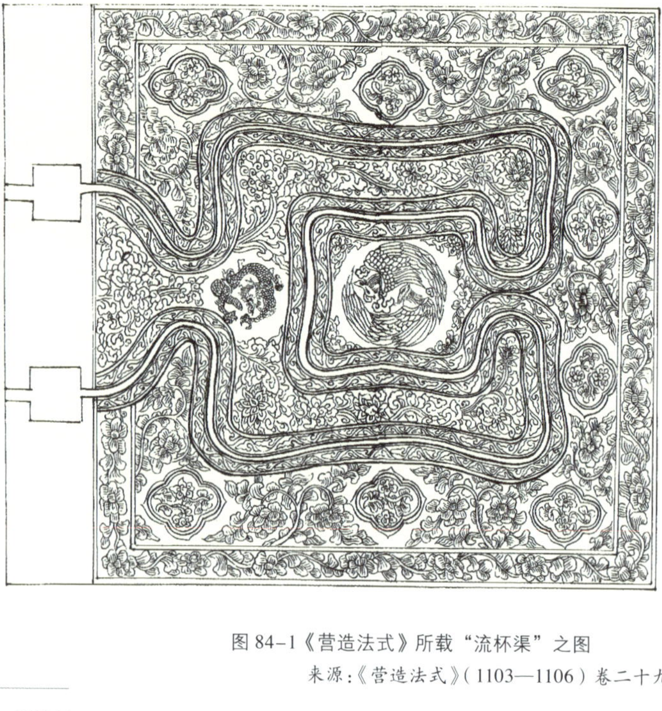

图 84-1《营造法式》所载“流杯渠”之图
来源：《营造法式》（1103—1106）卷二十九。

① Sirén 1949：图版 22。

图 84-2 韩国庆尚北道南山鲍石亭（포석정）遗址之“流觞曲水”（10 世纪）[①]

增图 24 北京故宫宁寿宫花园褉赏亭内之“流觞曲水”
建于清乾隆三十七年（1772 年），贾慧果摄。

① 原书图像来源：National Museum of Korea（韩国国立中央博物馆）1966。

黄河之神河伯曾通过黄河“九曲”将特定的魂神引向昆仑山[①]，而昆仑山则有九转蜿蜒的地下屋室，也即青年男女的启蒙之所，屋室在这里替换了深渊。所有这些表征都与上文所引《楚辞》中亡魂的神游相类似。我们也很快会看到，昆仑山与天门、地户出现在为营建城郭所举行的占卜之中。

人们或许会关心三月上巳这一节日后来的情况如何。事实是，这一节日确实发生了一些变化，其中一部分原因无疑是因为佛教思想的传入。不过，许多重要元素仍然得以保存，虽然其功用已有所不同。三月节后来又被称为“清明节”，并变为（或再次成为）祭祀逝者（祖先）的节日。人们前往郊外扫墓，向家中先人献供，并吃寒食。此外，七月之中还另有一节日专为绝祀无主孤魂及游魂饿鬼所设。“鬼门”只在这一天开启，鬼魂由此得以脱离地狱并四处游荡。人们在庭院中安奉祭品，并于水上施放河灯，以此使他们得到安抚。

〔具体表征〕

在这一圈的讨论之后，我们现在将继续有关“天门”与“地户”的讨论。我们已经看到，在《楚辞》中，魂神通过控驭龙舆而在天地间神游，我们也还将继续看到这类车舆，其常呈现为螺旋式的运动，且与昆仑山及其他仙境福地具有一定的关联（参见 391—392 页，414 页）。按《华阳国志》曰：“什邡

① 译者按：参见下文有关《九歌 · 河伯》及周穆王传说之讨论。

县……县出龙骨，云龙升其山，值天门闭，不达，堕死于此，后没地中。”[①]这种天地之间的旅程也可以作为入世求得功名的一种隐喻。如晋代高士陶侃，他虽身居高位，但并未达到仕途的顶点，相传他“梦生八翼，飞而上天，见天门九重，已登其八，唯一门不得入。阍者以杖击之，因隧地，折其左翼”[②]。

龙通过攀爬山岳而升天，而中国还有一系列被称作“天梯”或“天柱”的山岳（见图 85）。陶侃的梦似乎暗示着上升的过程是一种九层楼阁的形式，其中每一层都有一入口（一如我们在北亚及中国西藏所见者）。我们也已经看到地户可与立柱，或由北极所掌管的地下九重（黄泉）具有关联（译者按：上引《老子化胡经》）。若干不同的形象可以组合并叠加，一层叠于一层之上，由此，顺沿“天柱”也可以攀至“天门”。[③]我们已经指出，天门一词中的“门”指双扇大门，这种形式对于宫殿建筑而言不仅很自然，也很适合。但“门”并不是唯一的形象，有时入口也被想象成一口“井”，一条黑暗且狭窄的隧道，一处洞穴的细长入口。《神异经》中，记载有一段略显模糊的描述，其曰：

东南有石井，其方百丈。上有二石阙，侠东南面，上有蹲

---

① 〔晋〕常璩：《华阳国志》卷三，第 9a 页。

② 《晋书》卷六十六，第 8a 页。

③ 《玄都律文》（5 世纪）：“律曰：……天师……人浊不清，世浑不平，于是攀天柱，据天门，新出‘正一盟威之道’……”（《正统道藏》涵芬楼影印本，哈佛燕京学社《道藏子目引得》第 188 号第 78 册，第 19a 页）。

图 85 通往泰山南天门之阶梯[1]
2023 年，亓伟东摄。

① 原书图像来源：中国佛教协会 1980。

熊。有榜著阙曰："地户"。[1]

其又曰：

西北荒中有二金阙，高百丈，金阙银盘，圆五十丈。二阙相去百丈，上有明月珠，径三丈，光照千里[2]……名曰"天门"。

这些描述都不是十分精确，但可以看出，地户可以是门阙与井的结合，稍后我们还将看到另一案例。在上方，天门也可等同于作为狭窄通道的"天井"，或位于"天井"前方。《水经注》（公元6世纪初）描述了攀抵西岳华山之巅的行程，其曰：

至"天井"，井裁容人，穴空，迂回顿曲而上，可高六丈余（按，约15米）。山上又有微涓细水，流入井中，亦不甚沾人，上者皆所由陟，更无别路，欲出井望空视明，如在室窥窗也。[3]

我们已经看到，并将再次看到这一类既浑然天成又略施人工的空间构成（457—461页）。即使在今天的华山，人们仍需要攀附悬空铁索以登上开凿于缝隙之中的石阶（见图86）。这

① 该文献现已不全（收入《汉魏丛书》）。我们将在下文中看到其对于昆仑山的描述。

② 按儒家纬书《诗含神雾》云："天不足西北，无有阴阳消息，故有龙衔烛以往，照天门中。"（安居香山、中村璋八：《纬书集成》第三册，第459页）我们稍后将会在昆仑山的讨论中看到其与龙的关系。

③〔北魏〕郦道元：《水经注》卷四，第13b页。

图 86 登攀华山之“上天梯”

图 87 华山天柱上的南天门[1]

① 图 86、图 87 皆见于邵元冲编:《西北揽胜》，南京：正中书局，1936。

些缝隙仅容一人，“如鼠入其穴”。山顶之上还另有一圆洞。在华山其他的山峰上，还有“上天梯”“通天门”“南天门”（见图 87），以及“仰天池”等场所。其中，仰天池是位于南峰绝顶的一处 2.5 米见方的水池。诗人李白（701—762）曾赞颂华岳曰：“呼吸之气，可通帝座。”[①]

至此，读者应能发现，我们此前实际都已经讨论过这些题目。我们曾引用了越南古螺城的著名地理学案例（见第一部分，115 页注 ①），其将大天地之中的此类主题应用于城市规划之中。在这里，我们还可以通过两则十分近似的城郭营筑故事提供一些更多的细节，并以此进一步说明这种城市营建的方法（5—6 世纪？）。这两座城郭分别由范蠡与伍子胥所规划，此二人都被视作一方诸侯国之贤宰，佯狂疯癫之高士以及文化英雄，他们皆为家乡楚国所驱逐，又分别事奉于东南地区两位敌对的君主：范蠡事于越国，伍子胥则事于吴国。[②] 两位君主（译者按：越王勾践、吴王夫差）都曾命他们协助构筑都城的坚固城郭，以增强自身的军事实力（译者按：即吴之“阖闾大城”、越之“山阴大城”，分别为今日之江苏苏州与浙江绍兴之前身）。

在吴国，伍子胥：

---

① 邵元冲编：《西北揽胜》，前揭，第 22—33 页。其中引李白诗句。

② 《吴越春秋》卷二第四章（伍子胥），《吴越春秋》卷五第八章（范蠡）；以及《越绝书·外传记地传》（两者均收入《汉魏丛书》），其文辞比较晦涩。这些都是比较浪漫化的记叙。

相土尝水，象天法地，造筑大城。周回四十七里，陆门八，以象天八风（八方），水门八，以法地八聪（增强听闻？）。筑小城，周十里，陵门三，不开东面者，欲以绝越明也。立阊门者，以象天门通阊阖风也（风自西方天门而出；见上文）。立蛇门者，以象地户也。阖闾欲西破楚，楚在西北，故立阊门以通天气，因复名之破楚门。欲东并大越，越在东南，故立蛇（蛇为“巳”，对应东南）门以制敌国。[①]

类似的准备也在越国进行。范蠡为了营造一座内外两层相套的城郭：

乃观天文，拟法于紫宫（北极），筑作小城，周千一百二十二步，一圆三方。西北立龙飞翼之楼，以象天门，东南伏漏石窦，以象地户；陵门四达，以象八风。外郭筑城而缺西北，示服事吴也……[②]

此外，越国还有一山，生于东海，“一夜自来，民怪之，故谓‘怪山’”。按注疏所言，此山即龟山（“龟山”在其他文献中等同于昆仑山），同时也是越王勾践所立之“怪游台”。根据《越绝书》所载，这一高地乃用于“照龟”（占卜）以及“仰

---

① 《吴越春秋 · 阖闾元年》。
② 《吴越春秋 · 勾践七年》。

望天气”[1]。由此，“怪山”既是一座天然的山岛（如海上仙山及罗浮山一类，前者由神龟所驮负；参见第一部分），也是一座建筑物。[2]

在这一段插叙后（当然是为了更好地理解后面的事情），范蠡向越王继续陈述其规划理念曰：

> 臣之筑城也，其应天矣，昆仑之象存焉。

越王问曰：

> 寡人闻昆仑之山，乃地之柱，上承皇天，气吐宇内，下处后土，禀受无外。滋圣生神，呕养帝［即五方之帝］会。故帝处其阳陆，三王居其正地。吾之国也，扁天地之壤，乘东南之维，斗去极北［天心］。非粪土之城，何能与王者［周王，中原之主］比隆盛哉？

很明显，越王担心本国地处天下之东南，因此不具备占据天地正中的地理位置，因此无法匹配“昆仑之柱”的理念。范蠡安抚越王曰：

---

① 《越绝书 · 外传记地传》，第 7b 页。

② 《水经注》卷四十，第 15a 页，证实了这一关联。其云：“远望此山，其形似龟，故亦有龟山之称也。越（王）起‘灵台’于山上，又作三层楼以望云物，川土明秀，亦为胜地。”我们稍后会看到汉代之“灵台”。

臣乃承“门”制城，合气于“后土”，“岳象”已设，“昆仑”故出，越之霸也。[①]

换言之，范蠡坚信以人工的方式仿效天界，便能够导引其“气”，以灵岳之形进行构筑，便能够在东南之国复制一座昆仑之丘。在这里，天然山岳再次以人工建筑物（楼、台）的形式而得以复制。

〔地理之术〕

在这里，我们应对地理术稍作一点讨论。在《吴越春秋》中，城郭的构筑以天门、地户作为空间导向。而《越绝书》则以一种晦涩的形式对这一模式进行了描述。范蠡曰：

夫阳动于上，以成天文，阴动于下，以成地理。审察开置之要，可以为富。凡欲先知天门开及地户闭，其术：天高五寸，减天寸六分以成地（即高台望气之术）。谨司八谷，初见出于天者，是谓“天门开”。“地户闭”，阳气不得下入地户。故气转动而上下、阴阳俱绝（切断，coupés），八谷不成……谨司八谷，初见入于地者，是谓地户闭。阴阳俱会，八谷大成……[②]

① 译者按：引自《吴越春秋·勾践七年》。
② 《越绝书·外传枕中》。

这一晦涩的系统似乎是反的，因为其颠倒了天门与地户的“吉”与“不吉”的属性：通常来说，天门开启为吉，地户则应保持封闭，一如我们在西藏所见。

至迟从汉初（公元前2世纪）开始，人们便已开始使用一套包含空间、时间两个层面的方位系统以及占卜方式。循环的十二生肖同时也对应“八风”所生之八个点，我们在藏族聚居区的部分中已对其进行过讨论，这里将只讨论其中的“四隅”。在汉代地理学所用青铜“罗盘”中，天门位于西北，地门位于东南，鬼门位于东北，人门位于西南（但从公元4世纪到6世纪开始地门被称作地户）[①]。这种空间构成至今仍见于“法天象地”的道士斋坛之中。在仪式中，弟子须跟随其度师“升天门，出地门”[②]。

因此，我们可以说，天门开启就其本质而言乃是吉兆。虽然极为罕见，但天门于夜间开启时，有若“神光烛庭内”。在当代，这通常发生于六月初六：丰收来临，诸神考校凡人之行

---

① Loewe 1979: 79ff, 203–204.

② 杜光庭（9世纪）之科仪文本（译者按：原文中未详明文献名称，当系《金箓斋启坛仪》中所开列“金箓坛”规制）；《汉武帝外传》（《正统道藏》涵芬楼影印本，哈佛燕京学社《道藏子目引得》第293号）。另参见 Chavannes 1919: 195（对于宇宙的效仿见第172页）。但是道门科仪中亦有“入户”“出户”之说（第172页，第196页注3）。在特殊的情况下，类似的仪法也用于惩处将外鬼放入家中而未能保护家宅的灶神（《太上助国救民总真秘要》卷七之《天师考灶纂鬼法》，《正统道藏》涵芬楼影印本，哈佛燕京学社《道藏子目引得》第2127号，前有1116年序文，卷七，第21b页）。其仪文曰：“开天门，闭地户，留人门，塞鬼路。”（此非鬼“门”而是鬼“路”）

为。人们将镜子置于一桶水中，以期能看到它。[1]但我们在《化胡经》中也已经看到，老子的化身救度了无数因天门地户封闭而无法解脱的亡魂。由此，两者都可能具有凶恶的属性。在敦煌 S. 2146 抄本所收的一份祝祷文（8 世纪至 10 世纪？）中，便包含了将灾难扫入天门，并将疫疠藏于地户的祈愿。[2]

我们离建筑与天地所共享的具体表征还很远。对各种占卜预测系统的快速概览至此已经很充分了，我们下面将在更为宏大的宇宙论背景下来对这两座“门”进行讨论。

昆仑，中国的宇宙之山

与藏族聚居区一样，汉族聚居区住房中的意象与居住场所中的意象紧密关联。若住宅土地神是中霤，则社群、住所的土地神便是土丘上的大树或立石。此两者功能相互关

① 《通俗编》（卷一，第 3a 页）中综述了各类古代的记载（《史记》《晋书》以及《南史》）。（译者按，其文曰：“……《史记 · 天官书》：‘苍帝行德天门开。素帝行德天牢空。’《晋书 · 乞伏载记》：‘冯跋尝夜见天门开，神光烛庭内。’《北史》：‘齐文宣过辽阳山。独见天门开。余人无见者。’《南史》：‘薛安都梦仰视天门开。乃实以天象言者’。”又按，今本《晋书》云：“尝夜见天门开，神光赫然烛于庭内。”）此外，还应加入《后汉书》（卷三十下，第 4b 页），其中宋均注“神在天门”云：“神，阳气，君象也。天门，戌亥之闲，乾所据者。”关于当代中国的案例，参见 de Groot 1886: 1.388-389。

② 《布萨文等》，敦煌抄本 S. 2146；收入《大正藏》本第 2853 号第 85 册，第 1302b 页（译者按，《行城文》曰：“……即冀四王护世，百福潜加；欃枪扫于天门，疫疠藏于地户。”）。在另一份文本中（S.663，《大正藏》本第 85 册，第 1295b 页），“天门”二字不存，厄运（如贫穷等）于“地户”得以免除。在藏文文献中亦有同样的祝文（参见 339 页注①）。在道教名为“遁甲”（圆周循环之象）的占卜系统中，东南之辰、巳（地户）与西北之戌、亥（天门）同样为凶兆。这两个方位或时辰被称作“天罗”与“地网”；参见 Schipper 1982: 190。

联。我们由此看到相同的表征一方面存在于“楼—穴”的主题中，另一方面也见于“山—谷”的主题中，这两种形制或类型也常常被融合到一起。在宗教层面，房屋与居住场所这两个“同心世界”（mondes concentriques）可相互等同，我们稍后将对其进一步讨论。在社会层面，这种相似性可与两种制度相对应：一种是圣地中的古老节日；另一种则是（在王室背景下）帝王巡狩封禅的仪式运动。古代帝王通过登陟灵岳以与天相通，并于山巅举行封禅之礼。同样，巡狩封禅之旅可通过仪式的方式在都城得以复制，其或是明堂内的季节性移居，或是南郊坛上对于天地、先王的祭礼。在这种尊贵的背景下，其中的建筑自然不同于上古时期的朴素房屋。它们变得宏伟壮观，成为高耸于池沼中且带有深窖之高台楼阁（参见图 88 的汉代陶楼模型；另见增图 25）。

在这里，我们想先给出一些重要的特征。殷商的女性始祖简狄，其受神灵感孕的传说有两种版本，二者皆以简狄吞下玄鸟之卵而受孕作为主要情节。在一种版本中，此场景位于南郊水边的一处圣地。而在另一种版本中，她则独居于九成（层）之宫，玄鸟之卵由天而降[①]。此处的地点，或者说仪式空间乃是一处居室。女修，秦国国君家族的女性始祖也是在纺织时通过

① Granet 1926: 449; 1919: 166.

图 88 汉代陶楼模型①

日本天理大学附属参考馆藏。

增图 25 各地出土的立于水池中的陶楼冥器②

注：1. 河南陕县；2. 河南灵宝；3. 不详；4. 陕西西安。

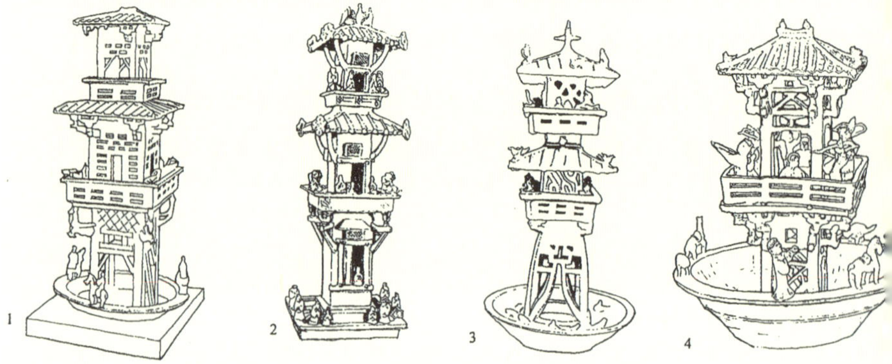

① Tenri Museum 1966.

② 萧默编：《中国建筑艺术史》，北京：文物出版社，1999，第 232 页。

吞食玄鸟卵而感孕的，她当时必然也是一人独处于屋室之中[①]。在匈奴起源的传说中，我们已经看到了突厥-蒙古世界中的“楼-穴”的组合。在藏族聚居区与汉族聚居区，为女性授孕的超自然物都是穿过了类似“天门”的屋顶开口。

昆仑山之形式

昆仑山以及居于其中的西王母已被许多学者所记述并研究（见图89）。其中，人们大都重视昆仑山作为宇宙中心的象征性，将其视作一处与天相连的立轴或中心柱，并作为存思的主题。学者们也对女神西王母的神话进行了研究，并注意到昆仑

---

① 《史记》卷五《秦本纪》，第1a页。（译者按，其文曰：“秦之先，帝颛顼之苗裔孙曰女修。女修织，玄鸟陨卵，女修吞之，生子大业。”）类似的形象在日本存在着一个相反的版本。天照大神（太阳女神）与其他女人同处织衣小屋中，她暴躁的弟弟须佐之男（译者按：亦写作素戋呜尊）打破屋顶（因为没有开口），投入了一匹已剥皮的马。其他的所有女人都因惊吓而以梭子刺阴部而自杀。[译者按，《古事记》上卷云：“天照大御神，坐忌服屋而，令织神御衣之时。（须佐之男）穿其服屋之顶，逆剥天斑马剥而。所堕入时，天衣织女见惊而，于梭冲阴上而死。”《日本书纪》卷一云：“是后，素戋呜尊之为行也，甚无状……又见天照大神，方织神衣，居斋服殿，则剥天斑驹，穿殿甍而投纳。是时，天照大神惊动，以梭伤身，由此发愠，乃入于天石窟，闭盘户而幽居焉。故六合之内常暗而不知昼夜之相代。”]我们在雷神的传说中可以看到一种相反的运动。雷神的母亲因被一支红箭射中而感孕，她在河边沐浴处被发现，并被送回床上。英雄出生后，他的外祖父为他建造了一座有八扇门的房子，并邀请众神在此聚宴。孩子本应向父亲献上一碗清酒，但他则将其献与上天，并打破屋顶升天而去。（在一个不同的版本中，当其母如厕时，红箭穿破其阴户；《日本书纪》；Florenz 1901: 291-292。）在另一传说中，故事发生了进一步的逆转。主人公从屋顶（未说明如何）进入一个少女卧室并与其共眠，并从门上的钥匙孔离开（Péri 1944: 293; Florenz 1901: 274- 275）。蒙古（参见325—329页）与西藏（参见342—346页）的一些传说应与此类进行比较。在西藏的《格萨尔》史诗中，一个自然场所取代了房屋。在河谷的上部，父亲织布，母亲纺纱，一大块冰雹坠入母亲茶杯之中，母亲将其吞食，并由此感孕（A. H. Francke 1905: 69）。但在布鲁夏斯基语（Burushaski）的版本中，父亲的碗在屋（平）顶上接到一滴雨，并将其交与母亲饮用。

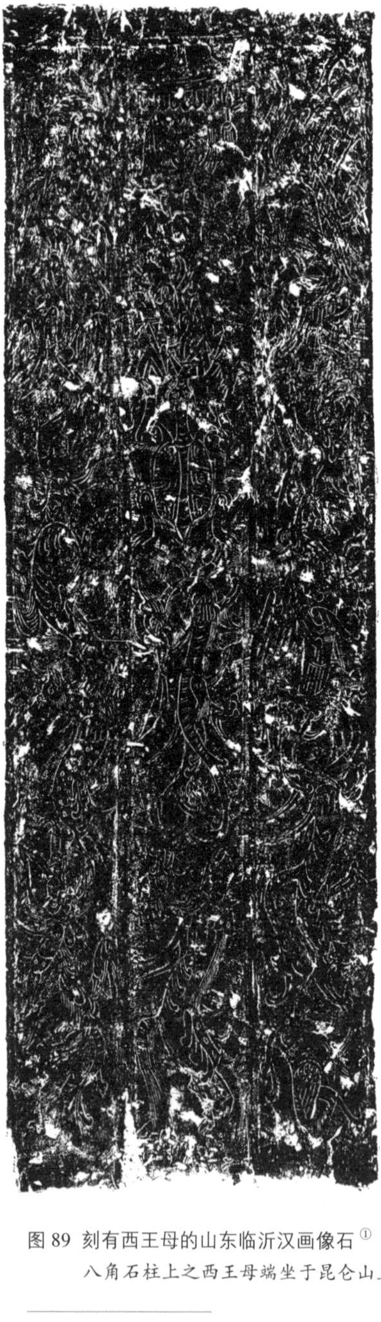

图 89 刻有西王母的山东临沂汉画像石[①]

八角石柱上之西王母端坐于昆仑山上，由一龟托起（公元前 3 世纪至前 2 世纪）。

① 见于曾昭燏、蒋宝庚、黎忠义合著，南京博物院、山东省文物管理处合编:《沂南古画像石墓发掘报告》，北京：文化部文物管理局，1956。

山作为仙人居所的功能。我们在讨论盆景时已经多次提及西王母与昆仑山的关联，此处便不再赘述这些已众所周知的信息。

有趣的是，这座山不仅（如须弥山一样）是众神宫阙之所在，其自身也还经常被视为一座建筑物。正如上文所引之案例，从特定建筑物及房屋中所提取出的形象在这里被叠加于山水自然场所的形象之上。这些概念似乎最晚可以追溯至公元之初或汉初（公元前 2 世纪），甚至更早（公元前 4 世纪）。[①]

与此相关的大部分文献都在公元之初的六个世纪中散佚、删减或被改写了。这十分令人遗憾，但我们只能使用这些遗存的文献，除此别无他法。但它们不论如何，都比中国西藏以及西伯利亚的相关记录要古老得多。我无意追溯这些表征的历史（这也是不可能完成的任务），由此将自己限于追随形式与形象的变化，这样应该不会太有问题。外来影响是可能的，甚至在某些细节上是显而易见的。印度的主题（须弥、驮负浮山之灵龟等）此前已为部分学者所注意，但其中一部分很好地契入了中国的语境之中。

关于昆仑山，我们在第一部分已经看到“三成（层）为昆仑丘”，此处“昆仑丘”与“敦丘”“陶丘”三者共成一组，

① 我们在第一部分中已经注意到，香炉象征着一座仙山。关于昆仑山整组象征元素的研究，参见 Loewe（鲁惟一）1979。他提出了立柱的主题，并将其与中国神话中的宇宙树进行了比较（第 111 页，但昆仑山上并没有这类树！）。他还探讨了关于西王母及其配东王公（索安对此书进行了有趣的评论，见 Seidel 1982）。关于后世的道教文本，参见 Robinet 1979: 271–272, 314–315；以及 Schipper 1982: 143–153, “Le K'ouen-louen dans le corps humain”。关于印度与中国“宇宙树”之问题，参见 Sullivan 1962: 169–182。

后两者分别为“一成（层）”与“再成（层）”之丘。这些词语的特殊含义系从早期陶器的名称中衍生而出。其中“陶”也表示了上古房屋之结构（拱顶与半地穴）。在词法的层面（morphologiquement），“昆仑”一词从属于一系列联绵词，这些联绵词带有古老的双辅音声母结构（mots redoublés à initiales consonantiques），用以表示圆形、球形或双重圆鼓的物品（葫芦及相关的一系列“混沌”，意指混乱或模糊的圆形物、肉团、水坑）。[①] 洞中仙境被称为“壶天”[葫芦（瓠）中之天，ciel-calebasse]，通常包括一口井或一处“天池”。这些语言事实表明，昆仑山这一表现形式具有一定的上古特性：“山”与“渊”，一半在上（与天界相连之山），一半在下（下界，深渊，或地下屋室），甚至表现为楼阁与窖穴。[②]

昆仑山总伴随有水流充沛的山谷、深渊、河流（黄河）或泉水。按《山海经》云：“昆仑之丘……河水（黄河）出焉。”[③]

---

① 参见本书第一部分，113—115 页相关内容。有关这些案例，仍有许多其他案例可以增入。Serruys 指出“k-l-”类型的语词表示“各种圆形或臃肿状的物体及动物”（Serruys 1943: 185）。以“gl-”音起始的词汇仍然在山西方言中表示圆形的物品。约 6 世纪时，瓜因其“形屈曲”而在敦煌地区被称作“穹隆”（《拾遗记》卷六）。这一词语通常表示天穹和圆帐，乃是一个典型且带有复合属性的“连绵词”，其中前后两字的读音仅声母不同，且在语义上相互关联。语言学家利用这些词来重构古汉语的声母群（另一个例子如“命令”）。这些复合的联绵词通常具有诗意或风格上的功能，用以加强交替与平行。由于叠字的形式，其特别适合暗示那些具有双体或互补性质的形象。

② 在公元前 106 年，“昆仑”一词也指两或三层楼的建筑物（“楼”，古汉语中带有复合首字母“gl-”的词语），乃是“明堂”（另一联绵词）之入口（见第二部分 220 页注①及其所引文献）。根据唐代注疏，该词表示昆仑山之“五城十二楼”，但这显然是一种后验性（posteriori）的解释。

③《山海经》卷二《西山经》。

又云："昆仑之丘……其下有弱水之渊环之。"[①]居于此处的神明通常被认为是西王母（疫疠之神），她具有十分凶残的一面，"豹尾虎齿而善啸"。对于中国古人而言，虎啸于谷中，由此而生风[②]。西王母居于穴中[③]，其位置被认为位于黄河上游。在汉代，弱水及昆仑山之祠庙立于洞穴之旁。[④]西王母"司天之九部"，而昆仑山则为"帝之下都"[⑤]。纬书《十洲记》指出，昆仑山"形似偃盆，下狭上广"[⑥]。（这一特征与另一个著名地点"仇池"相吻合，"仇池"位于山顶，形似"反壶"。）又据《拾遗记》（4世纪）所云，"（昆仑）山有九层……第九层山形渐小狭"[⑦]（与此前所见特征相颠倒）。此外，这部文献将昆仑等同

---

① 《山海经》卷十六《大荒西经》。

② 《山海经》卷二《西山经》。（译者按，其文曰："虎牙豹尾，善啸，穴居，名西王母，在昆仑山下。"）关于她的记载还见于《太平御览·地部三》（9世纪，第38页）所引《列仙传》中。

③ 《山海经》卷十六《大荒西经》。

④ 在汉代文献中，西王母之穴（或石室）位于临近青海之临羌县（《汉书》卷二十八下，第1b页;《十三洲志》,4世纪，第4页）。弱水，郭璞注云："其水不胜鸿毛。"《括地图》云："昆仑之弱水，非乘龙不得至。"（《山海经笺疏》卷十六，第6a页）

⑤ 《山海经》卷二《西山经》。

⑥ 《十洲记》，第10b页。

⑦ 《拾遗记》卷十。按《楚辞·天问》（约公元前300年）所载，昆仑有九层，且为"增城"（多层之城，亦载于《淮南子》卷四《地形训》，第2a页，公元前2世纪）；层级这一特征亦见于《太平御览》卷三八所引纬书《河图括地象》（汉代？）所言："昆仑之墟，有五城十二楼"；但是，到了公元前106年，这些建筑则被作为另一处场所的特征（译者按：《史记·封禅书》所载《明堂图》）。按《拾遗记》卷十所载，在第九层山上，有一处"芝田蕙圃"，"傍有瑶台十二"。

于须弥山，后者乃是帝释天（Indra）之所居。[1]

〔《神异经》〕

关于昆仑山，最有趣的描述见于《神异经》（难以断代之纬书）之《中荒经》，其曰：

> 昆仑之山有铜柱焉，其高入天，所谓天柱也。

昆仑之下有一“石屋”（即岩穴；亦称“回屋”，意为回旋之屋，或人于其中回旋之屋）。[2]昆仑山由：

---

① 将昆仑山等同于须弥山与阿耨达池（lac Anavatapta；译者按：或名“无热恼池”）的叙述可上溯至《水经注》中所引之佛典（约公元500年；参见 Petech 1950: 11）。关于对佛典中较早的借用，参见 Eberhard 1942: 1.246-247。对于须弥山的认同也出现在较早的道教文本中（7世纪前）。如“人鸟山”又被称为“须弥山”或“玄圃山”（参见 Robinet 1979: 272-273；《玄览人鸟山经图》，《正统道藏》涵芬楼影印本，哈佛燕京学社《道藏子目引得》第196号）。须弥山将在下文中进行讨论。

② 其他文本写作“旋室”（《淮南子》卷四《地形训》与卷八《本经训》；《吕氏春秋》卷二十三，第8b页）。不幸的是，形容这一屋室的“旋”字有时被写作“璇”，意为宝石（仅是偏旁不同）。《神异经》中所言“旋室”的内容被《水经注》（5世纪末）所引用。在《上清外国放品青童内文》中（《正统道藏》涵芬楼影印本，哈佛燕京学社《道藏子目引得》第1362号第1041册卷下，第35a页），昆仑被视作与北辰相连；但这一描述实际出自《十洲记》（第10b页）。（译者按：其文曰，“其一角正北，干辰星之精，名阆风台。”）此星也被称作“璇玑”（带有玉字旁），即具有中枢可旋转之机关。道教类书《上清道类事相》（收有公元2—7世纪之文献）引《大洞玉经注》云：“昆仑山上有九灵之馆，上接璇玑之轮，下在太室之中，西王母之所治也”（《正统道藏》涵芬楼影印本，哈佛燕京学社《道藏子目引得》第765号卷一，第5a页）。（同样的叙述也见于《云笈七签》卷八，第13a页所收《释〈三十九章经〉》，第三十九章）注疏家有时会兼顾“旋”字两种版本的含义：以玉构筑或装饰的屋室，但同时因机关之功能而能够旋转（《淮南子》卷八，第8b页，及卷四，第3a页之高诱注）。译者按，《淮南子・本经训》云“故古者明堂之制……堂大足以周旋理文”；《淮南子・地形训》高诱注云：“旋室，以旋玉饰室也。一说室旋机关可转旋，故曰‘旋室’”。

仙人九府治之。上有大鸟，名曰希有，南向。

“希有”之鸟名或是“希夷”之变体，意指“道”不可名状之规律[①]。希有鸟：

张左翼覆东王公，右翼覆西王母。背上小处无羽……西王母岁登翼上，会东王公也。

在另一部具有道教特色并兼具其他传统的文献中，昆仑与龟山相等同，其“有城千里、玉楼十二”，并有“九层玄室”在山之上，山下则有“弱水九重”[②]。此外，另一座与昆仑山等同之山是锺山，或巫山，其上接于天，下达于渊[③]。

山巅之柱常与山之本体混淆为一。一些纬书[④]认为昆仑山本身即天地之中柱（正如八风所生之八山或八纮[⑤]）。由于昆仑之柱是天地之轴且与北极相接，因此它被毫无疑问地视为一座旋转之山（一如须弥山），这一观念可以添至有关其底部“旋

---

① 《老子》第十四章。译者按，其文曰：“视之不见名曰夷；听之不闻名曰希；搏之不得名曰微。”

② 《西王母传》，旧《说郛》本，第一百一十三部，第22页。译者按：另参见《太平广记》卷五十六《女仙一》。

③ Robinet 1979: 173.

④ 收于《说郛》中。

⑤ 译者按：参见《淮南子 · 地形训》。其文曰：“八殥之外，而有八纮，亦方千里……凡八纮之气，是出寒暑，以合八正，必以风雨。八纮之外，乃有八极……凡八极之云，是雨天下；八门之风，是节寒暑。八纮、八殥、八泽之云，以雨九州岛而和中土。”

室”的观念之中。

回到《神异经》中，其所言“仙人九府”无疑是西王母所司“天之九部”。“九府”之中有“玉童玉女”（受学之仙）。经中晦涩地描述说：

九府玉童玉女，与天地同休息，男女无为匹配，而仙道自成。[1]

这段文字显然有所残缺，但西王母与东王公在天柱希有鸟处定期的“神婚”似乎对应了学仙们在低处宫府之中的交合匹配。（张茂先注曰“言不为夫妻也”，但这也许只表明了这一叙述所造成的尴尬。童男童女被称为“玉”，即纯洁之义。他们似乎分别是高处相会的王公、王母的眷属。）

《神异经》中保存了另一传统，其在某种程度上强化了王母独居昆仑的表征（但一些图像也表明，早在公元前2世纪西王母便已与东王公相互对应），其《东荒经》云：

东荒山中有大石室，东王公居焉。长一丈，头发皓白，人形鸟面而虎尾……恒与一玉女投壶。每投千二百矫，设有入不出者（此为游戏所要求），天为之嘘。矫出而脱误不接者，天为之笑。

① 《神异经·中荒经》。

其注疏云：

天上不雨而有电光，是天笑也。

这段文字与上文（译者按：西王母与希有鸟之内容）相互平行，似乎表明了王母与玉童、王公与玉女之间的交叉关系。在一份晚期道教存思文本中，“九皇真人（道父）引一朱衣小儿上升，九皇真母（道母）引一皂衣小女下降，相见于黄屋之前。有一黄衣老妪接引，如人间夫妇之礼，尽时欢悦。女子下降，儿子上升，如人间分离之事”[①]。因此，两性的对立凸显了昆仑的双重结构：上与下，西与东，楼阁与窨穴。不过在这里，两性的结合胜过对立。

在其后的道教经典中，龟山取代了昆仑山。尽管其位于中国西北，但仍被认为是天地中心、“九天之轴”、“万息深渊”。其山上有楼阁，与“九穴之洞”相连[②]。修道者若欲升陟彼处，须“露出中庭，仰伺北斗”[③]。“九天元父”与“九天玄母”（前

① Schipper 1982: 201。译者按：原文译自《钟吕传道集 · 论内观》。

② 《正统道藏》涵芬楼影印本，哈佛燕京学社《道藏子目引得》第 1036 号卷二，第 13a 页；这份文本可与以下两则相比对：第 1374 号第 1047 册，第 1a—4a 页；第 1382 号，5 世纪至 6 世纪。（译者按：后两条文献分别为《上清洞真天宝大洞三景宝箓》《上清元始变化宝真上经九灵太妙龟山玄箓》。）

③ 《正统道藏》涵芬楼影印本，哈佛燕京学社《道藏子目引得》第 1036 号，第 5a—b 页（译者按：此处道藏编号可能存在讹误，有待进一步勘正）。另参见《上清外国放品青童内文》，《正统道藏》涵芬楼影印本，哈佛燕京学社《道藏子目引得》第 1362 号第 1041 册卷三，第 36a 页。其中清楚地表明，此山“形似偃盆，中狭上广”。

者化为日光，后者化为月晖）全年周巡天下（玄母秋三月始于西方，元父春三月始于东方），二者一年一合，合则变为“混沌”。修道者需将自身与元父、玄母相合，其过程为：

（修道者）西北向（昆仑山之方位），朝九天元父九拜……闭眼思九天父……入兆上元昆仑之中。

又：

东南九拜朝玄母……闭眼思九天玄母……入兆脐下命门丹田宫中。[①]

“西北”“东南”这两个方向分别与天门、地户相对应。

以上这些文本皆为后世之发衍，但其清楚地表明了《神异经》中信息的进一步阐释。华南与东南地区的原住民也同样拥有山中神婚这一主题。其中，伏羲与女娲于昆仑山上成婚，并生育了一个未成形之肉团，名曰“混沌”[②]。

在古代日本神话中，伊邪那岐（Izanagi）与伊邪那美（Izanami）两兄妹以长矛搅动大海，由是凝聚出一座岛屿。他

① Loewe 1979：第四章（译者按：原文引自《上清元始变化宝真上经九灵太妙龟山玄箓》）。鲁惟一强调，时间与空间的统一意味着一年中的定期会见。他支持 Kominami 的观点，将王母、王公的定期结合与牛郎、织女（两颗被银河隔开的星）的一年一会进行了比较。他还尝试在西王母身上找到织女的一些特征。

② Eberhard 1942: 2.475.

们降至岛上，树起“天之御柱”与“八寻殿”。二人希望结合（译者按：以生育诸神及国土，即八大岛屿），但为了避免乱伦，则由男人绕柱向左行走，女人绕柱向右行走（译者按：以佯作邂逅）。他们的结合最终生育出一水蛭子[①]。

〔旋室与九曲〕

我们此处的目的不是分析神婚的主题，但我们此前已见到围绕柱子所进行的交替旋绕运动，这一运动与柱子本身的旋转相对应。山被视作天柱，其向上触及北极之旋枢，周天以此柱为中心旋绕运转；昆仑山顶之立柱无疑是此山之变体。

我们稍后会看到将此观念付诸实现的建筑作品。但现在让我们先回到有关昆仑山的描述中，尤其是其山中之“旋室”（Chambre tournante；译者按：文献中亦写作“琁室”“回屋”）。“旋室”也许是一处人需要在其中旋行的屋室，也即一种迷宫（通常为举行启蒙仪式之所）。这种屋室也常以“曲”字描述，即曲折、蜿蜒之义。汉武帝曾于“曲室”之中启蒙，被授以海内十洲三岛之要妙[②]。在其后（唐、宋、元）的文学作品中，“曲

① Matsumoto（松本信廣）1928: 10；作者将这一神话与琉球群岛、中国台湾及印度支那的神话进行了比较研究。

② 《海内十洲记》；Schipper 1965: 31, 69。至迟从 6 世纪开始，代达罗斯与阿里阿德涅之线故事的元素之一便已在中国文学中流传，也即“蚁穿九曲珠”的考验故事（Kaltenmark 1967；参见本部分之前言）。公元前 3 世纪至前 2 世纪的文献中记载有有关考验的不同比喻。如《淮南子》卷九《主术训》（第 20b 页）曰：“是故能进退履绳（高诱注：绳，直正也），而旋曲中规（高诱注：曲，屈。规，圆）”。又如《楚辞 · 哀时命》（译者按，其曰“握剞劂而不用兮，操规矩而无所施”）。

室”也常用以表示充满酒肉声色的地下屋室。①

在道教典籍之中（至迟自 4 世纪以来），这一空间概念也常见于各处天界仙都之中。如位于天地之巅的“玉京崚嶒之台九曲之房”②。在世界的最低处也是如此，如《度人经》所云：“下及人都，幽关冥界，无极神乡，泉曲之府……十二河源。”③

我们在上清经派（亦称茅山道派）的基本经典中也发现了此类建筑形式，其被同时投影于大天地与人身之中（见图

① 公元前 2 世纪的《七发》一诗描述了太子与侍妾“往来游宴，纵恣于‘曲房’隐间之中”（《昭明文选》卷三四）。又按《鲁灵光殿赋》以同样的方式描述了汉家宫阙，其将宫殿与“洞房”关联，并将整体建筑与积石山（等同于昆仑山）以及天帝之宫室相类比。（译者按，其《赋》曰：“状若积石之锵锵，又似乎帝室之威神。”见《昭明文选》卷十一）。“洞房”后被与人头中之昆仑相关联（见第一部分之讨论）。《魏书》中记载了一则史实，与公元 445 年前发生的一件公案有关，其中提到了堕落的佛教僧侣。他们构筑了“屈室”（或作“窟室”），并于其中暗与贵妇放荡。（《魏书》卷一一四，页 4b；译者按，其曰：“有司案诛一寺，阅其财产……又为屈室，与贵室女私行淫乱。”）我不再打算增加案例，但最著名者当属隋炀帝（604—618 年在位），据传说他曾于楼阁之中构筑“曲室”“曲房”，置美人，状若“真仙游其中”，并于其内放浪形骸（《迷楼记》，宋代小说）。通过葛兰言的研究，夏、商朝君王所荒游其中的楼阁、窨穴这些神话原型早已广为人知（Granet 1929: 233-41,1950: 353-358；以及 R.A.Stein 1952: 74-78，主题 158-191）。

② 《无上秘要》卷九十五，第 1—5 页（Lagerwey 1981: 204），转引《洞真上清神州七转七变舞天经》（《正统道藏》涵芬楼影印本，哈佛燕京学社《道藏子目引得》第 1320 号第 1030 册）。其注解《释〈曲素诀辞五行秘符〉》收录于《云笈七签》卷八，第 17a 页。同样，“九曲之房”一词被用于表示天帝所登之“九老仙都之京”（《三洞珠囊》卷八，第 33 页）。按《云笈七签》所引《释〈曲素诀辞五行秘符〉》云：“曲者，台名也。……玄都上有九曲峻嶒凤台……处于九天之上、玉京之阳……十折九曲，洞达八方。”同样的描述也见于《上清道宝经》之中（《正统道藏》涵芬楼影印本，哈佛燕京学社《道藏子目引得》第 1342 号第 1036—1037 册卷五，第 5a 页）。此外，其他山岳中也同样有作为藏经之所的“九曲之房”（参见《正统道藏》涵芬楼影印本，哈佛燕京学社《道藏子目引得》第 178 号第 77 册卷一，第 1b、15a 页；卷二，第 8b、14b 页）。

③ 《灵宝无量度人上品妙经》（《正统道藏》涵芬楼影印本，哈佛燕京学社《道藏子目引得》第 1 号第 11 册卷五十四，第 9b 页，以及卷一，第 11b 页）。关于下界之“十二河源”，参见《无上秘要》（卷三十九，第 7a 页；卷四十，第 4a 页）。

图 90 与人体相同化的山水图像

牛车引领了向上之升举。来源：《道元一炁》（17 世纪）。

90）。在《上清大洞真经》中，其三十九章分别对应了居于身中且具有宇宙属性的三十九位真人。其中每一章均包括以赞颂与祝文的形式，用隐喻性神秘术语叙述的存思以及身心修炼过程（processus psychophysiologiques）。我们在这里将只讨论其中一些持续重复的词语[①]，它们与昆仑山相关的一部分词语相同或近似。

“上升”非常重要，一般在叙述中总是先“升”而后“降”（特别是在身体中，其先进入下腹与身体下部诸窍）。上升需要凭借羽车、神鸟、灵风、飞云而行。在某些情况中特别指出了羽车仅为独轮[②]或有九轮[③]，而所谓之“轮”实为“圆光”“神光”[④]。这些轮子可能会转动，因为在其他地方，上升乃是凭借“神回”或“回神”而实现的[⑤]。在最顶峰之处，修道

① 这一文献的年代似乎较早（4 世纪至 6 世纪？），但经过修订后有两种版本传世，其一为《大洞玉经》（《正统道藏》涵芬楼影印本，哈佛燕京学社《道藏子目引得》第 7 号），以及《上清大洞真经》（《正统道藏》涵芬楼影印本，哈佛燕京学社《道藏子目引得》第 8 号），此外另有注释一部，收入《云笈七签》卷八。贺碧来曾对这一组文献进行了很好的介绍（Robinet 1979: 第三章）。《大洞经》的主旨乃是追求生命之不朽以及炼化身形（返回母胎，结为仙胎）。此外，修道者也在内炼的过程中获得身体之康健。一方面，修道者必须关闭向下通往死亡之“死户”，并注销自身与七祖之“死簿”。另一方面，则需要开启“天门”，并将其名登入“生箓”，由此获得生命之永恒。

近代的一幅《内经图》（1886 年）将身体与天地相结合，在其下方有某种由童男童女所驱动的三轮水车，使水流上行（Rousselle 1933; 及 Schipper 1982: 143，但他的描述遵循另一模式）。这一图像出自北京白云观（另有出自中国台湾的其他版本）。不过，另一份十分罕见的著作《道元一炁》（序文作于 1632—1636 年间）保存了更为高古的车舆图像。该书是一部倡导“三教合一”的道教内炼论集，在其所收《玉液还丹次第》中，八幅插图多以人身为主要描绘对象，但其中第四幅却是题为《壶中天地图》的抽象图示（表现了天地、水火之交融）。此外，在第三图中，身体则完全被山水取代（见图 90）。在其顶峰，也即头的位置，写有“昆仑”二字，山底（人之胯部）则有“尾闾”二字。在两者之间（也即脊柱）靠右侧有一水流，其中有前后相连的三架车舆逆流而上。最低处为由羊所牵之独轮车，中间为由鹿所引之双轮车，最上为由牛所引之双轮车。在图之左侧，也即山石之另一侧，水流化为瀑布倾泻而下，直落“气海”之中。

② 《上清大洞真经》第二十四章。

③ 《上清大洞真经》第三十九章。

④ 最末一章；第九章中言及“一轮百宝神光”。

⑤ 第二十四章言及宇宙及身体；第二十五、三十八、三十九以及最后一章言及“回神”。

者得以升至三清之天[①]或“仙庭”[②]。这些天有九重（垂直层级的，或水平的），其中弥散着“九灵气”[③]，人于其中得以“九转”“九变”[④]。此外，经中还提及有“九玄”[⑤]“九天”[⑥]“九重府”[⑦]。在第三十九章中，这一场所被等同于昆仑山或龟山以及西王母或金母（在五行中，“金”之方位属西）之宫阙。其中，人们可见到“与天通”之“天门”[⑧]“天关”[⑨]，或“天衢”[⑩]。

在身体中，“生门”需要被打开（与需要关闭之“死关”相对）[⑪]。“天门”位于西北[⑫]，此地名为“易有”[⑬]，近似于昆仑山之巅之大鸟“希有”。而在另一极，“地户”位于下方（在宇宙及身体中）且应封闭，因其也即“死户”，故应避之[⑭]。地户又名为“地关”或“下关”[⑮]，或为“死户窟”与“重泉曲”[⑯]，注

① “上清”“太清”，第三十六章；“三清”，第二十五章；“玄都”，最末一章。
② 第一章。
③ 第三十九章。
④ 第一章。
⑤ 第十五章。
⑥ 第十六章。
⑦ 第三十八章。
⑧ 第四章，第二十四章。
⑨ 最后一章。
⑩ 第二十四章及最后一章。
⑪ 见最后一章（译者按：在《大洞经》中，“生门”又作“仙门”）。
⑫ 第一章，第二十四章。
⑬ 第一章。
⑭ 第四章，第三十八章及最后一章。
⑮ 第二十四章。
⑯ 第三十六章。

疏中释为“魔王之阴府”，乃是“拔死于泉曲之籍”之所在[1]。这显然是古代神话中的黄泉（有时是三重或九重），也即冥界。在经中第二十四章，地关亦被称为“九曲下户”，位于下丹田“命门”之下。[2]

在另一部道教灵宝经派的早期道经《太上灵宝五符序》中，见有另一有趣的变体。经中记载了帝喾时的“天人神真之官”，其“乘宝盖玄车而御九龙，策云马而发天窗，自称‘九天真王’”[3]。

但让我们现在回到有关昆仑山的描述中来。虽然“九层”常被理解为一种垂直的属性[4]，但“九曲”却并不应仅从水平属性来理解，其有时亦可具备垂直属性，如螺旋式地上升、下降。但无论如何，“深渊”应如此理解，一如我们之前所见，

---

① 译者按，原文引自《云笈七签》卷八，《三十九章经》。其曰：“重泉曲者，魔王之阴府也。兆既得洞一之道，乃拔死于泉曲之籍，书仙名于灵羽之录。”此即言削去地府所存某人“死籍”之意。

② 在《云笈七签》之注释中（第二十四、三十六章），“九曲”一词被解释为：“‘九曲下户’者，是男女之阴地也，男曰‘九曲’，女曰‘下户’。”但是，这一解释似乎很可疑。在《大洞玉经》第三十六章的注疏中，“九曲”被释作位于身体下部且必须“常镇”之“通精之窍”（“精”为精液？），而其上则关乎“任督”二脉（此为医家所重，道士则强调鼻下之“人中”）。但在第三十二章中，修道者必须常守“九肠之口”（《大洞玉经》注为“九肠之口，是小水出处”）以及“伏梁之下”（《大洞玉经》注为“伏梁下户，是大小肠穷相近间隔处当中……在阴囊之后，肛门之前，二阴中央也”）。在身心层面的存思中，“日”被存运两次（第九、廿七章），其首先自泥丸（头部）至口，再至肚脐，最后至“玉茎”（阴茎）及“尾闾穴”[“身中小天地之中霤（集水坑）”]，由此通过脊柱再次上升。我们已经看到，“尾闾”（大天地中之污水坑）位于东南（与西北之昆仑相对），一如地户（东南）与天门（西北）相对。由此，“九曲［及？/至？］下户”这一表达所对应的应是肠道与肛门，而非男女性器官。

③《正统道藏》涵芬楼影印本，哈佛燕京学社《道藏子目引得》第388号第138册卷上，3b。

④ 但也不总是如此。在“古螺城”的记载中，“九重”一词被用来表达其横向的弯曲。

其亦有九层。

《楚辞·哀时命》曰："蛟龙潜于旋渊。"（见391页注②）《淮南子》中亦提及一智者将其志向藏于"九旋之渊"；高诱注曰："九旋：九回之渊，至深者也。"[①]

"渊"为龙之所在，而龙则在旋风暴雨之中盘旋升天，由龙所盘绕的柱子则是中国建筑中的常见元素（见图91—92）。[②]但就昆仑山因深渊倍增其高而言，我们再次回到水平面上，其中，意象中之黄河"九曲"由昆仑发源而出。在一则故事中，周穆王在河伯的引导下前往昆仑山拜谒西王母（启蒙主题）[③]。

有趣的是，此后很久的中国西藏作家（约12世纪）为这一系列主题及元素赋予了新形式，其显然传自汉族聚居区。在由娘日尼玛沃瑟（Nyang ral，1124—1192）所述莲花生传说《桑林玛》（*Zangs glin ma*）[④]中，大圆满（rdzogs chen）上师吉祥狮子（Śrī Siṃha，曾于汉族聚居区停留过）向弟子毗卢遮那（Vairocana）及勒竹（Legs grub）开示该派二十五部"密

① 《淮南子》卷十五《兵略训》，第15a页。

② 黄帝驭龙升天的故事可谓家喻户晓（Granet 1926: 492注4）。在晚期的宫殿中，盘龙柱的使用极为普及，其龙盘旋上下，犹如柱子自身在旋转。在山东曲阜的孔庙中，大成殿前廊列有一排盘龙柱，其龙向上升起，但另有一排则为降龙柱（Fuhrmann 1921: 1.129）。在Besacier的书中（1964: 图8版，第52页相片及图版9）收有一例越南的降龙柱。Besacier（第8页）将其与《营造法式》（卷二十九，卷三二）中的图像进行了关联，由此证实这一形式至迟自1100年左右便已存在（参见图91）。在晚期的宫殿以及北京天坛可见双龙旋绕于天井之中，这一元素实际十分古老（参见第二部分中的讨论，包括248页注①与注③）。

③ 参见Mathieu 1978。在《楚辞》中，《河伯》乃是《九歌》之一，其中有一位女巫与河伯对话，并邀请他作伴同往昆仑。

④ 《桑林玛》（*Zangs glin ma*），第十四章，第33b、38a页。

图 91-1 北京北海琼岛仙人承露盘之盘龙柱①
其上仙人所托露盘用以收集甘露。
2023 年，陶金摄。

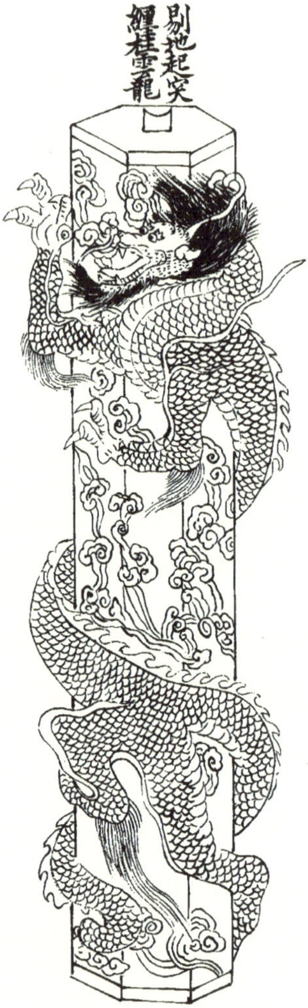

图 91-2《营造法式》所载“缠柱云龙”图
来源：《营造法式》卷二十九。

① 原书图像来源：Sirén 1949：图版 172。

图 92 山西太原晋祠圣母殿与盘龙柱[①]
2023 年，李瑛摄。

① 原书图像为 P. Jonathan 友情提供。

续”（tantra secrets）。其中，他令弟子进入“房屋，在其中旋转九度”（bskor khang rim dgu）[1]，并为他们启蒙。在开示“密续”时，他用三块石头架起一灶（sgyid bu），上置一锅，端坐其中，又以一网遮盖身体，通过一铜号讲话。这一系列防范措施旨在使这一处所变得隐秘而无法追踪。后来，一位印度国王想知道毗卢遮那携带密乘教法潜逃何处[2]，其所得卜辞将这一场所描述为位于三山之上的湖泊与一多彩的平原，湖上有一长满眼睛及大红唇之躯体。大相禄东赞（ministre mGar）的故事中也见有同样的主题，其中，睿智精明的禄东赞被委命前往中原求亲，意欲娶一李唐公主作为藏王（译者按：松赞干布）之妻。禄东赞顺利通过了唐太宗所设立的在三百美人中辨识公主的考验。[3]为了藏匿向他透露辨识诀窍的汉族女孩，禄东赞将一口锅置于由三块石头所架起的灶上，并将女孩置于锅中，用网将其盖住，最后又加入一瓶子，并将铜号插入其中（女孩通过它来讲话）。人们因此事进行了占卜，所得卜辞描述了三座山上的一处大湖，顶上为一平原，并住有一妖，其周身遍布眼睛并有铜唇。

---

① 这一表述的第一部分可以理解为水平延伸；第二部分也是如此，但我们将看到这些实际上是地下层级。关于道教相似的“伏藏”观念，请参阅 392 页注 ②。

② 《桑林玛》，第十四章，第 41b 页。

③ 《嘛呢全集》，同样为 12 世纪；参见 Bacot 1934-1935: 18-21, 34。其中一个测试包括把一根很细的丝线穿过一绿松石的孔中，珠子的“屋”中（原文如此表述；“de'i khang pa'i nang na”）孔道九曲，蜿蜒曲折。禄东赞先把丝线系在一只蚂蚁的腰部，纳入孔中，并向内吹气，丝线由此得以被蚂蚁从孔道另一端带出。这是中国版本的“九曲珠”故事（参见本部分的前言以及 391 页注 ②；Kaltenmark 1967）。这一题材源自希腊，通过佛经传播在 5 世纪转译至中国的中原地区，公元 800 年左右转译至西藏。这一故事题材甚至传播至日本（《枕草子》,10 世纪）。参见 Péri 1915 所转引巴考之著作。川口久雄最近在敦煌抄本中再次发现了这一记载（敦煌抄本 P.3000；佛本生故事集）。

很久之后（17 世纪或更晚），“九层旋室”与灶（作为藏物秘所）这两个元素再次出现于藏族史诗之中。其中，英雄隐藏于三石灶之下的九层洞中，灶上置有一锅，卜辞将其描述为三山之中的一处湖泊。

〔昆仑与炉灶〕

虽然这些其他民族的晚期传说大部分受到汉族聚居区的影响，但对于早期有关昆仑山的各类描述而言，它们很难作为一种后验的（posteriori）解释。不过，它们符合所有表征的内在“逻辑”，并具有启示性。在以上所引汉文文献中，昆仑山的形象主要取自帝王宫阙楼观，但它们也可追溯至各类容器与炉灶（三足鼎、香炉、炼丹炉，见本书第一部分）。在常见的记载中，昆仑的总高度因其下临之深渊（弱水）而翻倍，但在《搜神记》中，它则被描述为“环以炎火之山”[①]。在《淮南子》的记述中：“昆仑之丘……（人）登之乃灵，能使（呼唤）风雨。”[②]

按《搜神记》之记载，神仙赤松子，“神农时雨师也……能入火不烧。至昆仑山，常入西王母石室（洞穴）中，随风雨上下。炎帝（火神）少女（译者按：作者将此四字译为‘fille de Yen-ti’，即炎帝的女儿）追之，亦得仙，俱去。”[③]康德谟翻译并注释了这一段文字，他注意到了穿过洞穴入口与穿过古

① 《搜神记》卷十三。
② 《淮南子》卷四《地形训》。
③ 《搜神记》卷一。

代住房屋顶开口（中霤）之间的联系[①]（佛教中类似的表述将于下文中讨论）。这一观点来自葛兰言，我已在本书第二部分中进行了讨论[②]。根据西藏传说的启发，我们也应将灶纳入考量之中。康德谟也注意到另一与屋顶中央开口形象相关的仙人宁封子，他曾“积火自烧，而随烟气上下”[③]。宁封子是一位陶工。而在另一位陶工的传说中，他为了艺术而自我献祭，投身于窑炉的烟囱之中。同样的故事亦见于冶匠干将。这些从陶工、炼金术士及炼丹家中所提取的形象可能会叠加于房屋（包括其中的灶）[④]、楼阁[⑤]或山岳的形象之上。

我们已经看到，在上古时代，灶的功用类似于屋顶开口或中霤，是为家宅之神。灶神及厨神最初为一老妇，后来为一男神所替代。但是，老妇的形象并未完全消失，她以一定的形式再次出现于帝国晚期的民间道教文献中，[⑥]且与昆仑山具有关

---

① Kaltenmark 1953: 35ff.

② Granet 1950: 353.

③ Kaltenmark 1953: 45（译者按：《列仙传 · 宁封子》）。

④ 屋顶正中象征性“开口”的“水火”组合后来逐渐演化为天花板正中的装饰性藻井，此部分内容可参见本书之第二部分。

⑤ 暴君商纣王（商辛 / 帝辛）与他的女人“登鹿台，衣其宝玉衣，赴火而死”（《汲冢周书》卷四；《史记》卷三《殷本纪》，第 5b 页；《列女传 · 殷纣妲己》）。《山海经》卷二《西山经》云，“鹿台”为一山名，“其上多白玉”。在同一卷之记载中，峚（mì）山亦“多白玉”，黄帝居于其山，并由此得以乘龙上升。另据记载，他于山下铸鼎，鼎成之后乘风升天成神。译者按，类似之说法可参见《列仙传》：“黄帝采首山之铜，铸鼎于荆山之下，鼎成，有龙垂胡髯下迎帝，乃升天。”

⑥ 《太上洞真安灶经》（《正统道藏》涵芬楼影印本，哈佛燕京学社《道藏子目引得》第 69 号第 32 册）；《东厨司命灶王经》（一部 19 世纪的民间流行经书）。另参见 Doré 1911- 1938: 11.903。在《太上洞真安灶经》（第 1a、2b 页）中，这一女神被称作“炊母”，其名早已见于《史记》中［《史记》卷二十八《封禅书》，第 7b 页；沙畹译本，3.405（译者按：史书中实际写作“先炊”）］。

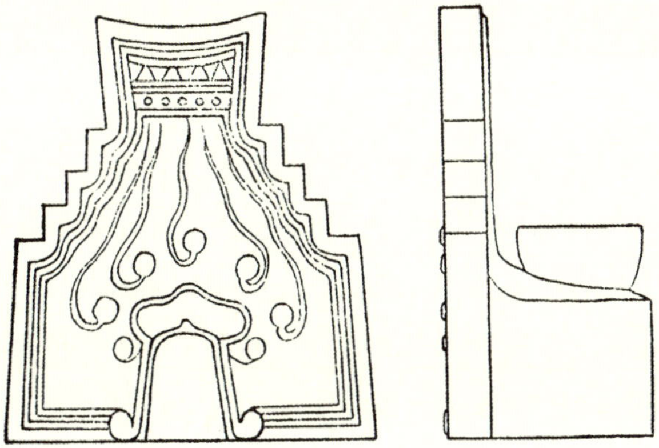

图 93 山形陶灶[3]
山西祁县白圭北齐韩裔墓出土之冥器（公元前 567 年）。

联。由此，我们有必要对她稍作讨论。

在昆仑山中，有一老母独处其中，其名为“种火之母”，“能上通天界”，下通“司命”(命运之神，古之灶神)[1]。她或是上界的“纵人之母”（控制人的母亲），下界乃是其分身所化，因此才有日月、阴阳。[2]

一件从公元前 567 年墓葬中所出土的陶灶冥器为我们提供了炉灶与山岳之间关系的断代节点（见图 93）。这一炉灶的正面有门，外形似山，两侧有阶梯。烟尘从火门排出。灶的后部有一小锅安于灶台之上。

① 《正统道藏》涵芬楼影印本，哈佛燕京学社《道藏子目引得》第 364 号，《太上灵宝补谢灶王经》。
② 《通书》，第 6b 页。
③ 陶正刚：《山西祁县白奎北齐韩裔墓》，《文物》1975年第4期，第68页。

这些昆仑山在近世的形象转变也必须与公元初年以来有关该处的神话碎片进行比较。我们在上文中已经见到了与昆仑山对应的锺山，按《山海经·海外北经》云：“锺山之神，名曰烛阴。”（郭璞注曰：“烛龙也，是烛九阴，因名云。”见371页注②）。此神“视为昼，瞑为夜，吹为冬，呼为夏。……其为物，人面蛇身，赤色，居锺山下”。其又云：“有锺山者……名曰赤水女子献。”[①]（此外，该处有一火龙，即与火山有关之火神祝融。）

〔建筑形制〕

一如我们先前所言，很明显，我们正在不断地从宇宙形制（code cosmologique）转换至建筑形制（code architectural）。山岳及其洞穴不仅是营造建筑的场所，其本身也可被视为一种建筑物。[②]反过来，楼阁与窖穴等建筑物也可通过山岳及其洞

① 译者按：作者将“献”特别翻译为“赤鸟”（Oiseau Rouge）。按“女子献”即“女魃”，其与“旱魃”具有关联。

② 我们已经看到，“石室”一词常被用来表示天然洞穴（本书第一部分，98页注①以及109页注②）。佛陀在为众比丘说法之前，乃居于一“石室”（《起世经》，《大正藏》本第24号第1册，第310a页，6世纪下半叶译本）或“静窟”之中（《起世因本经》，《大正藏》本第25号，第1册，第365a页，6世纪末至7世纪初译本）。另一处著名的洞窟是佛陀曾居止并说法的“天帝石室”（“Indra-śailaguha”，《佛说大灌顶神咒经》，《大正藏》本第1331号第2册，第495a页，5世纪）。汉文翻译中或作“石室”或作“窟”（诸桥辙次《大汉和辞典》，第183—184页）。“窟”字既可指天然洞穴，也可指某处地下建筑。（译者按：其又作“帝释窟”，参见《大唐西域记》“摩揭陀国下”卷九及《释迦方志》“遗迹篇第四之余”。）相反地，另一个汉字既可以表示山岳，也可以表示楼阁。“京”字可以表示山、首都以及伟大［古音 **kliang，一如其同音字“景”（jing<**kliang），其意为与日晷（圭表）有关的“光”与“影”］，但“京”之字形也表为某种阁楼（参见第二部分之讨论）。“石室”可能是牢狱、窖穴、藏书室或人们恣意放纵的地下秘室。

穴的形式来呈现。在秦汉时期的文献记载中，一系列建筑可被视作表现昆仑山的范本（公元前最后 3 个世纪），其同时也建立于皇帝求仙的诉求之上，并还具有宗教表征的功能。这些表征至迟在 4 世纪[①]业已出现。

这些建筑在历史上享有盛名[②]，这里我们只列举其中几个典型案例。

〔宫阙苑囿〕

中华帝国的缔造者秦始皇曾向儒生与方士（长生方技之师）请教如何以实际的建筑来表现理想化的仙人居所（昆仑，仙岛），并通过宗教力量来巩固自己的威权。他参谒并祭祀了五岳灵山，尤其是地接东海的泰山[③]，此外又寻找仙岛（蓬莱等）及长生不老之药[④]，并期望能如“真人”一样隐遁而行[⑤]。都城咸阳附近建立了数量可观的宫阙（据传共计二百七十座[⑥]），其中各处宫殿以“复道”“周阁”相连接，用以防止外人窥知

① 译者按：疑缺漏“公元前”。

② 最近的相关研究参见鲁惟一之著作（Loewe 1979: 97）。一部分中文记载来自史料（《史记》，前、后《汉书》），一部分则来自文学——《昭明文选》中所收录的伟大汉赋以及一些对于京城的描述，如《西京杂记》《三辅旧事》《三辅故事》《三辅黄图》等等，这些文献的年代都不甚确定（汉唐之间）。此外，艾伯华将昆仑山与多种不同建筑类型进行了比较研究（Eberhard 1942: 1.245—256）。

③ 《史记》卷六《秦始皇本纪》；沙畹译本 Chavannes 1897，第 2 册。

④ Chavannes 1897: 76, 152, 160, 190.

⑤ Chavannes 1897: 175.

⑥ Chavannes 1897: 178.

他的居止之处[①]，此是公元前221及前212年之事。这些复道配以桥梁，象征着穿越银河点点繁星的“悬空之路”[②]。他还曾于都城微服私访[③]。除此外，我们不应忘记坐落于海边的琅琊台[④]，其功能无疑是为了与天界、仙人相交通。始皇帝宏伟壮观的陵寝坐落于骊山，其下方“穿三泉”，“上具天文，下具地理”（“以水银为百川江河大海”[⑤]）。

汉武帝也曾有着相同的诉求。一如此前的秦始皇，他登泰山，祭天地（举行“封”“禅”之礼），并求访仙人及长生不死之仙药。

他为降真通仙所起建的楼台闻名遐迩，成为后世帝王竞相效仿的范本。他还曾下令挖治“大池”，中有三座仙岛[⑥]。大池一侧建高台“高二十余丈”。公元前110年，汉武帝建“通天

---

① Chavannes 1897: 138, 175, 178.（译者按，原文作：“卢生说始皇：‘……愿上所居宫毋令人知，然后不死之药殆可得也。’……乃令咸阳之旁二百里内宫观二百七十复道甬道相连。”）沙畹将“复”字译为“double”（“双”义），并将其视作“上下均可通行且带有屋顶的通道”（“chemin couvert où pouvait passer dessus et dessous”，第138页，注3）。我认为“复”与“覆”系同义字（参见第二部分之讨论）。“复道”亦见于《史记》卷十二《孝武本纪》，第9ab页中。毫无疑问，“复道”应当也是蜿蜒之状。由此，我们可以联想到山西的民居：地下的房间由狭窄的如迷宫般的拱廊相互连通（参见第二部分，211页注①）。我们可注意到这一布局也呼应了昆仑山“九曲之房”。

② Chavannes 1897: 175。译者按，原文作：“为复道，自阿房渡渭，属之咸阳，以象天极阁道绝汉抵营室也。”

③ Chavannes 1897: 163.

④ Chavannes 1897: 147.

⑤ Chavannes 1897: 193. 另参见沙畹译本 Chavannes 1890（=《史记》卷二十八《封禅书》）及 H. Maspero 1948–1951。

⑥《史记》卷十二，第10a页（译者按，《史记・孝武本纪》云“其北治大池……中有蓬莱、方丈、瀛洲、壶梁”），Chavannes 1890: 89。

台”，并登临其上，祠祭“太一”，召降神仙[①]。此外，他还起建有“神明台、井干楼，度五十余丈（约125米），辇道相属”[②]。唐司马贞《史记索隐》引《汉宫阙》疏云：“（神明）台高五十丈，上有九宫，常置九天道士百人也。”[③]另据一份传为汉代的文献所言，其间设有诸多美食，凡人得以与众仙一同飨用[④]。文献中还提到一尊青铜仙人像，其双手举盘以承露。有时这一铜仙人被安置于通天台上[⑤]，有时则被置于建章宫之凤阙或神明台。[⑥]按《三秦记》所载，所谓凤阙乃是一铜凤置于柏梁台之上。同时期其他记载则表明，这一凤阙高二十五丈（约62米），为圆形，俗呼玉女楼。[⑦]

以上所有的建筑均用于招致神仙，它们的设计创作皆是基

① 《汉书》卷二十五《郊祀志下》，第1a页；《史记》卷十二《孝武本纪》，第9a—10a页。

② Chavannes 1890: 89；《汉书》卷二十五《郊祀志下》，第2a页；《史记》卷十二《孝武本纪》，第10a页；卷二十八《封禅书》，第7b页。《史记》注疏家认为此楼“转相交架，如井干”，也即“井阑”。由于是框架结构，其建筑可能为正方形，也可能为八角形。张衡所作《西京赋》云：“井干叠而百增（层）”。

③ 又据记载，“九天”之祠祀由“九天巫”举行（《史记》卷二十八《封禅书》，第7b页；Chavannes 1890: 38）。但注疏之中对此的记载也有不同版本，如《史记索隐》引《三辅故事》注云：“胡巫事九天于神明台”（“胡”抑或即是中亚？）。参见本部分之第一章。

④ 〔汉〕郭宪：《汉武帝别国洞冥记》卷二，《汉魏丛书》本。

⑤ 〔清〕张澍：《三辅旧事》。

⑥ 《三辅旧事》；《三辅黄图》（译者按：或应出自《三辅故事》）。《史记》卷十二《孝武本纪》，第3a页；卷二十八《封禅书》，第10a页，谈及了铜柱上托仙人之像。译者按：《孝武本纪》云，“其后则又作柏梁、铜柱、承露仙人掌之属矣”；《封禅书》所言相同。

⑦ 《三辅旧事》《三辅故事》。这些表征可能受到与昆仑相关描述的启发，即有飞鸟立于柱顶之上。《说文解字》之“鸟部”云：“（凤）出于东方君子之国，翱翔四海之外，过昆仑，饮砥柱（即天柱山），濯羽弱水。”按《水经注》卷四《河水》云：“砥柱，山名也。昔禹治洪水，山陵当水者凿之，故破山以通河。”至迟在公元2世纪，楼阁与昆仑山之间的关联已很明确，一如班固所云：“上于是于宫外起神屋九间……虽昆仑玄圃，不是过也。”（《汉武故事》，收入《经典集林》本，第6b页）

于仙人喜好楼居这一特定观念。方士们还曾建议汉武帝营建被称作“馆”（多层房屋，auberges à étages）与“观”（观测楼，tours d'observation）的建筑。[1] 这些工程略早于通天台之建造。

在汉、唐间的道教文献中，“馆”与“观”首先具有“法伦斯泰尔”（phalanstères）[2] 的含义，其次则指离俗修道之所（monastères）。它们具有道教教区管理中心“治”的同等功能，由此坐落于三十六洞天之中。[3] 这里并不适于大量引用文献并对这一主题进行详细的讨论。[4] 这一机构通常被以神话的方式解释为源自道教始祖黄帝，据传他曾建有“五城十二楼”“以候神人”[5]。这一传统可追溯至《史记》（公元前2世纪）

---

① 《汉书》（卷二十五《郊祀志下》）作“馆”，但是《史记》（卷二十八《封禅书》，第14a页）则作“观”（Chavannes 1890: 84）。（译者按：《汉书》云，“上令长安则作飞廉桂馆，甘泉则作益寿、延寿馆”；《史记》云，“上令长安则作蜚廉桂观，甘泉则作益延寿观”。）早在宋玉（公元前3世纪）之《高唐赋》中，这类专供与女仙相会之观台便已被传诵（译者按：“云梦之台，望高之观”）。此外，该诗中还提及了“有方之士……祷琁室。醮诸神，礼太一”。由此，这种建筑形式结合了昆仑山与通天台两者之特征。

② 译者按：“法伦斯泰尔”是傅立叶所构想的共产共居、自给自足、互利共赢的乌托邦社区“法郎吉”（phalange）的中央功能性建筑。傅立叶通过将法语单词“phalange”与表示修道院的单词“monastère”相组合创造了这一词语。石泰安先生将“道馆”翻译为“法伦斯泰尔”，实际建立在其对于早期道教教团组织“二十四治”，以及六朝时期山中道馆的管理与运转方式的深入理解之上，也即将宗教生活与生产劳动有机地结合在一起，构成了一处有别于外部世界帝制国家制度的“小天地”或曰“桃花源”。

③ 按《老君音诵诫经》（《正统道藏》涵芬楼影印本，哈佛燕京学社《道藏子目引得》第784号，5世纪），老君之“治”位居昆仑之上，“山上台观众楼……连接相次”（参见第一部分215—217页。

④ 在《辨正论》卷八中，讨论了“馆”与“观”的问题（《大正藏》本第2110号，第549a页，7世纪）。其曰：“止客曰馆。集贤曰观。”此可以与日文中“客人”（marebito）一词更多的含义相比较：外乡人、圣人、神明。

⑤ 译者按：引自《史记·孝武本纪》及《史记·封禅书》。此两处记载相同，其曰：“方士有言‘黄帝时为五城十二楼，以候神人于执期，命曰迎年。’”

的记载之中[①]。其中，此类楼阁与另一处重要建筑“明堂”相互贯通。我们此前已经谈及明堂，但由于其与昆仑山的紧密关系，所以这里需再稍加讨论。[②]

〔汉唐明堂〕

文献中关于明堂的记载略显混乱。先是，汉武帝于泰山脚下见明堂故址，故筑立三台，然后依黄帝之图制，于都城起建明堂（见图94）。

> 《明堂图》中有一殿，四面无壁，以茅盖，通水圜宫垣[③]。为复道[④]，上有楼，从西南入，命曰昆仑，天子从之入，以拜祠上帝焉。[⑤]

此事发生于公元前106年。公元前103年柏梁台火灾之后，武帝东巡渤海，方士公孙卿曰：

---

① 译者按：《史记·封禅书》。

② 《续事始》（10世纪，《说郛》本，卷十，第37b页）引《轩辕本记》云：“《黄帝明堂图》，上有楼，此楼之始也。”另一传统将其起源上溯至尹喜（曾从老子受道）及周穆王之楼观（Franke 1936: 2.592）。此外尚有一些其他案例。

③ “通水圜宫垣”一句语义不明。沙畹、马伯乐以及其他人将其理解为有水环绕明堂。当时的一位文士于图中看到了“明堂”与“辟雍”（环形之水）；H. Maspero 1948-1951: 5。译者按：作者之句读与当代通行本《史记》句读不同。若干当下通行之句读，其应为：“……四面无壁，以茅盖，通水，圜宫垣为复道，上有楼，从西南入，命曰昆仑，天子从之入……”由此论之，则并非是明堂之入口有楼，而系明堂本身具有楼阁样式之结构，而明堂本身被称作“昆仑”。但这从某一方面更加印证了作者此前所论证的一系列昆仑山的特征，如：中心、旋转等。

④ 一如秦始皇宫殿，参见406页注①。公元前4年，王莽于长安所建明堂之外设有一环沟。

⑤ 译者按：《史记·封禅书》。

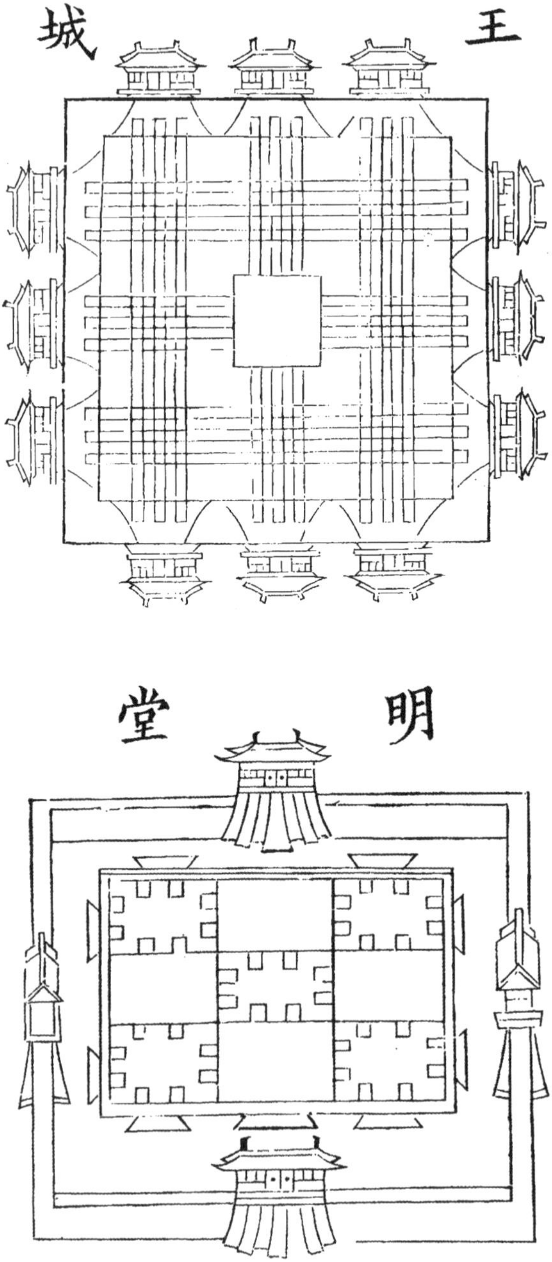

图 94 宋代《三礼图》中基于文献所重构之“王城”与“明堂”图

黄帝就青灵台，十二日烧，黄帝乃治明庭。明庭，（当为）甘泉（宫）也。[①]

此处所谓“青灵台”当是为了承纳天地间之“灵”气（mana；毫无疑问以此命名的楼台建筑“灵台”也是这种情况）[②]。另一则不同的故事发生于汉武帝另一次“东巡海上”之时。

方士有言：“黄帝时为五城十二楼，以候神人于执期（‘约会’之义），命曰迎年”。上许作之如方，名曰“明年”（光明之长寿？）。[③]

其后，武帝曾亲自于此“礼祠上帝”。“迎年”“明年”这两个名字殊为奇怪，似乎与明堂具有一定关联（此两者也许是“明堂/明庭”的方言化表达。相关的注疏似乎也很牵强，其将这两词分别解释为“寻求长寿”与“获得长寿”）。此处不存在昆仑山的问题，但“昆仑”与“明堂”这两种观念似乎是相互混合的。艾伯华已经表明了此二者的关系，但他将

① 《史记》卷二十八《封禅书》，第 12a 页；Chavannes 1890: 89。

② 《史记》卷二十八《封禅书》，第 12a 页；Chavannes 1890: 68。

③ 《史记》卷十二《孝武本纪》，第 10a 页；卷二十八《封禅书》，第 15a 页；Chavannes 1890: 91。

建筑特征归于“文化”的说法似乎令人怀疑[1]。历史上各家关于明堂建筑形式的描述各不相同，与此相应，历代帝王所实际建成的明堂也就各有不同。我们在这里将选择一些重要的元素稍加讨论。

高耸的楼阁部分被视作明堂的中心。在古制中，明堂名为“重屋”（双重屋面）[2]。汉代诗人张衡的《东京赋》曰：“乃营三宫，布教颁常。”[3] 按李善所注，“三宫”分别为明堂、辟雍（一种学堂，实质为一圆形水池）、灵台（承接灵气之高台）。诗人并未提及“明堂”之名，但却有诗曰：“複庙[4]重屋，八达九房。”[5] 可见，明堂的建筑形式若天之圆，若地之方，左为辟雍，右为灵台，两者夹峙于其两侧。

所有这些元素都在相当的程度上相互混合，但都可追溯至同一个理想化概念，但又因不同的阐释而具有不同的建筑形式。其后，明堂被想象为一处四周无墙的中央空间，其被四至八个屋室所环绕。鉴于“明堂”一词可能的词源，其中央空间也许

① Eberhard 1942: 1.249–252.

② 《周礼 · 考工记》（译者按，其文云：“殷人重屋……周人明堂。”），毕瓯译本，2.559–561；H. Maspero 1948–1951: 19。

③ 〔南朝梁〕萧统：《昭明文选》卷三，有唐代李善注。

④ 同一“複”字被用于表示“复道”（被覆盖的走廊；参见本部分 384 页注 ②）。艾伯华将其误译为“具有两个屋顶的穹顶”（coupole à deux toits）。

⑤ 这一句话可被解释为：九房各有八窗，共为七十二窗，也即一年天数的五分之一（H. Maspero 1948–1951: 9）。将其理解为通向八方的九室建筑组合（一室居于正中）显然是错误的。

朝天敞开，一如天井（中庭）或天窗（屋顶开口）。[①]“重屋”一词则或许表示了某种“楼”或“台”。在7世纪初由隋代皇帝所筹建的另一座明堂中，其“下为方堂，堂有五室，上为圆观（观望楼），观有四门”[②]。不管怎样，在公元前2世纪，我们看到另一种此前尚未被讨论且与昆仑相比较的元素：此即“石室”。“石室”自然位于地下，且是国家档案的存储之所，从某种意义来说，其与明堂具有一定的关联。[③]楼阁与窖穴，水池与高台，

① 参见第二部分之讨论及本部分之311页注③。马伯乐没有接受王国维的观点（H. Maspero 1948-1951: 59），王国维认为明堂以中国传统民房作为基本原型（由房屋所环绕的中庭）。但马伯乐的批评并没有说服力，明堂当然具有普通中国住宅的布局（内有“天井”）。马伯乐提出了一个重要的事实来反对这一观点（第61—62页），在有关周代的现存最古文献中记载有一个露天的中央空间（没有屋顶！），其中，在一处苑囿的半圆形的池中升起一座“宫殿”（译者按：“泮宫”），鲁公于此接受战败者的臣服。（译者按：《诗经 · 泮水》）这一仪式场所是“湖中央的一块方形土台”［马伯乐称之为“台观”（terrasse-observatoire）］，并举行了祭祀上天及周室先祖的祭礼，这也即明堂的义理内涵。葛兰言也将明堂与车舆进行了比较，后者同样代表了地（方底）与天（圆顶）。但他并没有提及明堂与车舆具有相同的特性，两者皆不设外墙或侧墙（Granet 1950: 343）。我们可以比较一下日本的命名法。一方面，“天井”（tenjō）指的并非屋顶开口，而是天花正中之饰板。另一方面，“吹き抜き”（fukinuki，字面意为“通风”）一词既表示没有围墙封闭之屋宇（如戏台），同时也在绘画中表示没有屋顶或天花板的建筑物内部空间（以便鸟瞰）。

② （译者按：《隋书》卷六十八，宇文恺《明堂议表》。）参见三上顺 1966: 44-45，这是一篇资料极为丰富的论文，作者将各种记载与日本可追溯至约5世纪的陶屋模型“埴轮”（haniwa）进行了比较。这类陶屋布局呈十字形，其中央有大屋，四方各接一小室环拱，五个空间并分对向上应了五个屋顶。艾伯华已经对中国汉代的陶屋模型（译者按：冥器）进行了比较：立于水中的楼阁或多层建筑，另一些模型则展示了由建筑所环绕之中央庭院（见增图26）。马伯乐将楼阁（两至四层者）视作游赏之楼（H. Maspero 1932: 408-409, 415）。多层房屋之下有时也有一处无门无窗之房间。我们知道，公元6世纪洛阳的富人宅院往往包括一处窖穴或地下之“窟室”，其“下入土可丈许”（约2.5米；《水经注》卷十六《谷水》，第18a页）。

③ 《史记》曰：“秦拨去古文，焚灭诗书，故明堂石室金匮玉版图籍散乱。”如按照通常四字一段之句读，后半句则可理解为“明堂内之石室，保存于金匮中的玉版”［chambre de pierre du ming-t'ang, planches de jade（conservées dans）des boîtes de métal］。（《史记》卷一百三十《太史公自序》，第4a、12b页）

这些都与昆仑山的表征相一致。我们也已经看到，公元前 2 世纪，汉武帝在一座建筑上树立了一根立有飞鸟的高柱。

很久之后所建的另一座明堂也清楚地展示出了想象力与传统元素的结合，并由此创造出更为重要的新形式，此即 688—690 年间由武则天所建之明堂[①]。众所周知，作为佛教徒的武后曾宣称自己是“金轮皇帝”（人世的统治者；译者按：转轮王，cakravartin）。《旧唐书》中的记载只为我们提供了这一建筑的一小部分细节，三层之楼阁象征着时间的循环：“下层象四时”；“中层法十二时辰”；“上层法二十四气”[②]。明堂中层为一圆盖（屋），“盖上盘九龙捧之”（象征螺旋上升），其最上方为一黄金“鸾鷟”。这一楼阁必然是中空的，因其内部立有一根巨柱（以侧插横梁固定）[③]，“上下通贯”（可对比神明台上之“井干楼”；参见 407 页注 ②）。明堂的下方“施铁渠，以为辟雍之象”，其基座为正方形。这一楼阁建筑于 739 年被拆除（吴讷孙言及“中心柱已拆除”，但史料只提到了“上层被拆除”，下层“改为乾元殿”）。除了这一具有中心柱的明堂，武后还于 693 年起建了一座巨大的金属柱，名曰“天枢”，但其后来亦遭拆除。[④]

---

① Wu 1963: 39; A. H. Franke, 1936: 2.416.

② 《旧唐书》卷一百八十三，第 10b 页，以及卷二十二，第 2b 页。

③ 译者按，原文曰：“楠栌撑椳，藉以为本，亘之以铁索。”这暗示了巨木非由自立，而系悬空。对此下文亦有讨论。

④ 译者按，据《旧唐书》卷八，先天二年（713 年）七月，唐玄宗“令毁天枢，取其铜铁充军国杂用”。

〔塔心之柱〕

立柱与飞鸟，我们再次看到了昆仑山的元素，但时间维度被得以强调，并暗示了中轴旋转的观念。从建筑学的角度来看，明堂有一项创新十分重要：其中心柱没有任何基础承托，犹如悬浮于建筑中空的内部（译者按：参见注 414 页注 ③）。吴讷孙将这一构造与一些中国及日本的楼阁式佛塔相比较[①]，但在他所列举的案例中只展示了一根立于地面的实心柱（奈良药师寺，8 世纪，参见吴文中之图 119）或与其相反的中空构造（西安大雁塔，8 世纪，参见吴文中之图 117）。悬空塔心柱与目前所见中国佛塔的构造方式相反，但其的确存在于“神话”版本之中[②]。在实际建筑中，双螺旋阶梯的构造暗示了中轴自身的旋转运动。其中，两人各行一侧之阶梯，在黑暗的虚空中螺旋上升（如龙一般）而彼此互不相见[③]。绥远白塔[④]（七层）始建于 1118—1123 年间，主入口位于二层，由此难以登临，需使用梯子方能进入（见图 95）。塔中的两组阶梯分别自东南方及西北方起始，呈螺旋状上升。同样，从两侧阶梯分头登塔者要到顶端才能相遇，此谓之“双龙梯”[⑤]。

---

① Wu 1963.

② 参见 Kaltenmark 1948: 51-59 passim：控龙柱（第 51—52 页）、等同于龙的柱子（页 54）、洞穴中与一对龙（红与白）相连之悬空柱（即钟乳石，页 56、59）。关于龙柱，397 页注 ②。

③ Wu 1963: 39-40，图 117、120；关于印度供奉林伽寺庙的案例，参见同一部书，图 53。

④ 译者按：又名“万部华严经塔”，位于今呼和浩特市赛罕区东郊白塔村西南方，丰州故城西北隅。

⑤ Boerschmann 1938；相关建筑图见于第 197—198 页。

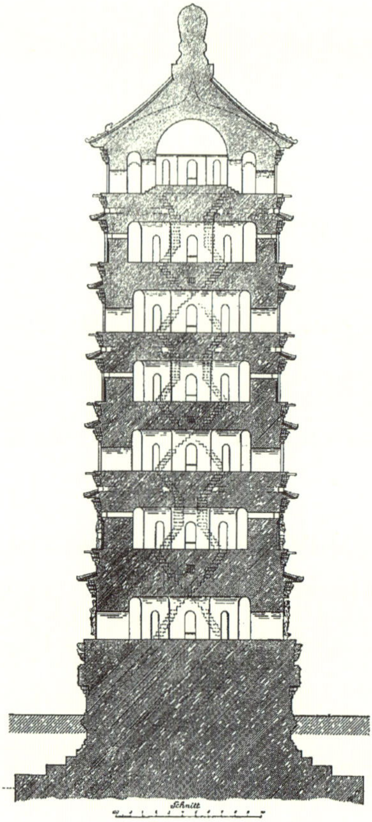

图 95 绥远白塔剖面图[2]
图中显示了“双龙梯”。

据玄奘记载，在7世纪中叶印度世界的迦毕试国［译者按：今阿富汗卡比萨省（Kapiśa）境内，又作迦臂施国］也有一座具有同样建筑元素的佛塔。其塔中之“如来骨肉舍利”一时化作“猛焰”及“白珠”，“循环表柱，宛转而上”。[1]

① 玄奘《大唐西域记》卷一，《大正藏》本第 51 册，第 875a 页；翻译刊载于 Beal 1884: 1.66。参见与昆仑相似之主题。

② Boerschmann 1938: 197.

在这里，我们需要按捺住进一步讨论汉式楼阁佛塔的诱惑，因为这会让我们偏离主题太远。[①] 让我们只关注这一种建筑构件：一般而言（甚至在印度的案例中）佛塔上方皆立有一根刹杆[②]，其通常是佛塔中心柱（也即中轴线）的延伸。此外，这一刹杆常贯穿有九或三个“相轮”（或华盖）。[③]

在吴讷孙所引用的案例之外，可以再加入我所收集到的部分案例[④]。这些案例的主要特征为塔心柱，支撑着仿佛悬浮的外层建筑（见图 96）。苏州瑞光寺塔便可视作此类型的一则案例，始建于公元 1009 年，共有七层（见图 97）[⑤]。有时，柱子的重要性也表现为将小型祠庙承托于其单柱之顶［如河内一处小湖之中的独柱寺（Chùa Một Cột）；见图 98］。日本最古老的楼阁式宝塔（如奈良法隆寺之三层宝塔）中也设有塔心柱，其沉于地面之下，立于石础之上，并延伸至屋面以上，成为贯穿相轮之刹杆。在后期的发展中，这一塔心柱止于顶层天井处。最终在江户时代（17—19 世纪），塔心柱

① 参见 de Groot 1919（关于旋转运动，参见第 60 页）；Boerschmann 1931。众多的著作都致力于描述极其多样的佛塔形式；建筑师们极具创意的精神为象征性的诉求增添了活力。

② 中国的案例可参见洛阳的九层楼阁式佛塔（5 世纪至 6 世纪）。在顶部一根高杆之上安有宝瓶（中藏珠宝），底部有一盘，用以承接露水（《洛阳伽蓝记》；陈观胜 1964: 162）。参见汉代陶楼（上文）。

③ 参见 de la Vallee Poussin 1937: 276–289，转引自织田得能 1936–1937: 518。在不丹帕罗（Paro）北部的杜泽寺（Dumtse，Zlum rce）之佛塔为压制塔后小穴中的九头龟而起建。佛塔高三层。塔中央有一个中心柱向上延伸，由此成为外部之刹杆，杆上有环状塔刹十三级（Laufer 1972: 90–91，99，图 2、3）。比较而言，中国的神柱则是为了压制龙神（397 页注②），本书结尾部分所讨论的佛教林伽柱也具有相同的目的。

④ R. A. Stein 1957d: 37，图 77–78。

⑤ 张步骞：《苏州瑞光寺塔》，《文物》1965 年第 10 期，第 57—64 页。

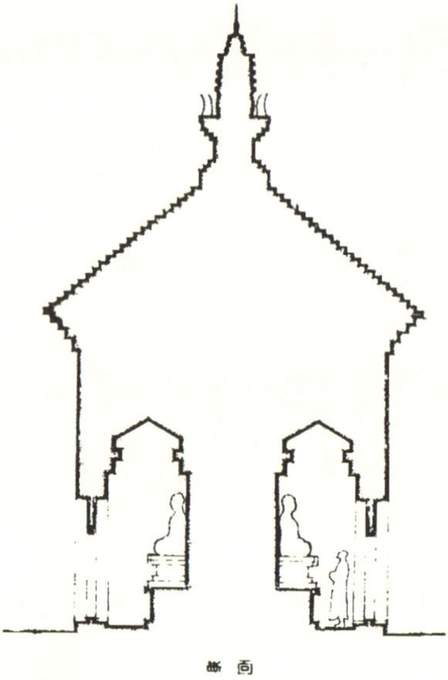

图 96-2 山东省济南神通寺四门塔剖面图[1]

图中显示了其方形中柱。

图 96-1 山东省济南神通寺四门塔（建于 544 年）

2023 年，张立红摄。

① 图 96-1、96-2 所对应的原书图像皆来自 Ecke 1942。

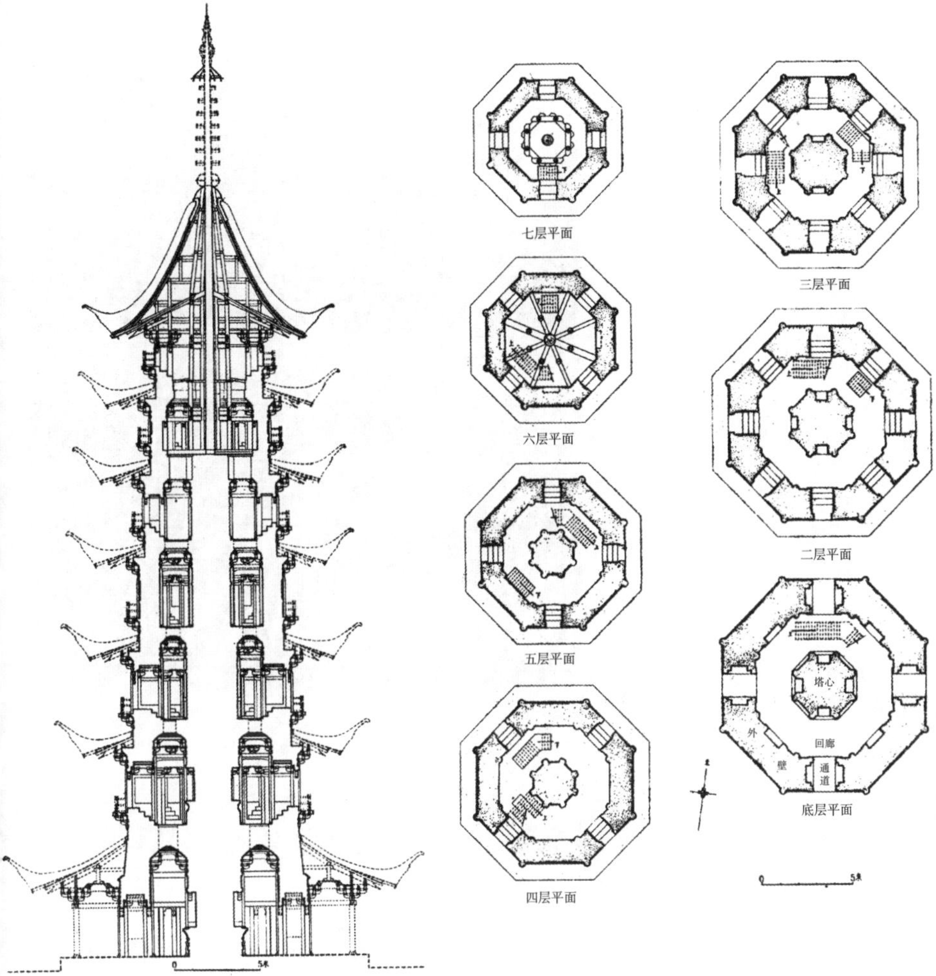

图 97 苏州瑞光寺塔剖面与各层平面图[①]

图中显示了位于顶部的塔心柱及刹杆。

① 《苏州瑞光寺塔》，前揭，第 58、60 页。

图 98-1 河内独柱寺[①]
2023 年，朱若麟摄。

图 98-2 河内独柱寺剖面图[②]

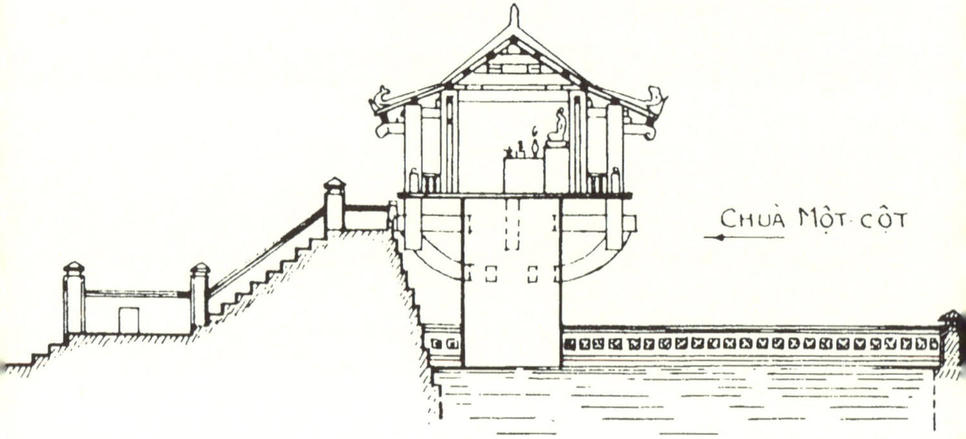

① 原书图像来自明信片。
② Besacier 1959.

开始由铁链悬挂，其柱上箍一铁环，并与铁链相接，由此得以悬浮于基础上方。[①] 由此，这种塔心柱实际也近似于武后明堂之中柱。虽然技术上它是静止的，但却暗含了运动的观念。八角楼阁亦可转动，其与须弥山相关。我们稍后将看到另一种象征性建筑的发展——“转轮藏”，其为一种用以安奉经藏的宝塔。[②]

以上我们所讨论的各种构想与现实中的建筑反复强调了昆仑山的宇宙论特征，反之亦然。楼阁与窖穴就如同山岳与深渊。为了展示这一关系，绕一大圈弯路是必要的，但在结束前，我们必须再对这种宇宙论形制中的另一种元素稍作关注。

我们已经看到，昆仑山以及与其相等同的龟山被构想为天地之中心，是为天枢与天柱（axe et pilier du ciel）。但与此同时，二者都位于西北。在这一表征系统中，与山岳遥遥相对的大渊处于东南，这种地理层面上的对立等同于垂直层面“上—下”“天—地”的对立。我们也已经看到位居西北的“天门”，位于东南的“地户”，以及同样处于东南的深渊。[③]

---

① 东京日光山与浅草寺之佛塔；照片参见藤原义一 1943。译者按：中国汉族建筑中之悬空柱案例可参见福建龙岩蛟洋文昌阁（清乾隆十九年，1754 年）以及广西容县真武阁（明万历元年，1573 年），后者虽然其非为中心柱悬空而系四隅金柱悬空，但其楼阁本身为矩形平面，且供奉玄天上帝，仙阁浮空之意象不言而喻。

② 译者按：关于螺旋的建筑形式，还可参见中、日两国的两则近代案例：中国四川蓬溪赤城镇之奎阁（一名鳌峙阁），建于清嘉庆六年（1801 年）；以及日本福岛会津饭盛山之螺旋堂（一名蝾螺堂），建于宽政八年（1796 年）。此外，位于四川宜宾李庄镇之旋螺殿始建于明万历二十四年（1596 年），虽然其在结构上并无螺旋之特征，但“旋螺”之称谓却也明确表达了这一意象。

③ 对于所有的这些象征，尤其是神话特征，请参见 Granet 1950: 注 105；1926: 314；天地中心之树，窫窳所居之渊。

这一集合所包含的多重形式（formes multiples）实际是同一简单结构的函数变量（fonction），“昆仑”一词的语言形式揭示了一种二分法：双重与交替。第三个元素则在两个极点之间确立了一处“中点”(médiation)，我们由此才有“天与地”，“天与渊”（冥界），“山与湖”，“楼阁与窑穴”，“生与死”，“上门与下门”，“纵向九曲与横向九曲”，以及由西北与东南所定义的中心。这一“中点”可以是旋涡的螺旋上升（或下降），抑或是中柱的如如不动以及周回旋转。

须弥山，佛教的宇宙之山

自公元 4 世纪以来（至迟约公元 500 年左右），昆仑山便被等同于须弥山，即印度与佛教宇宙志中的中央圣山。已经有学者提出印度对早期中国汉族聚居区的影响（参见 386 页注①）。中国藏族聚居区亦是如此，源自印度的表征深刻地影响了关于中央圣山这一场所的象征。随着佛教的传播，印度的各类形象被迅速接受，并被增入中国、日本以及东南亚等地区各自特有的建筑及宇宙志语言之中。

我们将不再赘述这些外来观念所涉及的历史问题，但我们在此有必要对须弥山的一些相关观念（但并非全部）作一简要概述，这些观念与各个地区及其对应的本土版本相类似。一部分较为基本的佛教典籍均早已被译为藏文与汉文，这也为两地提供了部分共同的形象。我们在这里将主要参考汉文文献[①]。

〔特征 1：山形〕

我们首先要关注的第一个特征是山的形状。这里存在两个明显矛盾的特征。首先，须弥山是一个自海中耸出的尖顶圆锥体，其顶部有另一个倒置圆锥体，代表了以因陀罗为首的三十三天天人居所。据《往世书》(*purāṇa*；印度教宗教传说汇纂）所言，须弥山顶之宽度是底部之两倍[②]。由此，整座山状若一沙漏，上下宽而中腰窄，山腰处又缠绕有两条蛇绳。在非常古老的印度神话中，这两条蛇绳使山体得以绕轴转动，以此搅动乳海。同样，中亚地区也保存有这一神话（见图 99）。[③]

在汉文阿含部佛经的相关记载中，着重强调了须弥山倒锥

① 日本最近的一次展览汇集了一系列异常精美的须弥山、坛城以及人体的图像，这些图像来自中国、印度、日本、泰国以及缅甸；参见展览图录《亚洲的宇宙观与曼荼罗》。特别感谢今枝由郎先生向我提供这一展览及出版物信息。

② Meisezahl 1965-1966: 285 注 7。

③ 可比较圣彼得堡艾尔米塔什博物馆（musée de l'Ermitage）之图像（7—8 世纪；Dyakanova 夫人 1972 年于巴黎之演讲）。另一幅图像（5—6 世纪）来自克孜尔石窟（位于今中国新疆库车境内），"海马窟"，见图 99；以及 Von le Coq 1974：图 A（参考了 Grünwedel）；以及 Von le Coq 1977：照片 115。至于中国汉族聚居区的材料，我们有一幅来自敦煌抄本的图像（《三界九地之图》，敦煌抄本 P.2824；见图 100）。川口久雄（1978: 239）曾就此发表过一篇相关研究文章。这一文献与空海（译者按：又作弘法大师，他将唐密传至日本）830 年之描述相符。"搅拌乳海"的传说在中国西藏广为人知［《国王遗教》，14 世纪文本，页 45ff（= 222b）］，以及"rGyud gsam pa tantra"（敦煌抄本，P. tib. 209-211，早于公元 1000 年）。在一幅佛陀的画像中（可能出自和阗，6—7 世纪？），佛的肚脐下方可见到此类搅动［新德里中亚博物馆（Musée d'Asie centrale de New Delhi），第 16 号］。译者按：中国新疆和田巴拉瓦斯特遗址所出土之毗卢遮那佛壁画，参见图 103。

图 99 中国新疆克孜尔石窟壁画中所绘之须弥山以及下部诸蛇之“搅动乳海”[①]
来源：德国国立亚洲艺术博物馆（Staatliche Museen zu Berlin, Museum für Asiatische Kunst）：B 1718。

① 译者按：该铺壁画年代约为公元 3 世纪，原位于克孜尔石窟谷内区第 118 窟主室横卷顶西壁上部，后被揭取盗运至德国，收藏于柏林国立亚洲艺术博物馆，毁于第二次世界大战。原书图像为伯希和摄，来自法国吉美博物馆（Museé Guimet）档案。

的形象[①]，并同时使用了与昆仑山相同的表达。据阿含部经所言，须弥山自海中浮涌而出，“下狭上稍稍广”[②]，在海中“深八万四千由旬（yojana）”，海面之上“高亦八万四千由旬”[③]。“须弥山半，高四万二千由旬，有四大天王（lokapala）所居宫殿”[④]。须弥山之倒锥体由一正立圆锥体所支撑：“须弥山下有三级，诸神住处。其最下级纵广六十由旬……其中分级纵广四十由旬……其上分级纵广二十由旬。”[⑤]这是一种“阶道”（阶梯）的形式，所有建筑均以“七”为倍数（或许为水平层面），如“七重墙壁、七重栏楯、七重铃网，复有七重多罗行树”。[⑥]每一重城郭“各有四门”，并有“台殿房廊、树林苑等，并诸池沼”。帝释天宫位于山顶，这一建筑既作为形态上山的点饰，却同时又复制了山的形态。

在敦煌所出《三界九地之图》中（敦煌抄本 P.2824，参见图 100），须弥山之底部前景处为一封闭之城郭，代表了阎浮提（Jambudvipa，四大部洲之一）之冥界，其旁有轮回三恶趣（gati，又作“恶道”）：地狱趣、畜生趣、饿鬼（preta）趣。由此向上，须弥山位于四大部洲正中，坐落于承载九山八海的

---

① 《大楼炭经》,《大正藏》本第 23 号第 1 册（约公元 300 年译出）;《起世经》,《大正藏》本第 24 号（6 世纪）;《起世因本经》,《大正藏》本第 25 号（6 世纪末至 7 世纪初）。

② 《大楼炭经》,《大正藏》本第 23 号，第 277b 页;《起世经》,《大正藏》本第 24 号，第 310c 页;《起世因本经》,《大正藏》本第 25 号，第 365c 页。

③ 译者按：原文出自《大楼炭经 · 阎浮利品第一》。

④ 译者按：原文出自《起世因本经 · 阎浮洲品第一》。

⑤ 译者按：原文出自《起世因本经 · 阎浮洲品第一》。

⑥ 须弥山周围的海中也有七或九座环形山脉；其中七座金山，九座铁山。对于这些广泛使用的数字，请参见本书较早的讨论。

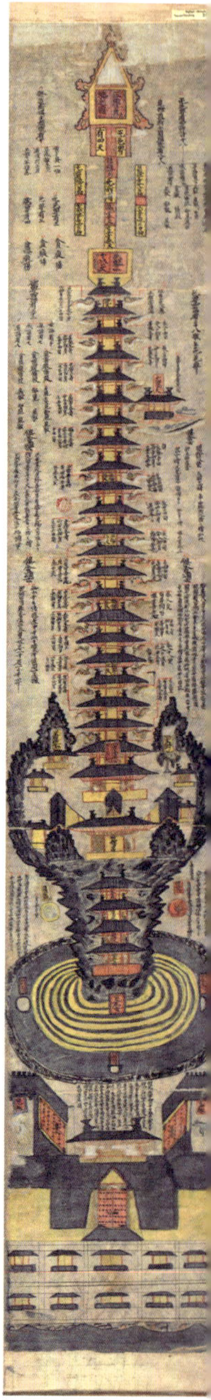

图 100 敦煌抄本《三界九地之图》

图中描绘了幽冥世界、须弥山以及众神之宫阙。来源：敦煌抄本 P. 2824。

“金轮”之上。八海之中涌出一倒锥形之山，被表现为诸神居住的四层重楼，顶层为四大天王（四方之守护者）的居所。同时，日（楼之左）、月（楼之右）也于此处环行于山之周围。随着须弥山山体之升高，其锥体亦逐渐变阔，最阔处即山之平顶[①]。帝释天宫之四隅各有四峰，并被两侧较低之山峦围合。由此处平顶正中所升起者并非立柱，而是一座代表了三界的巨型汉式楼阁佛塔：最下六层为欲界六天；其上十八层为色界十八天（3+3+3+9）；最上是无色界四天，表现为带有火焰宝珠或某类幡幢之杆柱（一如佛塔最顶之刹杆）。

〔特征 2：莲华〕

古代文献中所记述的第二个特征将《三界九地之图》与立柱关联了起来（一如昆仑之例）。按佛经所言，须弥山自海中升起，“端直不曲”。[②]山的上半部分“分有峰，四面挺出，曲临海上”[③]。这一概念显然与“搅动”的主题相符。

《三界九地之图》同时也呼应了人身与大天地相互对应的旨趣，其中人们或是将脊柱（或整个身体）想象为须弥山（视

① 译者按：图中山脉所围合之圆形平原。

② 《起世经》，《大正藏》本第 24 号，第 310c 页；《起世因本经》，《大正藏》本第 25 号，第 365c 页。昆仑山或其中柱常被形容为圆形（且直），“如刀劈所成”。

③ 同上注。

作楼阁或立柱），或是想象为梵天权杖[①]。在藏传密教的观想中，须弥山被想象为一处宫殿，也即人身，它自十字金刚杵（viśvavajra，男性性器官）及十字莲花秘处（viśvapadma，女性性器官）中涌现而出[②]。在经典描述中，立柱再次出现于帝释天宫之中央，紧邻其宝座。[③]

在其他地方，"茎"或"轴"的概念被应用于经典文献《阿毗达磨》（*Abhidharma*）之中。须弥山从八海八山（或九山）之中升出，其圆形围合空间犹如铜烛盘或陶家轮。[④]《维摩诘所说经》（*Vimalakīrti-nirdeśa,* 3世纪译）中提及："有世界名须弥相，其佛号须弥灯王"。（见第一部分，93页注①。前述之中国香

① 关于宇宙山、柱子、杆子的元素，参见 Eliade 1951: 242ff。我们也看到，昆仑在身体中扮演着同样的角色（见本部分394页注①）。关于印度瑜伽中的须弥山，参见 Renou 等 1953: 2.161；以及 Woodroffe 1952: 47。关于高棉人，参见 Bizot 1976: 132。佛教密宗中最常见的形象为梵杖，其通向头顶之梵穴［关于西藏的案例，参见《甘珠尔》（北京版），第14号，第9b—10a、12a、48b页，以及第15号，第53b页］。前额（sinciput）穴窍被等同为帐幕或房屋之排烟洞（蒙古语"erüge"）以及天门，见本部分第三章开篇。

② Wayman 1973: 87。典型的观想包括以下阶段：首先将中脉（位于脊柱中）观想为一根杖，然后依次将其观想为一根柱子、一处房屋、一座山，最后是宇宙［Evans-Wentz 1935: 176 总结自一份衮千・白玛噶布（Padma dKar po）所传文本，16世纪］，我们还可以增加更多的案例。稍后我们还将讨论此类瑜伽的一种特殊类型：作为林伽的须弥山。

③ 参见图齐关于这些文本的摘要（Tucci 1951: 204-205, 208）："柱子象征了世界的轴心，是宇宙的中心点，是空间与时间的本源。"

④《佛说立世阿毗昙论》，《大正藏》本第1644号第32册，第181a页，6世纪三藏真谛译本（译者按，其文曰："尔时佛告富娄那比丘：'是世界地，形相团圆，如铜烛，如陶家轮。是世界地，亦复如是，犹如烛盘边缘隆起。其铁围山，亦复如是，譬如烛盘中央耸起。其世界中有须弥山王，亦复如是……'"）。"轮"之譬喻似乎源自山的圆形外围（cakravala）。关于日本对此形象的重构，可参见望月信亨著作中一幅绘于1813年之图像（望月信亨 1954-1973: 2514a）；另参见杉浦康平 1982：9，13：灯座为一立锥体，分为四层，支撑一茎，上承一四峰之山（倒锥体），山上有三十三天天宫。

炉被制成昆仑山之形。）

在佛教密宗之中，出现了一些重要的变化。早在此前的《华严经》中，毗卢遮那佛的世界便被视作“莲花胎藏世界海”[1]（关于毗卢遮那佛及须弥山的表现，见图101—103）。在唐密（tantrisme sino-japonais）教法中，这一世界衍化为著名的“胎藏界曼荼罗”（garbadhātu-maṇḍala；8—9世纪），其以八瓣莲花为象征，并对应“金刚界曼荼罗”（vajradhātu-maṇḍala）中的相应元素；其中前者为圆形，后者则为方形。

如我们所知，莲花首先在印度，其后在中国西藏成了女性性器官、子宫以及无玷感孕的象征（金刚杵则象征了男性性器官：这也就呼应了“瑜尼”与“林伽”这对组合）。[2] 早在中世纪的印度，盛开的莲花便已象征了显化而出的宇宙[3]。

---

① 《大方广佛华严经》卷八，《华藏世界品第五之一》（《大正藏》本第279号第10册，第42a—43c页）。另参见《梵网经·卢舍那佛说菩萨心地戒品》第十卷上（伪经，《大正藏》本第1484号第24册，第997b页），其中“胎”（子宫）被写作“台”（译者按：“莲花台藏世界”），也即莲花之花蕊。

② 四瓣莲花杵与十字金刚杵之组合专为火神与其祭坛所制（不动明王之护摩）：此是金、胎二部曼荼罗之结合（如日本京都东寺、御影堂，以及东京浅草寺所藏者）。莲花与金刚之结合还可见于许多其他唐密（及藏密）符号之中，很明显地表现了“性”的符号象征，如大日如来（中央佛）之“金刚印”。莲花座立于沙漏状的支座（须弥山）之上，支座上缠有两蛇，其头上各顶一含有双金刚之正方形。这个正方形及其所含内容是直立的，垂直的，但无疑可以理解为水平的。我们将看到“上圆下方”的其他案例。窣堵坡（佛塔）可以替代须弥山。另一种“大日印”便是这种情况：金刚杵横卧于莲花之上，在此两重底座之上升起一窣堵坡（参见杉浦康平1982: 105，图15）。

③ Coomaraswamy 1931: 24。在唐密中，闭合之莲花也比喻人心，而盛开之莲花（或满月）则是佛心。在道教典籍中，常人之心也为莲苞［《黄庭经》；参见Schipper 1975: 79b。（译者按，《黄庭经》曰：“心部之宫莲含华”注曰：“火宫也。心藏之质，象莲华之未开也。”《云笈七签》卷十一《上清黄庭内景经》）］。高棉（Khmers）地区也有相同的观念（Bizot 1976: 104；它绽开于圣贤之身中）。

图 101 端坐于莲花与须弥山上之文殊菩萨
其须弥山以双蛇缠绕搅拌的形式呈现。来源:《大正藏》本图像部，第 6 册，第 97 页。

图 102 山东长清灵岩寺千佛殿宋代毗卢遮那佛像[2]
毗卢佛像坐于千叶莲华与须弥山之上。2017 年，朱明夏摄。

莲花与须弥山的形象逐步融合，它们可被组合在一起，构成佛菩萨的底座，抑或分别成为底座。形若须弥山的佛像底座（须弥座或须弥坛）的年代可追溯至公元 431 及 451 年[1]：其

① 望月信亨 1954-1973: 2515c；织田得能 1928: 839。
② 原图来源：中国佛教协会 1980。

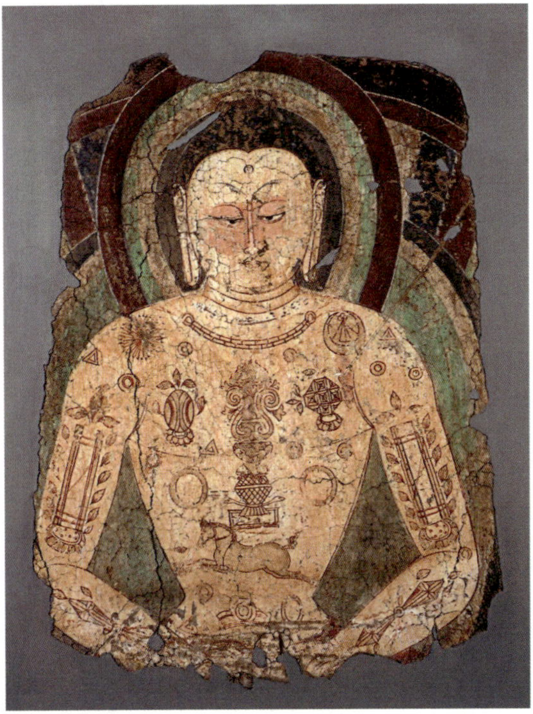

图 103 中国新疆和田巴拉瓦斯特遗址所出土之毗卢遮那佛壁画（7 世纪）[2]

佛身胸口上所绘之须弥山被表现为某种供养物质基座。

中的须弥山状若一沙漏。[1] 此外，莲花与须弥山的结合也出现在密宗对于“道场”（bodhimaṇḍa）的观想之中（译者按：汉文佛典谓之“道场观”）。其中，修习者依次观想空轮、风轮、

① 按《历代名画记》载武则天之“大金铜香炉（毛婆罗样，后更加木座及须弥山浮趺等）”。译本刊载于 Pelliot 1923: 273 注 4。这一表现形式近似于第一部分中所引博山炉形象中之昆仑山。

② Jera-Bezard 1976，第 1 册。

水轮、金轮以及最后的地轮（八瓣莲花）。[①] 金轮（或金刚轮）位于乳海中，并有金龟游泳其间。金龟背上驮负须弥山，山有八峰。[②] 这一文本中有两幅插图：其中显示了大海、神龟、须弥山及宫殿（见图 104—105）。根据川口久雄的介绍，这一《观想道场观图》也被称作《蓬莱山图》[③]。这是一种与中国古代仙岛观念的融合，仙岛最初本是自行浮于水面，后来则被固定于龟背之上。[④]

在印度，金龟驮负、稳固世界的形象十分普及（并由此传入中国西藏）。[⑤] 至于作为佛座的莲花，大村西崖将其与印度神话中“那罗延”［毗湿奴（Viṣṇu）的化身之一］相类比：在世

① 这些脉轮的观想以五个“种子字”（bījā）为基础，其以五种几何图案（半圆、圆、方、三角、莲花）而得以表现。这五种元素构成了人体与佛塔。除众多日本典籍的插图外，图齐的著作中还收有一幅 8 世纪密宗仪轨文本之插图（Tucci 1932: 49；《尊胜佛顶修瑜伽法轨仪》，《大正藏》本第 973 号）。

② 织田得能 1928: 839a，他引用了空海（9 世纪）之《秘藏记》（《大正藏》本第 2921 号第 86 册，图 2，第 2 页）。望月信亨 1954-1973: 2515c，他引用了《金刚顶经》一系经典中一部观自在（观世音）菩萨仪轨，其云：“……于龟背上想素字，变为妙高山。……于妙高山顶上，想有八叶大莲华。于莲华上有八大金刚柱，成宝楼阁。”（《金刚顶瑜伽千手千眼观自在菩萨修行仪轨经》卷上，《大正藏》本第 1056 号，8 世纪译本）这一形象出自日本密教圣地高野山，其年代约为江户时代（1600—1868 年）。请注意莲花的位置由下至上的倒置。

③ 川口久雄 1978: 243.

④ 参见第一部分 112 页注 ①，其中我们见到日本人曾将这种景观复制于园林之中。杉浦康平 1982: 204-205 曾对其进行了比较，其中包括：博山炉、蓬莱（1609 年《三才图会》中所绘一座山中之山），及另一蓬莱山［法隆寺所藏平安时代（800—1200 年）绘画，其中龟背之上有山石、树木，有房屋点缀其中并配有阶道］。《大正藏》中所收一幅图像（此前注中曾提及）也与人体之图像相互对应（龟与龙，参见杉浦康平 1982: 118-119）。

⑤ 在西藏，它被认为是汉族聚居区中地理学的创始者及文殊菩萨化身之一。将龟仰卧，其腹甲共分九块，其中八块围绕一周，环拱中央一块“幻方”（carré magique），如此共成九块，对应中国数术中之“九宫”（Macdonald 1963: 注 76）。

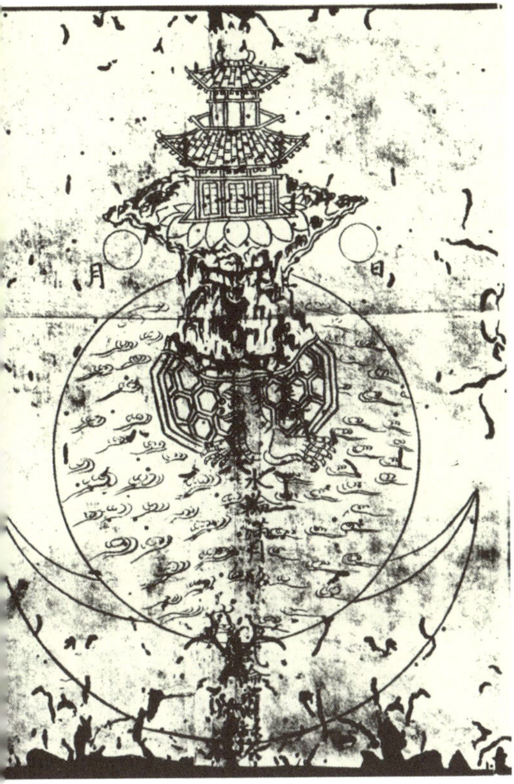

图 104《密教观想道场图》(9 世纪)其一

图中描绘了驮于龟背之上的须弥山。来源:《大正藏》本图像部,第 1 册,第 21 页。

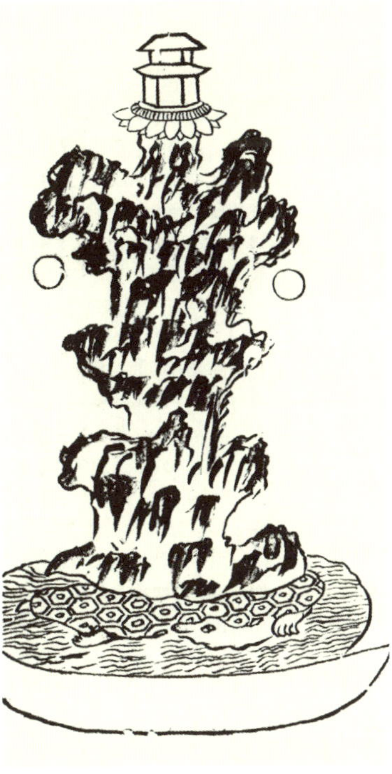

图 105《密教观想道场图》其二

图中将须弥山简化为驮于龟背上之山石,日月悬于两侧。来源:《大正藏》本图像部,第 1 册,第 22 页。

界之初，那罗延躺于水中一条千头蛇身上，一朵莲花自他肚脐中长出，并从莲花中诞出大梵天。[1]

〔特征3：转动〕

在这里，我们必须对这一组表征中的另一重要元素加以说明，以此进一步了解其他的建筑特征。须弥山特别兼具了两个看似矛盾但实际相互依存的主题：一方面，须弥山如金刚一般坚固、如如不动、不可动摇，而其顶峰则由一金刚轮构成。[2]另一方面，这一转轮、立轴的元素，以及搅拌乳海的神话主题则暗示了一种旋转运动。

我们已经看到，在藏语文学常见的象征中，地为八瓣莲花，天为八辐之轮。地是静止的，天是转动的，但“轮”与

---

① 大村西崖 1918：78。大村氏指出，经由4世纪的一份译本（《众经撰杂譬喻》，《大正藏》本第208号），中国已经知晓了印度的神话，他还指出，在古代印度佛教中，佛座总是方形的，由此认为将莲花作为佛座乃是因为其在《华严经》中的重要作用（见上文）。此外，在中国的北魏时期（5—6世纪），佛像通常坐于一立方体底座之上，但莲花座已经开始出现（敦煌、龙门，以及云冈等石窟；阿富汗之巴米扬亦然）。在甘肃的一处稍早的墓葬（4—5世纪，位于酒泉附近之丁家闸）中，我们见到墓的顶部被装饰以莲花，在其下方，西王母盘坐于莲花（？）之上，并由某种山石之茎干所支撑（吴礽骧执笔、甘肃省博物馆提供：《酒泉、嘉峪关晋墓的发掘》，《文物》1979年第6期，图版1）。需要指出的是，从最早的几个世纪开始，莲花在中国就起到类似的作用。汉代一画像石中的一支大莲花配有“浪井”之榜题：该井平日堵塞，当有明君在世时则自行打开（Chavannes 1913: 167）。我们已经看到莲花被悬于“井”（天花板正中之藻井）中，并同时出现于下方的地面上（参见第二部分248—254页相关内容）。

② 见于一份非常古老的《阿毗达摩》文本（《鞞婆沙论》卷七，《有漏无漏处第二十五》，《大正藏》本第1547号，第28册，第463c页；以及《阿毗昙毗婆沙论》卷一，《大正藏》本第1546号，第27册，第2c页）；在我们之前所见另一版本《阿毗达摩》文本中，须弥山被比为“陶家轮”。译者按，《鞞婆沙论》卷七曰：“如须弥山王峙金刚轮，四种风吹不能倾动。”《阿毗昙毗婆沙论》卷一曰：“复次为现阿毗昙人须弥山不倾动故，如须弥山王安住金轮地上，四方猛风不能倾动。”（着重号为译者所加。）

“莲花”这两种形象可以互换。最晚从814年[①]开始，梵文词“śāśvata”（永恒的、不变的，甚至是绝对存在）便在藏语中被译为“g.yung drung”一词。其后，出于尚不明确的原因，这一词在几世纪后又被用来表示具有旋转运动含义的“卍”（万字）。同时，“卍”也象征了中央神山、天地之轴。[②]

虽然莲花和须弥山被用作佛座［最高显之佛（Bouddha Suprême，译者按：毗卢遮那佛）也常被认为是一个宇宙人（Homme Cosmique），其身体即天地］，但也会被用于部分佛塔及“转轮藏”的基座（亦称“轮藏”，佛塔自身即佛身，而转轮藏中所安贮的经文则是佛之话语）。八瓣莲花通常不见于这种底座，但汉族聚居区中一部分的佛塔为八角形，其形状暗示了这一特征。绥远白塔即一座八角塔，其两组内部阶梯暗示了螺旋式的旋转运动（见图95）[③]，八角形底座代表莲花，但四大天王的出现则表明塔本身即须弥山（他们居于塔身中段变窄之处）。北京一处藏传佛教寺院中安奉有一座“转轮藏”（译者按：雍和宫永康阁一层内），其底座为一座真正的须弥山［由洞穴岩石构成，其间塑有该处的守护神夜叉（yaksas），该转

① 即《翻译名义大集》成书之年。

② 见本部分前言。印度瑜伽的几个基本中心位于人身，沿脊柱从尾骨分布至前额（= 须弥）。这些中心即脉轮，但其形似莲花（见 Dasgupta 1946: 106）。佛教密宗亦是如此。除了在佛陀胸前，汉族聚居区中并不常使用万字符，而藏族聚居区所常见者实际是“万”字在当地之变形，象征吉祥（译者按：又名“盘长”“吉祥结”）。

③ 另参见 Boerschmann 1938: 197–198。

轮藏及同类其他案例可参见图 106—107，以及增图 27][①]，但被包裹于一朵莲花之中。当楼阁本身转动时，花瓣则张开，停止时则闭合（见增图26）[②]。在五台山罗睺寺中也安奉有类似的装置，但其与位于塔院寺内的八角转轮藏相互分离。[③]

---

① 北京城内另有转轮藏一座，保存于普度寺中（俗呼“玛哈噶拉庙”；译者按：创于清代，转轮藏今已无存，仅存其地面下凹之基槽，位于正殿内之东南侧。又，作为汉僧寺院的智化寺亦有转轮藏一座，创于明代，但其固定于石质“须弥座”之上，客观上无法转动，但礼拜者可旋绕参谒。类似者还见于颐和园万寿山佛香阁之东侧“转轮藏”一区，始建于清乾隆时期）。《营造法式》（12 世纪早期，卷十一、二十三；见图 106）中存有一段关于转轮藏图文相配的说明。其中，转轮藏底座由八叶芙蓉组成，下有“龟脚”支撑“车槽”。中段为一八边形，共三层之“天宫楼阁”。在插图中，这一楼阁自海中涌出，且被八面之山环绕。1420 年，沙哈鲁［Shah Rukh，译者按：帖木儿帝国第四位苏丹，其首都赫拉特（Herat）位于今阿富汗境内］所遣入华的穆斯林使团在甘州见到了一件相似的物品。使团成员将其称作“天球”：“它是一座八角形的塔，从上到下有十五层……它整个用光滑的木材构制，再很好地涂上金……它下面有一个穹隆。一根固定在塔中心的铁杆自下穿到顶……因此一个在穹隆中的人能够不费什么气力使这样大的塔旋转。”“整个下面塑有巨人像，状似以肩举塔。”这类人形雕像柱显然就是夜叉，也可见于北京雍和宫转轮藏的底部（在山石洞窟之间）。夜叉是须弥山的典型特征（Yule 1915: 1.277）。［译者按：作者此处所引文献为使团画师火者・盖耶速丁（Khwaja Ghiyasu'd-Din）之日记，中文翻译引自何高济译《沙哈鲁遣使中国记》，北京：中华书局，2002，第 121 页。］此外，还有一则关于道教转轮藏的案例（1116 年），文献将其描述为“八面，面为方格……下施轮令其关以旋转，言‘象天运’焉”（陈国符 1963: 227；译者按：原文引自清代娄近垣所编《龙虎山志》）。越南北宁省笔塔寺有一座建于 14 世纪初的楼阁，据其铭文，其中所内置者“形若九叶莲花之高台”［“estrade en forme de lotus à neuf pétales”；Besacier 1954: 123；参见图 107 及增图 27（译者按：该装置名为“九品莲花塔”，且亦可转动，感谢叶少飞教授提供信息与照片）］。

② 译者按：作者此处的记述存在一定问题，似乎将雍和宫永康阁一层内之“转轮藏”与延绥阁一层内之“开花现佛”（见增图 26）这两座木构旋动装置混淆为一了。永康阁与延绥阁分别位于万福阁之东西两翼，遥遥相对。但无论如何，这两座木构装置所表达的“转动”的思想与石泰安先生的推论并不矛盾，且相一致。

③ Boerschmann 1937: 38-39；平面图见第 41 页。其为一“倒八角形锥体”（如须弥），一座十八层之塔，其被山、云、水等元素所分隔，并从地下室转动。关于转轮藏，参见小野胜年 1942: 10-11, 249；关于另一莲花状转轮藏装置参见该书第 257 页。此种莲花状装置非常少见且出现较晚（17—18 世纪？），不过，9 世纪日本朝圣者前往五台山朝圣时便曾见到转轮藏（六边形；Reischauer 1955: 247），但其具体形状不详。

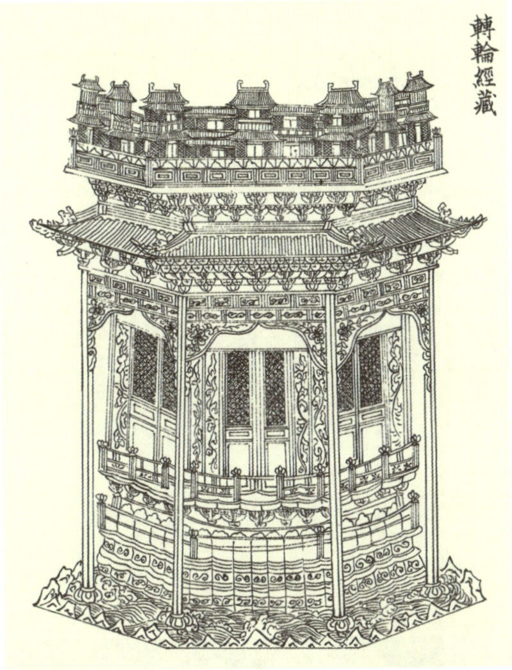

图 106-1《营造法式》中所载之“转轮经藏”图

图中所绘之藏经宝阁自海中涌起。来源:《营造法式》卷三十二。

图 106-2 北京雍和宫永康阁内之“转轮藏”

其底部表现为环布岩洞之须弥山。2021 年，陶金摄。原图为石泰安摄于 1947 年。

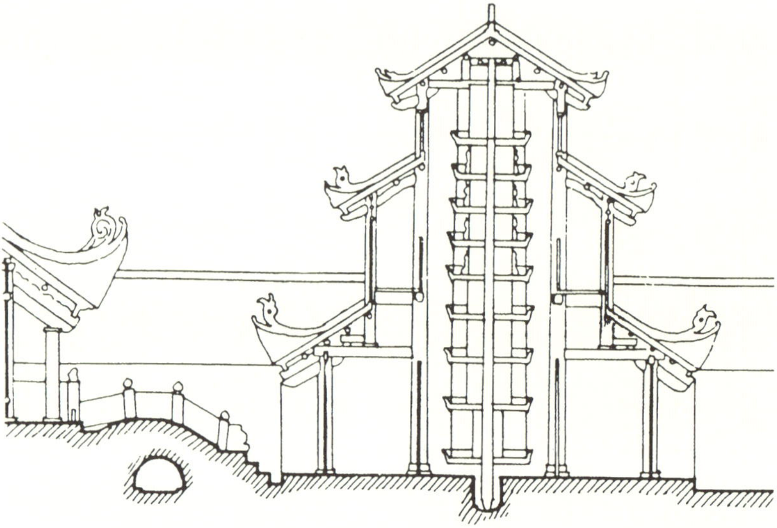

图 107 越南北宁省笔塔寺（Chùa Bút Tháp）之转轮藏[①] 剖面图。

增图 26 北京雍和宫延绥阁内之“开花现佛”
其底部为自海中涌出之山石，山石转为花茎，上承莲花，花苞之内安藏诸佛金身。2021 年，陶金摄。

① Besacier 1959，译者按：又称“九品莲花塔”。

增图 27 越南北宁省笔塔寺“九品莲花塔”近景

2019 年，叶少飞摄。

〔案例〕

【不动明王】

在一个特殊案例中，须弥山的这一组元素被集中于一处，用以表现不动明王这一特别且重要的形式。讨论这一复杂的案例需要很长的时间，我们在这里将只关注一部分能够阐明我们主题的特征。不动明王的形象为左手执绳，右手秉剑向天，象征其为智慧火之神（见增图 28）。他立于一块自海中涌出，周环火焰的岩石之上。我们已经提及，在为他所举行的火供仪轨中，莲花与金刚的象征被结合于一处[①]（见 429 页注②）。同时，不动明王还是中央大日如来的化身，在崇奉他的“道场观”中，须弥山被观想位于道场之中央，山顶有一红莲，莲中有一阁楼，此即神明所居[②]。

但是，不动明王也可以用符号的方式来表现（见图 108）。其中，一块岩石（须弥山）自海中涌出，上有莲花一朵。莲花之上有一柄宝剑向天而立，其剑柄为“三钴金刚杵”（两侧弯曲，朝向中间之直刃）[③]，剑身被一火龙[④]所蟠绕，龙首向下，剑

① 译者按：即护摩坛前所悬“金刚”“胎藏”二部曼荼罗。

② 《胜军不动明王四十八使者秘密成就仪轨》，《大正藏》本第 1205 号第 31 册，8 世纪译本，第 34b—35c 页。

③ 杉浦康平 1982：103 中收录了一幅出众的古代图像，金刚杵的下部被龙尾缠绕的头骨取代。在仪式中，剑柄有时是一朵莲花（《不动使者陀罗尼秘密法》，《大正藏》本第 1202 号，第 23c 页；第 1204 号，第 34b 页）。

④ 此即“那伽”；日文汉字写作“俱利加羅”（Kurikara）。根据仪轨，其或为蛇或为龙（“那伽”在汉文佛典中常被译为“龙”），常与雷电火光相随（《佛说俱利伽罗大龙胜外道伏陀罗尼经》，《大正藏》本第 1206 号；《佛说矩里迦龙王像法》，《大正藏》本第 1207 号；《俱力迦罗龙王仪轨》，《大正藏》本第 1208 号）。

增图 28 西安碑林博物馆藏唐代不动明王石雕造像（8 世纪）

2025 年，崔朝阳摄。

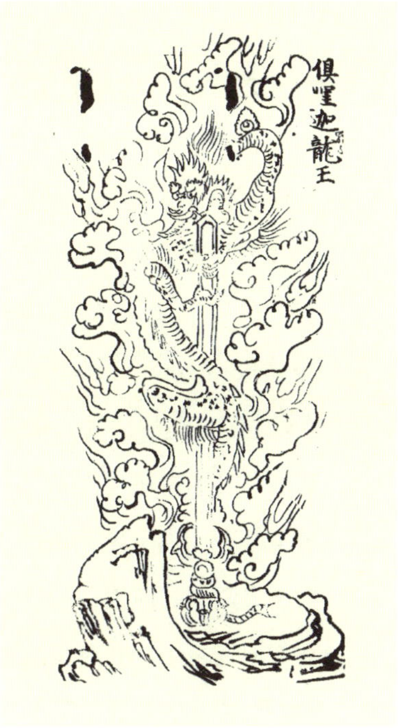

图 108 日本京都东寺所藏《俱哩迦龙王》之图

图中不动明王化作龙神，缠绕宝剑，向上升起。来源：《大正藏》本图像部，第 6 册，第 239 页。

尖直指龙喉之中。此神名为“不动”（不可动摇），从剑的形式来看，其竖立如立柱一般，周身盘绕上升之龙则暗示出一种旋转的运动。但是，“龙”实际只是“剑”的另一种形式。在一则传说中，这一火龙吞剑的表征得到了一定的解释：不动明王为了征服外道［尤其是色界之主大自在天（Maheśvara），即湿婆神（Śiva）］，在一场辩论及密咒斗法中将自己转化为一把燃火之慧剑。其对手亦行此法。于是，不动明王又化作一龙，如饮水一般将剑吞下。这明确地说明，征服者化为了被征服者之形。由此，如如不动与螺旋运动被结合到了一起，其中或许还有火与水的元素。

在一稍晚的案例中，我们看到一种十分重要的转变（transformation），其进一步地表现了这种不同元素之间的结合。在仪轨中，这对“剑—龙”的组合总是向天竖立于水中岩石之上。在日本古籍《太平记》[①]（可追溯至14世纪）中，收录了一则关于某豪门所藏宝剑的故事，表现出了方向相反的情况。其中，由于宝剑剑尖破损，一位僧人被请来举行仪式。他将宝剑向上竖立于道场之中，并对其诵念祝福之语。其后，一只俱利加罗（见440页注④）自天井降下，并将剑尖吞于喉中。宝剑由此立刻复原完整。我们不禁将这些表征与盘龙柱、藻井中的蟠龙，以及此前所言与昆仑山相关联的炎火、风雨中的上升与下降进行类比。但在这里，作为底座的岩石与莲花即须弥山。[②]

① 《太平记》，岩波书店版，1962年，卷32，第228页。

② 在仪式中，不动明王有时坐在莲花上（《不动使者陀罗尼秘密法》，《大正藏》本第1202号，第11b页），有时坐在象征稳固及须弥山的磐石之上（《大乘玄问答》，《大正藏》本第2303号，第24b页；《金刚手光明灌顶经最胜立印圣无动尊大威怒王念诵仪轨法品》，《大正藏》本第1199号，第5c页；《圣无动尊一字出生八大童子秘要法品》，《大正藏》本第1204号，第34c页；《圣无动尊安镇家国等法》，《大正藏》本第1203号，第28a页）。此外，不动明王之剑也可立于磐石之上（《胜军不动明王四十八使者秘密成就仪轨》，《大正藏》本第1205号，第35c页）。

【园林盆景】

如上所见，在中国与日本的本土传统之外，都还存在着一组新的形象组合。我们也已看到，在这些国家的建筑与园林之中，人们也还开辟了或大或小的“小天地”（微缩世界）。昆仑山作为范本似乎并不总是被直接明确地使用，它们更多是参考了蓬莱仙岛及其他形象。另外，须弥山不仅可作为底座或基础的参考范本，它也可以自身的形象得以表现；有时是具象的，有时则是符号性的。（我们在第一部分已经看到了一处称作“芥子”的小园，盖因芥子之中亦可含藏须弥之山。）

我们可以从一部日本古代文献中获得一些年代信息。据《日本书纪》（8世纪）所载，公元621年，一位擅长“构山岳之形”的巧匠自百济（朝鲜半岛）来到日本。他奉天皇之命，“构须弥山形及吴桥（中国之桥，pont chinois）于南庭”[①]。其后，在公元657年及660年，一男一女自中亚之睹货逻（Tocharian）[②]来到日本，于飞鸟寺又构筑了一处“须弥山像”[③]。此外，还有一处构筑于湖边山石之上的须弥山，其高度与佛塔相仿。[④]

我们不清楚这座小山的具体形式，它可能只是一块简单的

① 《日本书纪》，第二十二章。

② 译者按：亦作“吐火罗”，古地名，位于今新疆塔里木盆地一带。

③ 《日本书纪》，第二十六章。

④ 《日本书纪》（Florenz 1903: 3，163，178）中的平行文献也记载了相同的年份：621年、657年及660年。Florenz指出，那些人不可能是睹货逻人，肯定是与一处当地地名发生了混淆。我们已经看到现代传统如何改变了这一叙事，以便解释香炉及盆景的起源（见第一部分，72页注①）。

山石承托着一座楼阁，一如“道场观”图像中所描绘的须弥山（见图105），也可能恭依经典之描述，有着复杂的构造。1946年至1948年间，笔者在北京嵩祝寺庭院中发现了一座青铜铸造的须弥山（其年代无疑较晚）。石质底座为八边形，上承一莲花形石盆，盆中升起一陡峭的阶梯状锥形山，山顶之上又有一倒锥之山。须弥山的顶部安有一座周身通透无墙的小亭（见图109及增图29）。[①]

〔圆明园琉璃塔〕

不过，须弥山也常以一种暗示性的、更为抽象的方式来表现。一方面，须弥山山体的各个部分通过分居于山中各处的神明而得以标识；另一方面，须弥山所代表的三界被简化为若干几何轮廓。这种形式已被广泛应用于一些佛塔的设计之中，一如上文所见之绥远白塔。此外，北京圆明园法慧寺多宝琉璃塔（见增图30）也可作为另一参考案例[②]，其大体构造如下：首先，琉璃塔的底部为方形，并立有四大天王像，这是须弥山的中心

① 译者按：该须弥山实际位于嵩祝寺东侧之法渊寺内，20世纪50年代移入雍和宫正殿前月台之上。其一侧有“司礼监掌印太监冯保施供”之铭文，如此则约为明隆庆至万历初年间（1572—1582年）之物。石泰安先生所描述的顶部小亭实际为顶部天宫之木质保护罩，现已不存，亭下所覆天宫坐落于圆形城台之上。按《雍和宫导观所刊物》第2期（1935）云：“……东即为法渊寺，最后名曰大雄宝殿，殿前有古铜昆仑山，带汉白玉雕刻极细之石座井。”书中另附有该物图版照片一张，其页后有《嵩祝寺铜昆仑山说明》曰：“此山取名昆仑，系古铜铸成，山顶另装小木亭一座。山身在石池之内，池连汉白玉石座。自亭顶至底座高约五公尺，四周遍刻佛像，备极精致。现陈设于嵩祝寺大雄宝殿阶前。”（着重号为译者所加）另参见李杨《雍和宫明代铜铸须弥山之初探》，《北京文博文丛》2016年第2期，第40—43页。

② Bushell（卜士礼）1910: 68-69，图38。

图 109-1 北京法渊寺明万历铜铸须弥山[1]
其上有小亭式护罩。
来源：1900 年—1910 年，拉里贝（Firmin Laribe）的中国影像记录。

图 109-2 一组疑似须弥山之石刻[2]
原石发现于奈良，原已散落，且可能缺失了其中一块；飞鸟时期（552—645）。东京国立博物馆藏。

增图 29 现存于雍和宫大殿前之原法渊寺铜铸须弥山
2021 年，陶金摄。

---

① 原书图像为石泰安摄。
② 原书图像来源：*Shin shik: bunkazai koko jiryō*（东京，1981）。

增图 30 北京圆明园法慧寺琉璃塔

来源：法国旧明信片。

腰部。其次，两重屋檐之上为两段式之楼阁，两者亦以重檐为间隔。下部楼阁为八角形，八天［帝释天、火天（Agni）等］坐于其间。虽然照片无法完全识别，但卜士礼（Stephen W. Bushell）提及了八方护法，并称此部分与弥勒菩萨之兜率天宫相呼应。按卜士礼所言，上部楼阁为五方佛所居。他并未明确指出此处楼阁有几角（五或八？）。但需要注意的是，这部分楼阁乃位于八面楼阁之上。我们马上将再次看到，这种 45° 角的偏移表明了一种旋转运动。最终，塔的顶部为三重圆形屋面，其上设有宝瓶与华盖。整个塔身自方形底座向上渐次变细。[①] 在工匠们构思这一宝塔的设计时，中国“天圆地方”的经典象征以及须弥山的垂直层级划分或许同时存在于他们的意念之中。

〔昆明梵字塔〕

这一类汉式佛塔（以及其所暗喻的须弥山）有时也以一种简化的石柱形式存在。云南昆明地藏寺之梵字塔（12世纪）[②] 便可视作此类之案例 [③]（此类石柱被称作“石幢”,“幢”字常用于须弥王佛；见图 110 及增图 31）。[④] 根据现代昆明地方的传说（1920 年左右），作为石柱的梵字塔乃是用于弹压下方之恶龙，其基座也因此被立于方形地坑之中（从而象征了下界）（见图 111）。在 Finot 与 Goloubew 的请求下，梵字塔的基座部分得以被发掘清理出来（译者按：约为 1919 年）。下面是对石幢自下而上的描述（括号中之注释由我所作，原作者 Finot 与 Goloubew 并未将其构造与须

① 这一砖塔通身覆以琉璃砖，位于北京附近之夏宫（圆明园）。卜士礼将其视作须弥山顶所耸起的“宝塔”[tour-pagode des joyaux (pao-t'a)]。译者按：此塔为圆明园法慧寺之“多宝琉璃塔”，于 1860 年英法联军兵燹中幸存，但在其后被毁。

② 译者按：“梵字塔”又称“地藏寺经幢”，位于今昆明市博物馆内。

③ R. A. 1957d: 第 75 号；Finot, Goloubew 1925。柱身之上刻有纪年。作者信仰佛教，来自大理，即南诏古国，该处深受印度之影响（通过缅甸）。

④ 这些“幢”以中心杆支撑（幢对应梵文之“dhvaja”）。八角石柱在中国、朝鲜和日本非常常见（亦有六角柱）。这些石幢可能有二、四或六层，底部或有一莲花座，顶部设一“天盖”。佛经文字通常刻于其幢身下部，上部则镌刻陀罗尼 [dhāraṇī，通常为《佛顶尊胜陀罗尼经》(*Uṣnīṣavijaya*)]。按佛顶尊胜佛母之经典所言，其陀罗尼之文字必写于高幢、高山或塔上（望月信亨 1954-1973：第 610b—c 页，及第 1 册，照片 261—262）。

图 110-1 河北赵州陀罗尼经幢[①]
建于北宋景祐五年（1038 年）。
2023 年，陶金摄。

图 110-2 河北赵州陀罗尼经幢立面图[②]

增图 31　河北赵州陀罗尼经幢下层倒锥状山石雕刻细部
2023 年，陶金摄。

① 原图来源：梁思成等：《中国建筑图集》，前揭。
② 刘敦桢：《中国古代建筑史》，前揭，第 235 页。

图 111 云南昆明梵字塔（12 世纪）[1]
塔身的建筑形式表现了围绕一坚固不动中心的旋绕运动。
汉字标注为译者所替换。

① Finot，Goloubew 1925.

增图 32 云南昆明梵字塔现状及细部
2023 年，陈诺摄。

弥山相联系；译者按，参见图 111 及增图 32）：

（1）八角形基座，其上立一圆鼓状（但又非正圆形）之短柱，柱上所雕之龙（及海水）面对面并相互缠绕。

（2）八角形柱座，上刻汉字铭文；座上为八角柱，四大天王立于其所降服鬼王之上，并环绕四周，此外尚有梵文铭文（此即须弥山之中段部分）。[1]

① 三种陀罗尼，即《佛顶尊胜陀罗尼经》（*Uṣṇīṣavijaya*），"Hālāhala" 以及 "Vasundhāra"。

（3）一八角形锥体立于八角柱上，其角与柱座之边相交，“就好像塔身部分绕其轴转动了45°”（暗示了须弥山的旋转运动）。最底层的八角形锥体雕有汉式四大天王（四大金刚），它们守护四方［其属性与四方佛（Jina）不同］。其上一层（第二层）是另外四位天神与四位菩萨。第三层也是如此。中间部分如此重复之后，再上为一瓶状物（或许是一香炉，因其雕有烟气从中涌出；这并非是三界之上的倒锥形三十三天宫殿）上托一楼阁，其每一面均雕有佛像三尊。

（4）另外八尊壁龛（或花瓣？）中的佛像①，他们将此楼阁与塔顶相连，塔顶是一朵绽放的仰莲上承一莲花花苞（闭合的莲花），这一组合呼应了正锥叠于倒锥之上的主题（此类尖顶常见于佛塔之中）。

在这一案例中，八边形从下至上都占据了主导地位，而莲花则从底部转移至了顶部（我们已经看到这种倒置的其他案例）。地下与水界的部分由圆形来表达，此与须弥山的经典描述相一致。虽然梵字塔被安置于四方形地坑之中乃是新近之事（且受到了历史学家Finot的批评），但这完美地结合了须弥山与中国传统中大地为方形这两种观念（如上文所言之多宝琉璃

① 作者无法辨识其中诸佛之身份。陀罗尼出自密宗。前两篇与观世音（即佛教化之湿婆）相关，也与胜利以及毒药（毒药被湿婆吞下，并通过须弥山搅拌大海而化解）等元素具有关联；第三篇乃是向大地女神之祈请（与丰产观念有关）。实际上，铭文还包含了更多的内容组合［见Liebenthal（李华德）1947: 37-38］。

塔）。[①]但最有趣的是通过45°角的偏移来暗示须弥山（搅拌杆）的旋转这一特征。[②]

从技术角度而言，虽然在木构中已实现了这种旋转（转轮藏），但想通过石材来实现仍然十分困难。如此，以纪念物（如佛塔）为中心的绕行，或是结构上角度的偏移等表现形式可能都暗示了这种旋转。然而观念及相关的想象力是如此强大，以至于我们在中国还能看到另一种通过缩小模型尺度而实现旋转的技术解决方式。

〔简州寿山福海〕

贝德禄（Edward C. Baber）在其关于中国西部的专著中描述了这样的一种模型[③]。他首先指出，四川汉式密檐塔的中部往往比顶部与底部略窄，因此它们从侧面看略显凹陷。[④]四川资阳附近简州（译者按：今四川简阳市）的十三级佛塔便是这种情况。此外，贝德禄报告说，在寺庙的庭院中还有一组巨大的铁器，分为上下两部分。其中，下半部分被称为“寿山”，状若“半个桃子”（类似一圆锥或乳头；见图 112，及增图 33），上半部

① 在婆罗浮屠（译者按：印度尼西亚）与吴哥城（巴戎）的大型佛塔山中，须弥山的基座完全被一种平台所掩盖了：参见 Coedes 1943: 94–95；以及 Mus 1935: 86（这里讨论的所有主题都可以在 Mus 内容丰富的巨著中找到）。

② Mus 因此将吴哥窟（尤其是巴戎寺）寺庙之“四面”解释为最初源自湿婆或梵天之面孔，但其似乎实际源自观世音（Coedes 1935: 135– 143）。Mus 提及了毕加索呈现人脸的方式（见 Mus 1964a: 336–337; 1967: 388; 1964b: 21–34）。

③ Baber 1886: 22–25.

④ 倒锥形是须弥的典型特征。关于“凹陷”的侧面，参见望月信亨 1954–1973: 第 10 册，照片 1651。

图 112 四川简州天宁寺宋福海寿山铁器及上半部之平面图（12 世纪）[①]

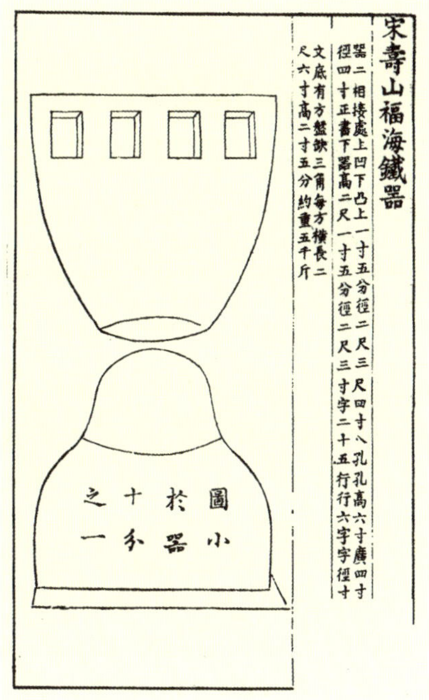

增图 33 清刘喜海《金石苑》卷四所载“宋寿山福海铁器”之图

① Baber 1886.

分名为“福海”，状若一无柄的咖啡杯（倒圆锥形）。[①]“咖啡杯”的杯底有一球形凹坑，正好用来咬合“桃子”顶端的凸出部分。“咖啡杯”平顶的中央有两个长方形的槽，在其一侧各有一椭圆形之凸出物。此外，“咖啡杯”侧面一周有八个浅槽（但深度不足以插入绞盘杆）。上下两部分被分开放置。下半部分镌有1128年之铭文，其曰：

（善信等）舍钱铸造寿山福海一座，施本州天宁万寿禅寺转轮[②]，祈乞寿年绵远，子孙荣隆。[③]

据贝德禄所采访的僧人说，上半部分表面的长方形槽处原嵌有佛像一尊，侧面八个空槽处则插有木条。但这并不是如人们所想象的那样用以转动机械；因为空槽不够深，而铁器则重达约“五千斤”。按僧人的说法，一旦佛像安放好之后，“它开始自行转动，并指向选中的信徒。”贝德禄著作的编辑亨利·玉尔（Henry Yule）认为这一解释可能与我们所提及的“转轮藏”有关。这是正确的，但并不充分。不过，

① 在佛教中，“福”也意味人们获得的功德与利益。见第一部分74页注③。

② “转轮”意为宣扬佛法。

③ 该物体曾于1951年被再次发现（西南文教部文物调查征集工作小组《成渝铁路筑路当中出土文物调查报告》，《文物参考资料》第二卷，第11期，1951: 83），但在清代亦有记载（见刘喜海之《金石苑》卷四，“宋寿山福海铁器”，1846—1848。他明确地将该物描述为上半部分凹入，下半部分凸起）。译者按：见增图33。关于作为转轮藏的枢机的“寿山福海”的新近发现，可参见刘豫川《璀璨的巴渝文化遗迹——重庆市文物普查收获综述》，载重庆市博物馆《巴渝文化》编辑委员会编《巴渝文化》第1辑，重庆出版社，1989，第310页。

亨利·玉尔所引用的另一份记载则完全切题。7 世纪中叶，玄奘在瓦罕谷地阿姆河[①]上游的达摩悉铁帝国国都昏驮多城[②]内见到一座与贝德禄所述极为相似的装置。[③]在一座寺院中有一尊石佛像，“像上悬金铜圆盖……人有旋绕盖亦随转，人止盖止”。取经人向当地人询问其中奥妙，其中一些人说，乃是“圣人愿力所持”，另一些人则说是“机关秘术所致”。但“其堂宇石壁坚峻”，玄奘并未能找到机关。因此，其必有一座楼阁或至少一个抬高的底座来隐藏这一机关。

1128 年所铸“寿山福海”的显著之处在于其轮廓与须弥山相似，同时，其称谓源自中国固有之观念：“山”与“海”的位置在这里被颠倒了。不过，我们也已经看到，莲花的位置也可以从低处移往高处。

想象力并没有就此而止步，它进一步发衍为近代的新转变与融合。据说，在农历新年前一天的腊月二十九，人们将“青龙大吉”的字贴于碾子上，[④]“白虎大吉”贴于磨上。这里保留了二分的形式：“大吉”是一种重复，而非两个不同的部分，“吉祥”与“长寿”即等同于子孙繁茂。不过，“上—下”“山—

① 译者按：古称“缚刍河”“乌浒河”。

② 其位置约在今塔吉克斯坦之“Yamchun”，与阿富汗隔河相望。

③ 玄奘《大唐西域记》卷十二，“达摩悉铁帝国”（《大正藏》本第 2087 号第 51 册，第 941a 页；译本参见 Beal 1884: 2.295）。

④ Wieger 1905: 359–361.

海”的对立被“东—西”（青龙—白虎）所取代。[①] 在另一案例中，寿山与福海被置于静止状态陈设于香炉两侧，且被表现为神明的样式：其中彭祖代表了“寿”，东海则代表“福”。[②]

无论作为象征还是在实际中，佛塔（既是佛身，也是须弥山）与佛身都可旋转。它们同时也是永恒静止且固定的。转轴抑或固定的立柱，这两个互补的元素可与纯汉式的元素集合相类比，也即昆仑与明堂。

〔爪哇园林〕

天地之轴的观念及其在建筑中的多种变化版本均已得到了十分广泛且深入的研究，因此不必对其进一步讨论。但作为收尾，我们有必要稍微提及一则印度或印度教（Hindu）方面有关须弥山的案例，并将其与中国的这组观念集合稍作比较。我们将以爪哇（Java）苏丹王室的园林作为案例，这一国家具有来自印度、伊斯兰及中国诸文明各类特征的相互重叠的特色，而其园林则源自本书开篇所讨论的“小天地”（Monde en petit）的观念，Denys Lombard 在他的著作中极具才智地对此类园林进行了描述与研究。[③]

---

① 我们已经看到，昆仑之上的西王母与虎有着紧密关联，东方之东王公乃是其配偶。自古以来，龙与虎便被作为大门两侧的护卫，它们的吟啸之声能够兴风布云。东与西对立，也体现在昆仑与尾闾的对立之中。奇怪的是，须弥灯王佛也位于东方。译者按，《维摩诘所说经》云：“过东方三十六恒沙国有世界，名为须弥相，其佛号须弥灯王。”

② Doré 1911–1938: 11.971。传统香炉的原型应是山形的博山炉（昆仑或蓬莱；参见第一部分）。

③ Lombard 1969；此外 Lombard 1973 也讨论了中国盆景与欧洲山石花园的关系。

图 113 爪哇井里汶庙宇中由混凝土制成之盆景
Denys Lombard 提供。

与我在本书中所用的方法相同，Lombard 从“现代”（18 世纪）园林入手，并寻找其可能存在的源头。这些园囿为“天然”尺度，但有时也有中国式的盆景，其中有象征山海的山石或附带建筑物的小石（见图 113）[①]。Lombard 专注于这些园林的“意义”（sens, 显然包括目的与含义）[②]：山海、冥想、凝视，甚至是苦行。据他所言，此类园林并非“开放”的空间，其“与平民的外部世界以高垣相隔”，且翊卫森严。“甚至可以说，这处园林乃是天堂中的绿洲，国王于其中像神明一样地生活。”

① 另参见：Lombard 1973: 107 注 4 以及照片 22。
② Lombard 1969: 170–172.

在“Suniaragi”园林的洞穴中[①],Lombard 发现了“爪哇哲学的玄秘之旅”[②]，并论定其用于冥思。这一园林的残迹包括带有亭台的洞穴（gua, 其显然出自梵文之“guha”，意为“洞穴”“神秘”）。洞穴内部有一连串小型拱券屋室，通常狭小且昏暗，由狭窄的通道相连接，外部则设有小山与岩石[③]。

我们此前已经见过这一元素，“人们从一个非常狭小的入口进入主洞”，同时还要穿过一条狭窄的通道，且一次只容一人通过。这条通道通往一处迷宫以及一系列光线昏暗的小屋，最后通过一露天的狭小阶梯而得以登至山顶。山顶有一个水池，所蓄雨水用以供应洞穴内的整个水道系统。

这太令人兴奋了！这不就是本书第一部分中所提到的位于山顶并构成洞天的“仇池”吗？（这一洞天乃是一处与世隔绝的天地，11 世纪的文豪苏轼又将这一洞天重新命名于奇石之中）[④]。再者，在文人李渔为其书斋所构筑的微缩洞穴中，其水源难道不正是自山顶涌出？[⑤] 又及，人头中之昆仑山岂不也是由水池所环绕？而水池之中不也正是高耸的明堂？（见 357 页注 ①）

在另一处大型苑囿“Taman Sari”中，（半）天然洞穴被建

---

① 译者按：原文写作“Suniagiri”，现据 Lombard 原文修正。其又写作“Sunyaragi”，位于印度尼西亚爪哇岛之井底汶（Cirebon）。

② Lombard 1969: 145.

③ Lombard 1969: 144.

④ 译者按：参见第一部分第二章“壶中之天”。

⑤ 译者按：参见第一部分第一章《闲情偶寄》之讨论。

筑物所取代[①]。其水池中央是一座小岛，而水下则有一座地下建筑，一座可以向真主祈祷的“礼拜寺”（mosquée）。这里我们可联想到昆仑、天然的山岳，以及地穴中的启蒙密室（文明、建筑）。

此外还有更多的案例。Lombard 的观点将我们带回了将须弥山视作立柱的表征之中。在研究“Suniaragi”园林可能的来源时，他发现了一座印度纪念建筑。潘拿古南山（位于爪哇东部）由四座山峰环绕一座中央山峰组成。在爪哇的一种宇宙论（约 1600 年）中，其被等同为须弥山（mont Meru；译者按：此为须弥山之变体）。这座山中的“Djalatuṇḍa”庙宇[②]保存有一座“葬礼池”（grafbadplaals）的遗迹，其年代可追溯至 977 年[③]。在水池后方，保存有一处形似“禅邸”(“tjaṇḍi”，一种印度风格的石质祠庙）的基座，这一基座曾承托有一块石头（亦见于他处）。[④]这是一处“林伽”式的宇宙山模型，其周围环绕着其他四座较低的山峰和四座更小的山峰。“这一组九个的突起物被一条盘于底部的蛇所缠绕。”[⑤]同时，这块石头也布满了孔洞。雨水被承接于山顶，然后向下穿过石孔，最终流入基座脚下的水池之中（见图 114—115）。

① Lombard1969: 145ff.

② 译者按：亦称“Candi Jolotundo ”或“Petirtaan”，爪哇东部潘拿古南山中一处著名的圣地，以其泉水以及精美石刻而著称。

③ Lombard 1969: 169-170.

④ Stutterheim 对此进行了描述与解释（Stutterheim 1937）。相同类型的“喷泉”（fontaines）亦见于他处。

⑤ Lombard 1969: 169.

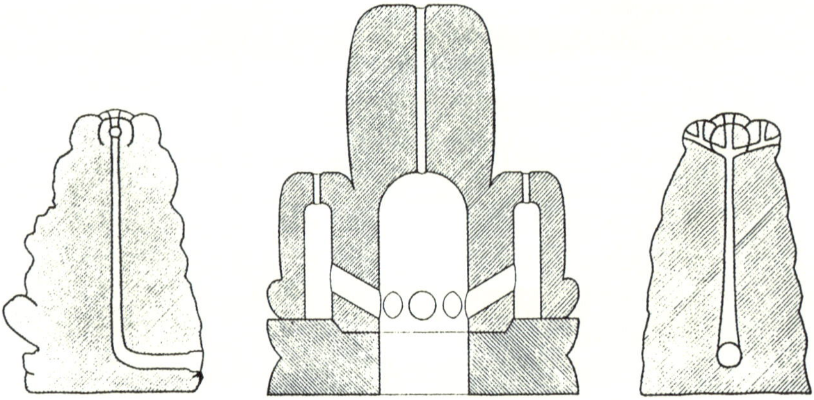

图 114 爪哇“Djalatuṇḍa”圣地中之宇宙林伽剖面图[1]

其形似山岳，亦如喷泉。

图 115 爪哇“Djalatuṇḍa”圣地中之宇宙林伽

其形似山峰，亦如喷泉（977 年）。Denys Lombard 供图。

① Stutterheim 1937.

Stutterheim 根据爪哇宇宙起源（cosmogonie）神话对这一处水体进行了解释（Lombard转述曰“由此得以被圣化”）[①]。在神话中，众神奉命将须弥山从印度迁移至爪哇［见上文；纪念性建筑坐落于此山之上（译者按：潘拿古南山）］。在路途中，众神以须弥山所流出之水解渴，但这是一种毒药（迦罗俱吒，kālakūṭa），众神因此被毒死。至高无上之主（至高神湿婆，Parameshvara）吞下了这一“死亡之水”，因此哽咽，脖子变蓝，但成功地将毒药转化为了甘露（长生之液）。湿婆将甘露洒于众神身上，由此使他们得以复苏。其后，他告诉众神说：“将曼陀罗（Mandara）山搬得更远一些（在爪哇境内）。”[②]Lombard 引用了其他案例以贯通此种类型，他认为“Djalatuṇḍa”庙宇的须弥山可作为“Suniaragi”园林中洞穴的原型，并作为其解释。对他而言，建造这些花园并非纯粹出于“审美和世俗”的原因，而是出于古代君王的一种意愿，他们想要“锚定身边的世界，并通过建立须弥山来稳固‘中心’，以此使自己成为转轮圣王（普世的佛教君主）”[③]。

这些总结同样适用于中国汉代皇帝的园林，天地之精气在其中得以复制；也适用于武则天（自称“金轮皇帝”）的明堂及“天枢”铁柱；同时还适用于中国所有形式的佛教建筑（佛塔、八角柱、转轮藏等）。

---

① 译者按：Lombard 1969: 169 注 5。

② 曼陀罗是东方的一座圣山，湿婆之居所（Hopkins 1915: 10）。

③ Lombard 1969: 170.

〔林伽—湿婆—观世音〕

但是，Stutterheim 与 Lombard 没有前进这么远。通过进一步分析他们所提供的信息，我们可以确定一个重要的主题，它似乎应是本章中所有内容的基础。

首先应指出，“Djalatuṇḍa”庙宇中的“林伽—须弥山”以及与其似乎相关的神话都出自印度教，但它们也在佛教中广为应用，特别是在藏密与唐密这两支密宗之中。爪哇的宇宙起源神话是印度神话的变体（即通过须弥山的转动来搅拌乳海），其在中亚与中国的藏族聚居区和汉族聚居区也已广为人知。迦罗俱吒之毒是以须弥山搅动乳海造化天地的产物之一，湿婆将其吞下以转化为甘露，他的脖子因此变为蓝色。在佛教中，湿婆转化为观世音（藏传佛教之“Lokeśhvara”，梵文作“Avalokiteśvara”），而观世音的化身之一便是“青颈观音”。在仪轨与身心层面（psychophysiologique）的观想中，这些菩萨都与“转毒药成甘露”主题相关。Stutterheim 研究的爪哇纪念建筑并不是一个孤例。在柬埔寨高棉王国也发现了类似建筑以及相同观念，这里曾流行一种湿婆教（shivaite）与佛教的融合信仰（9 世纪至 12 世纪），并可作为比较的对象。在这里，象征须弥山的寺院与位于王国中央象征君主（被神格化之“神王”，devaraja）的林伽被关联到一起（一如转轮王）。有时（或许是大多数情况），这些寺院主圣所的下方会掘有一口中央水井。在东湄本寺（Mebon oriental）的案例中，其寺

增图 34 柬埔寨吴哥王朝时期立于瑜尼之上的林伽（约 975 年）
美国大都会博物馆藏。

院中央设有一座林伽（参见增图 34），另外八座林伽位于更低一层（湿婆的八种化身；据说共有九种）。[①] 此外还有更多的案例。须弥山以林伽（湿婆之男根，也即湿婆之本体）的形式展现，特别是底座上的盘蛇元素（爪哇的案例）表现了瑜伽及密

① Stern 1934; Coedes 1943: 60-61（林伽神王），89-96（须弥山），142-148（四面，观世音）。高棉王国在 8 世纪似乎一直作为爪哇之附庸（据传说），其中先后各有一位信奉湿婆教与佛教的国王。9 世纪时，为了纪念独立，高棉国王“通过在一座山上设立林伽崇拜”来将自己奉为统治者 [即将国王等同于众神之主的帝释天（Indra）; Coedes 1962: 94-95]。其后的 12—14 世纪，湿婆在爪哇被等同于佛陀（de la Vallee Poussin 1936-1937: 289，转引 Sarkar 1934: 284）。

教的修炼（印度教以及佛教）。其中，“拙火”（kuṇḍalinī）的力量必须沿着位于脊柱的中脉（梵天、须弥之柱，或法杖）通过脉轮（以及莲花）上升至头顶。这团火在此化为一滴甘露，转而下降。[①]

正如我所说，我们无法深入探讨不同背景下（印度、中国的藏族聚居区和汉族聚居区；印度教及佛教）身中“小天地”在观念与表征中的所有不同形式。关于该题目的文献著作是海量的，而我们只提及了其中的一部分元素。

然而，我们仍有必要再讨论一种与爪哇所见形象相关的表征，其可能与中国的一些表现形式可资比较。在爪哇，须弥山即林伽。林伽表现为一种柱子，其形状源自一则著名的印度神话，该神话还曾传播至占城（今越南南部）、柬埔寨及印度尼西亚（爪哇）。在神话中，湿婆之林伽状倒于地面，状若火柱，并植入地中。为了防止林伽烧毁整个宇宙，毗湿奴（Viṣṇu）与梵天（Brahmā）将其包裹在双层护鞘之中。结果形成了一个带有四方、八角底座以及圆顶的柱子，同时还具有四张脸（人面林伽，mukhalinga）。八角形是毗湿奴之护鞘，正方形则是梵天之护鞘。整个物体被置于一盆状的容

① 在上面我们看到道教与瑜伽中一些相似的冥想［meditation（译者按：道曰“存思”，梵曰“观想”），见本部分 428 页注 ②］。关于这一过程的描述有很多。关于与湿婆的联系，我在这里只引用了 Padoux 有关湿婆的讨论（Padoux 1963: 107ff，尤其是第 120 页）。

器中央。[1]这涉及了顶部与底部的明显倒置。（我们在本部分的上文中也见到了类似的案例，同时还有以“八角形”置于“方”“圆”之中的组合。）在神话中，毗湿奴与梵天曾争论他们在世界中的座次[2]，这时，一根巨大的火柱在他们之间升起，并上下升降。两位神明试图探求它的大小，梵天为此化身为野鹅（haṃsa），飞至其顶部；毗湿奴则化身为野猪，深拱至其底部，但都徒劳无获。这一火柱即湿婆之林伽[3]，它向外打开（隐藏 vs. 显露），并展现为圆顶、八边、方座之形。

追寻须弥山的这些表现形式十分引人入胜，但它们归属于印度及印度教。三段式的林伽柱（方形、八角形、球形）与

---

① Bosch 1960: 187；保罗·穆斯（Mus 1934: 23-24）也对其有所提及；以及 Bosch 1931: 491-496。根据保罗·穆斯的简介，这一“容器”代表了大地。在我看来这必然是在印度随处可见的瑜尼。众所周知，瑜尼意为女性性器官及子宫，在最古老的吠陀时代，其意为“停留之处、归处”以及抵达归处之“路径”（Renou 1940）。后世的一些习俗均源自这一含义：每一个国家，每一处住所都有其林伽［在古柬埔寨也对应了国王与酋长；林伽也意为“标识”（signe）］。作为“圣柱”的林伽（divya-linga 或 mula-linga）象征了湿婆、伊舍那天、梵天，或大自在天（参见 Rao 1914: 362-365 及图版 2）。关于这种倒置，可参见吴哥窟一段赞美菩提树的铭文：“根为梵天，干为湿婆，枝为毗湿奴。”（Bizot 1976: 119）同样的倒置还见于毗湿奴教（Vishnuite）的身体图像之中：方形部分象征了从阴茎到肚脐，即梵天；八角形部分象征了从肚脐到喉咙，是为毗湿奴；圆形部分象征了喉咙之上，是为湿婆（Brunner 1969: 298）。Gopinatha Rao 关注了林伽的三个部分，他描述道：方形部分位于地中；八角形部分“是人们误称为基座的部分，其是一种代表神力（śakti du Dieu）的环”；圆柱是显露的部分。我们在上面注意到，在立柱与一些佛塔中，须弥山的底座是隐藏起来的。

② 毗湿奴和梵天是世界的两位创造者：毗湿奴躺在水中九头蛇上，自肚脐中生出一朵莲花，莲花则生出梵天；请参阅前面的注释。在印度教中，此二神与湿婆一道，形成了三位一体，即三相神（Trimurti）。

③ 火林伽与湿婆的苦行（tapas）相连，集中了他的性力。对于这一方面的思想，可参见 O'Flaherty 1973: 22，26，378（关于阴茎、树与柱子）。神话的另一个版本见于该书第 130 页，其中，湿婆割下自己的林伽并扔在地上；林伽穿透地面，到达下方的地狱并及于上方的天界。毗湿奴和梵天无法找到它的两端，由此确立了对林伽的崇拜。

中国的梵字塔（主要体现了观世音的信仰）具有相同的构成形式。我不想在这里考虑“影响”或“借用”的问题，但对其进行比较研究则应是很重要的。由于佛教徒十分了解这些表征，这使得比较变得更为容易，我们也已经注意到古柬埔寨寺院中佛教与湿婆教的融合。在中国汉族聚居区，对林伽的崇拜存在于阎曼德迦明王（Yamāntaka，大自在天之化身，湿婆；译者按：亦译为“大威德明王”）的仪轨之中。[①] 最重要的是，湿婆火林伽的神话本来在印度便有其佛教的对应版本，其中，当魔王（Māra）攻打佛陀时，诸神严阵以待：帝释天（天神，神王）吹响海螺，大黑天（Mahākāla，众蛇之王，地下水界）吟唱赞歌，大梵天手擎白伞。但当魔王军队逼近时，他们却四散逃逸了。大黑天潜入大地中的蛇神之界，帝释天躲藏于世界的尽头，大梵天则升至梵天（Ciel de Brahma）。Bareau 将这个故事与印度钦奈（Chennai）[②] 地区湿婆神庙中火林伽的故事进行了比较。[③]

在中国，至迟在 7 世纪中叶，对于湿婆（大自在天）的崇

① 大村西崖 1918: 678 所引《大乘方广曼殊室利菩萨华严本教阎曼德迦忿怒王真言大威德仪轨品》“第三十”（《大正藏》本第 1215 号，8 世纪译本）。

② 译者按：又名马德拉斯（Madras）。

③ Barea 指出，虽然没有佛教版本中的故事，但印度教神话中的形象是众所周知的。他认为佛教版本可能最先出现，而湿婆教神话则系借用（Bareau 1967: 75–79）。但这似乎不太可能：相对而言，林伽的神话更为连贯一致。从佛教的角度来看，人们可能会有这样一种观念，即无人能从上方俯瞰佛陀之顶额或测量他的高度，甚至连鸟与龙都不敢“飞越”他（或“向下挖”？Durt 1967）。佛陀的顶额如同一把伞，这一特征的称谓以及大白伞盖（Sitātapatrā，其被圣化成一位女神：大白伞盖佛母）与观世音菩萨密切相关，而观世音菩萨则是湿婆神之化身。在观世音菩萨的一部汉文仪轨中（《不空羂索神变真言经 · 根本莲华顶陀罗尼真言品第三十》，《大正藏》本第 1092 号，

拜已见于玄奘《大唐西域记》的记述之中。玄奘转述传闻说，这一崇拜的圣地位于观世音菩萨的圣山，名为“布呾洛迦”[Potalaka；译者按：亦作“普陀洛（珞）迦”“布达拉”]，该山地处印度南部海中，因此很难抵达。普陀洛迦“山顶有池。其水……周流绕山二十匝入南海”。池之一侧有“石天宫”，是观自在菩萨之“往来游舍”。在菩萨的信徒中，“其有愿见菩萨者，不顾身命，历水登山”。能到达此处的人很少，一部分信徒在山下“祈心请见”，有的建立“自在天形”，有的则为“涂灰外道”[苦行湿婆——大自在天（Śiva-Maheśvara ascète）之信徒]以表示其业已履行誓言[①]。

主奉观世音的柬埔寨寺庙，以及爪哇的圣山（以林伽形式表现的须弥山），它们都一同强化了观世音与大自在天[可能

706年译出），菩萨取大梵天之相端坐于须弥山顶（第305c页），从他的肚脐中升起“千叶莲台”（雌蕊），并于其中显现为“大梵天相”（第317c—318a页）。这正是我们刚刚所提到的有关莲花座或须弥山的毗湿奴神话（见465页注①）。此外，观世音菩萨是观看世界（同时且各处）之主（Īśvara），与这一特征具有进一步关联的还有吴哥窟之四面观音以及四眼林伽（linga à quatre yeux）[以及具有四张面孔且绘有巨大眼睛的佛塔，如尼泊尔加德满都的斯瓦扬布拉特塔（stūpa Svayambhu）]。

① 玄奘《大唐西域记》卷十，《达罗毗荼国》（译本可参见St. Julien 2.123; Watters 2.229; Tucci 1951: 186）。所有的译者都将池边的建筑“石天宫”理解为“石庙”（temple de pierre，如图齐译作“stone-temple”，瓦特译作“stone Deva-palace”），中文原文并不适合此种翻译。很明显（或故意的？）观自在菩萨已经与天神大自在天（湿婆）合二为一了。我认为天神（也就是大自在天）在这里被表现为石头，也即林伽，无论其被呈现为写实的形式还是立柱的形式。对于文中最后一句话“山下居人祈心请见，或作自在天形，或为涂灰外道，慰喻其人果遂其愿”，译者将其译作：“les gens ont une vision du dieu soit sous la forme de Maheśvara, soit sous son aspect de Paśupata tirthika.”（人们能够看到神，或以大自在天之形象，或以湿婆教外道之形象）。但是文本中很明确地说，人们“作”（制作，font，fabriquent）“自在天之形”（一身造像？或一尊林伽？）或者“为”（成为，deviennent）“涂灰外道”，也即苦行僧（sādhu）或瑜伽士（yogin）。

由一块简单的石头（自然林伽）或一抽象的柱子来表现］在印度的早期关联，其中还包括了山顶水池以及池水绕山等元素。这种关联尤其令人印象深刻，因为它与我们所分析过的圣物之间都有着深度的契合[1]。

〔结尾〕

或是借用，或是巧合，我们在须弥山的各类形式中再次看到了与昆仑山及盆景相同的主题：静固与旋转；山峰、楼阁、立柱；微观世界；上—下、西—东、山—海的对立，且时有颠倒。但由于佛教的传入，佛教形象由此得以广泛传播，对营造者（甚至对作家）而言，须弥山也许比昆仑山影响更大，至少在道教群体之外是如此。

如此，我们针对各种建筑与图像表现形式所进行的探寻也已经到达了旅程的终点。也许有人会认为我追踪各种形式嬗变的兴趣有时使我们偏离了主旨，而在另一些情况下，我又不得不反过来放弃与我们所选路径有着直接、间接关联，但却迷乱的路径。如果我不如此取舍，本书将变得太过晦涩且复杂。

正如我所多次提到的，宗教的诸多形式与观念有时是牢固统一的，但它们也可以相互分离，并独自嬗变。当一个宗教主题所处的文化环境（milieu）、场所（lieu）或时代（époque）

---

① 译者按：关于观世音信仰嬗变之研究，可参见作者另一篇精彩的研究：«Avalokitešvara/Kouan-yin, un exemple de transformation d'un dieu en déesse», *Cahiers d' Extrême-Asie,* 1986 II: 17-80。

转变时，它便会呈现出不同的形式。相反，一个既定的形式可以有多种解释（interprétée）的角度，从而根据不同的语境（contexte）涵盖不同之内容。但在这些变化中，我们仍对某些基本形式、观念惊人的一致性（cohérence）与连续性（continuité）感到惊叹。

参考书目

译者按：本书目以1990年英文版书目为基础增补、修订而成。由于作者引用书籍的体例并不完全统一，部分出版物的信息并不完整。译者对此不便擅专增补，故而就此阙如，敬希读者海涵。

原始资料

普通汉文古籍（按在书中出现次序排列）

《辞源》

《辞源续编》

〔清〕闵麟嗣：《黄山松石谱》，《昭代丛书》本

〔宋〕杜绾：《云林石谱》，《说郛》本

〔宋〕范成大：《太湖石志》

《五石瓠》，《昭代丛书》本

《礼记》，顾赛芬（Séraphin Couvreur）译本

《庄子》，戴遂良（Léon Wieger）译本，理雅各（James Legge）译本，哈佛燕京学社《庄子引得》

〔明〕洪应明：《洪氏仙佛奇踪》木刻版画

〔宋〕朱熹：《朱子语类》

〔清〕《四体清文鉴》

〔元〕丁鹤年：《海巢集》

〔唐〕李德裕：《平泉山居记》，《说郛》本

〔唐〕李德裕：《次柳氏旧闻》，《说郛》本

〔宋〕张洎：《贾氏谈录》

〔元？〕《渔阳公石谱》

〔宋〕赵佶:《(御制)艮岳记》,《说郛》本
〔元〕脱脱:《宋史·地理志》
〔宋〕张淏:《云谷杂记》,新版《说郛》本
〔明〕屠隆:《考槃余事》,《龙威秘书》本卷三,"Mei-kung pi-chi"本,卷四
〔明〕文震亨:《长物志》,《说库》本,上海文明书局石印版,1915
〔清〕李渔:《一家言全集》
〔清〕李渔:《闲情偶寄》,上海版,1936
〔元〕陶宗仪:《辍耕录》
〔清〕陈淏子:《花镜》
〔元〕孔克齐:《静斋至正直记》,《粤雅堂丛书》本
〔宋〕赵希鹄:《洞天清录》,《说郛》本
〔清〕谢堃:《金玉琐碎》,收入《春草堂集》
〔宋〕米芾:《宝晋斋砚山图》,《辍耕录》本
〔宋〕陈田夫:《南岳总胜集》,《大正藏》本
〔宋〕陶谷:《清异录》,"Houei-pi-ki"本
《全唐诗》,上海,1960
〔唐〕白居易:《庐山草堂记》,《说郛》本
〔晋〕张华:《博物志》,《汉魏丛书》本
〔晋〕王嘉:《拾遗记》,《汉魏丛书》本
〔晋〕崔豹:《古今注》,《汉魏丛书》本
〔晋〕葛洪:《西京杂记》,《汉魏丛书》本
〔元〕元好问:《李卫公故物记·附元好问故物谱》,《唐代丛书》本
〔宋〕苏洵:《木假山记》,收入《苏老泉全集》,《四部丛刊》本
〔宋〕苏洵:《木假山记》,收入《嘉祐集》,《四部丛刊》本
〔唐〕苏鹗:《杜阳杂编》,《说郛》本、《稗海》本
〔清〕梁诗正等:《西清古鉴》
〔宋〕吕大临:《考古图》
〔宋〕张抡:《绍兴内府古器评》
〔宋〕龙大渊:《古玉图谱》,江春康山草堂刻本
〔宋〕王黼:《宣和博古图录》
《山海经》
《万法归宗》

〔五代？〕王简：《疑仙传》，“Pi-chi hsu-han”本
〔宋〕金盈之：《新编醉翁谈录》
《佩文韵府》
〔明〕杨慎：《丹铅续录》，“Kuang-pi-chi”本
〔清〕郝懿行：《尔雅义疏》
《公羊传》
〔宋〕谢翱：《睦州古迹记》，《说郛》本
〔清〕王韬：《海陬冶游录》
〔唐〕冯贽：《云仙杂记》，《说库》本
〔南朝宋〕范晔：《后汉书》
〔清〕张耐：《蜀典》
〔北齐〕魏收：《魏书》
〔汉〕班固等：《白虎通义》，《四部丛刊》本
《列子》，戴遂良（Léon Wieger）译本
〔汉〕司马迁：《史记》，沙畹（Chavannes）译本
〔清〕陈元龙：《格致镜原》
〔汉〕赵晔：《吴越春秋》
〔北魏〕郦道元：《水经注》
《尔雅》
《乐府诗集》
〔汉〕许慎：《说文解字》
〔宋〕苏轼：《仇池笔记》，《龙威秘书》本
〔汉〕辛氏：《三秦记》
《清容居士集》，《四部丛刊》本
〔宋〕苏轼：《苏文忠公诗合注》
〔宋〕陈元靓：《岁时广记》
〔南朝梁〕宗懔：《荆楚岁时记》，《汉魏丛书》本，守屋美都雄《校注荆楚岁时记》
〔宋〕王十朋：《东坡诗集注》
〔清〕谢堃：《雨窗记所记》，《春草堂丛书》本
〔清〕陈梦雷：《古今图书集成》
〔宋〕赵汝适：《诸番志》
〔晋〕嵇含：《南方草木状》

〔清〕吴震方：《岭南杂记》，《岭南丛书》本

《天后圣母圣迹图志》，广东版

《周礼》，毕瓯（Édouard Biot）译本

〔明〕俞贞本：《种树书》，“Yuan Yu che Tsong pen”本

〔元〕吴莱：《南海古迹记》，《说郛》本

〔清〕汪昂：《本草备要》

〔汉〕刘安：《淮南子》，《四部丛刊》本

〔南朝齐〕祖冲之：《述异记》

〔明〕李时珍：《本草纲目》

〔唐〕刘恂：《岭表录异》，《说郛》本

〔清〕黎士宏：《仁恕堂笔记》，《昭代丛书》本

〔明〕邱浚：《幼学故事寻源》，杨界右注，天宝楼本

〔晋〕崔豹：《古今注》，《汉魏丛书》本

〔唐〕马缟：《中华古今注》

〔明〕顾元庆：《十友图赞》，《说郛续》本

〔唐〕姚察、姚思廉：《梁书》

〔唐〕李延寿：《南史》

〔清〕秦蕙田：《五礼通考》

〔汉〕董仲舒：《春秋繁露》

〔清〕褚人获：《坚瓠余集》

〔清〕张澍辑：《三辅故事》

〔北齐〕刘昼：《新论》，《汉魏丛书》本

《老子》，戴遂良（Léon Wieger）译本

《荀子》

〔汉〕班固：《汉书》

《孟子》，顾赛芬（Séraphin Couvreur）译本，理雅各（James Legge）译本

〔汉〕王充：《论衡》，伏尔克（Alfred Forke）译本

〔汉〕桓宽编：《盐铁论》

〔唐〕李延寿：《北史》

〔唐〕魏徵主编：《隋书》

〔宋〕欧阳修、宋祁撰：《新唐书》

〔唐〕房玄龄等撰：《晋书》

《诗经》，顾赛芬译本

《说文解字诂林》

《甘肃全省新通志》

《中华全国风俗志》

〔晋〕陈寿:《三国志》

《公羊传》，哈佛燕京学社《春秋经传注疏引书引得》本《广雅》

〔汉〕刘熙:《释名》

〔宋〕何薳:《春渚纪闻》，收入《说郛》涵芬楼本

〔宋〕孟元老:《东京梦华录》

〔汉〕应劭:《风俗通义》

《楚辞》

〔唐〕段成式:《酉阳杂俎》

〔隋〕颜之推:《颜氏家训》

〔汉〕王延寿:《鲁灵光殿赋》，收入《昭明文选》

〔汉〕张衡:《西京赋》

〔宋〕沈括:《梦溪笔谈》,《说郛》本

〔宋〕李诫:《营造法式》,《四库全书》本

〔宋〕彭大雅:《黑鞑事略》，徐霆注

〔元〕李志常:《长春真人西游记》,《国学文库》本

〔西夏〕骨勒茂才:《番汉合时掌中珠》

《蒙古秘史》，伯希和译本

〔明〕宋濂撰:《元史》

〔清〕《四体合璧清文鉴》

〔清〕张鉴撰:《西夏纪事本末》

《元朝秘史》

〔宋〕李昉:《太平御览》

〔清〕陈世熙:《唐人说荟》

〔唐〕李泰:《括地志》

《蒙泉杂言》,《元明善本丛书》本，1937

《河图括地象》，引自《纬书集成》

〔汉〕韩婴:《韩诗内传》

〔南朝梁〕吴均:《续齐谐记》

〔晋〕常璩:《华阳国志》
《神异经》
《越绝书》
《十洲记》
〔北凉〕阚骃:《十三洲志》
〔南朝梁〕萧统:《昭明文选》
〔宋〕《迷楼记》
〔晋〕干宝:《搜神记》
《汲冢周书》
〔汉〕《列女传》
〔清〕张澍:《三辅旧事》
《三辅黄图》
〔汉〕郭宪:《汉武帝别国洞冥记》,《汉魏丛书》本
《汉武故事》,《经典集林》本
〔宋〕聂崇义:《三礼图》
〔五代〕冯鉴:《续事始》,《说郛》本
〔北魏〕杨衒之:《洛阳伽蓝记》
〔清〕郝懿行撰，栾保群点校:《山海经笺疏》
〔唐〕张彦远:《历代名画记》
〔清〕刘喜海:《金石苑》

道经（按在书中出现次序排列）

翁独健编:《道藏子目引得》，哈佛燕京学社，北京，1933
〔宋〕萧道存:《修真太极混元图》,《正统道藏》涵芬楼影印本
〔晋〕葛洪:《抱朴子》
〔唐〕乐朋龟:《西川青羊宫碑铭》,《正统道藏》涵芬楼影印本
《上清道宝经》,《正统道藏》涵芬楼影印本
《无上秘要》,《正统道藏》涵芬楼影印本
〔唐〕司马承祯:《天地宫府图并序》,《云笈七签》,《正统道藏》涵芬楼影印本
〔五代〕杜光庭:《洞天福地岳渎名山记》,《正统道藏》涵芬楼影印本
〔梁〕陶弘景编:《真诰》,《正统道藏》涵芬楼影印本，石井昌子辑本（东京，1991）
〔宋〕倪守约:《金华赤松山志》,《正统道藏》涵芬楼影印本

〔梁〕陶弘景编:《周氏冥通记》,《正统道藏》涵芬楼影印本
《神仙传》
《列仙传》,《正统道藏》涵芬楼影印本
《金锁流珠引》,《正统道藏》涵芬楼影印本
《胎息经》,《学津讨原》本
《金液还丹印证图》,《正统道藏》涵芬楼影印本
《大还丹契秘图并序》, 收入《云笈七签》,《正统道藏》涵芬楼影印本
《古文参同契集解》,《津逮秘书》本
《参同契》,《汉魏丛书》本
《广黄帝本行记》,《正统道藏》涵芬楼影印本
〔清〕柳华阳:《慧命经》, 德国柏林国家图书馆藏本, L. C. Lo 德文译本
《太乙金华宗旨》
《仙传拾遗》
《黄庭经》, 收入《云笈七签》,《正统道藏》涵芬楼影印本
《太平经》, 王明校注本
《老子化胡经》, 敦煌抄本,《大正藏》本
《上清道宝经》,《正统道藏》涵芬楼影印本
《玄都律文》,《正统道藏》涵芬楼影印本
〔五代〕杜光庭:《金箓斋启坛仪》,《正统道藏》涵芬楼影印本
《汉武帝外传》,《正统道藏》涵芬楼影印本
《太上助国救民总真秘要》,《正统道藏》涵芬楼影印本
《玄览人鸟山经图》,《正统道藏》涵芬楼影印本
《上清外国放品青童内文》,《正统道藏》涵芬楼影印本
《上清道类事相》,《正统道藏》涵芬楼影印本
《释〈三十九章经〉》, 收入《云笈七签》,《正统道藏》涵芬楼影印本
《上清元始变化宝真上经九灵太妙龟山玄箓》,《正统道藏》涵芬楼影印本
《洞真上清神州七转七变舞天经》,《正统道藏》涵芬楼影印本
《释〈曲素诀辞五行秘符〉》, 收入《云笈七签》,《正统道藏》涵芬楼影印本
《三洞珠囊》,《正统道藏》涵芬楼影印本
〔明〕曹士珩:《道元一炁》
《上清大洞真经》,《正统道藏》涵芬楼影印本

《大洞玉经》,《正统道藏》涵芬楼影印本
《太上灵宝五符序》,《正统道藏》涵芬楼影印本
《太上灵宝补谢灶王经》,《正统道藏》涵芬楼影印本
《太上洞真安灶经》,《正统道藏》涵芬楼影印本
《东厨司命灶王经》
《老君音诵诫经》,《正统道藏》涵芬楼影印本

汉文佛经（按在书中出现次序排列）

〔宋〕普济:《五灯会元》,《续藏经》本
《等集众德三昧经》，竺法护译,《大正藏》本
《佛说维摩诘经》，支谦译,《大正藏》本
《维摩诘所说经》，鸠摩罗什译,《大正藏》本
〔晋〕法显:《佛国记》，理雅各译本
〔唐〕玄奘:《大唐西域记》，儒莲（Stanislas Aignan Julien）译本，托马斯・瓦特译本
《布萨文等》，敦煌抄本 S. 2146;《大正藏》本
《起世经》,《大正藏》本
《起世因本经》,《大正藏》本
《佛说大灌顶神咒经》,《大正藏》本
〔唐〕道宣:《释迦方志》
〔唐〕法琳:《辨正论》,《大正藏》本
《三界九地之图》，敦煌抄本 P.2824
《大楼炭经》,《大正藏》本
《维摩诘所说经》
《佛说立世阿毗昙论》,《大正藏》本
《大方广佛华严经》,《大正藏》本
《梵网经》,《大正藏》本
《尊胜佛顶修瑜伽法轨仪》,《大正藏》本
［日］空海:《秘藏记》,《大正藏》本
《金刚顶瑜伽千手千眼观自在菩萨修行仪轨经》,《大正藏》本
《鞞婆沙论》,《大正藏》本
《阿毗昙毗婆沙论》,《大正藏》本
《佛说俱利伽罗大龙胜外道伏陀罗尼经》,《大正藏》本

《佛说矩里迦龙王像法》,《大正藏》本
《俱力迦罗龙王仪轨》，金刚智译,《大正藏》本
［日］珍海:《大乘玄问答》,《大正藏》本
《金刚手光明灌顶经最胜立印圣无动尊大威怒王念诵仪轨法品》，不空等译,《大正藏》本
《不动使者陀罗尼秘密法》，金刚智译,《大正藏》本
《圣无动尊安镇家国等法》,《大正藏》本
《圣无动尊一字出生八大童子秘要法品》,《大正藏》本
《胜军不动明王四十八使者秘密成就仪轨》，不空译,《大正藏》本
《大乘方广曼殊室利菩萨华严本教阎曼德迦忿怒王真言大威德仪轨品》，不空译,《大正藏》本
《不空羂索神变真言经》，菩提流志译,《大正藏》本，1029 年

藏文文献（按在书中出现次序排列）

五世达赖喇嘛:《西藏王臣记》(*la Chronique du cinquième Dalaï lama*)，1643
《翻译名义大集》(*Māhavyutpatti*)
娘・让尼玛・沃瑟:《桑林玛》(*Zangs glin ma*)
密勒日巴:《诗歌集》(*mGur 'bum*)，北京木刻本，巴考译本
章嘉・若必多吉:《正字法辞典》(*Dag yig mkhas pa'i' byung gnas*)
松赞干布:《嘛呢全集》(*Ma ṇi bka' ' bum*)
第司・桑结嘉措:《白琉璃》(*Vaiḍūrya dkar po*)，1683
第司・桑结嘉措:《白琉璃除疑》(*Vaiḍūrya g.ya' sel*)
查同杰布:《密勒日巴尊者传》(*la biographie de Mi la ras pa*)，北京木刻本，巴考译本，1925
管・宣奴贝:《青史》(*Deb ther sngon po*)
蔡巴・贡噶多吉:《红史》(*Hu lan deb ther*)
巴卧・祖拉陈瓦:《贤者喜宴》(*Chronique de dPa' bo gtsug lag phreng ba*)
《诺布桑波传》(*Nor bu bzang po'i rnam thar*)，参见 Waddell 1934: 552
《国王遗教》(*rGyal po bka' thang*)，德格本，甘丹本
拔塞囊:《拔协》(*sBa bzhed*)
《苯教史》(*Srid pa rgyud kyi kha byang chen mo*)，法国国家图书馆藏抄本，tibétaine 804
邬坚林巴:《莲花生传》(*O rgyan Padmas mjad pa'i bka' thang bsdus pa*)，北京本
松巴堪布:《如意宝树史》(*dPag bsam ljon bzang*)，Das 编订本，木刻本

《成天法》(*gNam chos*)，17 世纪

《米吉多杰传》(*Biographie de Mi 'gyur rdo rje*)

《汤东杰布传》(*Biographie de thang stong rgyal po*)

《竹巴衮烈传记》(*Autobiographie de 'Brug pa Kun legs*)

《大臣遗教》(*Blon po bka'i thang yig*)，约公元 1500 年，德格本

直贡巴 :《一趣论》(*dGongs gcig yig cha*)，新德里本，1969 (合集)

土观活佛 :《土观宗派源流》(*Grub mtha' shel gyi me long*)，1802

《德格土司传》(*Généalogie des rois du Dergué*)

敦煌抄本 P. Tib. 1287 及 P. Tib. 1286,《吐蕃赞普传记》，巴考编订本

敦煌抄本 P. tib. 992

敦煌抄本 P. tib. 1047

《具舍》(*mdzod phug*)，德里版

《格萨尔王传》，木刻版，巴考译本，Roerich 抄本

《卓瓦桑姆》(*'Gro ba bzang mo*)，木刻本

敦煌抄本 P. tib. 1038

《历代噶玛巴传》(*Biographies des Karma Kam tshang*)，19 世纪，木刻本

敦煌抄本 P. tib. 126.2

《释库如意宝》(*bshad mdzod yid bzhin nor bu*)，Satapitaka 编，新德里，1969

布顿・仁钦朱 :《布顿佛教史》，12 世纪

五世达赖喇嘛撰,《拉萨大昭寺志》(*dKar chag de Lhasa du Cinquieme Dalai Lama*)

《萨迦班智达传》(*Biographie versifiée de Sa skya pandita*)，德格版

《译师班智达遗教》(*Lo paṇ bka' thang*)

《秘境莲花圣地志》(*sBas yul Padma bkod gi gnas yig*)，抄本

《王统记》(*rGyal rabs*)

《辛饶弥沃传・赛米经》(*gZer myig gZer myig*)，A. H. Francke 校译本

敦煌抄本，P. tibétain 209-11，"rGyud gsam pa tantra"，早于公元 1000 年

越南汉喃古籍（按在书中出现次序排列）

《日用常谈》(*Nhật Sụng Thường Đàm*)，1848 年重印本

《南方名物备考》(*Nam phương danh vật bị kháo*)

《大越史记》(*Đại Việt Sử Ký*)

《乌州近录》(*Ô Châu Cận Lục*)，法国远东学院（EFEO）藏抄本
《野史》(*Dã Sử*)，法国远东学院藏抄本
《云葛神女传》(*Vân Cát Thần Nữ Truyện*)
《云葛神女古录》(*Vân Cát Thần Nữ Cổ Lục*)
《皇越地舆志》(*Hoàng Việt Địa Dư Chí*)
《岭南摭怪》(*Lĩnh Nam Trích Quái*)，法国远东学院藏抄本 A.1200，A.1752
《古螺城的传说》，抄本
《大南一统志》(*Đại Nam Nhất Thống Chí*)
《大化神经》(*Đai Hóa Thần Kinh*)，法国远东学院藏抄本 A. 2305

日文古籍（按在书中出现次序排列）

塙保己一编:《续群书类从》
《古书纪》
《太平记》，岩波书店版，1962
高田忠周编:《古籀篇》
小村清矩编:《古事类苑》，1798

其他语言文献（按在书中出现次序排列）

《福乐智慧》(*Qudatqu-biliq*)
《蒙古黄金史》(*Altan Tobči*)
《蒙古源流》(*Erdeni-yin Tobči*)
《往世书》(*purāṇa*)

近人学术论著

中国学术论著（按作者姓名的汉语拼音字母顺序排列）

陈国符:《道藏通考》，北京：中华书局，1963
陈寅恪:《桃花源记旁证》，《陈寅恪先生论文集》，台北，1977
敦煌文物研究所:《中国石窟：敦煌莫高窟（第 5 卷）》，北京：文物出版社，1987
甘肃省博物馆:《酒泉、嘉峪关晋墓的发掘》，《文物》1979 年第 6 期
广州市文物管理委员会编:《广州出土汉代陶屋》，北京：文物出版社，1958
《沙哈鲁遣使中国纪》，何高济译，北京：中华书局，2002

和永惠:《云南西北之康族》,《西南边疆》1940 年第 8 期
胡鉴民:《羌民的经济活动型式》,《民族学研究集刊》1944 年第 4 期
金性尧:《唐诗三百首新注》，上海：上海古籍出版社，1981
梁思成等:《中国建筑图集》，台北：明文书局，1981
凌纯声:《松花江下游的赫哲族》，南京：中央研究院历史语言研究所，1934
刘敦桢:《中国古代建筑史》，北京：中国建筑工业出版社，1980
刘节:《骉氏编钟考》,《国立北平图书馆馆刊》1931 年第 5 卷第 6 号
刘酝泉:《色尔巴概况》,《康导月刊》1941 年第 3 卷第 5、6、7 期（同册）
龙非了:《穴居杂考》,《中国营造学社汇刊》1934 年第 5 卷第 1 期
吕品、周到:《唐河县电厂汉画像石墓》,《中原文物》1982 年第 1 期
罗振玉:《殷虚书契考释》，东方学会，1921
慕宗:《川康边的处女地——金汤》,《康导月刊》1943 年第 5 卷第 2 期
庞新民:《广东北江猺山杂记》,《中央研究院历史语言研究所集刊》1931 年第 2 期
任乃强:《西康图经・民俗篇》，南京：新亚细亚学会，1934
容庚:《商周彝器通考》，北京：哈佛燕京学社，1941
邵元冲编:《西北揽胜》，南京：正中书局，1936
石璋如:《小屯的文化层》,《六同别录（上）》，李庄：中央研究院历史语言研究所，1945
陶正刚:《山西祁县白圭北齐韩裔墓》,《文物》1975 年第 4 期
王树民:《洮州日记》,《责善》1941 年第 1 卷第 24 期
《文化大革命期间出土文物》，北京：人民出版社，1972
西南文教部文物调查征集工作小组:《成渝铁路筑路当中出土文物调查报告》,《文物参考资料（第二卷）》，1951
西藏自治区文物管理委员会:《西藏昌都卡若遗址试掘简报》,《文物》1979 年第 9 期
《新中国出土文物》，北京：外文出版社，1972
杨鸿勋:《试论中国黄土地带节约能源的地下居民点——〈现代穴居——地下、半地下城镇创作〉研究提要》,《建筑学报》1981 年第 5 期
杨堃:《灶神考》，*Han-hiue, Bulletin du Centre d'études sinologiques de Pékin I*，1944
尹子文:《炉霍概况》,《康导月刊》1939 年第 2 卷第 4 期
于豪亮:《“钱树”“钱树座”和鱼龙漫衍之戏》,《文物》1961 年第 11 期
俞伟超:《西安白鹿原墓葬发掘报告》,《考古学报》1956 年第 3 期
贠安志:《陕西茂陵一号无名冢一号从葬坑的发掘》,《文物》1982 年第 9 期
贠安志:《谈“阳信家”铜器》,《文物》1982 年第 9 期

张步骞:《苏州瑞光寺塔》,《文物》1965 年第 10 期
张畅耕等:《山西应县佛宫寺木塔内发现辽代珍贵文物》,《文物》1982 年第 6 期
中国社会科学院考古研究所、河北省文物管理处:《满城汉墓发掘报告》，北京：文物出版社，1980
周希武:《玉树调查记：卷下》，民国 9 年铅印本

日本学术论著（按作者姓名的汉语拼音字母顺序排列）

『日本百科大辞典』
『盆石誌』,『風俗画報』1895 年第 10 期
杉浦康平（Kohei Sugiura）:『アジアのコスモス+マンダラ』(《亚洲的宇宙观与曼荼罗》)，東京，1982
マックス・カルタンマルク［Max Kaltenmark（康德谟）]:『中国の宗教の神話学的一研究』,『三康文化研究所年報』1967 年第 2 期
福岡華洲（Fukuoka Kashū）:『細川流盆景由来』,『風俗画報』1895 年第 3 期
飯田須賀斯（Üda Sugashi）:『支那建築の拱に関する一考察』,『東方學報（第 11 冊）』，1940
池内宏（Ikeuchi Hiroshi）:『満洲國安東省輯安縣高句麗遺跡』，東京，1936
池内宏、梅原末治:『通溝』，東京，1940
伊東忠太（Itō Chūta）:『支那建築裝飾』，東京，1941
三上順（Mikami Jun）:『明堂と家形埴輪』,『東方宗教』1966 年第 27、28 期
宮川尚志（Miyakawa Hisayuki）:『六朝史研究（第 2 冊）』，東京，1964
——『道教史上より見たる五代』,『東方宗教』1966 年第 42 期
望月信亨（Mochizuki Shinkō）:『仏教大辞典』，東京，1954—1973
織田得能（Oda Tokuno）:『仏教大辞典』，東京，1928
大村西崖（Omura Seigai）:『密教發達志』，東京，1918
小野勝年（Ono Shōnen）:『五台山』，東京，1942
米沢嘉圃（Yonezawa Yoshiho）编:『中国美術（第 1 冊）』，東京，1963
中国佛教协会:『中國佛教の旅』，京都，1980
常盤大定（Tokiwa Daijō）、関野貞（Sekino Tadashi）:『支那佛教史蹟』，東京，1926—1931
诸桥辙次（Morohashi Tetsuji）:『大汉和辞典』
倉田文作（Kurata Bunsaku）:『像内納入品』,『日本の美術』1973 年第 7 期第八十六号

藤原一（Fujiwara Giichi）:『日本塔婆の様式と其の變遷に就いて．塔婆の研究（修訂版）』，奈良，1943.
弘法大師文化宣揚会:『弘法大師と文化．弘法大師の研究』，東京，1934
関野雄:『中国古代の樹木思想』,『民族学研究』1949 年第 14 卷第 2 期
鳥居きみ子:『土俗学上より観たる蒙古』，東京，1927
梅原末治（Umehara Sueji）:『昭和十三年度古蹟調査報告』，1938
—『河南安陽遺物の研究』，京都，1941
— Article in Hü-un, no. 29（8th year, no. 1）, 1942: 28
朝鮮総督府:『朝鮮古蹟図譜』，1915
曽布川寛（Sofukawa Hiroshi）:『崑崙山と昇仙図』,『東方學報』1979 年第 51 期
天理参考馆（Tenri Museum）:《古代亚洲艺术展》，天理，1966
『罗州』
Shin shih bunkazai koko jiryo. 東京 , 1981

韩国

江西大墓（Kangso Big Tomb). 韩国国立中央博物馆，1979
Revue de Corée , 1982,14（2）: 43，以及照片 2，5，第 45—46 页

越南

山西省专刊（Monographie de la Province de Sơn Tây）

其他国家学术论著（按作者姓氏首字母顺序排列）

B

- Baber, E. C. 1886. *Travels and Researches in Western China.* London.
- Bacot, J. 1909. *Dans les marches tibétaines.* Paris.

——.1912. *Le Tibet revolté, vers Népémakö, la terre promise des Tibétains.* Paris.

——.1925. *Le poète tibétain Milarépa.* Paris.

——.1934-1935. «Le mariage chinois du roi tibétain Sron bcan sgan po» 3: 18ff .

——.1937. *La vie de Marpa, le «traducteur.»* Paris.

——.1957. «Reconnaissance en Haute Asie septentrionale par cinq envoyés ouïgours au VIIIe siècle.» *Journal asiatique* I, no. 1: 68-83.

- Bacot, J. et al. 1940–1946. *Documents de Touen-houang relatifs a l'histoire de Tibet.* Paris.
- Ball, J. D. 1904. *Things Chinese.* 4th ed. New York.
- Bang, W., and G. R. Rachmati. 1932. «Die Legende von Oghuz Qahan», *Sitzungsberichte der Preussischen Akademie der Wissenschaften,* Philosophisch-Historische Klasse, 25 : 13ff.
- Bareau, A. 1967.«Un conte bouddhique présentant une analogie avec la légende shivaïte de Tiruvannamalai», *Arts asiatiques*16: 75–79.
- Batchelor, J. 1927. *Ainu Life and Lore: Echoes of a Departing Race.* Tokyo.
- Bawden, C. R. 1955. *The Mongol Chronicle Altan Tobci.* Wiesbaden.
- Beal, S. 1884. *Si-yu-ki. Buddhist Records of the Western World: Translated from the Chinese of Hiuen Tsiang* (*A.D.* 629) . 4 vols. London.
- Bell, C. A. 1927. T*ibet, Past and Present.* London.
- Besacier, L. 1954. *L'art vietnamien.* Paris.

  ——.1959. *Relevés des monuments anciens du Nord-Vietnam.* Paris.

  ——.1964. «Les bas-reliefs du temple de Ninh-phuc, à But-thap», *Arts asiatiques* 11: 3–72.
- Bishop, J. F. 1899. *The Yangtze Valley and Beyond. London.*
- Bizot, F. 1976. *Le figuier à cinq branches. Recherche sur le bouddhisme khmer.* Publications de l'EFEO, 107. Paris.
- Blochet, E. 1910. *Introduction à l'histoire des Mongols de Fadl Allah Rashid ed-Din.* London and Leiden.
- Boerschmann, E. 1911, 1914, 1931. *Die Baukunst und religiöse Kultur der Chinesen.* 3 vols. Berlin.

  ——.1937. «Die grosse Gebetsmühle im Kloster Ta Yüan Si auf dem Wu Tai Schan», *Sinica,* special issue.

  ——.1938. «Die Pai t'ai von Sui yuan», *Ostasiatische Zeitschrift* 24: 185–208.
- Bogoras, W. 1904–1909. *The Chukchee.* 3 vols. in 2. *The Jesup North Pacific Expedition Publications,* vol. 7. Leiden.
- Bonifacy, A. L. 1908. «Monographie des Mans Dai-Ban, Coc ou Sung», *Revue Indochinoise,* no. 84–85.
- Boodberg, P. 1937. "Some Proleptical Remarks on the Evolution of Archaic Chinese." *Harvard Journal of Asiatic Studies* 2: 329–372.

  ——.1939. "Marginalia to the Histories of the Northern Dynasties." *Harvard Journal of Asiatic Studies* 4: 230–283.

- Bosch, F. D. K. 1931. «Notes archéologiques, II.» *Bulletin de l'Ecole française d' Extrême-Orient* 31: 485 -497.

  ——.1960. *The Golden Germ: An Introduction to Indian Mysticism.* The Hague.
- Brunner, H. 1969. Review of T. Goudriaan, *Kasyapa's Book of Wisdom. Indo-Iranian Journal* 11: 293-302.
- Bulling, A. 1955.«The Decoration of Some Mirrors of the Chou and Han Periods», *Artibus Asiae* 18: 20-45.
- Bushell, S. W. 1910. *L'art chinois*. Paris. Translation of *Chinese Art*. London, 1904-1906.

C

- Cadière, L. 1905.«Les hautes vallées du Sông-Gianh», *Bulletin de l'Ecole française d' Extrême-Orient* 5: 350-367.

  ——.1918, 1919. «Croyances et pratique religieuses des Annamites dans les environs de Hué,»pt. I, «Culte des arbres»; pts. II-V, «Les pierres», *Bulletin de l'Ecole française d' Extrême-Orient* 18, no. 7: 1-60; 19, no. 2: 1-115.

  ——.1928. «Tombeaux annamites dans les environs de Hué», *Bulletin des Amis du Vieux Hué* 15: 1-99, with plates.
- Castagné, J. A. 1930. «Magie et exorcisme chez les Kazak-kirghises», *Revue des études islamiques* 4 , no. I: 33-151.
- Chadwick, H. M., and N. K.Chadwick. 1932-1940. *The Growth of Literature*. 3 vols. Cambridge, Eng.
- Chapuis, A. 1937. «La maison annamite au point de vue religieux», *Bulletin des Amis du Vieux Hué* 23.
- Chavannes, E. 1890. *Le traité sur les sacrifices Fong et Chan*. Peking.

  ——.1895-1905. *Les mémoires historiques de Se-ma Ts'ien.* 5 vols. in 6. Paris.

  ——.1910. *Le T'ai chan: Essai de monographie d'un culte chinois.* Appendix: «Le dieu du sol dans la Chine antique», Paris.

  ——.1913, 1915. *Mission archéologique dans la Chine septentrionale*, vol. 1 , *La sculpture à l'époque des Han*; vol. 2, *La sculpture bouddhique*. *Paris.*

  ——.1919. «Le jet des dragons» In idem, *Mémoires concernant l'Asie Orientale*, 3.53-220.
- Ch'en, K. S(陈观胜). 1964. *Buddhism in China: A Historical Survey.* Princeton, N. J.
- Chéon, A. 1905. *Recueil de cent textes annamites*. Hanoi.
- Chikashige Masumi（近重真澄）.1936. *Tōyō renkinjutsu*（东洋炼金术）. Tokyo,1936. 英译本 : Oriental Alchemy. New York, 1974.
- Coedès, G. 1943. *Pour mieux comprendre Angkor*. Hanoi.

——.1962. *Les peuples de la péninsule indochinoise*. Paris.

- Colani, M. 1940. «L'emploi de la pierre en des temps reculés», *Bulletin des Amis du Vieux Hué* 26.
- Combe, G. A. 1926. *A Tibetan on Tibet*. London.
- Cook, J. 1785. *Le troisieme voyage de Cook*. 3 vols. Paris.
- Coomaraswamy, A. K. 1928, 1931. *Yaksas*. 2 vols. Washington, D.C.
- Craste, L. 1939. «Étude sur l'habitation annamite à Hué et dans les environs», *Bulletin des Amis du Vieux Hué*, 25.
- Creel, H. G. 1937. La naissance de la Chine. Paris. Translation of *The Birth of China*. New York.
- Curtin, J. 1909. *A Journey in Southern Siberia*. London.
- Czaplicka, M. A. C. 1914. *Aboriginal Siberia*. Oxford.

D

- Đào Thái Hành (陶太行). 1914a. «La déesse Liêu-hạnh», *Bulletin des Amis du Vieux Hué* 1: 167-181.

  ——.1914b. «Histoire de la déesse Thiên-y A-na», *Bulletin des Amis du Vieux Hué* 1: 163-166.

  ——.1915. «Histoire de la déesse Ky-Thach-Phu-Nhon», *Bulletin des Amis du Vieux Hué* 4: 452.
- Das, S. C. 1902. *A Tibetan-English Dictionary*. Calcutta.
- Dasgupta, Shashibhusan. 1946. *Obscure Religious Cults as Background of Bengali Literature*. Calcutta.
- David-Neel, A. 1931. *La vie surhumaine de Guésar de Ling*. Paris. English translation: *The Superhuman Life of Gesar of Ling*. New York.
- De Filippi, F. 1932. *An Account of Tibet: The Travels of Ippolito Desideri*. London.
- De Groot, J. J. M. 1886. *Les fêtes annuellement celébrées à Emoui*, vol. 1. Paris. Reprinted: San Francisco, 1977.

  ——.1892-1910. *The Religious System of China*. 6 vols. Leiden.

  ——.1918. *Universismus, die Grundlage der Religion und Ethik, des Staatswesens und der Wissenschaften Chinas*. Berlin.

  ——.1919. *Der Thupa: Das heiligste Heiligtum des Buddhismus in China*. Berlin.
- Delahaye, H. 1981. *Les premières peintures de paysage en Chine: Aspects religieux*. Paris.
- De la Vallée Poussin, L.1936-1937.«Notes de bibliographie bouddhique», *Mélanges chinois et bouddhiques* 5: 243-304.

——.1937. "Staupikam." *Harvard Journal of Asiatic Studies* 2: 276–289.

- Demiéville, P. 1925. Review article on photolithographic edition of *Ying-tsao fa-shih* (1103 –1106) . *Bulletin de l'Ecole française d'Extrême-Orient* 25: 213–264.
- Desgodins, A. 1899. *Dictionnaire tibétain-latin-français, par les missionaires catholiques au Tibet*. Hong Kong.
- Desmaisons, J. J. P. 1871, 1874. *Histoire des Mongols et des Tartares par Aboul-Ghazi Bébadour Khan*. 2 vols. St. Petersburg.
- Despierres, R. 1940. *Co-loa, capital du royaume Au-lac*. Hanoi.
- De Voisins, G. 1924. *Voyages, écrit en Chine*. 2 vols. in I. Paris.
- De Saint Phalle, N. 1966. *Catalogue of the Hon-en Katedral Exhibition*. Stockholm.
- Doré, H. 1911–1938. *Recherches sur les superstitions en Chine*. 18 vols. Shanghai.
- Dubs, H. H. 1959. "Han' Hill Censers." in *Studia Serica* B. Karlgren dedicata, Copenhagen.
- Dumézil, G. 1930. *Légendes sur les Nartes*. Paris.
- Dumoutier, G. N.d. *Les cultes annamites*.

——.1890. *Les chants et les traditions populaires des Annamites*. Paris.

——.1891. *Les symboles, les emblêmes et les accessoires du culte chez les Annamites*. Paris.

——.1898. *Etudes d'ethnographie religieuse annamite*. N.p.

——.1908. *Essais sur les Tonkinois*. Hanoi.

- Duncan, M. H. 1961. *Love Songs and Proverbs of Tibet*. London.
- Durand, M. 1959. *Technique et panthéon des médiums vietnamiens*. Paris.
- Durt, H. 1967. «Note sur l'origine de l'Avalokita-murdhatâ», *Indogaku bukkyōgaku kenkyū* 16: 1.
- Dutreuil de Rhins, J. L. 1897–1898. *Mission scientifique dans la Haute Asie*. 3 vols. Paris.
- Dzandieri, M. I., and G. 1940. Ležava. *Architektura gornĭkhraiuonov Gruziii....* Moscow .

E

- Eberhard, W. 1932. "Bericht über die Ausgrabungen bei An-yang, *Ostasiatische Zeitschrift* 18: 1–15.

——.1942. *Lokalkulturen im alten China*. Vol. 1, Leiden. Vol. 2, Die *Lokalkulturen des Südens und Ostens*. Peking.

- Ecke, G. 1942. "Contributions to the Study of Sculpture and Architecture", *Monumenta Serica* 7.
- Eliade, M. 1949. *Traité d'histoire des religions*. Paris.

——.1951. *Le chamanisme*. Paris. English translation: *Shamanism*. New York, 1964.

- Erkes, E. 1931. «Spurenchinesischer Weltschöpfungsmythen», *T'oung Pao* 28: 355–368.
- Evans–Wentz, W. Y. 1935. *Tibetan Yoga and Secret Doctrines*. London.

F

- Finot, L., and V. Goloubew. 1925.«Le Fan–tseu t'a de Yunnanfou», *Bulletin de l'Ecole française d'Extrême–Orient* 25: 435–448.
- Flogny, Pierre. 1942. «Paysage et jardins miniatures» *Revue Nationale Chinoise*.
- Flor, F. 1930. "Haustiere und Hirtenkulturen." *Wiener Beiträge zur Kulturgeschichte und Linguistik* 1: 1–238.
- Florenz, K. A. 1901. *Japanische Mythologie: Nihongi, "Zeitalter der Götten"*, Tokyo.

  ——.1903. *Japanische Annalen*, A. D. 592–697. Tokyo.
- Forke, A. 1898. "Von Peking nach Ch'ang–an und Lo–yang", *Mitteilungen d. Seminars für Orientalische Sprachen zu Berlin* 1: 1–126.
- Forstmann, C. 1926. *Himatschal, die Throne der Götter*. Berlin.
- Foucher, A. C.1905–1951. *L'art Gréco–bouddhique du Gandhâra*. 2 vols. in 4. Paris.
- Francke, A. H. 1902. *Der Wintermythus der Kesar–sage*. Helsinki.

  ——.1905. *Lower Ladakhi Versions of the Kesar–Saga*. Calcutta.

  ——.1907. *History of Western Tibet*. London.

  ——.ed. and trans. 1924. "gZer–myig, a Book of the Tibetan Bonpos", *Asia Major* 1: 243–346.
- Francke, H. 1898. "Ein Besuch im buddhistischen Kloster Hemis (Ladak) ." *Globus* 73: 1–8.
- Franke, O. 1913. *Keng Tschi t'u, Ackerbau und Seidengewinnung in China*. Hamburg.

  ——.1930–1952. *Geschichte des Chinesischen Reiches*. 5 vols. Berlin.
- Frazer, G. 1933. *The Golden Bough*. Pt. VI. 3d ed. London.
- Friedman, M. 1975. «Marcel Granet, Sinologue et Sociologue», *Critique*, no. 337: 624–648.
- Fuhrmann, E. 1921. *China*. Hagen in Westfalen.

G

- Gaspardone, E. 1935. *Bibliographie annamite*. Hanoi.
- Gernet, J. 1981. «Techniques de recueillement, religion et philosophie: à propos du jingzuo néo–confucéen», *Bulletin de l'Ecole française d'Extrême–Orient* 69: 289–305.
- Giles, H. A. 1898. *A Chinese Biographical Dictionary*. London.
- Gill, W. G. 1883. *The River of Golden Sand*, vol. 2. London.
- Giran, P. 1912. *Magie et religion annamites*. Paris.
- Graham, D. C. 1942. "The Customs of the Ch'iang", *Journal of the West China Border*

Research Society 14: 69–100.

- Granet, M. 1919. *Fêtes et chansons anciennes de la Chine*. Paris.

——.1926. *Danses et légendes de la Chine ancienne*. Paris.

——.1929. *La civilisation chinoise*. Paris.

——.1950. *La pensée chinoise*. Paris.

- Grootaers, A. 1945. «Les temples villageois de la région au sud-ouest de Ta-t'ong», *Folklore Studies* 4: 167–168.
- Günther, H. 1944. "Die buddhistische Kosmogonie", *Zeitschrift der Deutschen morgenländischen Gesellschaft* 98: 44–83.

H

- Haenisch, E. 1937.«Manghol un niuca tobca'an: Yüan ch'an pi-shi.» Geheime Geschichte des Mongolen. 2 vols. Wiesbaden.

——.1948. *Die geheime Geschichte der Mongolen.* 2 vols. Leipzig.

- Haloun, G. 1924. "Contributions to the History of Clan Settlement in Ancient China, I." *Asia Major* 1: 587–656.
- Halphen, J. 1900. *Miroir des fieurs: Guide pratique du jardinier amateur en Chine au XVIIe siècle, traduit du chinois*. Paris.
- Harva, U. 1938. *Die religiösen Vorstellungen der altaischen Völker*. Helsinki.
- Hawkes, D. 1959. *Ch'u Tz'u, the Songs of the South*. Oxford.
- Hawkes, Ernest W. 1913. *The "Inviting-in" Feast of the Alaskan Eskimo*. Ottawa.
- Heissig, W. 1973. *Les religions de la Mongolie*. Paris.
- Hentze, M. 1951. *Bronzegerät, Kultbauten, Religion im ältesten China der Shangzeit.* Antwerp.
- Hermanns, M. 1949. *Die Nomaden von Tibet*. Vienna.
- Hitchcock, J. T. 1967. "Nepalese Shamanism." *History of Religions* 7: 149–158.
- Hitchcock, R. 1891. *The Ancient Pit-Dwellers of Yezo*. Washington, D.C.
- Hoffmann, H. 1950. *Quellen zur Geschichte der tibetischen Bon-Religion*. Wiesbaden.
- Holzman, D. 1956. «Les Sept Sages des la forêt de bambous et la société de leur temps.» *T'oung Pao* 44: 317–346.

——.1957. *La vie et la pensée de Hi K'ang*. Leiden.

- Hopkins, E. W. 1915. *Epic Mythology*. Strasbourg.
- Hue, G. 1937. *Dictionnaire annamite-chinois-français*. Hanoi.
- Hummel, A. W. 1943. *Eminent Chinese of the Ch'ing Period*, vol. 1. Washington, D.C.
- Hummel, S. 1953. *Geschichte der tibetischen Kunst*. Leipzig.

I

- Imaeda, Yoshiro（今枝由郎）. 1981. *Histoire du cycle de la naissance et de la mort*. Geneva and Paris.

J

- Jackson, A. 1979. *Na-khi Religion*. The Hague.
- Jametel, M. 1886. *La Chine inconnue*. Paris.
- Jera-Bezard, R. et al. 1976. *Buddhism in Afghanistan and Central Asia*. Leyden.
- Jest, c. 1864-1865.«Les Thakali (Notes sur le Népal) », *Ethnographie*, n.s., 58-59: 26-49.
- Jochelson, W. 1908. *The Koryak. The Jesup North Pacific Expedition Publications*, vol. 6, pt. 2. Leiden and New York.
- Jouon des Longrais, F. 1958. *L'Est et l'Ouest*. Tokyo.
- Jülg, B. 1866. *Kalmükische Märchen: Die Märchen des Siddhi-Kür*. Leipzig.

K

- Kaltenmark, M. 1948. «Le dompteur des flots.» *Han-hiue, Bulletin du Centre d'études sinologiques de Pékin* 3, no. 2.

  —— .1953. Le *Lie-sien tchouan. Peking*. Reprinted: Paris, 1987.
- Karlgren, B. 1933. "Word Families in Chinese", *Bulletin of the Museum of Far Eastern Antiquities* 5: 9-120.

  —— .1940. "Grammata Serica." *Bulletin of the Museum of Far Eastern Antiquities* 12: 1-471.

  —— .1946a. "Glosses on the Ta-ya and Sung Odes", *Bulletin of the Museum of Far Eastern Antiquities* 18: 1-198.

  —— .1946b. "Legends and Cults in Ancient China", *Bulletin of the Museum of Far Eastern Antiquities* 18: 199-365.

  —— .1949. *The Chinese Language*. New York.
- Kaulback, R.1938. *Salwen*. London.
- Korean Central Historical Museum. 1979. *Mural Paintings of Koguryo*. Pyongyang.
- Kotwicz, W. 1949.«Contributions à l'histoire de l'Asie centrale.» *Rocznik Orientalistyczny* 15: 159-195.
- Kowalewski, J. S. 1844-1849. *Dictionnaire mongol-russe-français*. Kazan.
- Kühner, N. 1907. *Opisanie Tibeta*, vol. 2, pt. 1.

L

- Lacôte, F. 1908. *Essai sur Gunadhya et la Brhatkatha*. Paris.
- Lagerwey, J. 1981. *Wu-shang pi-yao*. Paris.
- Lamotte, E. 1962. *L'enseignement de Vimalakirti*. Louvain.
- Landes, A. 1886. *Contes et légendes annamites*. Paris.
- Lauf, D. 1972. "Vorläufiger Bericht über die Geschichte und Kunst... in Bhutan", *Ethnologische Zeitschrift* 2: 90.
- Laufer, B. 1900. "Ein Sühngedicht der Bonpo", *Denkschriften der Kaiserlicher Akademie der Wissenschaft* (Vienna) , 46: 31-60.

  ——.1909. *Chinese Pottery of the Han Dynasty*. Leiden.

  ——.1910. "Zur kultur-historischen Stellung der chinesischen Provinz Shansi", *Anthropos* 5: 184-198.
- Ledderose, L. 1982. "P'eng-lai and Jōdo: Some Paradise Compounds in China and Japan", *International Symposium on the Conservation and Restoration of Cultural Property*. Tokyo: 105-122.

  ——.1985. *Im Schatten hoher Baume: Malerei der Ming- und Qing- Dynastien* (1368-1911) *aus der Volksrepublik Chinas*. Baden-Baden.
- Leroi-Gourhan, A. 1964. *Le geste et la parole*. 2 vols. Paris.

  ——.1981. «Préhistoire», *In Dictionnaire des mythologies*, vol. 2. Paris.
- Liebenthal, W. 1947. "Sanskrit Inscriptions from Yunnan", *Monumenta Serica* 12: 1-40.
- Liou Kia-hway (刘家槐) . 1969. *L'oeuvre complète de Tchouang-tseu*. Paris.
- Liu Ch'ao-yang. 1946. "On the Conquering of Ch'iang Fang by Emperor Hsiao I", *Studia Serica* 5: 71-120.
- Liu Dunzhen (刘敦桢) . 1980. *La maison chinoise*. Paris.
- Liu Ts'un-yan (柳存仁) . 1962. *Buddhist and Taoist Influences on Chinese Novels*. Wiesbaden.

  ——.1971. "Penetration of Taoism into the Ming Neo-Confucianist Elite", *T'oung-pao* 57: 31-102.
- Livingstone, J. 1822. *Account of the Method of Dwarfing Trees and Shrubs*. Horticultural Society Transactions, 4. London.
- Lo, L. C. 1926. «*Liu hua-yang; hui ming ching*: Das Buch vom Bewusstsein und Leben», *Chinesische Blätter fur Wissenschqft und Kunst* 3: 104-117.
- Loewe, M. 1979. *Ways to Paradise*. London.

- Lombard, D. 1969. «Jardins à Java», *Arts asiatiques* 20: 135-184.

  —— .1973. «Paysage et exotisme à Batavia. La villa du gouverneur général Valken (1737-1741) », *Arts asiatiques* 28: 103-117.

M

- Macdonald, A. 1963. «Préambule à la lecture d'un rGya-Bod yig-chaṅ», *Journal asiatique* 251: 53-159.

  —— .1971. «Une lecture des Pelliot tibétains» in *Études tibétaines dédiées a M. Lalou.* Paris.
- Mannerheim, C. G. 1910. «A visit to the Sarö and Shera Yögurs», *Journal de la Société Finno-Ougrienne* 27: 29.
- Martignon, L.1941-1942. «Destination des monuments connus sous le nom de souterrains-refuges», *Bulletin archeologique du Comité des travaux historiques et scientifiques.*
- Marty-L'Herme, J. J. 1979. «Le cas de Jean-Jacques Lequeu», *Macula*, no. 5/6: 138-149.
- Maspero, G. 1928. Le royaume de Champa. Paris.
- Maspero, H. 1924. «Légendes mythologiques dans le Chou-king.» *Journal asiatique* 204: 1-100.

  —— .1932. «Sur quelques objets de l'époque des Hans.» in *Etudes d'orientalisme publiées par le musée Guimet à la mémoire de R. Linossier*, 2.403-418. Paris.

  —— .1937. «Les procédés de' nourrir le principe vital' dans la religion taoïste ancienne», *Journal asiatique* 229: 177-252, 353-430. Translated in *Taoism and Chinese Religion*, Amherst, Mass., 1981.

  —— .1948-1951. «Le ming-t'ang et la crise religieuse chinoise avant les Han», *Mélanges chinois et bouddhiques* 9: 1-71.

  —— .1971. *Le Taoïsme et les religions chinoises*, 1971. Paris. English translation: Taoïsm and Chinese Religion, Amherst, Mass., 1981.
- Masson, J. 1942. *La religion populaire dans le canon bouddhique Pâli.* Louvain.
- Mathieu, R. 1978. *Le Mu tianzi zhuan.* Paris.
- Matsumoto Nobuhiro（松本信廣）. 1928. *Essai sur la mythologie japonaise.* Paris.
- Maumené, A. 1902. *Les arbres nains japonais.* Paris.
- Mauss, M. 1904-1905. «Essai sur les variations saisonnières des sociétés eskimos», *Année sociologique* 9: 37-132.
- McClure, F. A. 1933. "Methods and Materials of Chinese Table Plant Culture", *Lingnan*

Science Journal 12 (supplement) : 119–164.

- Meisezahl, R. O. 1965–1966. "Die Göttin Vajravarahi", *Oriens* 18–19: 228–303.
- Mostaert, A. 1950, 1952. «Sur quelques passages de l'histoire secrète des Mongols», *Harvard Journal of Asiatic Studies* 13: 285–361; 15: 285–407.
- Mus, P. 1932. «Barabudur: Les origines du stupa et la transmigration, essai d'archéologle religieuse comparée», *Bulletin de l'Ecole française d'Extrême-Orient* 32: 269–439.

—— .1934. *L'Inde vue de l'est.* Hanoi.

—— .1935. *Barabudur: Esquisse d'une histoire du Bouddhisme fondée sur la critique archéologique des textes.* Hanoi.

—— .1964a, 1967. «Un cinéma solide», *Annuaire du Collège de France.* Also published in *Arts asiatiques* 10, no.1 (1964b) : 21–34.

N

- National Museum of Korea (韩国国立博物馆) . 1966. *National Museum of Korea.* Seoul.
- Nebesky-Wojkowitz, R. 1951a. "The Use of Thread-crosses in Lepcha Lamaist Ceremonies", *Eastern Anthropologist* 4: 65–87.

—— .1951b. "Anclent Funeral Ceremonies of the Lepchas", *Eastern Anthropologist* 5: 27–40.

—— .1953."Neuerwerbungen aus Sikkim und Tibet", *Archiv für Völkerkunde* 8: 269–272.

—— .1956. *Oracles and Demons of Tibet.* The Hague.

- Nguyên-Dinh-Hoe (阮廷槐). 1915. «Le Huê-nam-Diên», *Bulletin des Amis du Vleux Hué* 2: 361–365.
- Nguyên-van-Huyên (阮文暄) . 1934. *Les chants alternés des garçons et des filles en Annam.* Paris.
- Nguyên-van-Ngoc (阮文玉) . N.d. *Méthode de langue annamite.* 1st ed. Hanoi.
- Nordemann, E. 1898. *Chrestomathie annamite.* Hanoi.
- Nordenskiöld, A. E. 1888. *La Seconde expédition suédoise au Grönland.* Paris.

O

- O'Flaherty, W. D. 1973. *Asceticism and Eroticism in the Mythology of Siva.* New York.
- Ohsson, C. M. d'. 1834–1835. *Histoire des Mongols.* 4 vols. The Hague and Amsterdam.

P

- Padoux, A. 1963. *Recherches sur la symbolique et l'énergle de la parole dans certains textes tantriques.* Paris.
- Pelliot, P. 1923. «Notes sur quelques artistes des Six Dynasties et des T'ang», *T'oung Pao*

22: 215-332.

——.1930. «Notes sur le Turkestan de M.W. Barthold», *T'oung Pao* 27: 12-56.

——.1938. "The Royal Tombs of An-yang", In idem, *Studies in Chinese Art and Some Indian Influences*. London.

——.1949. *Histoire secrète des Mongols*. Paris.

- Pelliot, P., and L. Hambis. 1951. *Histoire des campagnes de Gengis khan*.Leiden.
- Percheron, M. 1953. *Dieux et démons, lamas et sorciers de Mongolie*. Paris.
- Péri, N. 1915. «Un conte hindou au Japon», *Bulletin de l'Ecole française d'Extrême-Orient* 15, no. 3: 1-23.

——.1944. *Etudes sur Le Nō*. Tokyo.

- Petech, L. 1950. *Northern India According to the Shui-ching-chu*. Rome.
- Plewman, T. E. 1922-1923. "Journey into the Heofan Valley", *Journal of the West China Border Research Society* 1: 14-36.
- Plopper, C. H. 1935. *Chinese Religion Seen Through the Proverb*. Shanghai.
- Poppe, N. N. 1925. "Zum Feuerkultus bei den Mongolen", *Asia Major* 2: 130-145.

——.1955. *Mongolische Volksdichtung*. Wiesbaden.

- Potanin, G. N.1899. *Vostokniye Motivĭ u srednevyekom europeiskom eposye*. Moscow.
- Przhevals'skii, N. M. 1883. *Iz' Zaĭsana cherez' Khami v Tibet i na verkhoviia Zheltoi ryki*. St. Petersburg.
- Przyluski, J. 1909. «Notes sur Le culte des arbres au Tonkin», *Bulletin de l'Ecole française d'Extrême-Orient* 9: 757-764.

R

- Radloff, V. V. 1866-1907. *Proben der Volksliteratur der türkischen Stämmes Süd-Sibirlens*. 12 vols. St. Petersburg.

——.1884. *Aus Sibirien*. 2 vols. Leipzig.

——.1891. *Das Kudatku bilik des Jusuf chass-haschib aus Balasagun*, vol. 1. St. Petersburg.

——.1960. *Versuch eines Wörterbuchs der Türkdialekte*. The Hague.

- Ramstedt, G.J. 1935. *Kalmükisches Wörterbuch*. Helsinki.
- Rao, Gopinatha. 1914. *Elements of Hindu Iconography*. Madras,1914. Reprinted: New York, 1968.
- Raquez, A. 1905.«Vers le Laos», *Revue indochinoise*, 2d sem.
- Rein, J. J. 1889. *The Industries of Japan*. London.
- Reischauer, E. O. 1955. *Ennin's Diary*. New York.

- Renondeau, G. 1927. «Choix de pièces du théâtre lyrique japonais», *Bulletin de l'Ecole française d'Extrême-Orient* 27: 1-147.
- Renou, L. 1940. «L'acception première du mot sanskrit yoni-», *Bulletin de la Société de linguistique de Paris* 41, no. 1: 18-24.

  ——.1963. *Les contes du vampire*. Paris.
- Renou, L., J. Filliozat, P. Demiéville. 1946, 1953. *L'Inde classique*. 2 vols. Paris; Hanoi.
- Ribbach, S. H. 1940. *Drogpa Namgyal: Ein Tibeterleben*. Munich.
- Richardson, H. E. 1972. "The rKong-po Inscription", *Journal of the Royal Asiatic Society*, pp. 30-39.
- Robinet, I. 1979. *Méditation taoïste*. Paris.

  ——.1984. *La révélation du Shangqing dans l'histoire du taoïsme*, vol. 2. Paris.
- Rock, J. F. 1937. "Studies in Nakhi Literature", *Bulletin de l'Ecole française d'Extrême-Orient* 37: 1-120.
- Rockhill, W. W. 1891. *The Land of the Lamas*. New York.

  ——.1894. *Diary of a Journey Through Mongolia and Tibet*. Washington, D.C.

  ——.1895. *Notes on the Ethnology of Tibet*.

  ——.1900. *The Journey of William of Rubruck*. London.
- Roerich, G. N. 1925. *Tibetan Paintings*. Paris.

  ——.1931. *Sur les pistes de l'Asie centrale*. Translation of Trails to Inmost Asia. New York, 1931.

  ——.1953. *The Blue Annals*. Calcutta.
- Rousselle, E. 1933. "Ne gingtu", *Sinica* 8: 207-216.
- Rudofsky, B. 1964. *Architecture Without Architects*. New York.
- Rykmans, P. 1970. *Les propos sur la peinture de Shitao*. Brussels.

S

- Sallet, A. 1924. *Les montagnes de marbre (Tourane)* . Hanoi.

  ——.1926. «La légende de Thiên-y A-na, la princess de jade», *Extrême-Asie*, n.s., July-Sept, pp.10-14.

  ——.1930. «La légende de Thiên-y A-na, détails et particularités», *Extrême- Asie*, no. 40: 184-188.
- Sandberg, G. 1906. *Tibet and the Tibetans*. London.
- Sargent, G. E. 1957. «Tchou Hi contre le Bouddhisme», *Mélanges publiés par l'Institut des hautes études chinoises* 1.
- Sarkar, H. B. 1934. "Śiva-Buddha in Old Javanese Records", *Indian Culture* 1: 284-286.

- Savina, F. M. 1930. *Histoire des Miao*. 2d ed. Hong Kong.
- Sayang Sečen. 1956. *Erdeni-yin Tobči: Mongolian Chronicle by Sayang Sečen*, with a critical introduction by A. Mostaert. Harvard-Yenching Institute Scripta Mongolica, 2. Cambridge, Mass.
- Schafer, E. H. 1961. *Tu Wan's Stone Catalogue of Cloudy Forest*. Berkeley, Calif.
- Schiefner, F. A. von. 1857. *Tatarische Heldensagen*. In M. A. Castren, ed., *Nordische Reisen und Forschungen*, vol. 4. St. Petersburg and Leipzig.

  —— .1859. *Heldensagen der minussinskischen Tataren*. St. Petersburg.
- Schipper, K. 1965. *L'empereur Wou des Han dans la légende taoïste*. Paris.

  —— .1982. *Le corps taoïste*. Paris.

  —— .ed. 1975. *Concordance du Houang-t'ing king*. Paris.
- Schlagintweit, M. 1881. *Le Bouddhisme au Tibet*. Paris.
- Schlegel, G. A. 1895. «Problèmes géographiques, 18: San Sien Chan, les trois îles enchantées.» *T'oung Pao* 6: 1-64.
- Schmidt, I. J. 1829. *Geschichte der Ost Mongolen*. St. Petersburg.
- Schrader, O. 1917, 1929. *Reallexikon der indogermanischen Altertumskunde*. 2d ed. 2 vols. Leipzig.
- Segalen, V., Gilbert de Voisins, and J. Lartigue. 1935. *L'art funéraire à l'époque des Han*. Paris.
- Seidel, A. 1982. Review of M. Loewe, *Ways to Paradise*. Numen, June.
- Serruys, P. 1943. «Philologie et linguistique dans les études sinologiques», *Monumenta Serica* 8: 167-219.
- Sieroszewski, W. 1902. *Du chamanisme d'après les croyances des Yakout*. Congrès d'histoire des religions. Paris.
- Sirén, Osvald. 1949. *Gardens of China*. New York.
- Sorensen, P. 1982. "A Brief Survey of East and Southeast Asian Prehistoric Houses", In K. G. Isikowitz and P. Sorensen, eds., *The House in East and Southeast Asia*. Copenhagen.
- Soymié, M. 1956. «Le Lo-feou chan, étude de géographie religieuse», *Bulletin de l'Ecole française d'Extrême-Orient* 48 : 1-139.

  —— .1966. «Notes d'iconographie chinoise: Les acolytes de Ti-Tsang (I) », *Arts asiatiques* 14: 45-78.
- Stahl, P. H. 1975. «L'habitation enterrée dans la région orientale du Danube», *L'Homme* 12, no. 4: 48-49.
- Starobinski, J. 1973. 1789: *Les emblèmes de la raison*. Paris.

- Starr, F. 1924. *Fujiyama*. Chicago.
- Stein, A. 1907. *Ancient Khotan*. 2 vols. Oxford.
- Stein, R. A. 1939. «Trente-trois fiches de divination tibétaine», *Harvard Journal of Asiatic Studies* 4: 297-371.

——.1940. «Leao-tche», *T'oung Pao* 35: 1-154.

——.1943. «Jardins en miniature d'Extrême-Orient», *Bulletin de l'Ecole française d' Extrême-Orient* 42: 1-104.

——.1947. «Le Lin-yi», In Han-hiue, *Bulletin du Centre d'études Sinologiques de Pékin* 2: 1-335.

——.1952. «Présentation de l'oeuvre posthume de Marcel Granet, Le roi boit», *L'année sociologique*, 3d ser., pp. 9-105.

——.1955. *L'epopée tibétaine de Gesar dans sa version lamaïque de Ling*. Paris.

——.1956. *Les K'iang des marches sino-tibétaines, exemple de continuité de la tradition*. Annuaire de l'École pratique des hautes études, Section des sciences religieuses, 1957-1958: pp. 3-15.

——.1957a. «Architecture et pensée religieuse en Extrême-Orient», *Arts asiatiques* 4: 163-186.

——.1957b. «L'habitat, Le monde et Le corps humain en Extrême-Orient et en Haute-Asie», *Journal asiatique* 245 : 37-74.

——.1957c. «Le linga des danses masquées lamaïques et la theorie des âmes», *Sino-Indian Studies* 5, nos. 3-4: 200-234.

——.1957d. *Symbolisme cosmique et monuments religieux*. Vol. 1, text; vol. 2, illustrations. Paris.

——.1961. *Les tribus anciennes des marches sino-tibétaines*. Paris.

——.1969. «Un exemple de relations entre Taoïsme et religion populaire», In *Tōyō bunka ronshū*（東洋文化論集）, Fukui Festschrift, Tokyo.

——.1969-1970. Lecture summary, *Annuaire* of the Collège de France, 69th year.

——.1979. "Religious Taoism and Popular Religion from the Second to Seventh Centuries", In H. Welch and A. Seidel, eds., *Facets of Taoism. Cambridge*, Mass.

——.1981. *La civilisation tibétaine*. 2d ed. Paris.

——.1983. «L'esthétique d'un lettré chinois pauvre», *Revue d'esthétique*, n.s., no. 5: 35-43.

——.1988a. *Grottes-matrices et lieux saints de la déesse en Asie Orientale*. Publications de l'EFEO, 151. Paris.

——.1988b. «La mythologie hindouïste au Tibet», In G. Gnoli and L. Lanciotti, eds., *Orientalia Iosephi Tucci memoriae dicata*, vol. 2. Rome.

- Steller, G. W. 1774. *Beschreibung von dem Lande Kamtschatka*. Frankfurt and Leipzig.
- Stern, P. 1934. «Le temple-montagne khmer, Le culte du linga et le devaraja», *Bulletin de l'Ecole française d'Extrême-Orient* 34: 611-616.
- Stötzner, W. 1924. *Ins unerforschte Tibet*. Leipzig.
- Stutterheim, W. I. 1937. "Het zinrijke waterwerk van Djalatoend", *Tijdschrift van het Bataviansch Genootschap van kunsten en Wetenschappen* 77: 214-250.
- Sullivan, M. 1962. *The Birth of Landscape Painting in China*. Berkeley, Calif.

  —.1980. *Chinese Landscape Painting of the Sui and Tang Dynasties*. Berkeley, Calif.

T

- Tafel, A. 1914. *Meine Tibetreise*. 2d ed. Stuttgart.
- Talon-Noppe, C. 1983. «Architecture civile dans la province de Giao ch», *Arts asiatiques* 38.
- Tamura, Tsuyoshi（田村刚）. 1939. *Jardins japonais, ses origines et caractères, dessins et plans*. Tokyo.
- Tarzi, Z. 1977. *L'architecture et Le décor rupestre des grottes de Bâmiyan*. 2 vols. Paris.
- Teichmann, E. 1922. *Travels of a Consular Officer in Eastern Tibet*. Cambridge, Eng.
- Thomas, F. W. 1948. *Tibetan Literary Texts and Documents Concerning Chinese Turkestan*, vol. 2. London.

  —.1975. *Ancient Folk-Literature from North-eastern Tibet*. Berlin.
- Timperley, H. J. 1931. "The Archaeological Awakening of China", *Illustrated London News*, 8 Aug. 1931, 221-223, 236.
- Toffin, G. 1981. «Espace urbain et religion», In G. Toffin, ed., *L'Homme et la maison en Himalaya*. Paris.
- Troshchanskii, V. F. 1903. "Evolitsiia chernoi very u Iakutov", *Uchenye Zapiski Kazanskogo Universiteta* 4.
- Tucci, G. 1932. *Indo- Tibetica*, vol. 1. Rome.

  —.1935. *Secrets of Tibet: Being the Chronicle of the Tucci Sclentific Expedition to Western Tibet*. London.

  —.1936. *Tibetan Folk-songs*. Ascona.

  —.1949. *Tibetan Painted Scrolls*. Rome.

  —.1950. *A Lhasa e oltre*. Rome.

  —.1951. «Buddhist Notes. I. A propos d'Avalokitesvara», *Mélanges chinois et bouddhiques* 9: 173-220.

  —.1956. "The symbolism of the Temples of bSam yas", *East and West* 6: 279-281.

U

- Ugo, V. 1982. *Dimensioni dell'architectura*. Palermo.

V

- Vandier-Nicolas, N. 1959. «Note sur les origines de l'écriture cursive en Chine», *Journal asiatique* 247.
  —— .1982. *Esthétique et peinture de paysage en Chine*. Paris.
- Van Gulik, R. 1938. *Mi Fu on Inkstones*. Peking.
  —— .1941. *His K'ang and His Essays on the Lute*. Monumenta Nipponica Monographs. Tokyo.
  —— .1961. *Sexual Life in Ancient China*. Leiden.
- Vergara Caffarelli, P. Mortari. 1979. «Un prototipo dell'eclettismo architectorico buddhista», - *Rivista degli studi Orientali* 53.
- Vinding, M. 1978. "The Local Oral Tradition About the Kingdom of Thin Garab Dzong", *Kailash* 6: 181-194.
- Vladimirtsov, B. I. 1948. *Le régime social des Mongols*. Paris.
- Von Le Coq, A. 1925. *Bilderatlas zur Kunst und Kulturgeschichte Mittelasiens*. Berlin.
  —— .1974. *Die buddhistische Spätantike in Mittelasien*. Graz.
  —— .1977. *L'Asie centrale*. Paris.
- Waddell, L. A. N.d. *Demonolatry in Sikkim Lamaism*.
  —— .1895. "The Tibetan House Demon", *Journal of the Anthropological Institute of Great Britain and Ireland* 24: 39.
  —— .1934. *The Buddhism of Tibet, or Lamaism, with Its Mystic Cults, Symbolism and Mythology*. Cambridge, Eng.

W

- Waley, A. 1955. *The Nine Songs*. London.
- Wayman, A. 1973. *The Buddhist Tantras*. New York.
  —— .1982. "The Human Body as Microcosm in India, Greek Cosmology, and Sixteenth-century Europe", *History of Religions* (Chicago) 22: 172-190.
- Wenley, A. G. W. 1948-1949. "The Question of the Po-shan Hsiang-lu", *Archives of the Chinese Art Society of America* 3: 5-12.
- Wieger, L. 1905. *Moeurs et usages populaires*. Ho-chien-fu.
- Wilhelm, R. 1928. *Geschichte der chinesischen Kultur*. Munich.

- Williams, S. W. 1883. *The Middle Kingdom*, vol. 2. New York.
- Wittfogel, K. A., and Feng Chia-sheng（冯家昇）. 1949. *History of Chinese Society: Liao*. Philadelphia.
- Woodroffe, J. 1952. *Introduction to Tantra Shastra*. Madras.
- Wu, Nelson I（吴讷孙）. 1963. *Chinese and Indian Architecture: The City of Man, the Mountain of God, and the Realm of the Immortals*. New York.

Y

- Yanagisawa, Soen（柳沢宗淵）. 1962. *Tray Landscapes*. Tokyo.
- Yule, H. 1913–1916. *Cathay and the Way Thither*. New ed. 4 vols. London.

插图纵览

第一部分

图 1　一座以盆景点缀的中国民居庭院

　　增图 1　北京故宫宁寿宫庭院中之盆景

图 2　道教仙山宫观的盆景

　　增图 2　仙山盆景元素之一：仙宫楼阁

　　增图 3　仙山盆景元素之二：狭窄的洞门

　　增图 4　仙山盆景元素之三：瓠（壶）中烧炼仙丹

　　增图 5　仙山盆景元素之四：仙人对弈

图 3　中国台湾的一株神树

图 4　中国台湾的一株树桩盆景

图 5　带有舞姿的矮化树

图 6　日本来迎寺山石盆景“九山八海”

图 7　《神龟出洞势》

图 8　河内真武观庭院中型山石盆景

　　增图 6　河内真武观庭中盆景现状

图 9　河内宝光灵祠平面图（译者重摹）

图 10　盆栽矮化树（河内）

图 11　颐和园庆善堂前山石盆景

　　增图 7　颐和园庆善堂前山石盆景细部

图 12　四川新都宝光寺中一件以瓷盆制作的山石小盆景

图 13　自然尺度的假山（成都）

图 14　北京故宫御花园奇石盆景

图 15　明代吴伟（1495—1508）《武陵春色图》（局部）

图 16　一处岩洞内的文人斋室
图 17　日本木刻版画中的盆景
图 18　北宋米芾《宝晋斋研山图》
增图 8　章怀太子墓壁画中所描绘之盆景
图 19　唐三彩山池
增图 9　日本法隆寺五重塔“塔本塑像”（北面“涅槃像土”场景）
图 20　带有盆景的日本香炉复原图
图 21　北宋定窑白釉五足炉
图 22　元代琉璃三彩龙凤纹熏炉
增图 10　西晋青釉堆塑魂瓶
增图 11　四川汉墓出土之仙山状陶质钱树座
增图 12　成都地区汉墓出土陶仙山插座
图 23–1　满城汉墓所出土的博山炉（I 形铜熏炉），公元前 2 世纪或前 1 世纪
图 23–2　满城汉墓出土博山炉（I 形铜熏炉）线图
图 23–3　满城汉墓出土博山炉（I 形铜熏炉）线图
图 24–1　满城汉墓所出土的汉代错金博山炉
图 24–2　满城汉墓出土汉代错金博山炉线图
图 24–3　满城汉墓所出土的博山炉（I 形铜熏炉）线图
图 25–1　装饰有五岳真形的“五岳真形鉴”
图 25–2《海中三岛十洲之图》
图 26–1　明代文徵明（1470—1559）《桃源问津图》（局部）
图 26–2　明代戴进（1388—1462）《洞天问道图》（局部）
图 27　富冈铁斋（1837—1924）《瓢中快适图》
图 28　北京成王府内通往园林的葫芦门
图 29　费长房再次跃入壶中
图 30　山西应县佛宫寺释迦塔佛像内所发现之《采药图》，10 世纪至 12 世纪
图 31　明代唐寅（1470—1524）《临李公麟饮中八仙图》（局部）
增图 13　西汉彩绘铜甗
图 32–1《埏埴图》
图 32–2　立于三级坛上的丹鼎

图 33 《小有洞天》
图 34 《壶中九华》
图 35 越南婆僮（女性灵媒）之仪式实践
图 36 越南一位婆僮化身为上岸圣母，于神坛前奉香
图 37 日本奈良法隆寺圣德太子像内所藏虫蛀木雕“蓬莱山”
图 38 宋人所绘周代（约公元前 1000 年至前 400 年）古钟图示
图 39 歌川贞秀《富士山体内巡之图》(局部)
图 40 歌川贞秀《富士山体内巡之图》(局部)
图 41 道教导引修炼之法
图 42 李右常《香山九老图》(1810 年) 局部之一
图 43 李右常《香山九老图》局部之二
图 44 八仙之一的铁拐李
图 45 吉林省集安市通沟高句丽古墓群 5 世纪（？）墓葬之内景
图 46 5 世纪朝鲜半岛双瓮式棺葬
图 47 越南的纸制供器

第二部分

图 48 中国史前住宅发展序列：从地穴至房屋
增图 14 穴居—地面建筑（上）和树居—干阑（下）发展系列示意图
图 49 陕西半坡博物馆史前房屋复原
图 50 陕西半坡博物馆半坡史前聚落复原模型
图 51-1 陕西半坡史前无灶大方形房屋复原图（上）
图 51-2 陕西半坡中央有灶方形住房复原图（下）
图 52 陕西半坡史前圆形住房复原图
图 53 陕西窑洞之一
图 54 陕西窑洞之二
图 55 与覆盖物及陶窑有关的古代汉字字形
图 56 北京民居鸟瞰与平面图
图 57 具有封闭空间的北京民居

图 58　汉代陶屋模型
图 59　汉代陶屋模型
图 60　屋顶侧面带有排烟道的四川民居
图 61　屋顶开有“气楼”用于通风排烟的日本房屋
增图 15　屋顶开有“气楼”的北京南新仓建筑遗存
图 62　中国台南一处寺庙中之焚纸炉（左）及其上之三足蟾式烟囱（右）
图 63　河南安阳商王大墓（约公元前 1400 年至前 1000 年）
增图 16　南奥塞梯（高加索地区）房屋示意图：居于中央之灶塘以及椎状烟囱
图 64　阿富汗犍陀罗地区巴米扬大佛窟，会堂之天井
图 65　米斯加尔（Misgar）一处房屋之顶棚
图 66　敦煌莫高窟第 61 窟天井（约 10 世纪）
图 67　新疆克孜尔千佛洞某一窟之仿木天井
增图 17　一处朝鲜古代墓葬之天井
图 68-1　浙江普陀山法雨寺剖面图
图 68-2　浙江普陀山法雨寺天花平面图
图 69　顶部雕有蟠龙的北京智化寺万佛阁藻井（建于 1444 年）
增图 18　北京智化寺智化殿藻井
增图 19　中国 11 世纪墓葬示意图
图 70　西伯利亚住房图
图 71　蒙古帐幕
图 72　藏族民居剖面图
增图 20　聚会殿测绘图
图 73　四川甘孜州甲居镇藏族八角碉楼
图 74　四川甘孜州甲居镇方形羌族碉楼
图 75　科里亚克房屋内景
增图 21　科里亚克人冬季住宅外景
图 76　堪察加地区冬季住宅内景
图 77　堪察加地区夏季住宅
图 78-1　因纽特人之冬季住宅

图 78–2　阿拉斯加因纽特人公共住房

图 79　阿拉斯加房屋内景

第三部分

增图 22　让–雅克 · 勒克绘制的平等圣殿立面图及剖面图

图 80　北京天坛祈年殿

图 81–1　北京天坛平面图

图 81–2　北京天坛鸟瞰

增图 23　阿尔泰萨满神游升天之图

图 82　敦煌莫高窟第 61 窟东壁北侧壁画局部（约 10 世纪）

图 83　北京西苑南海流杯亭（流水音）

图 84–1《营造法式》所载“流杯渠”之图

图 84–2　韩国庆尚北道南山鲍石亭（포석정）遗址之“流觞曲水”（10 世纪）

增图 24　北京故宫宁寿宫花园禊赏亭内之“流觞曲水”

图 85　通往泰山南天门之阶梯

图 86　登攀华山之“上天梯”

图 87　华山天柱上的南天门

图 88　汉代陶楼模型

增图 25　各地出土的立于水池中的陶楼冥器

图 89　刻有西王母的山东临沂汉画像石

图 90　与人体相同化的山水图像

图 91–1　北京北海琼岛仙人承露盘之盘龙柱

图 91–2《营造法式》所载“缠柱云龙”图

图 92　山西太原晋祠圣母殿与盘龙柱

图 93　山形陶灶

图 94　宋代《三礼图》中基于文献所重构之“王城”与“明堂”图

图 95　绥远白塔剖面图

图 96–1　山东省济南神通寺四门塔（建于 544 年）

图 96–2　山东省济南神通寺四门塔剖面图

图 97　苏州瑞光寺塔剖面与各层平面图
图 98-1　河内独柱寺
图 98-2　河内独柱寺剖面图
图 99　中国新疆克孜尔石窟壁画中所绘之须弥山以及下部诸蛇之“搅动乳海”
图 100　敦煌抄本《三界九地之图》
图 101　端坐于莲花与须弥山上之文殊菩萨
图 102　山东长清灵岩寺千佛殿宋代毗卢遮那佛像
图 103　中国新疆和田巴拉瓦斯特遗址所出土之毗卢遮那佛壁画（7 世纪）
图 104　《密教观想道场图》（9 世纪）其一
图 105　《密教观想道场图》其二
图 106-1　《营造法式》中所载之“转轮经藏”图
图 106-2　北京雍和宫永康阁内之“转轮藏”
　　增图 26　北京雍和宫延绥阁内之“开花现佛”
图 107　越南北宁省笔塔寺（Chùa Bút Tháp）之转轮藏剖面图
　　增图 27　越南北宁省笔塔寺“九品莲花塔”近景
　　增图 28　西安碑林博物馆藏唐代不动明王石雕造像（8 世纪）
图 108　日本京都东寺所藏《俱哩迦龙王》之图
图 109-1　北京法渊寺明万历铜铸须弥山
图 109-2　一组疑似须弥山之石刻
　　增图 29　现存于雍和宫大殿前之原法渊寺铜铸须弥山
　　增图 30　北京圆明园法慧寺琉璃塔
图 110-1　河北赵州陀罗尼经幢
图 110-2　河北赵州陀罗尼经幢立面图
　　增图 31　河北赵州陀罗尼经幢下层倒锥状山石雕刻细部
图 111　云南昆明梵字塔（12 世纪）
　　增图 32　云南昆明梵字塔现状及细部
图 112　四川简州天宁寺宋福海寿山铁器及上半部之平面图（12 世纪）
　　增图 33　清刘喜海《金石苑》卷四所载“宋寿山福海铁器”之图
图 113　爪哇井里汶庙宇中由混凝土制成之盆景
图 114　爪哇“Djalatuṇḍa”圣地中之宇宙林伽剖面图

图 115　爪哇“Djalatuṇḍa”圣地中之宇宙林伽

增图 34　柬埔寨吴哥王朝时期立于瑜尼之上的林伽（约 975 年）

译后记

2014年4月，我的建筑设计处女作江苏句容茅山德祐、仁祐二观正式落成开光，这两组建筑的设计分别呼应了场地中既有的建筑遗址以及山巅的自然地貌，并采用了当代的建筑设计思维。但从那时起，一个疑问便开始萦绕在我脑海中：当我们尝试以当代的建筑学思维来思考中国本土宗教的建筑空间设计时，也即是当我们决定放弃沿用传统木结构建筑形式来构建“新”的宗教空间时，除了现实层面上趋吉避凶的“风水”之学，还有哪些更为形而上的哲学思想能够作为整体的指导，用以构建这些实现“天人合一”的神圣仪式空间？有哪些基本原则应当时时考虑？有哪些基本空间形式、语言可资选择？这些空间形式与语言背后，都分别彰显了怎样各自不同的神圣性以及思想逻辑？

带着这样的有关“神圣空间”的问题，我首先摸索到了宗教学巨匠伊利亚德教授醍醐灌顶的名作《神圣与世俗》[1]，其次

---

① 米尔恰·伊利亚德：《神圣与世俗》，王建光译，北京：华夏出版社，2002。

又在冯安宁博士的提示下拜读了巫鸿教授有关墓葬的绝妙论述[①]。而也就在此时，我的好友吴真教授（中国人民大学）向我提及了这本由石泰安先生所撰写的名著，遂拜托忘年交王岗教授在美国代为购入英译本一册。得益于此前在茅山的宫观建筑设计经历，我曾研读过六朝道经《真诰》中有关茅山“洞天福地”的系统描述，而正如我们所见，这一空间概念实际也正是本书第一部分的核心思想“壶中天地”的重要表现形式之一。我现在仍然清晰记得2016年春节假期中拜读此书英译本时的那种近乎宗教体验般的酣畅与冥契。由此，伊利亚德教授对于普世存在的神圣时间、空间的论述，巫鸿教授对于中国古代地下墓葬空间与仪式关系的探求，现在得以通过石泰安教授专著中由道教思想所代表的中国传统宇宙论、物质观念相互贯通，为我指明了进一步探索中国宗教神圣空间的可能出发点、方向，以及方法。

前两位教授分别在宗教史与艺术史领域开启了各自的“芝加哥学派”，其学术作品业已被广泛关注并译介，而石泰安教授的这本专著虽然在国际范围内早已有了日、意、英等语言之译本，但汉译本却迟迟未见问世。又囿于排版的因素所限，书中对于中国古代典籍的大量引用都未能附以汉字原文，由此往往难以深入研味，殊为可惜。但随着我与同事开始探索“洞天

① 巫鸿:《黄泉下的美术：宏观中国古代墓葬》，施杰译，北京：生活 · 读书 · 新知三联书店，2010；巫鸿:《礼仪中的美术》，郑岩等译，北京：生活 · 读书 · 新知三联书店，2016。

福地”申报世界文化遗产的可能，将此书译为中文的志愿也便逐渐萌生。2017 年 10 月，当代法国汉学的领军人物，石泰安先生讲席的继任者，现今已故的施舟人先生受北京大学王宗昱教授之邀，莅临燕园开设“道藏学”课程。我因此前与施先生的过从得以受邀与先生在位于朝阳区燕莎桥的普拉那啤酒坊（Paulaner Bräuhaus）共进午餐。在从勺园住所开往餐厅的车上，我向施先生谈及了近期研读本书的心得，并表明希望未来能有机会翻译此书。翌日，我收到先生的电子邮件，他在信中说：

> 我们昨天的讨论让我想起了我与石泰安的多次交谈，现在已经快 60 年了（！），他在巴黎的家中与我分享了他对中国文化的见解与热爱，这是出于我与他的共同兴趣，我觉得我们现在也是如此。道教是无穷无尽的，我们将继续学习。[①]

多年之后，我依然清楚地记得那天施先生对我的指教与勉励，一如当天未能吃光的烤猪肘一样丰盛且令人回味。

2018 年冬，我带着有关神圣空间与道教神学的疑问求学于芝加哥大学神学院。由此得以在芝大特有的高密度课程中习得

---

① “Our discussions yesterday made me think of the many times I talked with Stein, now almost sixty years ago (!) at his home in Paris and how he shared his insights and love for Chinese culture with me. This was to our mutual benefit and I feel it is the same between us now. Daoism is endless and we will always continue to learn.” 2017 年 10 月 23 日施舟人致陶金电子邮件。

了法语学术文献的阅读理解技能。2020年春，酝酿已久的翻译计划便也提上了日程。通过与法国Flammarion出版社海外版权部主任Florence Giry的沟通，并经由“澎湃新闻”黄晓峰老师的介绍，我得以与广西师范大学出版社“纯粹”的多马先生取得了联系。

承蒙多马先生的信任，我于2021年6月正式开始进行书稿的翻译。在这期间，疫情与肌肉伤病反复交替，倒也成全了我居家潜心翻译的工作。正如读者所能看到的，本书实际翻译工作之艰难实际超出了译者初读此书时的快感。若没有众多师友的多方协助，译者断难完成这一艰巨的任务。此外，与本译稿所平行推进的还有译者另一部专著《盟约：道教法箓的宗教精神与授度仪式》（用以纪念施舟人先生）。如此一来，本书的翻译工作持续了近两年之久。在此，译者想专门感谢广西师大出版社各位老师的耐心与理解，方才使本译稿成为可能。

随着翻译工作的结束以及身体的康复，译者也将投入到对山水与建筑的进一步考察与研究当中，而石泰安先生的这本佳作必然会成为时时谈及的对象，一如他对于葛兰言的引用。

译　者

2023年4月14日

于京北汤山

通真会元靖